詩와 그림으로 읽는

감성물리

詩와 그림으로
읽는

글·그림 **김광석**

개정판

감성물리

Physics Vibes

부산대학교출판문화원

서문

물리학은 수학이라는 언어로 표현된다. 낯선 기호를 사용하는 수학적 표현에 익숙하지 않은 이들에게 수식으로 기술된 물리학 전공책은 읽을 수 없는 고대 문자와 별반 다를 바가 없다. 마치 라틴어를 모르는 자는 읽을 수 없었던 중세의 성경책처럼 물리학 전공책은 수학이라는 언어적 장벽을 지니고 있는 셈이다. 좀 뜬금없는 질문이지만 만약 현재 인류에게 재앙이 닥쳐 디지털 문명과 나노기술이 모두 사라진다면 지금까지 이룩해놓은 과학 지식과 유물을 발견할 미래 인류는 어떤 고고학적 경험을 하게 될까? 그들은 과연 종이가 아닌 디지털 문헌에 기록된 자료들을 복원해 지금의 인류가 이룩한 과학기술을 되살릴 수 있을까? 디지털 자료 복원이 어렵다면 그나마 종이책에 남겨진 수학과 물리학의 낯선 기호들의 의미를 해독해 낼 수 있을까? 아마도 미래의 후손들에게 그 작업은 지금의 그 어떤 고고학적 미스터리보다 더 어려운 난제가 될 것 같다. 이렇게 미래 인류가 일종의 지적 단절 상황과 마주할 운명이라면 지금의 우리는 그들에게 구체적이고 방대한 내용을 담은 교과서보다 스스로 답을 찾아갈 수 있는 영감의 씨앗을 알려주는 것이 더 효율적이지 않을까?

고대의 현자들은 그들의 지혜를 쉬운 우화나 비유의 형식으로 남겼다. 나라와 문화가 달라도 대체로 신화나 종교적 우화는 쉽게 공감할 수 있는 방식으로 그 내용을 풀어내고 있다. 그들이 후대 자손들에게 전달하고자 했던 내용은 많고도 어려운 것들이 있었지만 세대를 거쳐 전달되는 그 스토리는 겉으로 보기에는 일단 친숙해 보인다. 하지만 고전이 지닌 함축성은 동결 건조된 미역 같아서 물의 온도가 올라갈수록 항상 겉보기 이상의 분량으로 부풀어진다. 이를테면 상징과 비유로 압축된 천 년 전 신화나 우화 속 통찰의 덩어리는 사유의 살과 상상력의 피가 더해질수록 점점 부풀어져 하나의 생명체처럼 되살아날 수 있다.

합리성과 객관성으로 대표되는 과학은 분명 신화나 종교적 지혜와 결이 다른 지식이다. 과학 지식은 내용 자체보다 물질적 증거와 수학을 사용한 정량적 분석 그리고 그 분석 자료를 기반으로 하는 합리적인 추론과 사유를 배워 나갈 수 있다. 나아가 이런 과학적 비판 능력은 비과학적 선동과 비합리적 맹신들을 걸러낼 수 있는 안목을 만들어 준다. 하지만 첫 만남에서 과학지식은 초보자들에게 어딘가 상식이나 감성적 측면에서 공감하기 어려운 장벽으로 다가오는 것 같다. 특히 물리학이라는 신비의 섬 주변에는 수학이라는 낯선 언어의 장벽들로 둘러싸여 있어서 당최 이해할 수 없는 이질적인 대상으로 취급되거나 이해하기 어렵다는 사실이 오히려 물리학을 과도한 경외의 대상으로 만들어 버리기도 하는 것 같다.

이런 물리 지식에 대한 이질감을 감성적 방법으로 완화시켜보고 싶었다. 감히 신화나 종교적 우화 같은 심오한 수준으로 이야기를 풀어내지는 못하겠지만 물리를 동화나 감성 가득한 형태의 이야기로 들려주고 싶었다. 이를테면 유년시절 읽었던 동화 속 이야기들이 어른이 되어 갈수록 더욱 그 의미와 깊이가 새로워지는 것처럼, 물리 이론의 원형이 되는 영감을 상징과 은유로 응집된 양분처럼 뿌리고 나면 이후 구체적인 이공학 지식을 배울 때 풍성한 가지로 자라날 수 있도록 기운을 북돋아 주는 역할을 하는 그런 글을 쓰고 싶었다.

이 책은 크게 수학, 고전물리, 현대물리로 구성되어 있다. Part-I <낯선 언어>에서는 '수포자'라는 단어로 대표되는 우리 사회가 지닌 수학에 대한 거부감을 다루면서 수학은 제한된 시간 안에 주어진 문제들을 풀어야 하는 조급함과 점수 스트레스를 제공하는 것이 아니라 시적이고 회화적인 속성을 지닌 하나의 낯선 언어라는 이야기를 하고 싶었다. 또한 일상에서 쉽게 체험할 수 있는 상황을 대하는 수학적 사고의 특성을 감성적 사유와 비교해서 알려주고 싶었다. Part-II <고전물리>에서는 입자의 힘과 운동, 소리와 빛의 파동, 전기와 자기현상을 다룬다. 상식 차원에서 어느 정도 익숙한 물리 현상들을 다루는 고전물리는 가급적 물리 이론에 대한 설명보다 물리적 현상에 문학적 감성을 투사하려 했다. 이런 접근은 물리학 지식에 대한 기존 방식의 설명이 지닌 딱딱함을 조금 부드럽게 만들 수도 있는 교육적 효과와 함께 문학이나 예술의 관점에서 물리 이론을 새로운 콘텐츠로 활용하는 영감을 줄 수도 있을 것 같다. 그래서 물리학 내용을 소재로 어설프지만 시도 쓰고 물리 삽화도 가급적 감성적 공감을 유발할 수 있는 형태로 그렸다. Part-III <현대물리>에서 다루는 상대성이론, 통계역학, 양자물리는 비전공자들에게 낯설고 어려운 개념과 내용 설명이 상대적으로 많아 글의 호흡이 길고 어려워진 것 같다. 하지만 인간이 감지하기 어렵거나 일상의 상식과 상충하는 현대물리의 내용들은 사실상 현대철학자나 예술가들의 고민들과도 연결된다. 또한 고전물리와 현대물리의 구분 없이 독자들이 목차에서 글을 선택해서 읽을 수 있도록 각각의 글들에 대한 난이도와 감성지수를 표시했다. 예를 들어 난이도 '하'의 '빨간색' 글은 쉽게 읽히므로 각자가 지닌 개성을 살려 다양한 방식의 감성적 상상력을 활용할 수 있을 것 같다. 반면 난이도 '상'의 '보라색' 글은 좀 더 진지하고 논리적인 자세를 필요로 한다.

간혹 과학을 가장 우월하다 믿으며 다른 분야를 공격하거나 세상 모든 것을 과학의 잣대로만 해결하려는 사람들이 있다. 하지만 살아가다 보면 과학으로 해결할 수 없거나 과학지식으로 위로받을 수 없는 순간들을 마주하게 된다. 부록 <감각과 욕망>은 평범한 일상을 소재로 쓴 글들이다. 마치 질긴 스테이크를 먹고 난 후 입안을 정돈하는 달콤한 디저트나 쓴 커피처럼 과학지식을 알고 있어도 감성적 은유와 상징에 공감할 수 있는 유연성을 잃지 말자는 취지에서 추가했다.

이 글을 읽는 독자들의 느낌이 제각기 달라 그 다양한 모습이 어떨지는 가늠할 수 없지만 적어도 이 책을 통해 물리학에 대해 지녔던 거부감이 조금이나마 완화되고 어린 꿈나무들이 물리학을 공부하고 싶어하는 작은 동기를 얻을 수 있었으면 좋겠다. 사실 과학자의 현실은 그리 화려하지 않다. 과학자들은 하루 종일 수식 하나에 매달리거나 원하는 방향으로 작동하지 않는 실험조건이나 장치를 수정하거나 프로그램 속 버그를 찾기 위해 며칠이나 몇 주를 지루하게 보낸다. 그래 봐야 겨우 그래프 하나를 얻을 뿐이다. 심지어는 직선 그래프 위에 점 하나를 찍기 위해 밤을 꼬박 세우기도 한다. 그렇게 결과를 얻어도 다시 치열한 설득과 논쟁을 거쳐야 하고 출판 허가를 받은 깨알 같은 글들이 몇 장으로 압축된 논문은 도서관 서고나 사이버 자료 속에서 묵혀지는 경우가 허다하다. 대부분의 과학자들은 그에 대한 보상으로 돈을 많이 버는 것도 아니고 사회적 존경과 지위가 보장되지도 않으며 예술가처럼 멋져 보이지도 않고 미디어 속 아이돌처럼 열광하는 지지자도 없다. 그럼에도 불구하고 연구가 벗어날 수 없는 일상의 습관이 될 만큼 과학자들이 수십 년간 과학을 지속할 수 있는 이유는 각자 가슴을 설레게 했던 한 순간의 만남이 존재했기 때문이다. 지식보다 소중한 것은 상상력이며 상상력의 동력은 신비감에서 비롯된다. 순수한 시절 자신도 모르게 동공이 커지고 입을 다물 수 없게 만든 한 순간의 신비로운 만남은 무의식 속에 각인되어 세속적 보상이 없더라도 일평생 전공책 속의 난해한 수식의 숲을 헤쳐나가고, 복잡하게 뒤얽힌 실험장치에 매달리며 밤을 지새울 수 있는 마법 같은 힘을 주기 때문이다. 그리고 그 모습은 종교인이나 예술가들이 운명처럼 이끌리는 신비로운 체험과도 별로 다르지 않다. 인간이 과학이라는 인위적 틀을 통해 진리를 만들어 낸다고 생각할 수도 있겠지만 때론 과학자들도 '그분'과 '그것'에 이끌리는 종교인과 예술가처럼 영감이나 법칙으로 표현되는 알 수 없는 신비로운 존재에 삶이 이끌려 가기도 한다. 그런 측면에서 과학자와 과학은 충분히 인간적이며 감성적일 수 있다.

2021년 봄

김광석

목차

감성지수 저 ● ● ● ● ● 고

부록. 감각과 욕망 詩 - 隨筆

마음의 색깔 차가운 ● ● ● ● ● 뜨거운

Part-I.

낯선 언어

Math
낯선 언어

수포자의 고백

$\sqrt{2}$란다

나는 계란형 얼굴이 더 좋은데
어느 방향이든 다 똑같은 융통성 없는 원
눈 코 입도 없는 얼굴 속에 구겨 넣은
각진 도형들의 뾰족한 틈 사이로
배꼽 같은 점 하나 찍어 두고서
어딘가와 맞닿을 미지의 그곳과의 거리가

$\sqrt{2}$란다

창문 너머에는 눈부신 햇살을 먹은 연두빛
오월은 어느덧 초여름으로 자라고 있는데
손가락 하나와 둘 사이 어디쯤인지
가늠하기조차도 어려운 $\sqrt{2}$라는 것을
증명해 보란다

저만치 서 있는 사랑스러운 네가
$\sqrt{2}$ 만큼 떨어져 있다고 한들
그게 무슨 의미가 있을까 싶은 허탈함에
그리움은 어떤 수로 표현할 수 있을지 궁금해
시험지 여백 위에 천천히 숫자들을 적어 본다

0
아무것도 없던 그곳에서
새롭게 시작할 수 있다면
아직은 온전하지 못해도
아무것도 없다고 감출 수도 없는
태중의 시간은 어떤 수에 해당될까
차라리 그냥 0이라면 좋겠다

1

처음 하나는 얼마나 어려운가

게으른 관성을 박차고

처음 그 하나를 얻어 내는 것은

한 번만 기회를 더 주세요

한 번만 만나주세요

단 하나의 내 사랑

2

얼마나 행복했던가

두 손을 맞잡고

두 발로 걸어

두 귀를 열고

두 눈을 뜨면

우리 둘 함께인 것이

그런데 $\sqrt{2}$란다

1.414 하고도 한참을 더 써 봐도 끝나지 않아

가늠할 수 없는 숫자들의 부스러기

가루처럼 여기서 저기까지 떨어져

무심코 그은 직선 위 좁은 틈새 사이에는

집요한 숫자들로 빼곡하게 채워져 있단다

시험 시간 이제는 얼마나 남았을까

고개를 들어 바라본 교실 벽시계 바늘

1과 2사이 훑고 지나가는 사이

눈보라처럼 무리수와 유리수의 가루가 날린다

전원을 끄지 않은 내 방 낡은 컴퓨터는

편집증 환자들처럼 중얼거릴까

삶이냐 죽음이냐

0 이냐 1이냐

빼빼로 111

날계란 000

내 삶의 $\sqrt{2}$는 어디쯤일까?

시험 시간 동안 아무것도 쓰지 못하고 먼 산만 보다 나가버리는 학생들이 간혹 있다. 고개를 숙이고 한숨만 쉬다 텅 빈 시험지에 소심하게 무언가를 잔뜩 쓰며 시험 시간을 보내다 풀이 죽은 채로 시험장을 나선다. 시험이 뭐라고 초여름처럼 눈부신 청춘이 이렇게 우울해 하는지...

한두 시간 남짓한 시험 시간 동안 도형과 숫자로 가득한 이과 시험지 여백에 고통스럽게 남겨진 글들이 때로는 詩같다. 간혹 시험지 여백에 "교수님 죄송합니다."라는 문장이나 우울한 노래 가사가 남겨져 있기도 하지만 채점은 냉정하게 해야하니 괜히 미안해지곤 한다.

수학을 좋아하는 학생들도 있지만 수학에 대한 대중적 이미지는 대부분 떠올리기 싫고 외면하고 싶은 대상인 것 같다. 아마도 학창 시절 수업 시간이나 시험 시간에 받은 좌절의 상처나 힘든 기억 때문이었을 것 같다. 이런 좋지 않은 경험이 수학에 대한 불편한 이미지를 만들었을 것 같다. 보고 싶은 사람의 얼굴을 생각하면 자연스럽게 떠올랐던 동그라미가 수학의 기하문제에서는 융통성 없거나 답답한 이미지가 되고, 동그라미와 얽혀 있는 삼각형과 사각형의 뾰족한 모서리는 어느새 마음을 찌르는 날카로운 흉기로 변해버렸을 것이다.

하지만 어린 시절 생일이나 소풍날을 손꼽아 기다리던 수들은 가슴 설레고 행복한 것들이었다. 한 손을 넘어서는 다섯 가지 이상의 선물은 배부른 만찬 같은 풍요로움이었다. 그런 수들이 수학을 배우면서 갑자기 무섭고 딱딱해지기 시작한 것이다. 어린 시절 1, 2, 3 같은 자연수들을 곱하고 나누다 소수점 이하로 딱 떨어지지도 않는 유리수를 처음 알게 되었을 때 나는 종이 위에 과자 부스러기가 떨어지는 모습을 상상했었다. 제곱근 루트를 배울 때는 소수점 이하로 규칙성 없는 수들이 끊임없이 만들어진다는 사실이 너무도 충격적이었다. 그러다 기하를 배울 때는 삼각형 모서리에 찔릴 것 같아 마음이 계속 거슬리는데, 이번에는 그 한 귀퉁이 길이가 $\sqrt{2}$라는 것을 증명해야 한다는 사실이 무척이나 마음을 불편하게 만들었다.

개인마다 정도의 차이가 있겠지만 수와 도형들이 감성적 공감과 괴리를 이룰 때 수학은 마음에 상처를 내며 답답하거나 삭막하게 느껴지는 것 같다. 문학과 예술도 수를 작품의 모티브로 사용한다. 가령 하나, 둘, 셋이라는 자연수만으로도 많은 이야기를 풀어 나갈 수 있다. 하지만 유리수와 무리수의 영역에서부터는 감성적 소재로 활용하는 사례가 급격하게 줄어든다. 동그라미, 세모, 네모, 별을 사용해 그림을 그리거나 공간을 구성하는 것은 즐겁지만 도형의 길이와 면적을 분석하고 계산하는 것은 피곤해 한다. 이렇게 이해가 감성에서 멀어지는 어느 영역에서부터 수학은 갑자기 불편한 대상이 되어버리는 것 같다. 수학을 좋아하는 사람들은 일상 속에서 수학을 적용할 사례가 무수히 널려 있다고 말하겠지만 수학에 대한 거부감을 지닌 사람들에게 연산과 기하는 공감하기 쉽지 않은 이질적인 존재가 되어 버리는 것이다.

철학도 수학처럼 어려운 개념과 논리를 이해해야 제대로 알 수 있다. 하지만 수학에 비하면 철학은 상대적으로 이질감이 덜한 것 같다. 칸트와 니체의 방대한 철학은 수학과 물리 못지않게 어렵지만 그가 남긴 개념이나 용어들은 다양한 분야에 영감을 준다. 물론 철학에 대한 어설픈 이해와 오용이라는 잘못된 사례도 존재하지만 철학은 키워드 수준에서라도 다양한 분야에 확산되어 하나의 화두처럼 영향력을 미치는 것 같다. 서구에서는 상대성이론과 위상 수학이 철학과 미술분야에도 많은 영감을 주었지만 한국 사회에서 수학과 물리학은 이공학 분야에만 필요한 지식으로 취급되어 입시를 위한 과도한 선행학습 아니면 과민한 거부감이라는 극단적 모습으로만 존재하는 것 같다.

하나뿐인 당신, 둘만의 추억, 삼각관계는 공감하면서 단위수나 이진수로서의 1, 소수 2, 완전수 6은 갑자기 거부감이 든다. "떨어지는 낙엽"이나 "추락하는 것에는 날개가 있다"와 같은 제목은 뭔가 낭만적이며 멋있어 보이는데 "중력에 의한 자유낙하"는 답답하고 삭막해 보인다. 자연수나 낙하 같은 단순한 수와 물리 현상에 감성적 공감을 일으킬 수 있다면 무리수, 삼각형 속 원의 중심, 포물선 운동에도 감성을 투사하면 안 될까? 이런 접근은 조금 불편해 보이거나 핵심을 겉도는 비효율적 시간 낭비로 보일 수도 있겠지만 돌이켜 보면 전문가들도 과학을 처음 배울 때는 상식과 대립되는 낯선 과학적 사실에 대해 감성적 대립을 경험했다. 어쩌면 전문가들 역시 올챙이 시절 경험한 인간적 괴리감을 숨기고 자신이 힘들게 이해한 결과만을 당연한 듯 폼을 잡고 있는지도 모른다. 그들은 학생 시절 경험한 감성적 갈등을 잊어버렸거나 잊고 싶어 하는지도 모르겠다.

조금은 우스꽝스럽게 보일지라도 과학 지식을 처음 마주하는 순간 떠오르는 생각과 감정을 솔직하게 드러내 이야기 해보면 어떨까? 핵심을 겉도는 산만한 질문과 전혀 과학적이지 않은 상상들이 난무할 수도 있다. 하지만 신화, 종교, 문학, 예술이라는 인간적 상상을 지나 상식과 어긋나는 결론에 도달하는 그 긴 방황의 여정이 바로 과학의 역사다. 물이 수증기가 되기 전에는 외부에서 열을 공급해도 한동안 아무런 온도 변화가 없는 구간이 존재한다. 비록 온도계의 눈금 변화는 없지만 액체와 기체가 뒤섞인 과도기 과정을 거쳐야 비로소 수증기가 될 수 있다. 마찬가지로 과학적 사유로 도약하기 위해서도 한동안은 감성과 논리가 이질적으로 뒤섞인 단계가 필요하지 않을까? 어쩌면 이런 색다른 과학 읽기를 통해 과학 지식의 필요성과 가치를 더 제대로 알 수 있게 되거나 오히려 기존 과학에서 미처 보지 못한 새로운 통찰을 얻을 수 있지 않을까?

왠지 지금의 과학교육은 인간적 상상과 과학 지식 사이에 존재하는 강을 넘어서며 가장 중요한 호기심과 신비감을 잃어버리게 하는 것 같다. 호기심을 잃은 과학 지식은 삭막한 마음으로 읽는 경전과 같다. 과학 지식을 알고 있다는 사실만으로 우월감을 가지는 과학자는 경전을 암기하고 있지만 믿음을 잃어버린 사제와 같다. 그 둘은 모두 진리와 신의 목소리보다 권위나 우월감을 드러내려 한다. 빠르고 명석한 지능을 지니고 있지만 신비감을 느끼지 못하는 학생과 느리게 이해하지만 호기심을 잃지 않는 학생 중 누가 더 훌륭한 과학자가 될까?

수식과 부적

언제부턴가 '수포자'라는 단어가 등장하면서 우리 사회는 대중 강연에서 수식을 보여 주면 공포영화나 혐오스러운 대상을 마주하는 듯한 과민 반응을 보인다. 그리고 그런 반응이 너무도 당연한 것이라고 생각하는 것 같다. 내용조차 낯설면서 수식까지 많이 사용하는 물리는 이미 많은 고등학교에서 선택조차 하지 않거나 학습의 기회조차 없는 과목이 되어 버리고 있다. 하지만 한국 사회는 노벨상이 발표되는 매년 가을이면 이웃 나라 일본에서 들려오는 수상 소식에 질투와 자괴감을 감추지 못한다.

종종 벽에 걸린 붓글씨 한자 중에는 읽을 수 없는 것들이 있다. 초서로 쓰여진 한자는 아는 글자라도 알아 보지 못하는 경우가 있다. 읽을 수 없는 낯선 언어의 글자를 보면 그림처럼 보인다. 한자를 모르는 서양인들에게도 한자는 그림처럼 보일 것이다. 고대 문자를 모르는 사람들 역시 이집트 상형문자나 마야어 글자들이 신비스런 그림처럼 보일 것이다. 현대미술에 익숙하지 않은 이들에게도 캔버스 위에 역동적으로 물감을 뿌린 '잭슨 폴록Jackson Pollock'의 그림은 해독할 수 없는 글자처럼 난해해 보일 수 있다. 마찬가지 이유로 수학이라는 언어에 익숙하지 않은 이들에게 수식은 그림처럼 보일 수 있다. 하지만 사람들은 읽을 수 없는 한자, 고대 문자, 현대 추상화를 바라볼 때 수식만큼의 과민 반응을 보이지는 않는 것 같다. 그래도 고개를 갸우뚱거리며 한동안 낯선 글자와 그림을 바라봐 주기는 한다. 하지만 '수식'에게는 유독 가혹할 만큼 과민 반응을 보인다. 아직 아무런 설명도 시작하지 않았는데 수식을 보여 주는 순간 무조건 고함을 지르거나 고개를 돌리고 눈을 가린다. 어떤 사람들은 수식을 보는 것만으로도 기분이 나빠진다고 당당하게 말한다.

부적에는 글자가 그림처럼 구성되어 있다. 귀신을 쫓기 위해 글자들을 그림처럼 풀어 놓은 것이다. 아마도 귀신은 부적 속 글자나 형상에 대한 트라우마가 있을지도 모른다. 부적이 내포하고 있는 메시지들은 귀신의 해묵은 콤플렉스를 자극해 그들을 밀어내는 힘으로 작용하는 것 같다. 만약 수식 그림을 보고 거부감이나 두려움이 생긴다면 그것은 어디서 비롯된 것일까?

두려움과 거부감은 우연한 계기를 통해 사소하게 시작되지만 습관이 되고 나면 귀신을 쫓아내는 부적처럼 심리적 힘을 지니게 된다. 그저 종이 한 장 위에 적어 놓은 글자와 그림일 뿐이지만 마음의 세상에서는 공포를 유발할 만큼 강력한 힘을 지니는 것이다. 당신은 언제부터 부적에 놀란 귀신처럼 수식을 무서워하기 시작했을까? 낯선 글자와 추상 미술에는 작지만 포용의 공간을 허락하면서 왜 수식에는 그토록 과민한 반응을 보이는 것일까? 흔히들 학창 시절 수학에 대한 좋지 않은 기억과 입시 스트레스 때문이라고 하지만 스트레스로 치자면 다른 과목들도 만만치 않았다. 레스토랑 벽 한 켠에 멋진 그림이나 붓글씨 대신 양자역학을 대표하는 슈뢰딩거 방정식을 부적처럼 걸어 둔다면 그 식당은 조만간 망할 것이다. 우리는 수식이 부적처럼 작동하는 사회에 살고 있다.

수식 캘리그라피

한자는 상형문자다. 대상의 형태나 속성을 단순화된 모양으로 바꾸면서 글자가 된 것이다. 또한 모양을 본 뜬 이미지의 요소나 발음을 위한 소리 요소 같은 '부수'들이 다양한 방식으로 결합되어 또 하나의 새로운 글자를 만들기도 한다. 그래서 복잡한 한자를 구성하는 요소들 각각에 내재된 의미와 그들사이의 관계를 하나씩 파악하다 보면 하나의 스토리와 이미지가 떠오른다. 글자 하나를 오랫동안 바라보며 글자로

압축되는 반대의 과정을 상상할 수 있는 것이다. 또한 글자 속에 압축된 상징과 은유가 파생되어 떠오를 수도 있다. 한자는 이런 함축성 때문에 한 글자만으로 신념이나 철학 같은 좌우명으로 사용되기도 한다.

그런데 한자 같은 상형문자들은 요소가 되는 기호들이 모여 전체적으로 하나의 글자를 이루는 과정에서 구도와 조형미도 고려한다. 그래서 요소들의 배치와 모양이 다듬어지면 점차 한 폭의 그림 같은 회화성을 지니게 된다. 수식도 연산 기호와 함수와의 관계를 통해 전달하고자 하는 법칙과 원리를 이해할 수있다. 수식도 스토리를 담은 기호이며 문자인 것이다. 그렇다면 마찬가지로 물리 법칙의 핵심 내용을 담고 있는 미분방정식이 회화성을 지니도록 잘 다듬으면 어떨까.

이를테면 맥박이나 별빛 같이 짧은 시간 동안 전해지는 소리나 빛의 모습을 시간 차원이 아닌 주파수 차원이라는 색다른 관점에서 바라보는 푸리에Fourier 변환의 수식을 여러 개의 부수로 구성된 한자처럼 다듬어 보거나, 에너지의 프레임 속에서 결정되는 확률분포의 공간과 시간 속 관계를 표현한 슈뢰딩거 방정식을 한 폭의 그림과 하나의 새로운 글자로 압축하는 것이다.

수학은 일종의 낯선 언어지만 시나 회화작품처럼 오랜 시간 동안 마주하며 일어나는 사고의 화학반응을 필요로 한다.

조급함이 습관이 된 초고속 인터넷 시대와 대조되는 미술관의 여유처럼 수식으로 표현되는 기초과학도 생각이 무르익는 기다림을 필요로 한다. 오랜 시간 똑같은 문장을 곱씹거나 그림을 응시하는 과정은 지루하거나 식상할 것 같지만 감상의 느낌은 매 순간 달라 사고와 감정이 끊임없이 변화하고 요동친다.

세월이 지나 이런저런 생각과 감정들이 쌓여가다 보면 학창시절 이해할 수 없었던 시의 한 구절도 갑자기 이해되는 순간이 온다. 의도를 알 수 없고 난해해 보였던 현대미술관 벽에 걸린 그림 속 감정과 메시지도 우연한 일상의 한 순간 갑자기 공감할 수 있다. 그렇게 물리학도 수학이라는 언어와의 오랜 마주보기를 통해 한순간 비로소 이해되기 시작한다. 그러므로 수학이라는 언어로 표현된 물리학은 내적 숙성 과정을 통해 정제된 언어, 색, 형상으로 표현되는 시나 그림과 별반 다르지 않다. 이제 수식을 미술관의 그림처럼 바라보자.

구구단

자동문 비밀번호가 헷갈리는 나이가 되고 보니 가끔은 아이들이 무작정 구구단을 외우는 모습이 너무 신기해 보인다. 구구단을 무작정 외우기보다 도형화 해 보자. 예를 들어 3단의 경우 처음 (3 × 0 = 0)에서 출발해서 (3 × 1 = 3), (3 × 2 = 6), (3 × 3 = 9) 순서대로 선을 이어가다 (3 × 4 = 12)가 마지막 자리 숫자 2와 연결된다. 이런 방식으로 시계처럼 0부터 9까지 구성된 원을 이용해 구구단 단별로 선을 이어가다 보면 흥미로운 패턴이 만들어진다. 구구단의 단이 달라도 똑같은 패턴을 보여 주는 짝이 있다. 1단은 9단과 같고, 2단은 8단, 3단은 7단과 똑같이 생겼다. 0과 5를 왕복하는 5단만 단순한 패턴이다. 즉, 합쳐서 10이 되는 보수가 동일한 패턴을 가진다.

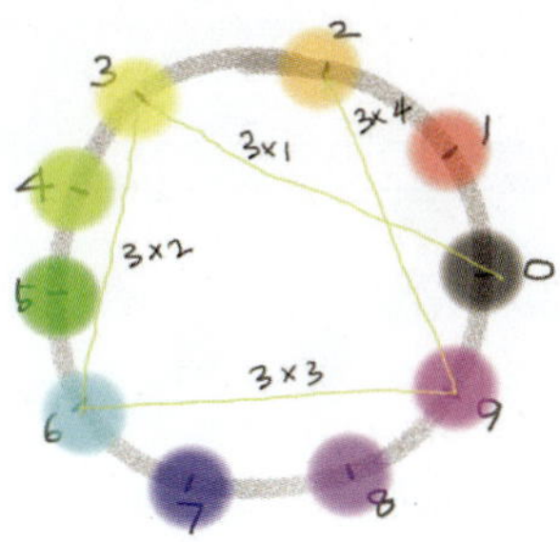

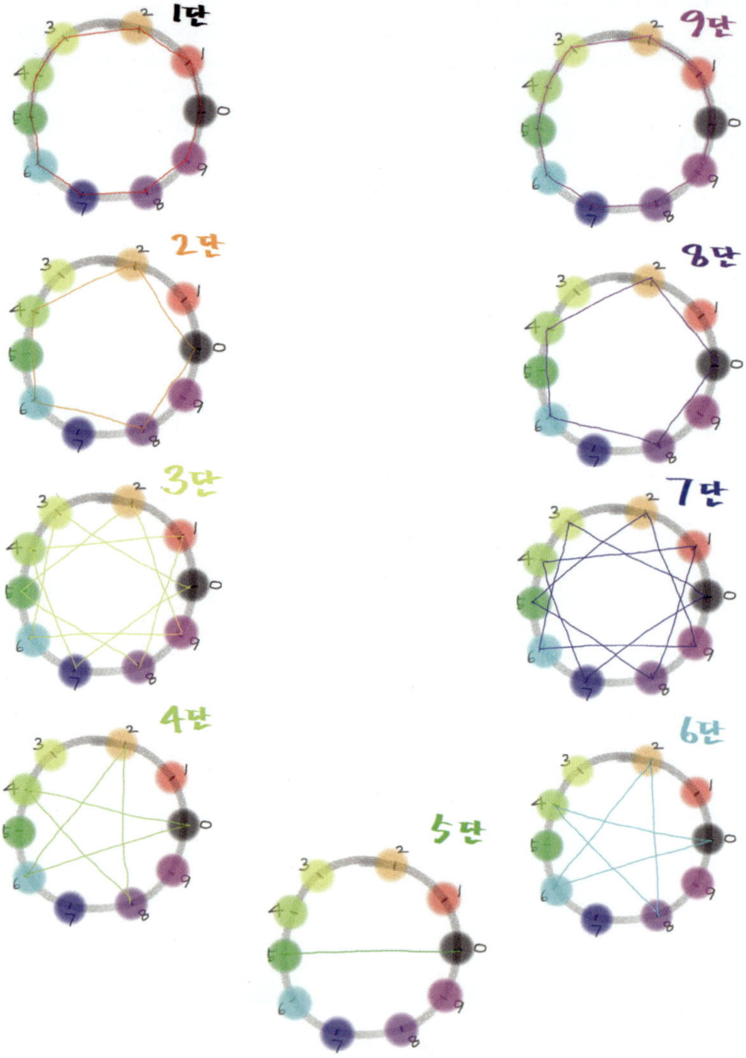
1단
9단
2단
8단
3단
7단
4단
6단
5단

0부터 9까지 10가지 다른 종류의 기호로 표현하는 것이 10진법이니 단별 곱셈이 고유한 패턴을 가지는 것은 너무도 당연한 결과이겠지만 곱셈을 할 때마다 마지막 자리 수에서 보여주는 주기성은 묘한 신비감을 준다. 나는 가끔 초등학교 아이들이 작은 입술을 오물거리며 구구단을 외우는 모습을 보고 있으면 경전을 암송하는 어린 승려처럼 신비스럽게 보인다. 방대한 양의 힌두교 경전의 경우 많은 부분 구전을 통해 후대에 전수했고 아직도 인도에서는 어린 나이 때부터 경전을 통째로 외우는 전통을 유지하는 사원이 있다. 이 덕분에 인도인들에게는 19단까지 외우는 전통이 있다. 아마도 힌디어를 모르는 이에게는 경전을 암송하는 것과 19단을 암송하는 것은 둘 다 낯선 주문처럼 들릴 것이다. 수에 대한 이런 신비감을 종교와 접목시켰던 피타고라스 학파에서도 곱셈은 연산 이상의 의미를 지녔다.

구구단을 패턴으로 시각화하면 10각형이나 5각형 패턴이 있는가 하면 별 모양처럼 여러 궤적의 직선들이 엇갈리다 처음으로 다시 돌아오는 패턴도 있다. 10개의 숫자만을 사용하는 십진법에서 0은 아직 아무것도 시작하지 않은 "비어 있음"을 의미하면서 동시에 높은 자릿수의 다른 세상으로 넘어가는 "완전한 채움"을 의미한다. 그러므로 여러 바퀴를 거쳐 0으로 돌아오는 마지막 자릿수의 구구단 도형 패턴은 "완전한 채움"을 향한 순환적 여정인 것이다. 1단과 9단처럼 수의 징검다리를 차례대로 건너 0에 도달하는 경우도 있지만 눈앞의 수를 건너뛰거나 멀리 있는 수를 향해 강을 넘나드는 것 같은 경험을 여러 번 해야 비로소 0에 도달하는 3단과 7단의 험난한 여정도 있다.

흥미롭게도 2단과 8단처럼 동일한 패턴을 보여 주는 짝은 원을 둘러 싼 도형의 모서리를 이동해 가는 방향이 서로 반대가 된다. 즉, 2단 구구단을 순서대로 수행해 보면 반시계 방향으로 회전하지만 8단은 시계 방향으로 돈다. 동일한 패턴을 이루는 짝인 3단과 7단, 4단과 6단 역시 서로 방대 방향으로 만들어진다. 서로 달라 보이는 짝이지만 이들을 구성하는 십진수의 구성요소의 관점에서는 묘한 대칭을 이루는 것이다. 우리의 삶에서도 도형화된 구구단처럼 타고난 능력과 여건에 따라 한두 칸 밖에 뛰어넘지 못하는 이가 있는 반면, 한번에 대여섯 칸을 훌쩍 건너뛸 수 있는 이도 있다.

만약 우리가 살고 있는 삶이라는 우주가 신비롭게도 마지막 자리만 의미있게 작동하는 것이라면 우리는 각자 나름의 방식대로 주기성을 보일 것이다. 게다가 진행의 방향조차 서로 반대일 수 있다.

마냥 부러워 보였던 7단의 삶이라도 파란만장한 과정을 거쳐 결국에는 3단과 조우하는 '새옹지마'의 회귀성을 보이는 것이다. 생년월일을 기점으로 복잡한 산법을 통해 미래를 예측하는 운세의 원형 아이디어도 구구단 같은 패턴들이나 수적 회귀에 대한 통찰과 신비주의적 믿음에서 출발했을 것이다.

이런 맥락에서 보면 복잡한 우주를 유한 개수의 요소들로 표현하는 것이 주기적 결과를 만들어 내는 것은 당연한 결과일지 모르겠다. 고대의 점성술이나 주역이 그렇고 주기율표의 유한 원소들로 구성된 물질들의 특성이 그렇다. 또한 세상의 소리를 구분된 음계로 분해하는 정형화된 음악이 그렇고 유한 음소의 알파벳으로 표현하는 언어가 그렇다. 따라서 유한 요소들을 통해 말하고 생각하고 행동하는 인간의 가치관과 삶이 주기성을 지니는 것은 너무도 당연한 결과인지 모르겠다.

상상의 수

우리는 화살 같은 직선으로 시간을 표상할 수 있다. 이를테면 지난날의 추억들이나 다가올 소중한 날을 하나의 직선 위에 점을 찍어 구분하는 것이다. 현재를 0이라고 한다면 과거는 음수가 되고 미래는 양수가 된다. 시간축axis이라고 말하는 직선 위에 그 어떤 순간이라도 하나의 점으로 기록할 수 있다. 현재 0과 내일 1 사이에도 무한히 많은 점들이 있다. 수학자들은 정수 0과 1 사이에는 소수점 이하에서 끝없이 동일한 수를 반복하는 유리수 (1/3 = 0.33333…)와 불규칙한 수를 쉬지 않고 만들어 내는 무리수 ($\sqrt{2}$ = 1.414…)의 점들로 직선을 빈틈없이 메울 수 있다는 것을 설명한다. 그렇게 실제의 시간을 실수축 위의 무수히 많은 점들에 대응시킬 수 있다.

산수를 처음 배우는 아이들은 처음 거북이 같이 더하기나 빼기를 하다 어느 순간 토끼처럼 빠르게 뛰어넘으며 곱셈을 익히게 된다. 예를 들어 거북이의 6을 향한 길고 고지식한 여정에 비해 토끼는 2칸을 한 걸음으로 하는 깡충 뛰기 세 번 만에 6에 다다를 수 있다(2 × 3 = 6). 또한 토끼의 깡충 뛰기 곱셈은 과거 음의 시간 어디쯤에 놓인 추억을 회상하는 데도 효율적이다. 과거를 향한 2칸을 세 번만 하면 재빠르게 6년 전 추억으로 돌아갈 수 있다(-2 × 3 = -6).

그러면 (-2 × -3)는 어떨까? 이 연산은 기이하게도 시선은 과거를 향하고 있지만 깡충 뛰기는 시선의 반대 방향, 즉 미래를 향하고 있다. 이를테면 과거의 추억을 이용해 미래를 향하는 희망에 투사하는 것이다(-2 × -3 = 6). 음과 양이 조금 혼란스럽기는 해도 지금까지 소개한 토끼의 여정은 실수real number로 구성된 시간축 위에 놓여있었다. 하지만 상상의 수를 이용해 실재reality 를 벗어난 여정을 해 볼 수 있다. 제곱해서 음이 되는 수를 '허수'라 하는데 상상의 수imaginary number의 첫 번째 영문 알파벳 i로 표기한다. 예를 들어 제곱해서 -1이 되는 값은 $+i$ 혹은 $-i$가 존재한다. 그런데 "$+i$와 $-i$는 어떤 여정을 통해 -1이 될 수 있을까?"

상상의 허수는 실수에 속하지 않은 동떨어진 세상에 살고 있다. 마치 영혼들이 살고 있는 또 다른 세상. 그래서 허수는 실수축을 수직으로 가로지르는 또 하나의 다른 축으로 표현한다. 허수도 실수의 모습을 조금 닮아 양의 허수와 음의 허수가 있다. 어쩌면 이 모습은 신들이 사는 천상(양의 허수)과 과거, 현재, 미래의 시간들로 구성된 지상(실수) 그리고 지상 아래 어둠의 심연(음의 허수)을 닮아 있다. 이 모든 천상,

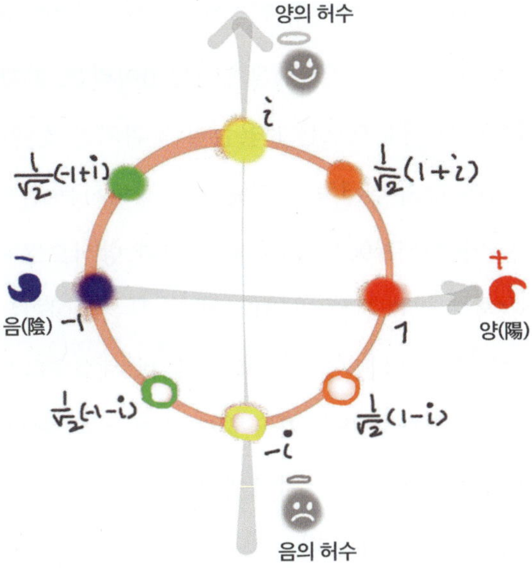

지상, 심연을 아우르는 실수와 허수로 구성된 수를 복잡한 수, 복소수 complex number라 한다.

실수축 위에서의 깡충 뛰기는 음과 양 어느 방향으로 가더라도 끝을 알 수 없는 무한대의 열린 시간을 마주하게 된다. 시작도 끝도 가늠할 수 없이 현재를 기준으로 과거와 미래를 구분하며 기약 없는 행진을 계속하는 것이다. 하지만 허수가 포함된 복소수의 세계에서의 곱셈은 좀 특이하다. 일종의 회귀의 속성을 보여 준다. 그런데 이 회귀는 우리가 살고 있는 레알real 세상 같은 실수축을 넘어선 곳에서 이루어진다.

수학적으로 $+i$와 $-i$는 모두 크기magnitude를 1과 같은 값으로 본다. 대신 둘은 실수축과 허수축 사이 어느 곳에 위치하는지를 이야기하는

'위상'의 차이를 지닌다. 복소수를 천상, 지상, 심연의 어디쯤에 있는 존재라고 가정하면 $+i$는 레알 세상에서는 0이라는 현재의 순간에 기반을 두고 있으면서 천상으로는 1의 높이에 위치한 것이다.

그리고 위상은 양의 실수축을 기준으로 정의하는 각도인데 $+i$의 위상은 실수축을 기준으로 90도가 된다. 동일한 방식으로 $-i$는 크기는 1, 위상은 -90도(혹은 270도)를 가진다. 비록 몸은 0이라는 지금 '이 순간'에 속박되어 있지만 마음은 상상력을 통해 허수축을 포함시킨 복소수의 천상과 심연의 어딘가로 자유롭게 옮겨갈 수 있다. 그러므로 $+i$는 높이가 1인 천상계에, $-i$는 지상에서 1만큼 아래인 심연에 마음이 옮겨간 이미지를 상상하면 된다.

두 복소수의 곱셈에 대한 이미지는 조금 더 흥미롭다. 두 수의 크기(반경)는 곱하고 위상(각도)은 더한다. $+i$나 $-i$처럼 크기가 1인 복소수를 제곱, 세제곱 할 경우에는 운 좋게 곱을 해도 크기값의 변화는 없고 단지 위상각만 더해진다. 그러므로 $+i$의 제곱, 세제곱, 네제곱은 복소수 평면의 반경이 1인 원에서 각도만 바뀌는 형태가 된다. 예를 들어 $+i$의 제곱은 크기는 동일하게 1이면서 위상각 90도의 두 배인 180도가 된다. 따라서 $+i$의 제곱은 음수 -1이 된다. 즉, 지금 이 순간 천상으로 1만큼 가 있는 마음 $+i$의 제곱은 현재로부터 -1 떨어진 과거로 가는 것이다.

연습을 위해 $-i$를 제곱하는 경우도 해 보자. 역시 크기는 여전히 1이면서 위상각 270도의 두 배인 540도가 된다. 540도는 원을 한 바퀴 돈 360도에서 다시 180도를 더 가는 것이므로 -1로 안착한다. 지금 이 순간 심연의 $-i$위치에서 마음을 제곱해도 현재로부터 -1만큼 떨어진 과거로 돌아가게 되는 것이다.

-1을 제곱하면 왜 1이 되는지도 이해할 수 있다. -1은 크기는 1이며 위상각은 180도로, 제곱값의 위상각은 360도다. 즉, 양의 실수축 위의 1로 돌아오게 된다. 이를테면 지금보다 1만큼 떨어진 과거의 마음을 제곱하면 현재에서 1만큼 떨어진 미래의 마음을 만나게 되는 것이다.

위의 내용을 이해했다면 조금 난이도가 있는 $(1+i)/\sqrt{2}$의 제곱을 생각해 보자. 이 복소수는 크기는 1이라 원 위에 있지만 실수축으로부터 45도 떨어진 지점에 있다. 제곱을 하면 크기 1의 제곱은 여전히 1, 위상각은 45도의 2배인 90도다. 따라서 i가 된다. 확인을 위해 $(1+i)/\sqrt{2}$ 곱하기 $(1+i)/\sqrt{2}$를 계산해 네 개의 항을 정돈해 보면 정말 i가 된다. 세제곱을 하면 어떨까? 복잡한 계산을 하지 않아도 된다. 크기는 여전히 1이라는 원 위에 있고 45도의 3배인 135도 지점에 도착한다. 즉, $(-1+i)/\sqrt{2}$다.

이를테면 $(1+i)/\sqrt{2}$는 지상의 미래 시간과 천상의 시간이 혼재되어 있는 것이다. 지상에서 수의 곱셈은 미래 혹은 과거 한 방향으로만 나아가는 반면 지상과 천상이 혼재된 곳에서는 그것을 반복하는 과정을 통해 미래에서 과거로, 과거에서 다시 현재를 지나 미래로 회귀하는 여정을 반복하는 것이다.

실수축을 기준으로 대칭적 위치에 있는 $(1+i)/\sqrt{2}$와 $(1-i)/\sqrt{2}$의 관계도 흥미롭다. 지상의 실수축을 기준으로 $(1+i)/\sqrt{2}$와 $(1-i)/\sqrt{2}$는 거울처럼 서로 마주보고 있다. 이 둘을 곱하면 어떻게 될까? $(1+i)/\sqrt{2}$

는 위상각이 45도이지만 $(1 - i)/\sqrt{2}$의 위상각은 -45도이다. 두 복소수의 위상각은 크기는 같고 부호만 다르므로 두 수의 곱은 위상각 0도인 지상의 실수축으로 돌아오게 만든다. 이 경우 두 복소수의 크기에 해당하는 반경이 운 좋게 1이라 크기의 곱 역시 1을 유지한다. 따라서 $(1 + i)/\sqrt{2} \times (1 - i)/\sqrt{2} = 1$. 지상에 $1/\sqrt{2}$이라는 기반을 부분적으로 두면서 천상의 $+i/\sqrt{2}$와 심연의 $-i/\sqrt{2}$이라는 서로 다른 세상을 상상한 두 상태의 곱은 결국 지상의 실수 1로 돌아오는 셈이다. 지상(실수)에서 희망(양의 허수)과 절망(음의 허수)의 몽상을 떠돌다 결국 현실 세상에서 마주한 하나의 생명, 하나의 삶, 하나의 사랑으로 드러나는 1은 그렇게 탄생하는 것일까?

만약 크기가 1보다 큰 복소수 자신을 반복해서 곱하는 경우는 나선형으로 회귀하며 원의 반경이 커지는 모습을 보인다. 크기가 1보다 작은 복소수는 역시 나선형으로 회귀하지만 반복해서 곱할수록 그 크기가 점점 작아져 0으로 수렴하는 모습을 보여 준다. 그런 측면에서 없음(0)과 무한은 속성이 달라 보이는 실재의 세상과 천상의 세상이 구별 없이 만나는 장소이다. 천상과 지상이 혼재된 복소수의 세상에서는 크기가 1인 경우 원 궤도의 모습으로 끊임없는 순환을 반복하나 크기가 1이 아닌 경우는 나선형 회귀를 통해 영원한 소멸과 영원한 발산으로 나아가는 것이다. 현자는 벗어날 수 없는 윤회의 원을 벗어난 복소수 평면 위의 영원한 소멸 혹은 영원한 발산으로 가는 것일까?

이처럼 복소수를 통해 지상의 인간이 살고 있는 실수를 벗어난 천상과 심연의 다른 차원을 회귀의 이미지로 상상해 볼 수 있다. 고대 인류는 원형의 건축물과 순환하는 달력을 구성해 신성한 회귀의 개념을 내재시켰지만 지금 같은 첨단 시대에는 복소수 개념을 활용한 현대 조형물을 만들어도 되지 않을까? 빛 또한 복소수가 지닌 회귀의 모습을 고스란히 간직하고 있는 파동이다. 따라서 레이저 빛을 사용한 홀로그램이나 설치미술 작품의 보강·상쇄 간섭의 주기적 패턴을 통해 회귀의 개념을 상징화할 수 있을 것이다. 나노 스케일의 작은 우주를 지배하는 기이한 양자역학의 파동함수 역시 복소수로 표현된다. 따라서 물질 속 전자의 양자파동함수를 계산한 문양도 나노스케일의 미학적 의미를 부여할 수 있지 않을까? 이제 21세기 예술가들도 진부한 실수의 개념에서 벗어나 복소수의 개념을 작품의 모티브로 활용하거나 원자나 분자를 이용한 나노스케일의 예술작품을 만들어야 하지 않을까?

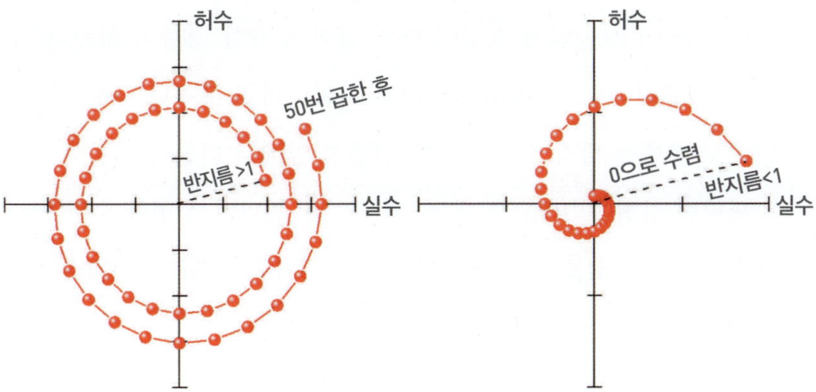

무한 수렴

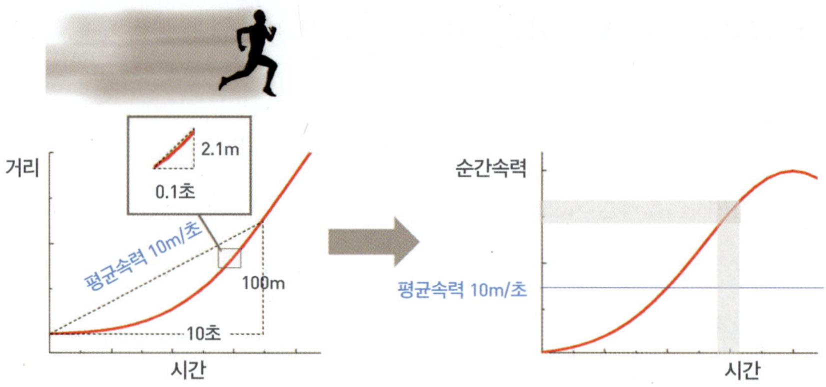

유한한 시간 간격을 사용해 얻어내는 '평균속력'은 '순간속력'과 다르다.

물리학 초보자들은 흔히 속력을 다음과 같이 설명한다. "육상 선수가 100m를 10초 만에 달렸다면 속력은 10m/초." 속력은 100m '거리'나 10초 '시간'처럼 측정을 통해 바로 알 수 있는 값이 아니라 두 값을 사용해야 얻을 수 있다. 이런 연산에 대한 번거로움 때문인지 초보자들은 속력에 대한 이 서술의 문제점에 대해 깊이 생각할 겨를이 없는 것 같다. 하지만 필사적으로 100m를 달려본 사람이라면 누구나 나눗셈을 하지 않고도 빠름을 감각적으로 안다. 결승선 앞에서 다른 선수들을 추월하던 짜릿한 경험을 '10m/초'라는 '평균속력' 하나로 설명할 수는 없다. 달리기의 극적 요소를 드러내기 위해서는 매 순간 변하는 '순간속력'이 필요하다.

속력 측정기를 사용하면 실시간 속력 변화를 알 수 있다. 출발부터 도착까지의 속력을 시간에 따라 그려보면 매 순간 느꼈던 빠름의 차이가 확연히 드러난다. 출발 당시에는 속력이 크지 않지만, 시간이 갈수록 차츰 증가한다. 마지막에는 체력이 고갈되어 속력이 최곳값에서 조금 줄어드는 모습도 확인할 수 있다. 하지만 속력 측정기 역시 시간 한계가 있다. 측정기에서 방출된 전파가 달리는 물체에 반사되어 다시 측정기에 감지되는 과정에 시간이 소요되기 때문이다. 비록 그 시간이 아주 짧기는 하지만 속력 측정기 역시 '평균속력'을 제공하는 셈이다. 인간적 관점에서 그 정도로 짧은 시간이면 순간으로 취급해도 괜찮아 보일 수도 있겠지만 나노 스케일의 미시 세계에서 천분의 일 초는 빛의 생성과 소멸이 수만 번 일어날 수도 있는 영원과 다름없는 시간이다. 찰나의 시간도 유한하다면 '평균속력'일 뿐이다. 그 어떤 기계도 진정한 순간을 잡아낼 수는 없다.

이상적 순간은 크기가 없는 0의 시간이다. 하지만 속력 계산 과정에서 분모에 0의 시간을 사용하면 분자로 사용하는 거리의 크기와 상관없이 속력이 무한대로 발산해 버린다. 그렇다면 어떻게 '순간속력'을 구할 수 있을까? 결국, '평균속력'을 사용할 수밖에 없다. 대신 유한 시간의 폭을 줄여나가는 과정에서 얻는 '평균속력'들이 특정 값으로 수렴해 간다는 것을 확인해야 한다. 이를테면 10초의 시간 간격으로 얻은 평균속력은 특정 순간의 속력과 비교해 터무니없이 다르지만 시간 간격을 1초, 0.1초, 0.01초, 0.001초로 줄여가다 보면 단계별 평균속력이 특정 값으로 다가간다. 즉, '미분'과 '무한수렴'의 원리가 필요하다. 하지만 현실적으로 도달할 수도 없는 수렴의 그곳을 어떻게 확신할 수 있을까? 가본 적은 없지만 일단 믿어야 하는 신앙 같은 것이 필요한 것일까?

어디쯤 왔나요

이미 많이 왔는데

이대로 가면

과연 그곳에

다다를 수 있는 건가요?

"우리 어디가?"

"홋카이도!"

"거기가 어딘데?"

"몰라!"

비행기 안에서 아이와 대화를 나누던 중, 지도 개념이 없는 아이의 머릿속에서는 출발지와 목적지 사이의 관계가 함수를 닮아있을 것 같다는 생각이 들었다. 즉, 함수는 출발지를 떠나 잠시 눈을 감고 있으면 금방 목적지에 자신을 데려다주는 비행기나 포탄의 여행을 닮았다. 여정의 과정에 존재하는 바다와 땅의 풍경에 대해 무지한 상태에서 단지 '원인'이 되는 '출발지'와 '결과'에 해당하는 '목적지' 사이의 관계에만 주목하는 것이다. 아마도 아이는 'x= 부산'이면 'f(x= 부산) = 홋카이도'라는 사실만을 기억할 것이다.

지도처럼 과정에 대한 구체적인 정보를 제공할 수 있는 물리적 여행도 있지만 그렇지 못한 여행도 있다. 우리는 각자가 선택한 가치관이 제시하는 이상적 세계를 향한다. 이를테면 $x=c$라는 선택은 종교일 수 있고, 과학일 수 있고, 예술일 수도 있다. 그렇게 선택한 $x=c$가 $f(x=c) = L$이라는 '구원'이나 '진리', 혹은 '신세계'에 데려다줄 것이라고 믿고 있다. 그렇다면 지금 내가 '니르바나'의 L이 아닌 $L+\varepsilon$에서 슬픔과 고통을 느끼는 이유는 현자가 발견한 $x=c$가 아닌 $x=c+\delta$라는 잘못된 선택 때문일까? 아마도 $x=c$를 찾는 것은 바닷가의 수많은 모래알 속에서 바늘 하나를 찾아내는 것처럼 쉽지 않을 것이다. 그렇다면 비범한 능력을 지니지 못한 평범한 인간은 $x=c$에 가까이 다가가는 것으로 L에 조금 더 다가갈 수 있다는 '믿음'을 지녀야 하는 것일까? 하지만 그 '믿음'을 어떻게 보장할 수 있을까? 때로는 c에서 아주 조금 어긋난 사소한 실수가 L과는 너무나도 다른 곳으로 이끌 수 있다. 사천공항이 부산공항 근처에 있다는 이유로 홋카이도 근처로 나를 데려다 줄 것이라 보장할 수는 없다. 결국, 현실을 살아가는 인간의 선택은 단 하나의 $x=c$와 어긋난 많은 $x=c+\delta$일 경우가 많다. 멀리서 보기에 $x=c$와 구분할 수 없을 만

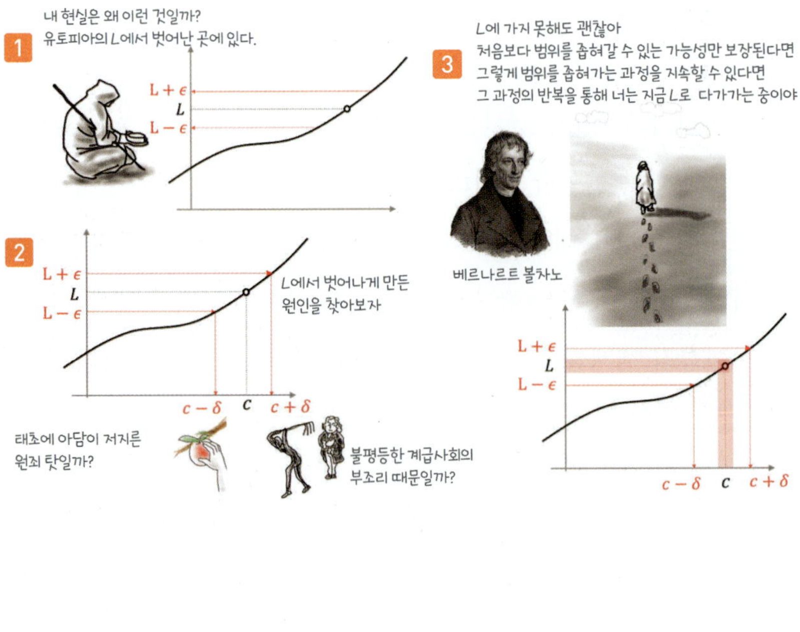

큼 아주 가까이 다가갔다는 기대감은 돋보기로 확대된 시각에 의해 여지없이 무너질 수 있다.

미적분을 기반으로 하는 뉴튼Isaac Newton 역학은 운동의 변화를 정확히 예측하는 함수를 제공할 수 있었지만, 그 기반이 되는 무한 수렴에 대한 엄격한 증명은 없었다. 증명의 부재는 결국 다양한 오해와 뉴튼 역학 자체에 대한 회의적인 의견까지 불러일으켰다. 하지만, 다행스럽게도 무한 수렴을 증명할 수 있는 실마리가 베르나르트 볼차노Bernard Placidus Johann Nepomuk Bolzano라는 카톨릭 신부에 의해 제안되었다. 이른바 입실론(ε)-델타(δ) 논법으로 알려진 이 증명의 핵심이 되는 영감은 어쩌면 그의 사제로서의 삶의 경험에서 비롯되었을지도 모른다. 아마도 사제가 되어 마주한 현실 세상의 모습은 구원의 이상적 L과 너무도 다른 모습이었을 것이다. 세상의 수많은 가난과 슬픔, 위선과 탐욕으로 얼룩진 $L+\varepsilon$를 마주하며 그는 무슨 생각을 했을까?

함수 $f(x)$가 구원의 L에 데려다줄 수 있는 $x=c$를 알려줄 수 있다면 L에서 어긋난 가난의 $L+\varepsilon$과 슬픔의 $L-\varepsilon$을 유발한 원인 $x=c+\delta$과 $x=c-\delta$도 찾아낼 수 있다. ε과 δ도 $f(x)$의 속성을 지니고 있으므로 둘은 함수적 관계로 연결된다. 대신, 어떤 결과의 원인을 되짚어보듯 이상과의 차이인 ε를 목격한 후, 그 원인이 되는 δ를 찾아 거슬러 올라가는 또 다른 함수적 여행 $\delta(\varepsilon)$를 하는 셈이다. $x=c+\delta$와 $x=c-\delta$는 인간이 저지른 태초의 잘못이거나, 마음속 욕망이거나, 사회적 신분과 계급 사이에 존재하는 부조리와 불평등일 수도 있다. 하지만 원인이 무엇이든 간에 어긋남을 유발한 원인을 발견한 후에 다시 질문할 수 있다. 현재 목격한 $L+\varepsilon$과 $L-\varepsilon$보다 더 좁은 범위로 다가설 수 있는 새로운 x가 가능할까? 비록 그 x 역시 여전히 c와 어긋난 값이지만 δ보다 작은 범위 속에서의 새로운 시도여야 한다. 그 시도 또한 이상적 L에는 도달하지 못하겠지만 적어도 기존의 ε과 비교해 보면 L에 조금 더 가까이 다가서야 한다.

목격한 이상과의 차이 ε에 대해 그 원인인 δ을 찾고 기존의 ε에 비해 오류의 범위를 좁힐 수 있는 새로운 시도가 가능하다면, 오차를 좁혀가는 기회는 무한히 가능하다. 즉, $x=c$에 다가서는 과정이 $f(x=c)=L$에 도달할 수 있음을 오차를 줄일 수 있는 새로운 '시행착오'의 존재 가능으로 증명하는 셈이다. 비록 유한한 시도의 과정에서 $x=c$를 발견해 $f(x=c)=L$에 도달하는 경험을 하지 못할 수도 있겠지만, 적어도 어긋남이 좁혀질 수는 있다. 유한한 시간 오차를 통해 얻는 '평균속력'이 그렇게 '순간 속력'으로 다가갈 수 있고, 수많은 시행착오의 과학 지식 역시 그렇게 진리에 다가가고 있다. 그러므로 그의 신앙은 수학적이며 과학적이다.

그런 측면에서 '진리'나 '신'은 수학과 물리학에서 다루는 무한의 본질과 어딘가 닮아있다. 지상의 이곳과는 다른 이상적이고 절대적인 저 어디쯤 광대한 하늘 너머 혹은 아득한 수평선 너머에서 그 존재를 만날 수 있을 것 같다. 수학적 무한 역시 이런 믿음과 회의 사이에서 갈등하는 구도의 여정과 닮은 부분이 있다.

가파름 Gradient

가만히 서 있어도

자꾸만 끌려든다

저만치 떨어진

너와 나 사이

텅 빈 공간을 가로지르며

보이지 않게 잡아 당긴다

멈춰 서 있기 힘든

가파른 경사

나는 지금 보이지 않는

산 위에 있다

너에게 다가갈수록

내게는 더 아찔할 경사

오늘도 너를 향해 추락하는 나

사과를 바닥에 떨어뜨리는 중력의 인력, 음과 양의 전하 사이에 작용하는 전기의 인력. 두 종류의 힘 모두 멀리 떨어져서 작용하지만 보이지 않는다. 마치 텅 빈 공간을 지나온 보이지 않는 손이 불쑥 나와 멱살을 잡아 당기는 것 같다. 끌림의 원인이 되는 그 지점을 향해 가까이 다가갈수록 당기는 힘은 더욱 더 강해진다. 멀리서 작은 끌림으로 시작해

점점 가까이 다가갈수록 커지는 보이지 않는 힘을 경험한 이들은 그 공간에 대해 어떤 이미지를 가질까? 물리학에서는 보이지 않는 힘의 배후에는 또 하나의 보이지 않는 '에너지의 산'이 공간 속에 펼쳐져 있다고 생각한다. 산의 높이가 에너지이고 경사의 가파름이 힘의 크기와 방향을 결정하는 것이다. 가파른 경사에서는 서있는 것이 쉽지 않고 보이지 않는 힘이 나를 당기는 것 같다. 그래서 보이지 않는 에너지(U) 산에 Gradient라는 연산을 하면 ($\vec{\nabla}U$) 산 경사의 가파름의 기울기 값을 얻을 수 있다.

힘($\vec{F}$)을 받아 이동하면 '일'을 한 것으로 간주한다. 중력이나 전기력 같은 원격 작용은 텅 빈 공간에 가만히 서 있기만 해도 보이지 않는 힘으로 잡아 당겨 다가서게 만드는 것이므로 일을 한 셈이다. 그러므로 특정 위치에 가만히 있는 것만으로도 '일'을 할 수 있는 잠재성을 지니고 있는 것이다. 그래서 이 에너지의 산을 '잠재 에너지Potential energy' 혹은 '위치 에너지'라고 한다. '일'도 '잠재 에너지'와 동일한 에너지의 단위 줄(J)을 사용한다. 즉, 무언가에 끌리는 것은 공간에서 만들어진 보이지 않는 산의 '잠재 에너지'를 '일'로 바꾸는 과정인 것이다.

어쩌면 누군가에게 끌려 다가서는 과정에도 보이지 않는 산이 있을지도 모르겠다. 이를테면 사랑의 힘의 배후에는 커다란 산이 있고 사랑에 빠진 사람은 의지와 상관없이 매 순간 끌려가게 만드는 가파른 경사 위에 올라서 있는 것이다. 상대에게 이끌리는 인력의 경우 산 위에서 아래로 내려가는 모습이지만 미움의 척력은 산 위를 향해 오르는 모습이다. 자연스럽게 몸이 아래로 쏠리는 하산과 달리 산을 오르는 것은 어렵다. 그에게 다가가는 것이 등산처럼 힘든 과정이 되는 것이다. 사랑도, 미움도 모두 보이지 않는 산의 풍경을 지니고 있는 것이다.

수학적으로 Gradient는 삼각형을 뒤집은 듯한 모양 위에 화살표를 얹은 기호를 방향은 없고 크기만 지닌 함수에 적용한다. 즉, 등고선으로 표현되는 산의 높이는 크기 밖에 없지만 지도라는 평면 위에 표현되는 등고선의 간격을 통해 힘의 방향을 유추할 수 있다. 산의 높이(U)가 지닌 경사의 가파름 정도를 통해 힘의 방향을 알아내는 것이다. 힘의 방향은 산의 높은 곳에서 낮은 곳을 향하므로 경사값($\vec{\nabla}U$)에 음의 부호를 붙이면 제대로 된 힘의 방향을 최종적으로 얻을 수 있게 된다. 즉, 양의 기울기를 지닌 오르막의 경사에서는 경사의 반대 방향으로 힘을 받으므로 힘은 경사값에 음의 부호를 붙여야 한다($\vec{F} = -\vec{\nabla}U$). 그런데 산이라는 비유를 할 경우 산의 높이로 얻은 힘의 방향은 등고선 지도 위 동서남북의 방향만을 알려주기 때문에 2차원의 힘을 얻는 셈이다. 3차원 방향을 지닌 일반적인 힘을 얻기 위해서는 잠재 에너지 산의 풍경은 4차원(에너지 산의 높이를 표현하는 축과 방향을 표시하는 3가지의 x, y, z 축)이어야 한다. 하지만 4차원의 산을 상상하기는 쉽지 않다.

그래서 다른 방법의 비유가 필요하다. 3차원의 한 지점에서 잠재 에너지의 높낮이를 색으로 구분해 보는 것이다. 예를 들어 교실 귀퉁이에 앉은 사랑하는 사람과 나 사이의 3차원 풍경을 색으로 나타내 볼 수 있다. 멀리 있을수록 잠재 에너지가 크므로 빨간색, 가까이 다가갈수록 잠재 에너지가 작으므로 파란색, 그 사이는 에너지의 크기에 따라 무지개색 중에 골라서 채울 수 있다. 그러므로 사랑하는 사람과 나 사이에는 보이지 않는 다채로운 색깔의 풍경이 펼쳐져 있는 것이다. 결론적으로 사랑하는 사람을 향해 다가서는 여정에는 다양한 색의 풍경을 마주하며 변화하는 색의 기울기가 힘의 세기와 방향을 결정한다.

가끔씩 색의 풍경은 진짜로 보이기도 한다. 멀리 있어도 사랑하는 사람의 얼굴은 빨갛게 상기되어 있다. 붉은 얼굴을 상상하면 '열'이 떠오른다. 사실 열도 일종의 에너지이고 에너지의 단위로 줄(J) 혹은 칼로리(Cal)를 사용한다. 작은 찜질방 한 구석에 불가마가 놓여 있다고 상상해 보자. 이번엔 불가마에서 가까운 곳으로부터 멀어지는 순서로 벌겋게 달아오른 사람들의 얼굴색이 다른 것을 확인할 수 있을 것이다. 불가마가 있는 장소로부터 열이라는 에너지가 주는 독특한 색의 풍경인 것이다. 달아오른 얼굴색의 기울기로부터 열의 힘을 가늠해 볼 수 있다. 이 경우 불가마가 위치한 지점의 열에너지가 가장 크므로 힘의 방향은 불가마로부터 멀어지는 방향이다. 이 힘을 면적으로 나눈 값이 다름 아닌 기체의 압력이다. 좀 더 제대로 된 에너지 색의 풍경을 보고 싶으면 적외선 카메라를 이용하면 된다. 이렇게 우리는 세상의 다양한 풍경들로부터 산등성이 같은 공간의 기울기와 색의 기울기라는 두 가지 상상을 해 볼 수 있다.

뿜어냄 Divergence

어딘가에서

나에게 불어오는

마음의 바람이

내 머릿속을 관통해 간다

화살처럼

물살처럼

방향과 크기를 가진

보이지 않는 마음의 화살

마음은 내 안에 있긴 하지만

내 속으로 스며드는 것들 모두는

전부 다 내 것이 아닌 것이다

뜨거우면 화나고

차가우면 슬퍼도

그것은 모두가 내 것이 아니라

내 속을 비우면 잠시 머물다

바람처럼 어제처럼 지나가 버린다

그렇게 온전히 나를 비울 때

들어와서 나가는 내 마음의 화살은

내 속에서 아무런 변화가 없다

나무아미타불 Divergence zero

하지만 그것이 내 것이라 믿으면

내 속의 괴물은 급기야 눈을 떠

분수처럼 온종일 욕망을 뿜고

부끄러운 마음조차 삼켜버린다

나무아미타불 Divergence non-zero

내 속으로 들어와 나가버리는

마음의 화살이 변해 버렸다

특정 위치의 높이와 공간 속 한 지점의 열은 방향은 없고 크기만 있다. 물리학에서 방향은 없고 크기만 지닌 양을 '스칼라Scalar'라고 부른다. 반면 바람과 강의 물살은 크기도 있고 방향도 있다. 공간 속 각각의 지점들이 지니고 있는 크기와 방향을 화살표로 나타낸다면 전쟁터에서 궁수들이 허공에 빼곡하게 쏘아 올린 화살들의 풍경을 닮았다. 이렇게 크기뿐 아니라 방향도 지니고 있는 물리량을 '벡터vector'라고 부른다. 공간 속 각 지점마다 높이나 열이 다르다면 크기뿐 아니라 방향을 지닌 힘을 유발해 낸다. 비록 스칼라 물리량은 크기만 지니고 방향이 없지만 크기의 공간적 다름은 크기뿐 아니라 방향도 지닌 벡터를 유발한다. 즉, 스칼라의 가파른 풍경은 벡터를 내포하고 있다. 그렇다면 바람이나 물살처럼 원래 크기와 방향을 모두 지닌 '벡터'의 공간적 변화는 어떻게 다룰 수 있을까?

크기와 방향을 모두 가진 벡터 물리량의 변화를 가늠할 때는 Divergence라는 연산을 사용한다. 벡터함수 앞에 뒤집은 삼각형 같은 연산자를 두고 그 사이 커다란 점($\vec{\nabla}\cdot$)을 찍어 표기한다. Divergence도 크기의 변화를 본다. 물살과 바람의 세기를 의미하는 화살표 크기가 세지거나 약해진다면 크기값의 변화가 오르막과 내리막 같은 가파름의 풍경을 만들 수 있다. 하지만 화살표는 자신의 고유한 세기를 유지하며 방향만 바꿀 수도 있다. 그러므로 3차원을 대변하는 수직의 세 가지 방향에 대해 각각 가파름의 정도를 더한 것으로 화살표들의 변화를 가늠할 수 있다. 결과적으로 크기와 방향을 지닌 벡터함수에 Divergence 연산을 하면 세 가지 방향에 대한 변화를 모두 더한 스칼라 값을 얻게 되는 것이다.

그렇다면 왜 Divergence라는 표현을 사용할까? "발산"이라는 뜻처럼 물살과 바람의 변화가 있는지 관찰하는 그 지점에서 온천처럼 무언가를 뿜어내는 것이 있다면 벡터 화살의 세기는 커진다. 반대로 화살을 삼키는 싱크대 구멍 같은 것이 있다면 화살의 세기는 줄어든다. 그러므로 공간에 분포한 흐름의 경로 속에 '뿜어냄source'이나 '삼킴sink'의 요소가 없다면 Divergence 값은 0이다. 예를 들어 바람이나 물살을 닮은 전기장 $\vec{E}$의 특정 지점에서 Divergence를 연산한 값이 양수($\vec{\nabla}\cdot\vec{E} > 0$)인 지점에는 새롭게 전기장을 뿜어내는 양의 전하가 존재한다는 것을 의미한다. 반대로 음수($\vec{\nabla}\cdot\vec{E} < 0$)인 경우는 음의 전하가 존재하는 것이다.

마음은 어떨까? 만약 마음의 흐름을 관찰하는 자신을 하나의 점이라 가정할 때 마음 화살의 Divergence가 0이 아니라면, 그것은 스스로가 무엇인가를 만들어내거나 지워버린다는 것을 의미한다. 그래서 물살처럼 내 안으로 들어온 생각과 흘러나간 생각이 달라지는 것이다. 하지만 바람처럼 밖으로부터 내 속으로 들어온 감정들이 나를 거쳐 나가는 동안 아무런 변화가 일어나지 않는다면 내 속에는 바람을 왜곡시킬 아무것도 가지고 있지않은 셈이다. 진정 텅 빈 마음은 Divergence 0인 셈이다.

소용돌이 Curl

차가운 얼음판 위에 무겁게
배를 깔고 엎드렸다
정신없이 맴도는 모습에 현기증이 난다
머리 앞을 오가는 요란스런 빗자루 소리가 사라져가면
그제서야 천천히 몸이 멈춘다
갑자기 외치는 고함 소리에 잠에서 깼다
"영미야! 영미!"

2018년 평창 동계올림픽을 통해 대한민국 국민들은 컬링Curling이라는 단어에 익숙해졌다. 손잡이가 달린 돌덩이를 얼음판에 던지고 빗자

루질을 하는 낯선 경기를 보며 응원의 열기가 고조된 덕분에 수업 시간에 컬Curl이라는 수학 연산을 가르치기가 조금 수월해졌다. 영어 단어 컬은 곱슬머리나 소용돌이 모양의 상태를 지칭한다. 컬 연산은 수학적으로는 앞서 언급한 벡터함수에 가해져야 한다. 그러므로 우선은 공간의 모든 지점마다 벡터 화살의 크기와 방향이 주어져야 한다. 컬 연산은 공간의 위치가 바뀜에 따라 이 화살들의 변화에 뭔가 소용돌이치는 성향이 있는지를 파악하기 위한 것이다. 기호 표기는 뒤집어진 삼각형과 구하고자 하는 벡터함수 사이에 커다란 곱하기($\vec{\nabla}\times$) 표기를 한다. 컬 값이 0이면 소용돌이가 없고 컬 값이 0이 아니면 그 지점에 소용돌이가 있는 것이다.

그런데 컬 연산을 하고 나면 크기도 있지만 방향도 정할 수 있다. 방향은 소용돌이의 회전축을 기준으로 한다. 예를 들어 소용돌이가 반시계 방향이면 오른손 엄지손가락을 회전축과 나란하게 두고 나머지 네 손가락은 소용돌이처럼 감싸 쥐어 보자. 그러면 엄지손가락이 지시하는 방향이 소용돌이의 방향을 대표한다. 소용돌이에 수직인 컬 방향으로 물리적 실체가 솟구치고 있다는 의미는 아니다. 단지 회전 방향을 표시하기 위한 편의적 용도일 뿐이다.

가령 컬링 돌 아래 점을 표시해 두면 매 순간 회전하면서 나아가는 점들은 특정 속력의 크기와 방향을 지니게 된다. 컬링돌 바닥의 점들이 만들어 내는 속도의 벡터($\vec{V}$)를 모두 기록해 그려 보면 얼음판은 무수히 많은 속도의 화살들로 채워질 것이다. 컬링 돌이 얼음판 위에 속도의 벡터함수를 남긴 것이다. 컬링 돌은 회전하며 나아가고 있으므로 속도 벡터함수에 대한 컬값은 당연히 0이 아니게 된다($\vec{\nabla} \times \vec{V} \neq 0$). 물을 내리면 소용돌이치며 내려가는 변기 속 풍경도 속도 벡터함수로 표현할 수 있고 이때 컬 값은 0이 아니다. 미장원에서 단체로 곱슬머리 펌을 한 할머니들의 머리결도 공간의 벡터함수를 지니고 컬 값은 0이 아니다.

국민적 관심이 고조된 경기 종목이였다 보니 컬링의 원리에 대해 좀 더 자세히 알아보자. 컬링 돌은 바닥의 중심부가 움푹하게 파여서 얼음과 접촉하는 부분이 링모양이다. 컬링돌과 유사하게 뒤집어 놓은 유리컵을 테이블 위에서 시계 방향으로 회전시키면 앞으로 나아가는 동안 회전 방향과 반대인 왼쪽으로 휜다. 회전하며 진행하는 순간 유리컵이 바닥과 접촉하는 부분의 속도 방향을 살펴보면 컵의 앞부분은 오른쪽, 뒷부분은 왼쪽이다. 그런데 컵이 바닥과 마주하는 접촉면이 컵의 무게중심 아래에 있어 컵은 전체적으로 앞쪽에 쏠리고 뒷쪽이 살짝 들리게 된다. 따라서 앞부분의 마찰이 뒷부분보다 더 크다. 결과적으로 컵 뒷쪽의 왼쪽 방향 회전이 덜 줄어들어 컵은 앞으로 진행할수록 왼쪽 방향으로 휘게 된다. 하지만 컬링 돌은 유리컵과 비교해 정반대의 결과가 나온다. 유리컵의 경우와 유사하게 진행하는 컬링 돌은 앞부분의 압력이 뒷부분보다 크다. 대신 압력이 크면 요철 형태의 얼음 표면과 접촉하는 부분에서 물이 많이 생겨 오히려 마찰이 줄게 된다. 결과적으로 마찰은 앞부분이 뒷부분보다 더 작아지게 된다. 따라서 유리컵과 정반대의 결과를 얻게 된다. 즉, 시계 방향으로 회전하는 돌은 진행방향에 대해 오른쪽으로 휜다. 얼음과 접촉하는 컬링 돌 바닥의 링은 얼음과 접촉해 흔적을 만들거나 마찰을 줄이는 물을 발생하는 데 반응시간이 소요되므로 컬링돌의 휘는 효율은 돌의 속력에 따라 다르다.

빗자루질을 하면 얼음과의 마찰이 줄어 휘는 정도를 줄인다. 따라서 빗자루질을 하지 않는 경우 돌은 오히려 진행할수록 더 많이 휜다.

한편 스웨덴 웁살라 대학의 연구팀은 돌의 앞뒤 마찰 차이보다 컬링 돌 바닥의 링이 진행하면서, 얼음 위에 홈을 파며 흔적을 남기는 것이 주된 원인이라는 다른 모형을 제시했다. 앞부분이 회전하며 남긴 흔적의 결 방향에 뒷부분이 영향을 받아 휘게 된다는 것이다. 시계 방향으로 회전하며 앞으로 진행하는 돌은 왼쪽은 앞으로 나아가는 병진 운동translational motion 방향과 회전 방향이 동일하므로 오른쪽 부분보다 속력이 크다. 따라서 왼쪽 링이 만들어 내는 홈의 간격은 오른쪽 링이 만들어 내는 간격보다 더 촘촘한 무늬를 만들어 내고 그 결과 돌은 오른쪽으로 휘게 된다는 주장이다.

하지만 이렇게 물리학자가 이론적으로 길고 어렵게 설명해도 막상 얼음판에서 컬링을 하면 돌을 던지다가 미끄러지기만 할 것 같다. 분명 컬링 돌의 제어는 선영이와 영미가 훨씬 잘한다. 그들은 수식과 물리의 언어가 아닌 몸의 감각과 경험으로 이 모든 원리를 이해하고 있기 때문이다. 이를테면 그들은 얼음과 돌과 교감하는 체화된 지식을 지니고 있는 것이다. 그렇다면 머리로 이해하는 물리와 몸의 감각으로 체화된 지식이 소통할 수 있으면 어떨까? 미래에는 인공지능 로봇이 인간보다 컬링을 더 잘하게 될지도 모르겠다. 컬링 로봇이 한국에서 만들어진다면 2018년 동계올림픽을 기념하기 위해 '영미야!'라고 외치는 기능도 내재되어 있을 것 같다.

수평선

천상으로 올라간 그들 같은 날개
살아있는 동안 돋아나길 기다리다
치켜든 목이 아파 결국엔 길을 나섰다
차라리 하늘과 땅이 만나는
아득한 저 너머를 향해
느리게
느리게
맨 손으로
노를 저어가다
문득 자리에서 일어나
바라본 낮아진 수평선
나는 비로소 고래보다 더 큰
지상의 굽은 등을 알게 되었다

머리 위로 고개를 들어 보면 하늘은 언제나 가늠할 수 없을 만큼 높아 보인다. 자유롭게 날아다니는 새들보다 높이 떠 있는 구름은 더욱 멀어 보이는데 그보다 더 높은 곳에는 또 무엇이 있을지 궁금해진다. 아마도 오래 전 인류는 이런 상상을 통해 까마득하게 먼 하늘 위 어디쯤 신들이 사는 천상이 있다고 믿기 시작했을 것이다. 밤하늘의 반짝이는 별들조차 천상에 대한 제법 그럴듯한 증거로 보였을 것이다.

하지만 하늘을 향한 여정은 쉽지 않다. 지상의 삶은 자유로운 수직운동을 허락하지 않기에 도약을 꿈꾸는 자를 예외 없이 추락시킨다. 그래서 인간에게 날개는 지상을 탈출하고 싶은 욕망이면서 동시에 천상에서 주어지는 선택을 상징한다. 그렇게 지상 위에서 살아가는 동안 항상 중력의 부조리를 마주해야 한다는 사실을 알기에 날개는 지상의 삶을 넘어선 곳에서만 주어지는 특별한 것이어야 한다. 비록 천상의 삶이 영원eternity의 속성을 지니고 있어도 그것은 살아서는 경험할 수 없는 것이다. 하지만 바다와 땅이 하늘과 만나는 곳은 좀 달라 보인다. 지평선과 수평선은 지상의 긴 여정을 통해서 언젠가는 닿을 수 있어 보인다. 어쩌면 그곳이 영원에 도달할 수 있는 현실적인 대안처럼 보이기도 한다. 비록 멀기는 하지만 날개 같은 도구 없이 그저 쉬지 않고 나아가기만 한다면 언제가 도착할 수 있는 곳 같아 보인다.

가보지 않은 그곳이 아주 멀 경우에는 자신이 바라보는 시선을 대하는 마음에 따라 상이하게 다른 가치관과 믿음을 지니게 된다.

하나의 시선은 그곳을 가보지도, 경험하지도 않고서 하나의 믿음과 신념을 가지는 경우다. 그것이 긍정적이든 부정적이든 경험하지 않고 만들어 낸 상상이 믿음이 되고 신념이 되는 것이다.

이를테면 하늘과 바다가 만나는 수평선은 누군가에게는 그 경계를 직접 경험하고 싶은 강렬한 동기가 될 수 있지만 또 다른 이에게는 영원의 신성함으로 인해 오히려 여정의 의욕을 상쇄시키게 할 수 있다. 마치 하늘이 인간의 몸으로 닿을 수 없는 불가능한 곳이기에 성스러워진 것처럼 말이다.

휴가 내내 의자에 반쯤 누워 발코니 유리벽 너머로 보이는 바다 풍경을 보다 우연히 자리에서 일어나 보니 수평선의 높이가 변한다는 것을 알아차리게 되었다. 하늘과 바다가 만나는 경계가 내 시선의 각도에 따라 바뀌는 것이다. 너무도 뻔한 이 일상의 경험을 예사롭지 않게 생각한 사람이 아주 오래 전에도 있었다. 11세기 페르시아의 알-비루니Al-Bīrūnī는 하늘과 지상의 경계를 내려다본 각도와 지상으로부터의 높이만으로 지구의 반경과 그 경계까지의 거리를 추정해냈다. 영원으로 상징되는 그곳이 좀 멀기는 하지만 추정 가능한 유한한 거리가 된 것이다.

수평선을 보기 위해서는 정면을 응시하는 직선을 기준으로 시선의 각도를 낮추어야 한다. 수평선을 향한 시선과 눈높이에서 정면을 바라본 시선이 평행선처럼 나란하지 않고 각을 지닌다는 사실 자체가 이미 수평선이 무한하게 멀지 않다는 것을 의미한다. 즉, 하늘과 땅이 무한히 나란한 평행선이라면 수평선을 보기 위해서는 시선의 각도를 낮출 필요가 없다. 따라서 그 각을 θ라고 하면 수평선까지의 거리는 점 S와 점 A까지의 곡선 거리가 된다. 알-비루니는 이런 방법을 통해 지구의 반지름을 가늠할 수 있었다. 추가적으로 고도에 따른 공기의 밀도가 높이에 따라 변하는 점을 고려하면, 광학적 보정을 할 수도 있다. 즉, 고도에 따라 굴절률이 달라, 빛은 수평선에서 직선이 아닌 곡선의 형태로 내 눈에 들어온다. 만약 수면에서 고도가 높아질수록 굴절률이 작아진다면 수평선은 알-비루니가 추정한 위치 A보다 조금 더 먼 B가 된다. 따라서 수평선을 보기 위해 시선을 낮추는 각은 θ'으로 조금 줄어든다. 즉, A보다 조금 먼 B에 위치한 수평선에서 빛이 휘어지며 관측자의 눈에 들어오는 것이다. 지면이 뜨거운 사막에서는 반대로 먼 곳이 오히려 더 가깝게 보이는 신기루 효과가 일어난다. 즉, 지면에 가까울수록 굴절률이 작아져 지평선의 위치가 A보다 더 가까운 곳에 있게 된다. 오아시스는 신기루보다 멀리 있다.

예를 들어 지구의 평균 반경(R = 6,371 km)을 사용해 점 E의 눈높이가 170 cm인 사람이 바다를 응시하는 경우를 고려해 보자. 알-비루니의 방법을 사용한다면 수평선까지의 거리(점 S에서 점 A까지의 곡선거리)는 4,654 m이고, 수평선을 내려다보는 각 θ는 0.04186도이다. 반면 높이에 따른 굴절률 감소를 고려한다면 점 B에 있는 수평선까지의 거리는 5,027 m로 멀어지고 수평선을 내려다보는 각은 줄어든다(θ' = 0.03875도). 적도와 극방향 지구반경 차이를 고려해 보면 수평선 거리는 5 m, 수평선을 바라보는 각도는 0.00004도 정도의 오차를 지닌다. 여기에 수평선을 구분하기 어렵게 만드는 광학적 효과와 사람 눈의 한계를 감안하면 오차는 더욱 커진다. 만약 지상으로부터 10 m 높이에 있는 전망대

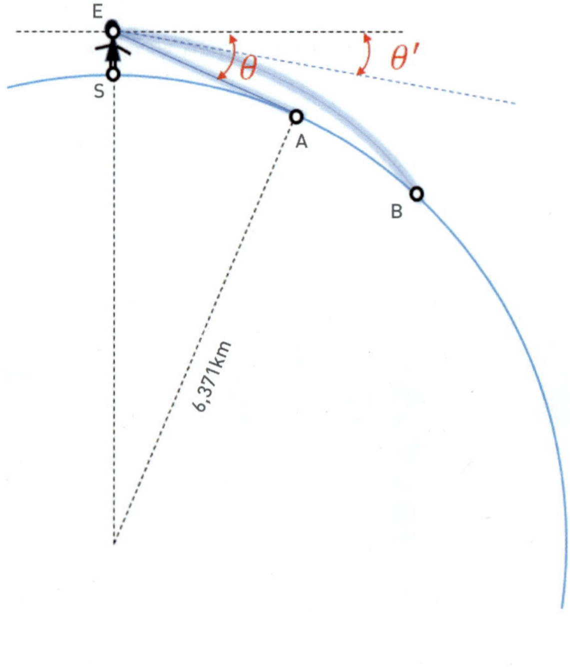

에 올라간다면 수평선은 12,190 m까지 확장되고 수평선을 바라보는 시선은 $\theta' = 0.09399$도의 각으로 더 낮춰야 한다.

날개를 지닌 새는 하늘 높이 올라 자신의 시선 아래 펼쳐진 풍경을 직접 볼 수 있지만 날개를 지니지 못한 인간은 그럴 수 없다. 그러나 인간도 보이지 않는 날개를 지니고 있다. 비록 몸뚱이는 초라하지만 인간은 수학이라는 날개를 통해 새보다 높고 멀리 날아 지구를 볼 수 있다.

알-비루니에게 하늘과 땅이 만나는 수평선은 영원으로 상징되는 신비스러운 곳도 무한하게 멀리 떨어져 가늠할 수 없는 곳도 아니었을 것이다. 그에게 수평선은 비록 멀기는 하지만 얼마나 오래 가면 도달할 수 있는지를 정확하게 가늠할 수 있는 실질적인 장소였던 것이다.

수학은 이렇게 영원과 무한에 대한 신화와 믿음을 걷어낸다. 점, 선, 원, 삼각형을 해석하고 도형의 변과 각을 추정해 마침내 우리가 발을 딛고 서 있는 지상이 거대한 고래의 등처럼 굽어져 있다는 충격적인 진리를 알게해 주는 것이다.

일상의 시선을 어떤 언어로 풀어내는가에 따라 수평선이라는 대상은 신비스러운 영원이 되기도 하고 위치를 정확하게 가늠할 수 있는 실재가 되기도 한다. 이렇게 과학자는 수학을 이용해 육안으로 볼 수 없는 세상을 본다. 달과 태양의 크기를 추정하고 수십억 광년 떨어진 곳에 있는 별의 온도를 가늠하기도 한다. 또한 아주 작은 나노의 세상에서 일어나는 다양한 떨림을 감지해 그 풍경을 그려낸다. 과학자에게 수학은 보이지 않는 세상을 그려내고 말하는 화가의 붓이나 시인의 언어와 같은 존재인 것이다.

Part-Ⅱ.

고전 물리

Mechanical
힘과 운동

관성의 법칙과 *F* = *ma*

그냥 이대로 머물고 싶었다
어제 그제 늘 똑같은 모습으로 멈춰 선
동네 어귀 앞 나무 장승들처럼

어쩔 수 없이 달려야 한다면
고장 난 시계처럼
자동차 속도 계기판 바늘이라도
멈춰 있길 바랬다

멀미가 날 듯 쉴 새 없는

디지털 시계 숫자들 앞에서
변하지 않는 뭐라도 붙들고 싶었다

하루 아침에라도
모든 것을 바꾸고 싶었던
조급함으로

때로는 여러 해가 가도록
한결같이 마주하던
여유로움으로
'가속도'란 그렇게

세월을 무겁게 게워 내고야

느낄 수 있는 힘의 흔적

$F = ma$

관성의 법칙이 뭐냐고 물으면 대부분 정지하는 것은 계속 정지하려 하고 움직이는 것은 계속 움직이려는 법칙이라고 설명한다. 하지만 엄밀한 의미에서 정지한 것과 일정한 속도로 움직이는 것은 구분할 수 없다. 속도는 바라보는 시선의 기준에 따라 달라지는 상대적인 것이기 때문이다. 그러므로 멈춰 있든 움직이고 있든 몸뚱이의 질량을 이끌고 일정한 속도를 유지하려는 관성은 변하지 않으려는 보수성 같은 것이다.

힘과 운동이라는 단어를 들으면 빠르게 날아가는 공을 상상하지만 관성을 마음으로 느끼기 위해서는 좀 더 느린 시선으로 세상을 바라볼 필요가 있다.

멈춰 있는 것들은 한결같아 보인다. 시골의 낡은 집과 그 뒤에 버티고 있는 산과 강의 모습이 그렇고 풍경 속 일부인 듯 보이는 할아버지, 할머니의 인자함이 그렇다. 그렇다면 마음은 어떨까?

도시 속 일상의 모습은 동적이다. 분주한 출근길 사람들의 모습이 그렇고 도시를 질주하는 자동차가 그렇다. 그래도 사람들은 각자 가슴 한 구석에 변하지 않는 무언가를 하나씩 붙잡고 있는 것 같다. 아마도 쉴 새 없이 변화를 강요하는 세상의 압박에 대한 심리적 반동 때문이겠지만 숨가쁜 일상의 속도감 속에서도 변함없는 무엇인가를 떠올리는 것이다.

하지만 오랜 세월을 두고 보면 느리지만 확연하게 변해버린 것들을 발견할 수 있다. 어제와 오늘 똑같은 이름으로 불리던 '나'도 수십 년의 오랜 시간을 두고 보면 스스로가 봐도 많이 변해 있음을 알게 된다. 고집 때문에 비록 오랜 시간이 걸리기는 했지만 긴 세월 속에서 한결같다고 믿었던 속도의 변화가 존재하는 것이다. 그런데 물리적으로 이런 가속도를 유발하기 위해서는 힘이 필요하다.

만약 그동안 이끌어 온 질량에 아무런 변화가 없었다면 가속을 유발하는 힘은 외부에서부터 와야 한다. 한 개인의 관성에 대항해 긴 세월을 거쳐 마침내 변화를 유발하는 힘은 어디에서 오는 것일까? 느리지만 천천히 한 사람을 변화시키는 보이지 않는 힘. 그 힘은 비록 느리지만 익숙한 속도들을 자신도 눈치채지 못하도록 천천히 변화시키고 있었던 것이다. 수십 년의 세월을 거치며 관성같은 개인의 고집이 그렇게 변하고 수 세기를 거쳐 보수적인 사회의 편견이 그렇게 변한다. 그리고 그 배후에는 느리지만 가속도를 유발하기 위해 지속적으로 가해진 외력이 존재했다. 시간의 변화 속에서 한결같아 보였던 나와 당신의 속도를 변화시키고 사회의 속도를 변화시킨 그 힘은 무엇이었을까?

아빠는 슈퍼맨

언제나 제자리 걸음이었다

어제도 그제도

그리고 오늘도

허공에서 사력을 다해 버둥거려 보아도

관성은 집요하고 가혹해

절대로 가속을 허락하지 않았다

그대로 멈춰 서 있거나

조금도 속도가 변하지 않아

한 해 그리고 또 한 해

달팽이처럼 느린 걸음을 걸으며

세월만 빠르게 지나갈 뿐이었다

가속은 힘을 지닌 자들만이 누리는 특권이기에

아무에게나 쉽게 허용되지 않는 것

등 뒤에서 밀어줄 사람 하나 없는 외로운 세상

결국은 허공 속에서 내 몸의 질량을 태웠다

위장과 간을 녹이고

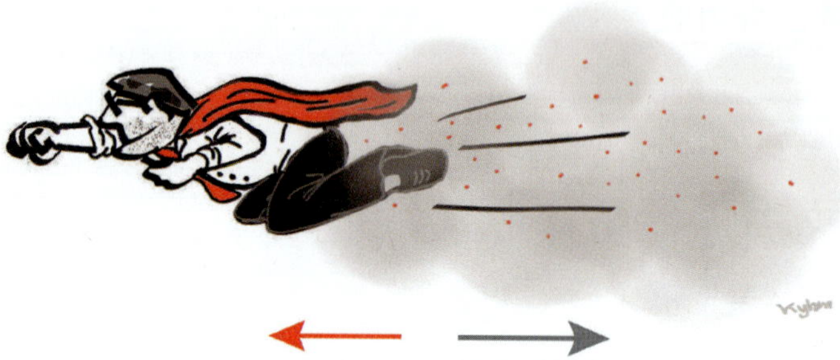

$$\frac{dP_1}{dt} + \frac{dP_2}{dt} = F$$

$$ma_1 + \frac{dm}{dt}u_2 = 0$$

콩팥과 심장도 녹여야 한다

눈곱만큼 작은 가속 하나를 얻기 위해

값비싼 추진력을 유지하기 위해

온몸의 질량이 사라질때까지

아빠는 슈퍼맨이니까

텅 빈 우주 한가운데 혼자 멈춰 있다고 생각해 보자. 물속인듯 손발을 버둥거려 볼 수는 있지만 조금도 나아가지 않는다. 우주공간에는 반작용으로 나아갈 매질 같은 것은 없고 그저 텅 비어 있다. 힘들게 몸부림을 쳐도 내 몸의 질량 중심은 늘 제자리에 있게 된다. 똑같은 속도로 나아가는 경우도 마찬가지다. 아무리 몸부림쳐도 멀리서 보기에 내가 나아가는 속도는 항상 일정하다. 정지해 있든 움직이든 그 상태를 습관처럼 계속해서 지속하려는 '관성'은 그렇게 집요하고 잔인하기까지 하다. 아마도 일반인들에게 가장 익숙한 물리 공식은 $F = ma$일 것 같다.

"힘(F)을 가하면 질량(m)이 가속도(a)를 가지게 된다."

틀린 진술은 아니지만 이 진술은 속도의 변화에만 주목한다. 물체의 질량이 변하지 않는 경우로 국한시키는 것이다. 그래서 질량이 바뀌는 경우에 대한 생각을 간과하기 쉽다. 질량이 변하는 사례가 난이도가 있기 때문이기도 하지만 일반인들은 $F = ma$를 보며 질량이 바뀌는 경우를 별로 생각하지 않는 것 같다. 하지만 뉴턴 법칙은 속도뿐 아니라 질량이 바뀌는 경우도 다룰 수 있다. 이 경우에는 $F = ma$를 단순히 적용해서는 안 되고 질량과 속도 변화를 함께 고려해야 한다. 그래서 뉴턴은 질량(m)에 속도(v)를 곱한 운동량($p = mv$)이라는 것을 고안해 냈다. 똑같은 속도로 달리더라도 무거운 몸집을 이끌어야 하는 덩치 큰 사람이 더 힘든 것은 당연하다. 그러므로 "힘은 운동량의 시간적 변화($F=\frac{dp}{dt}$)"라는 것이 좀 더 일반적인 진술이다.

관성의 법칙은 총 운동량을 그대로 유지하려는 우주의 보수적 성향이 만들어 낸 결과다. 아이가 아무리 앙탈을 부려도 절대로 장난감을 사주지 않는 단호한 부모처럼 우주는 힘이 개입되지 않는 이상 결코 운동량의 변화를 허용하지 않는다. 외부의 힘이 없으면 아무리 몸부림쳐도 결국은 제자리에서 한 발짝도 나아가지 못하거나 기존에 지니고 있는 속도에서 조금도 커지거나 작아질 수 없는 이유가 여기에 있다. '관성의 법칙'은 잔혹하리만큼 냉정한 우주의 신념인 것이다.

다시 우주의 허공 속에 떠 있는 상황으로 되돌아가 보자. 아무런 외력의 도움이 없다면 절대 가속도가 생길 수 없고, 힘이 없으면 속도는 변하지 않을 것 같다. 하지만 운동량의 관점에서는 다른 대안을 떠올릴 수 있다. 질량을 변화시키는 것이다. 질량이 시간에 따라 바뀌는 것만으로도 힘을 만들어 낼 수 있다. 분명 외부의 힘은 아무것도 없지만 한 덩어리인 자신의 몸뚱이 일부를 던져 내버림으로써 없던 힘을 새롭게 만들어 낼 수 있다. 내 몸이 나아가는 방향의 반대쪽으로 떨어져 나간 조각의 질량과 속도는 새로운 운동량을 발생시킨다. 반면 그에 대한 반작용으로 내 몸은 새로운 운동량을 얻어 속도가 증가한다. 내가 얻은 운동량과 떨어져 나간 조각의 운동량은 방향이 다르고 크기가 같아 합치면 0이 된다. 그래서 우주가 보기에는 하나가 둘이 되어도 총 운동량의 변화는 없다. 외력 없이 내 몸의 질량을 줄여 하나가 둘이 되어 없던 힘을 만들고, 그 추진력으로 불가능해 보였던 가속도를 만들어 내지만 단호한 우주의 법칙에는 전혀 위배되지 않는다.

이 교묘한 방법으로 로켓은 텅 빈 우주공간 속에서 추진력을 얻는다.

즉, 로켓이 얻은 시간당 운동량변화($\frac{dp_1}{dt} > 0$)는 뿜어낸 연료의 시간당 운동량변화 ($\frac{dp_2}{dt} < 0$)에서 비롯된 것이다. 둘은 절댓값이 같지만 로켓을 기준으로 하는 운동량변화의 '얻음(+)'과 '잃음(-)'은 반대 부호로 표현된다. 따라서 둘의 합은 0이 되고 이 결과는 외력이 없다는 조건과도 일치한다($\frac{dp_1}{dt} + \frac{dp_2}{dt} = 0 = F$). 비록 외력의 도움이 없지만 로켓은 시간당 자신의 질량을 소진시키는 비율($\frac{dm}{dt} < 0$)과 연료를 뿜어내는 상대속도(u_2)를 통해 자신에게 가속도(a_1)를 만들어 주는 새로운 힘($-\frac{dm}{dt}u_2 > 0$)을 스스로 만들어 낸 것이다($ma_1 + \frac{dm}{dt}u_2 = 0$). 하지만 나에게 이 장면은 어딘가 슬픈 구석이 있다. 외력의 도움을 받지 못하면 결코 벗어날 수 없는 '삶의 관성'은 보통 사람들이 마주해야 할 일종의 지독한 현실 같다. 그들에게는 한 조각 '가속'을 얻기 위해 자신의 질량을 소진하는 방법 이외에는 다른 대안을 찾을 수 없는 것이다. 이 사회는 발전이라는 이름 아래 여지껏 개인들의 몸뚱이를 소진시켜 추진력을 얻어 온 것일까?

KBS 프로그램 <슈퍼맨이 돌아왔다>를 보면서 나는 어릴 적 아버지를 떠올렸다. 물론 남자의 육아 참여를 독려하는 부분은 긍정적으로 보지만, 내가 기억하는 슈퍼맨의 일상은 녹녹치 않은 것이었다. 어릴 적 나의 아버지는 내가 눈을 뜨기도 전에 출근하셨고 내가 잠든 후에야 퇴근하셨다. 아버지 얼굴을 볼 수 있는 시간은 그나마 주말이었지만 그 시간마저도 직장에 나가시는 경우가 더 많았다. 새벽 무렵 요란한 소리에 어렴풋이 잠에서 깨는 날은 아버지가 약주를 드신 날이었다. 성악가가 꿈이셨던 아버지는 목소리가 유별나게 크셨는데 약주를 드신 날이면 동네 어귀에서부터 아버지의 노랫소리를 들을 수 있었다. 다음날 아침이면 충혈된 눈으로 어김없이 일찍 출근하시는 모습을 보고, 어린 마음에 "아빠 안 졸려?" 라고 물으면 아버지의 대답은 한결같았다.

"괜찮아. 아빠는 슈퍼맨이야."

철없는 어린 생각에 한두 시간만 주무셔도 금세 피로가 풀리고 에너지가 다시 만땅으로 채워지는 아버지는 보통의 사람과 다른 무쇠 몸뚱이를 지닌 사람이라 생각했다. 그래서 별로 걱정하지 않아도 괜찮다고 생각했다. 하지만 그 슈퍼맨의 노년의 모습은 달랐다. 일 년에 한 번 한국에 들어와 뵐 때마다 아버지는 점점 작아지셨다. 어릴 적 올려다보던 우람한 체구의 슈퍼맨은 어느새 아무리 쉬어도 회복되지 않는 피로를 지닌 작고 초라한 노인이 되어 있었다. 오랫동안 물리학을 공부하면서 가족을 지키기 위해 하늘을 날던 나의 슈퍼맨의 추진력이 사실은 자신의 몸을 천천히 태워 만들어 냈다는 것을 알게 되었지만 그때는 가족들을 위해 지구를 돌던 나의 슈퍼맨을 더 이상 볼 수 없었다. 올해는 아버지 제사상에 슈퍼맨 인형을 올려 두어야겠다.

포물선 운동

어깨가 말했다
너라도 제발 보여 다오
이토록 집요한 중력의 손아귀를
한번쯤은 벗어날 수 있다는 것을
되도록이면
높고 멀리 날아
이 지겨운 바닥으로
되돌아오지 않는
첫 번째 자유가 되어 다오
힘줄이 끊어져도 너 하나
날개 없이 하늘에 오를 수 있다면
일평생 지면에 뺨을 붙이고 살아가는
지상 위 돌들이 웃을 수 있으련만

제발 이번 만큼은
허공에서 목덜미가 붙잡힌 채로
추락하는 모습은 보이지 말아다오

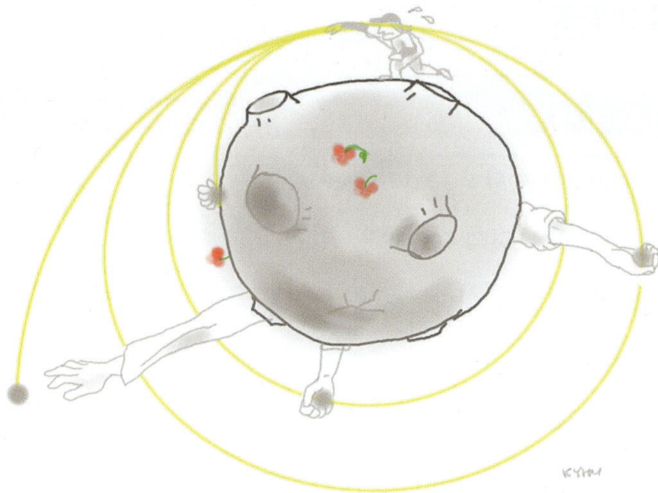

인공위성은 둥근 지구 주변을 돌고 있다고 하지만 지구의 둥근 모습을 육안으로 알아차리기는 쉽지 않다. 겉으로 보기에 지구는 평평해 보인다. 아무리 힘이 센 사람이라도 허공을 향해 던진 돌은 반드시 바닥으로 떨어진다. 중력의 집요한 당김 때문이다. 지상으로부터 탈출을 시도한 돌은 처음엔 하늘로 올라가는 듯 보이다가도 중력의 손아귀에 잡혀 점차 속력이 줄어든다. 잠시 멈춘 듯 보이는 가장 높은 곳에서 급기야 돌은 모든 것을 '체념'한다. 그리고 지상으로 회귀하는 '추락'을 시작한다. 공기저항을 무시할 수 있을 경우 탈출, 체념, 추락의 과정을 겪은 돌의 흔적은 '포물선'으로 나타난다.

하지만 로켓 추진력을 이용하면 속력을 제법 크게 만들 수 있다. 증가된 속력이 어느 특정 값에 도달하면 돌은 중력과 극적 타협을 이루며 추락을 면할 수 있다. 추락을 면한 돌은 이제 원의 궤적을 보여 준다. 지구를 벗어나고자 하는 원운동의 원심력이 돌을 잡아 당기는 중력(= 구심력)과 아슬아슬한 균형을 이루는 것이다. 그제서야 돌은 지구가 끝없이 펼쳐진 평면이 아니라 사실은 둥근 모습을 지니고 있다는 것을 알게 된다.

여기서 속력을 조금만 더 낼 수 있으면 중력도 버거워하기 시작한다. 돌의 궤도는 타원이 된다. 원 궤도는 중심에서 궤적까지의 거리가 모든 방향에 대해 똑같지만 계란 같은 타원 궤도는 방향에 따라 반경이 조금씩 달라지는 모습을 보인다. 절대적 복종을 강요했던 중력에게 만만치 않은 모습을 보여 주는 것이다. 돌이 더 속력을 낼수록 원에서 일탈한 궤도의 모습은 더욱 찌그러진 타원 형태를 유발한다. 즉, 돌이 지구에 가장 가까이 다가선 거리와 가장 멀어진 거리의 차가 점점 커지는 것이다. 그렇게 자꾸만 속력을 조금씩 더 증가시키다 보면 결국에는 중력이라는 절대 권력에 정면으로 대항할 수 있는 순간이 다가온다.

소위 말하는 '탈출 속력'에 다다르면 원을 거쳐 타원의 모습을 보였던 닫힌 궤도를 벗어나 처음으로 열린 궤도의 자유를 만끽하게 된다. 그런데 공교롭게도 자유를 처음 만끽하는 탈출의 궤적은 지상에서 체념, 추락의 흔적이었던 포물선의 모습을 지니고 있다. 초라한 도전으로 시작해 번번이 체념과 추락의 아픈 자취로 기억된 포물선은 중력으로부터 결코 벗어날 수 없는 부조리를 대표하는 이미지 같은 것이었다.

그러나 아이러니하게도 탈출의 순간은 자신이 바로 그 포물선의 궤적을 만들어 내며 '자유'의 상징이 되는 것이다. 기억하기 싫고 가장 힘들었던 순간에는 함께 했던 것들을 외면하고 싶어했지만, 세월이 흘러 그 모든 상처를 극복하고 나면 그것들이 다시 소중한 기념품이 되는 것처럼 말이다.

만약 탈출을 넘어서고도 남을 속력을 지녔다면 포물선과 닮았지만, 좀 더 폼나는 쌍곡선이라는 또 다른 모습으로 자유의 흔적을 남길 수 있다. 이 역시 닫힌 궤적에서는 좀처럼 경험하기 힘든 새로운 모습이다. 그래서 자유로운 이들은 지상의 속박된 이들과 다른 새로운 무엇인가를 볼 수 있는가 보다.

연날리기

하루는 딸아이가 어린이집에서 연을 만들어 왔다. 오징어 같은 몸통에 알록달록한 문양의 꼬리를 달아 색칠을 하는 미술 시간 작품이었지만, 아이는 연을 만들 때부터 하늘을 날 수 있다는 선생님 말씀에 가슴이 설렜던 것 같았다. 그래서 자꾸 자신이 만든 연을 날려 보자고 했다. 어설픈 모양이지만 기본 뼈대는 다 있어서 주말에 학교 운동장에 갔다. 하지만 안타깝게도 바람의 도움 없이 연을 날리기는 쉽지 않았다. 자신의 달리기로 연이 날 수 있을 거라 믿었던 딸아이는 얼굴이 벌겋게 달아오를 만큼 쉬지 않고 달렸지만, 연은 계속해서 아이의 머리 위만 맴돌다 바닥으로 떨어졌다. 그 모습이 안쓰러워 차를 몰고 곧장 송정 바다로 향했다.

연줄은 어떻게 이런 특이한 곡선을 유지할까? 연은 떠나보낼 수 없는 기억처럼 실을 통해 아이와 연결되어 있을까?

바다에 도착하자마자 모래사장으로 뛰어 들어갔다. 바람이 없는 곳에서 힘들게 뛰었던 탓인지, 바다에서 불어오는 바람이 너무도 고마웠다. 아득한 수평선 너머로부터 파란 허공 속으로 파고드는 바람은 주말 아침 우리의 힘든 여정을 모두 알고 있는 듯 느껴졌다. 문득 딸아이의 외할아버지와 친할아버지가 떠올랐다. 아이를 실컷 안아보지도 못하고 세상을 떠나가신 두 분은 손녀가 연을 날리는 모습을 하늘에서 지켜보다 강력한 입김을 불어 넣으신 것일까? 아이는 할아버지의 얼굴을 어렴풋이 기억한다고 했다.

줄을 풀자 연은 그동안 본성을 숨겨왔던 한 마리 용처럼 꿈틀거리며 하늘 위로 날아 올라갔다. 파란 하늘 속으로 아득하게 멀어지는 그 모습을 보다 하늘이 바다처럼 느껴졌다. 우리는 파도처럼 거친 바람의 물살 속에서 기운 센 참치 한 마리와 외줄낚시로 씨름하는 어부가 되었다. 연은 자꾸만 달아나려 했지만, 우리는 결코 움켜쥔 연줄을 놓지 않았다. 아이가 지닌 할아버지에 대한 흐릿한 기억도 그렇게 날아가 버리지 않았으면 좋겠다는 생각이 들었다.

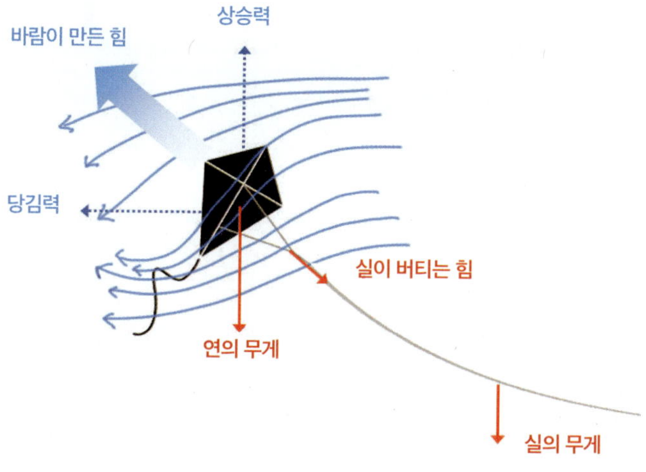

연과 실을 추락시키려는 중력에 맞서기 위해 연은 하늘 위로 솟구치는 상승력과 바람이 향하는 방향으로 나아가는 수평 방향의 당김력이 필요하다. 공기역학에서는 비록 눈에 보이지는 않지만 연의 몸통을 향해 날아오는 수많은 바람 속 화살을 상상한다.

줄을 모두 풀어 아이에게 맡긴 후에야 나는 비로소 연줄의 모습을 옆에서 볼 수 있었다. 연줄은 분명 연과 끊어질 듯 팽팽한 힘겨루기를 하고 있었지만 휘어진 곡선의 모습이었다. 사진을 찍은 후 집에 돌아와 연줄의 곡선을 이론적으로 계산해 봤다. 독특한 연줄의 모양은 여러 종류의 힘들이 서로 균형을 이뤄 만들어진다. 우선 실과 연을 땅으로 당기는 중력이 있다. 연과 실을 추락시키려는 중력에 맞서기 위해 연은 하늘 위로 솟구치는 상승력과 바람이 향하는 방향으로 나아가는 수평 방향의 힘이 필요하다. 공기역학은 연의 몸통을 향해 불어오는 바람 속의 무수히 많은 화살을 상상하라고 말한다. 바람이 지나온 공간의 모든 점은 빠름의 크기와 방향을 표시하는 화살들로 채워져 있고, 각각의 화살들을 연결하면 곧거나 굽은 긴 면발의 유선이 된다.

연의 몸통이 바람의 화살을 막는 경우, 바람은 우회로를 찾는데 그 결과 연의 뒷부분에는 흐름의 유선이 상대적으로 성기게 된다. 따라서 연의 앞뒤 공간을 채운 유선의 차이가 힘을 만들어 낸다. 즉, 실은 연 몸통의 중심에서 약간 위쪽으로 묶기 때문에 연은 항상 바람에 대해 비스듬한 각도를 유지한다. 그 결과 비스듬하게 누운 연의 몸통 뒤편의 부족한 유선을 보충하기 위해 당기는 힘이 발생한다. 그 힘의 수직 방향은 연을 상승시키고, 수평 방향은 연을 바람이 향하는 방향으로 당긴다. 한마디로 연과 연줄에는 바람과 중력이 만드는 수직 방향과 수평 방향의 다양한 힘들이 균형을 이루고 있는 셈이다.

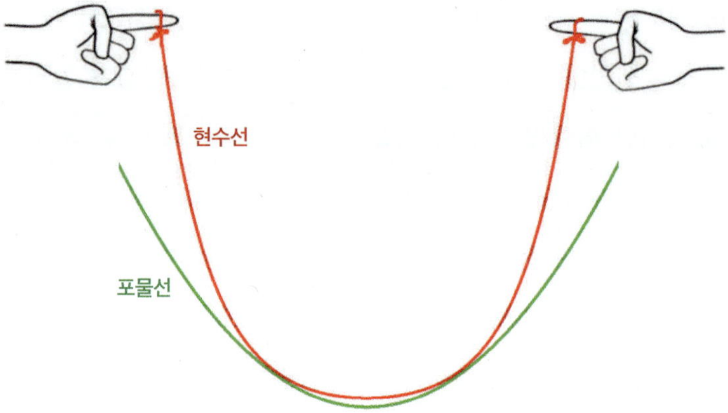

현수선은 포물선과 다른 모습의 곡선을 지니고 있다.

구체적으로 계산을 해 보니 연줄의 모양은 현수교에 늘어진 실과 같은 종류의 현수선이었다. 하나로 연결된 실의 양 끝을 잡고 늘어뜨려 만들어지는 이 곡선은 경상도 사람들이 유독 발음을 잘하는 e^{ax}와 e^{-ax}를 합친 모습이고 상수 a를 조절해 곡선의 가파름을 조절할 수 있다. 2차함수 근의 공식을 외우던 포물선과 비교해 봐도 확연히 다르다. 포물선은 중력에 맞선 점의 운동이 남긴 궤적이다. 처음 지녔던 수직 방향의 속력이 고갈되며 중력에 맞서 날아간 저항의 흔적이다. 반면, 현수선은 양 끝만을 고정한 채 허공 속에 몸의 무게를 고스란히 내놓은 순종의 결과다. 즉, 연줄은 고정된 연의 몸통과 연을 날리는 아이의 손끝을 연결한 가는 몸을 중력에 내맡겨 만들어진다.

바람과 중력이 싸우는 틈바구니
흩겹의 여린 몸 하나로
가는 줄 목에 매달고
필사적으로 버티어 왔다

떨어지지도 못하고
떠오르지도 못해서
허공에 늘어진 순종

행여나 실이 끊어질까
바람은 호흡을 가다듬었다

합리적이지 못한 것은 모두 가치가 없는 것일까? 과학의 언어와 대비되는 신화적 상상은 열등한 것일까? 반대로 아이는 신화 같은 그림에 공감한 뒤 합리적 질문을 멈춰 버렸다. 과학적 지식과 신화적 상상은 서로의 앎을 멈추게 하는 것일까?

몇 년이 지난 어느 날, 갑자기 딸아이가 그때 봤던 연줄의 모양을 설명해 달라고 했다. 잠시 고민을 하다 그림을 그려줬다. 구름 속 할아버지의 입김 같은 바람, 비스듬한 연의 몸통, 날개짓하며 연을 당기는 천사, 연과 연줄에 매달려 지상으로 연을 떨어뜨리려는 작은 악마. 그런데 딸아이는 그림을 보고 알겠다고 했다.

"정말 알겠니?"

"응."

그 순간 나는 알게 되는 것이 무엇인지 궁금해졌다. 공감을 납득으로 취급하며 질문을 멈추는 것이 아는 것일까? 만약 수천 년 전 사람들에게 이 그림을 그려주면 그럴듯하다고 생각했을 것 같다. 일상의 모든 자연현상 속에서 신을 만났던 그들처럼 나도 처음에는 바닷가에서 날아오르는 연줄과 바람을 느끼며 신을 생각했다. 하지만 집으로 돌아와 현상을 분석하는 사이 어느덧 딸아이에게 그려준 그림 속 신들은 모두 사라져 버렸다. 그렇다면 나는 물리 지식으로 이 현상을 제대로 아는 걸까? 안다는 것은 무엇일까? 합리적이지 못한 것은 모두 가치 없는 것일까? 과학적 지식과 대비되는 신화적 상상은 열등한 것일까? 반대로 아이는 신화 같은 그림에 공감한 뒤 합리적 질문을 멈춰 버렸다. 과학적 지식과 신화적 상상은 서로의 앎을 멈추게 하는 것일까?

과학을 좋아했지만 편향된 합리주의 방식이 아니라 과학 지식을 감성적 시 속에 녹이려 했던 영국의 시인 '윌리엄 워즈워드William Wordsworth'의 시 <The world is too much with us>를 읽고 이 질문에 대해 생각해 보자. 가능하다면 동심으로 돌아가 하늘 바닷속으로 연도 날려 보자.

세상은 우리에게 너무 벅차요. 예나 지금이나
벌고 쓰는 일에 헛되게 힘을 탕진합니다
우리에게 주어진 자연도 보지 못하고
심금마저 버린 이 남루한 혜택

바다는 달을 향해 젖가슴을 드러내고
온종일 울부짖을 바람도
잠든 꽃처럼 지금 함께 모였지만
우리는 이 모든 것과 어긋나 있어요

마음이 움직이지 않아요. 신이여! 차라리
낡아빠진 믿음의 젖을 먹고 자라는 이단이 되렵니다
그래서 드넓은 땅의 기꺼운 경치를 바라보며
아마도 덜 외로울 수 있도록
바다에서 솟아나는 프로테우스를 보거나
트리톤의 조가비 소리를 들을 수 있도록

10분의 7

극중주의자가 말했다

"정중앙을 밀자! 모두 다 공평하게."

"왜 생각만큼 앞으로 나아가지 못할까?"

극좌들이 말했다

"낮은 곳에 있는 이들에게 힘을 실어 줘야해!"

"어라? 앞으로 나아가는 듯하다 다시 되돌아오네?"

극우들이 말했다

"역시 맨 꼭대기에 힘을 실어 줘야해 !"

"낙수효과처럼 꼭대기가 살아나야 모두가 살아."

"그런데 왜 빨리 회전하는 만큼 앞으로 나가지 않지?"

물리학자가 말했다

"정치, 사회, 경제는 잘 모르겠지만 당구공은 10분의 7 지점을
찾아야 합니다."

물리학과 '고전역학' 수업에서 강체rigid body를 배울 때면 학생들이 접하는 대표적인 문제가 있다. "당구공의 어디를 쳐야 미끄러지지 않고 굴러갈까?" 얼핏 생각하면 공의 한가운데를 쳐야 할 것 같은 느낌이 들 수도 있다. 하지만 당구를 좀 쳐 본 사람은 측면에서 공을 바라봤을 때 중심에서 위쪽으로 이동한 어디쯤이라는 것을 경험적으로 알고 있다.

만약 마찰을 무시한다면 물리학은 그곳이 바닥에서부터 10분의 7 높이 지점이라는 것을 구체적으로 알려준다.

시민의 힘으로 새로운 정권을 탄생시켜도 정책을 세우는 과정에는 늘 보수와 진보 진영 사이의 다양한 갈등들이 생기는 것 같다. 조화로운 국정운영을 위해서 넘어야 할 산이 참 많을 것 같다는 생각을 하다 문득 당구공 문제가 생각났다. 이 문제의 핵심인 "미끄러지지 않고 굴러간다"의 의미는 바닥과 공이 마치 톱니바퀴가 맞물린 것처럼 회전하는 조건을 알아내는 것이다.

예를 들어 잉크가 묻은 바닥 위를 공이 아주 조금 굴러가는 짧은 시간을 상상해 보자. 미끄러지지 않고 굴러갔다는 것은 공의 표면에 묻은 잉크 자국의 총 길이와 바닥에서 지워진 잉크 자국의 길이가 같다는 것을 의미한다.

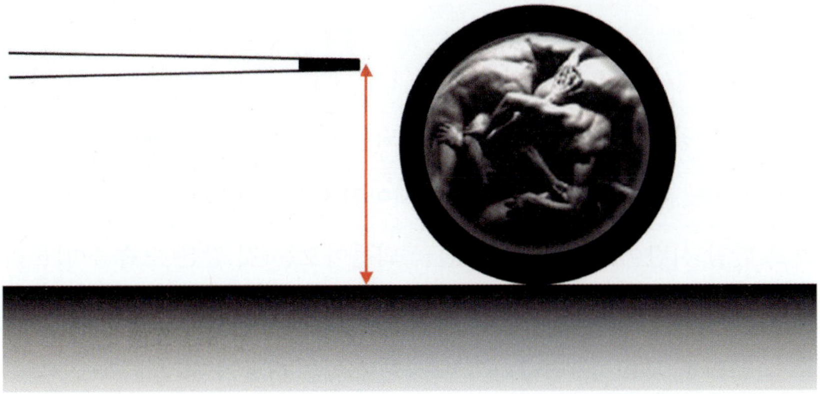

이번에는 공과 바닥 사이에 미끄러짐이 있는 경우를 생각해 보자. 만약 큐대를 공의 중심에 치면 순간적으로 당구공은 앞으로 나아가기는 하지만 회전하지는 않는다. 굴러가지 않으니 공의 표면이 바닥에 쓸리면서 앞으로 나아가는 것이다. 공의 표면을 여린 살갗이라 상상해 보면 아주 아플 것이다. 이번에는 바닥으로부터 공의 중심을 지나는 직선상에 있지만 중심에서 아래쪽으로 치우친 지점을 쳐보면 어떨까? 공의 무게중심 아래쪽 부위를 먼저 움직이게 하는 것이니 공은 역방향으로 회전하게 된다. 유도나 씨름에서 인체 중심 아래에 있는 다리를 순간적으로 밀어버리면 상대방이 쓰러지는 이유도 같은 원리다.

하지만 공이라는 전체 덩어리의 입장에서 보면 큐대가 등 뒤에서 떠밀었으니 앞으로 나아가야 한다. 결과적으로 공은 역방향으로 회전하면서 전진하게 된다. 마치 함께 나아가야 할 경제발전 정책과 사회구조가 서로 갈등을 일으키는 것처럼 느껴진다.

당구장에서도 소위 히끼ひき=끌어치기=backspin로 불려지는 역스핀 타격을 해보면 공은 한참 진행하다 다시 되돌아온다. 균형과 배려라는 좋은 취지에서 낮은 곳에 집중한 복지정책이었지만 지속적으로 나아가지 못하고 한참 시간이 지난 후에는 결국 되돌아오는 것 같은 모습을 떠올리게 한다.

그렇다면 공의 맨 꼭대기를 타격지점으로 선택하는 경우인 오시おし

=밀어치기=topspin는 어떨까? 타격 지점이 공의 중심과 위쪽에 가해지는 두 경우 모두 병진운동의 입장에서 보면 수평방향으로 동일한 충격량을 받았다. 하지만 맨 처음 충격이 가해진 지점이 공의 윗부분일 경우 공의 회전속력은 공 전체가 앞으로 나아가는 질량 중심의 병진속력보다 빠르게 된다. 결과적으로 공은 앞으로 회전하면서 바닥을 겉돌게 된다. 경기는 지나치게 빠르게 순환되고 있는데 전체 성장은 상대적으로 더딘 상황과 닮아 있다. 다른 한편으로 '밀어치기'는 충돌상황에서 나름 장점이 있다. 보통은 당구공이 굴러가다 다른 공과 정면으로 부딪히면 자신의 운동량을 그 공에게 전달하고 자신은 멈춰 서 버린다. 하지만 밀어치기로 topspin을 얻은 당구공은 다른 공과 충돌한 이후에도 앞으로 나아갈 수 있다. 충돌 이후에도 남겨진 과도한 회전운동이 병진운동의 동력으로 사용되는 것이다. 사회나 국가에 위기 상황이 닥쳐도 부유층들이 어떻게든 살아남는 이유도 비슷한 원리 때문일까?

바닥에서 10분의 7 높이 지점이라는 값은 회전하면서도 형태를 유지하는 강체rigid body 구sphere의 고유한 형태와 관련이 있다. 고전역학에서 회전하는 강체는 모양에 의해 결정되는 '관성모멘트inertial moment' 값을 지니고 있다. 학생 시절 처음 '강체' 개념을 배울 때 나는 참 가혹하다는 생각을 했다. 예를 들어 여러 명의 다수가 뭉쳐 회전하는 상황을 상상해 보자. 회전의 중심 가까이에 위치한 이들은 회전하며 이동하는 원둘레 거리가 얼마 되지 않지만, 중심에서 멀리 떨어진 곳에 있는 이들은 다른 이들의 회전을 따라가기 위해서 더 빨리, 더 많이 움직여야 한다. 대열이 흐트러지지 않고 모두 다 함께 움직인다는 측면에서 회전의 집단 전체는 강직rigid하고 단합되어 있는 것처럼 보인다.

하지만 정작 회전의 가장자리에 있는 이들은 힘겨운 여정의 반복이다. 액체를 회전시켜 보면 강체의 속성과 달리 중심에서 멀어진 지점이 중심의 회전을 따라가지 못하고 뒤쳐지는 것을 볼 수 있다. 점성이 크다면 어느 정도까지는 버틸 수 있지만 회전이 너무 빠르면 중심에서 멀어진 곳은 강체의 대열에서 이탈하기 시작한다. 회전을 시키면 모양이 변형되는 물렁물렁한 것들과는 다르게 회전을 해도 그 형태를 유지하며 버텨내야 하는 '강체'는 전체주의적 권력이 사회 구성원들에게 요구하는 과도한 책임감을 닮았다.

물론 정치, 경제, 사회 문제가 복잡하게 얽힌 정책결정이 타점을 바닥에서부터 얼마나 떨어진 곳에 타격해야 하는지를 계산하는 물리 문제처럼 단순하지는 않을 것이다. 그러나 권력기관이 당구공이라는 사회를 굴리는 것처럼 이런저런 실험적 정책을 시도하는 동안 사회 구성원들은 고스란히 그 고통을 감수해야 한다. 작게는 생존과 씨름해야 하는 개인에서부터 소수의 개인으로 구성된 가정, 소규모 공동체 혹은 큰 규모의 단체나 기관들은 모두 '강체'처럼 버티기 위해 필사적인 사투를 벌여야 한다. 당구공이 미끄럼없이 굴러갈 수 있는 10분의 7 높이 지점을 찾아내는 것처럼 사회가 효율적으로 회전하고 나아갈 수 있는 최적의 정책들을 잘 찾아낼 수 있으면 좋겠다.

세차운동

생각이 많으면 머리가 무거워진다
발가락 끝을 꼿꼿이 세워 버텨보아도
버둥거리다 금세 쓰러져 버렸다

쓰러지지 않기 위해
가슴 한가운데 철심을 박고
가지런히 두 손 모아 한곳을 향한 채
매일 똑같은 맴을 돌았다

어제와 다르지 않은 똑같은 바램
열두 개의 숫자를 지날 때마다
소리 없이 반복하는 주문을 외워야
겨우 쓰러지지 않고 버틸 수 있다
중력 같은 죽음 앞에 흔들리는 촛불
어느새 합장한 손끝은 그곳과 어긋나
점점 더 커다란 원을 그린다

외력이 가해지지 않고 질량 변화가 없다면 물체는 특정 방향으로 움직이는 속도를 계속해서 유지하려 한다. 무언가를 일정하게 유지하려는 이런 성향은 직선운동 이외에 회전운동에서도 존재한다. 외력이 없는 직선운동이 질량(m)에 속도(v)를 곱한 운동량($p = mv$)을 유지하는 것처럼 외력이 없는 회전운동은 각운동량(L)을 일정하게 유지한다.

시계는 크기와 상관없이 12개의 숫자를 지나는 시간이 동일해야 한다. 작은 시계든 큰 시계든 1과 2라는 숫자를 지나가는데 똑같이 5초가 소요된다. 5초 만에 30도를 회전해야 하므로 시계 바늘은 초당 6도의 '각속도Angular velocity'를 지닌다. 다르게 생각하면 초침은 360도를 60초 만에 회전하므로 초당 6도씩 이동하는 것이 당연하다. 하지만 시계 바늘의 길이가 길어질수록 바늘 끝의 속력은 반지름에 비례해서 빨라진다. 만약 공원 공터를 가득 채울 만큼 거대한 시계를 만들어 초침까지 달았다면 초침 끝의 속력은 제법 빠르다.

가령 초침의 회전 반경이 10 m라면 초침 끝이 거대 시계의 원둘레($2\pi \times 10$ m)를 60초 동안 돌기 위한 회전속력은 $\pi/3$(m/초)가 된다. 즉, 초침 끝은 1초에 대략 1 m 이상을 이동해 가는 것이다. 따라서 회전운동은 회전속력뿐만 아니라 반경까지 고려해야 한다. 그래서 각운동량($L = r \times mv$)의 크기는 회전운동량(mv)에 반경(r)을 곱한 값으로 얻는다.

각운동량에는 크기뿐 아니라 방향도 부여한다. 가령 시계 방향으로 오른손의 엄지를 제외한 네 개의 손가락을 감싸 쥐면 엄지 손가락은 시계 뒷면을 향하게 되는데, 그 방향이 각운동량 방향이다. 반시계 방향으로 회전하는 팽이의 경우 같은 방식으로 오른손을 감싸 쥐면 각운동량의 방향은 팽이 면에 수직한 윗방향이 된다. 팽이의 중심에 박힌 철심처럼 각운동량이라는 화살 하나를 통해 회전운동의 빠르기와 방향을 대변할 수 있는 것이다.

관성이 유지되는 직선운동이 무한의 열려 있는 선을 따라 이동하는 반면 회전운동은 닫혀 있는 궤도를 반복한다. 직선운동은 언제나 새로운 지점을 맞이할 수 있지만 회전운동은 주기만큼의 시간마다 매번 똑같은 지점을 마주해야 한다. 우리의 삶은 어떨까?

인생은 끝을 알 수 없는 시간의 직선 위에서 매 순간 새로운 점을 마주하며 앞으로 나아가는 것 같지만 일상의 모습은 그렇지 않아 보인다.

24시간의 하루, 7일의 한 주, 365일의 일 년 동안 아침에 눈을 뜨면 익숙한 풍경을 지나 똑같은 학교와 직장을 향해 이동한 뒤 각자의 일터에서 지내다 다시 집으로 돌아온다.

물론 이렇게 원운동의 각도와 닮은 방식으로 시간을 정의한 이유는 지구를 중심으로 별을 관측한 자료를 분석하는 과정에서 비롯되었고, 궁극적으로는 관측자가 위치한 지구의 자전과 공전이라는 거대한 회전운동에 기인한다. 하지만 인간에게는 반복과 회귀가 지루함보다 마음의 안정을 주는 것 같다. 끝을 알 수 없는 열린 직선 위를 걸어가며 계속해서 새로운 것을 마주해야 한다는 것은 견디기 어려운 일이다. 처음 얼마간 새롭고 낯선 것을 마주하는 것은 흥미롭고 신나는 일이지만 예상할 수 없는 새로움은 피곤하고 두려운 것이다.

그래서 인간은 낯설고 새로운 순간들을 예측할 수 있는 시간의 틀 속에 넣었다. 실제의 매 순간은 고유하고 다르지만 원운동의 틀을 통해 익숙한 방식인 것처럼 정돈되는 것이다. 그래서 반복되는 것들은 때론 마음의 안정을 줄 수도 있다.

극도의 불안 앞에서 스스로에게 반복하는 짧은 문장은 힘이 될 수 있다. 신념 같은 격언을 되뇌거나 조금 긴 시의 한 구절 혹은 기도문이나 경전의 일부를 지속해서 읊조려도 마음을 잡을 수 있다. 우리 집 옥상에서 동네 주변을 내려다 보면 사찰과 수녀원이 함께 보인다. 한가한 오후에는 염주알을 돌리며 나지막하게 염불을 외는 스님들이나 수녀원 주변을 느리게 산책하며 묵주알을 손에 쥐고 기도하는 수녀님들을 볼 수 있다. 그분들의 일상은 이른 아침 일어나 잠들 때까지 아주 규칙적이고 반복적이어서 오랜 세월 손에 익은 염주나 묵주를 돌리며 기도하는 것이 전혀 지루하지 않을 것 같다. 하늘을 반듯하게 바라보며 안정적으로 회전하고 있는 팽이처럼 한 곳을 변함없이 향하는 일상이 삶의 각 운동량을 유지할 수 있는 이유는 아마도 이런 반복의 습관 때문일 것이다.

팽이는 아래가 뾰족하지만 머리 부분이 무거워 그냥 세우는 것은 쉽지 않다. 하지만 팽이와 칼을 세우는 것이 완전히 불가능한 것만은 아니다. 간혹 손의 감각이 예민한 사람이나 무속인은 불안정한 모양에 허용된 힘의 균형점을 찾아내 물체를 세우기도 한다. 그런데 균형점 주변의 역학적 환경을 살펴보면 그 지점에서 아주 조금만 벗어나도 힘의 균형이 급격하게 무너질 수 있다는 것을 알 수 있다. 정적인 평화를 제공하는 균형점은 극히 제한된 영역에서만 허용되는 불안정한 지점인 것이다.

우리의 마음도 집요한 중력처럼 매 순간 바닥에 쓰러지게 하려는 죽음의 힘에 시달리고 있는 것 같다. 인생을 살아가면서 아무런 신념이나 꿈이 없다면 힘없이 쓰러지는 팽이의 모습일 것 같다. 그러므로 마음속에 이런 불안을 품고 있으면서도 쉽사리 쓰러지지 않을 수 있는 방법은 회전하는 팽이처럼 일상 속에서 의식ritual 같은 반복의 습관을 유지하는 것이다. 회전 같은 반복을 하면 각운동량이라는 일정하게 유지해야 할 물리량이 생겨 쓰러지지 않고 좀 더 오래 버틸 수 있다. 신념이나 믿음처럼 한곳을 향하는 각운동량의 세기는 삶을 아우르는 신념의 반경(r)과 일상에서 규칙적으로 반복하는 것들의 운동량(mv)에 비례하지 않을까?

하지만 팽이의 현실에서는 각운동량이 일정하게 유지되지 못한다. 처음에는 하늘을 향해 한 방향을 유지하려고 하지만 바닥의 마찰은 팽이의 회전속력을 갉아먹으며 점차 각운동량을 약화시킨다. 쇠로 만든 창살처럼 굳건해 보였던 각운동량이었지만 그 화살은 마찰에 의해 점차 쇠약해지다 급기야 한결같이 향했던 수직 방향에서 아주 조금 기울어지는 순간을 맞이하게 된다. 그러면 집요한 중력은 곧장 팽이의 회전운동을 교란하기 시작한다. 마음의 힘이 빠져 회의가 생기는 순간 평화는 깨지게 된다.

직선운동의 운동량을 변화시키는 요인이 힘이라면 회전운동의 각운동량을 변화시키는 요인은 토크Torque다. 팽이의 경우 각 운동량의 화살이 하늘로 향하는 축에 조금이라도 기울어진 순간, 중력은 각운동량에 토크를 가하기 시작한다. 굳건하게 서있는 근위병의 창을 옆으로 잡아당기는 것처럼 토크는 팽이의 각운동량 방향을 틀기 시작한다. 그 결과 팽이의 각운동량 화살은 하늘을 향한 수직축 주변을 맴도는 또 다른 원운동을 하게 된다. 이제 각운동량은 한 곳만을 바라보지 못하게 된다.

회전운동에 익숙하지 않은 사람들은 이 지점에서 혼란스러울 수 있다. 다시 한번 정리하면 팽이의 윗면에 박힌 철심과 나란한 각운동량이라는 화살표는 그 자체만으로 회전운동을 대표한다. 이 각운동량의 화살이 지면에서 하늘을 향한 축을 중심으로 회전한다는 것은 팽이가 자전을 하면서 동시에 그 회전중심이 또 다른 축을 중심으로 회전한다는 것을 의미한다. 이런 복잡한 회전운동을 세차운동precession이라고 하는데 구형의 지구 역시 팽이와 유사한 세차운동을 한다. 즉, 기울어진 지구 자전의 중심축이 또 다른 축에 대해 회전하는 것이다.

처음 던져졌을 때는 잠이 든 듯 안정적인 회전을 하던 팽이가 갑자기 평형점에서 이탈하면서부터는 세차운동을 시작한다. 그러다 결국에는 점차 힘이 빠져 바닥에 쓰러진다. 이 모습을 보고 있으면 어쩐지 연약한 인간의 마음을 보고 있는 것 같다. 각운동량의 화살이나 팽이 중심에 박힌 철심처럼 단호한 신념과 믿음으로 한 곳을 향하지만 누적된 마찰은 아주 작은 마음의 균열을 일으킨다. 마침내 신념이 흔들리는 결정적인 한 순간 팽이처럼 고요함을 벗어나 방황의 세차운동을 시작하는 것이다.

세차운동을 하는 동안 각운동량의 방향은 하늘을 정면으로 응시하지는 못하지만 뭔가 미련이 남은 것처럼 하늘을 향한 수직축 주변을 천천히 맴돈다. 힘이 빠질수록 맴도는 반경이 점점 커지고 결국에는 바닥에 쓰러지지만 팽이의 각운동량은 이탈해버린 처음 그곳으로 향하고 싶었을 것 같다. 만약 쇳덩이로 만들어진 팽이를 자석 위에 둔다면 세차운동하는 팽이의 수명은 좀 더 길어질 수 있다. 팽이를 붙잡아 주는 자기력처럼 인간도 외부로부터 다가오는 도움의 손길을 기다리는 것 같다. 하지만 그런 기적을 경험하는 것은 흔치 않다.

자기력 없이 바닥과 마찰하는 팽이처럼 현실 속 인간은 이런 외부의 도움 없이 오롯이 자신만의 힘으로 버텨야한다. 그래서 세차운동을 하며 쓰러져 가는 팽이의 모습은 부조리한 삶 속에서 혼자만의 신념으로 버티다 쓰러져 가는 인간의 실존적 모습을 닮았다.

환산질량

온전히 나 혼자만의 몫이라 생각했다
당신 주변을 맴돌며 견뎌내야 하는 무게는
한 발짝 다가설 용기가 없어
마음속 움켜진 손아귀를 놓지도 못하고
매일 똑같이 반복하는 기다림의 원운동은
오롯이 혼자 감당해야 하는 것이라 생각했었다
사실은
지구도 몰래 달을 지켜보고 있었던 거다
작은 달이 등 뒤로 돌아설 때면
마지못해 그러는 듯 천천히 돌아누우며
두 눈을 지긋이 감고 있었던 거다
그렇게 지구는 조금이나마
달의 무게를 덜어주고 싶었던 거다

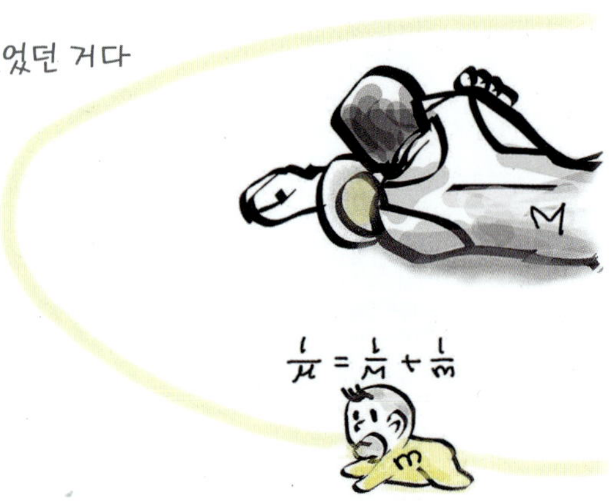

물리학과 학생들은 고전역학 수업 동안 태양과 지구, 지구와 달, 지구와 인공위성처럼 서로 인력이 작용하고 있으면서 회전운동을 하는 두 개의 물체를 어떻게 취급해야 하는지를 배우게 되는데 이 과정에서 환산질량reduced mass과 질량중심center of mass이라는 개념을 알게 된다.

Reduced mass라는 영어를 글자 그대로 번역하면 줄어든 질량이라는 의미를 가진다. 지구 주변을 도는 인공위성의 궤도를 기술할 때 인공위성 자체의 질량(m)을 바로 쓰면 될 것 같지만 지구의 질량(M)도 함께 고려해야 한다. $\frac{1}{\mu} = \frac{1}{M} + \frac{1}{m}$의 관계를 이용하면 환산질량($\mu = \frac{m}{1 + m/M}$)을 구할 수 있는데 인공위성 자체 질량($m$)에 비해 줄어든 값을 가지게 된다. 지구와 인공위성처럼 둘의 질량 차이가 아주 많이 날 경우에는 환산질량의 줄어듦이 아주 작은 양이지만, 두 물체의 질량이 유사할 경우 환산질량 값은 원래의 질량과 비교해 눈에 띄게 줄어들게 된다. 가령 질량이 동일한 두 물체가 회전할 경우 환산질량은 자신이 지닌 고유 질량의 절반이 된다.

인력이 작용하는 두 물체가 서로 일정 거리를 유지하며 회전하는 상황은 소위 말하는 '연애 밀당'과 닮아 있다. 서로가 주변을 맴돌고 있지만 둘의 질량 차이, 아니 간절함의 차이에 따라 둘의 힘의 균형을 이루는 중심은 달라진다. 즉, 두 물체의 '질량중심'은 둘이 떨어진 한가운데가 아니라 질량이 더 큰 쪽으로 치우치게 된다. 한쪽의 질량이 너무 큰 경우는 짝사랑이나 신의 응답을 기다리는 구도자의 모습을 닮았다. 지구를 도는 달이나 태양을 도는 지구처럼 한쪽의 질량이 압도적으로 큰 경우 질량 중심은 무거운 쪽에 일방적으로 치우쳐 있다. 이렇게 질량 중심이라는 말을 느끼지조차 못할 만큼 일방적으로 기울어진 경우 무거운 대상을 맴도는 이의 궤도는 외롭고 힘겹게 느껴진다. 하지만 엄밀히 말해 질량이 줄어드는 환산질량의 효과는 미약하지만 반드시 있다. 그리고 작지만 없지는 않다는 사실은 짝사랑을 하는 사람이나 구도자에게는 일종의 희망을 준다.

궁극적으로 왜 이런 질량의 줄어듦이 일어나는 것일까? 간단하게 설명하자면 둘이 서로 마주보며 질량 중심 주변을 돌고 있기 때문이다. 어린아이들이 서로 두 손을 마주 잡고 빙글빙글 도는 모습을 상상해 보자. 둘의 질량이 비슷할 경우 질량 중심은 둘의 중간 위치에 있고 둘은 아령처럼 그 주변을 회전한다. 이번에는 아빠가 작은 아이와 두 손을 잡고 이 놀이를 하는 광경을 상상해 보자. 그리고 아빠와 아이의 놀이를 바라보는 엄마의 시선에서 바라보자. 아이는 분명 아빠 주변을 돌고 있다. 하지만 아빠도 아이를 바라보며 작은 회전을 하고 있음을 알 수 있다. 대신 질량 중심이 아빠 쪽으로 치우쳐 있어 아빠의 회전 반경이 그리 크지 않다.

마찬가지로 인공위성만 지구를 도는 것이 아니라 지구도 인공위성에 대해 돌고 있다. 달만 지구 주변을 도는 것이 아니라 지구도 달을 마주하며 돌고 있다. 지구만 태양 주변을 도는 것이 아니라 태양도 지구를 보며 돌고 있는 것이다. 다만 한쪽 질량이 너무 무거운 경우에는 질량 중심이 치우쳐져 있어 무거운 쪽의 움직임이 미약한 것이다.

자식이 유아기일 때 부모는 무슨 사고라도 날 것 같은 걱정에 한시도 아기에게서 시선을 떼지 않는다. 딸아이가 기어다니기를 시작할 무렵 아내가 장을 보러 간 사이 나는 텅 빈 마루에 누워 아이를 바라봤다. 세상 모든 것이 신기한 아이는 내 주변을 기어 다니고 있었지만 나는 언제든 위험한 상황을 제어할 수 있는 반경의 중심에 누워 있었다. 이제 막 아장아장 기어 다니는 모습이 귀여웠고 나름 쉬면서 아이를 볼 수 있는 최적의 조건을 찾은 셈이었다. 원을 그리며 아이가 내 시선에서 멀어지면 나는 그저 돌아누우면 되는 것이다. 하지만 아이는 내 움직임의 이유를 알아차릴 수 없었을 것이다. 지구도 달에게, 태양도 지구에게, 내가 아이를 향한 시선을 지니고 있는 것일까? 어쩌면 인간을 향한 신의 시선 역시 그런 것 아닐까?

라플라스의 검도선수

물리학을 전공했다고 하면 대뜸 "당구 잘 치시겠네요?"라는 질문을 하는 분들이 많다. 매끈한 공이 테이블 위를 굴러가다 "딱!"하는 소리를 내며 다른 공과 충돌하는 감각적 모습은 복잡한 물리 내용을 이해하지 못해도 쉽게 공감을 주는 것 같다. 당구를 통해 '공간'과 '시간'이라는 변수로 표현되는 운동을 느껴볼 수도 있지만 나는 검도 연습을 하면서 고전역학을 체감한다. 당구에서는 큐대라는 긴 막대에 자신의 힘을 조절해 운동량을 공에 전달하지만 큐대가 공을 치고 난 이후에는 그저 공이 굴러가는 모습을 바라보며 행운을 기대하는 일만 남게된다. 즉, 큐대가 공을 타격하고 나면, 운동의 주체인 공은 타격을 하는 사람과 분리된다. 반면 검도에서는 본인이 타격의 주체가 될 뿐 아니라 온몸으로 타격을 느끼는 타격의 대상이 된다. 본인이 직접 당구공이 되어 온몸으로 부딪히는 것 같은 생생한 경험을 하는 셈이다.

검도 초보자들이 호면을 처음 쓰면 한동안은 '우당탕 검도'를 한다. 창살처럼 면금이 시야를 가로막은 호면 속에서는 숨쉬기도 불편하고 소리도 잘 들리지 않는다. 처음 접한 답답함에 대한 두려움과 생존본능 때문에 초보자들 대부분은 무작정 칼만 휘두르다 금세 체력이 고갈된다. 하지만 어느 정도 내공이 쌓이고 나면 동작이 달라진다. 요란스럽고 흥분한 모습은 사라지고 상대에게서 적당히 떨어진 안전거리를 유지하며 어떤 방향의 기습 공격이라도 모두 막아낼 수 있는 최적의 준비 자세를 취한다. 심지어 숨소리조차 들키지 않으려는 정적인 자세를 유지한다. 이후 조심스럽게 거리를 좁혀 오다 서로의 칼끝이 교차될 만큼 가까워지면 이제 진짜 싸움이 시작된다. 누구든 단 한 번의 발 구름만으로도 타격이 가능한 거리에서는 상대의 칼끝과 내 몸의 중심이 이루는 각도, 내가 서 있는 지금의 위치에서 도약할 수 있는 속력, 내 칼을 뻗어 상대의 몸에 닿을 시간을 고려해 자신의 공격이 성공할 수 있는 최적의 기회를 기다려야 한다. 그러다 상대의 미세한 움직임과 들숨으로 만들어진 공간과 시간의 틈새가 포착되면 계획대로 재빠르게 공격을 시작한다.

현재의 위치로부터 떨어진 목표지점을 향한 운동의 궤적을 예측하는 일. 이것이 바로 *F=ma*로 대표되는 고전역학의 핵심 내용이다. 속도는 시간에 따른 위치의 변화이고 가속도는 시간에 따른 속도의 변화이므로 가속도는 시간에 따른 위치 변화의 변화인 셈이다. 즉, 수학적으로 가속도는 위치를 시간에 대해 두 번 미분하는 것을 의미한다. *F=ma*는 질량(*m*)이 정해진 상황에서 힘(*F*)이 어느 정도의 가속도(*a*)를 유발할 수 있는지를 알려주지만 가속도를 시간(t)에 따른 공간의 함수 *x*(*t*)라는 관점에서 해석하면 동일한 가속도를 지닌 궤적의 함수는 아주 많이 존재할 수 있다. 왜냐하면 동일한 변화율을 가지고 있지만 변화의 값 자체가 크거나 작은 경우는 아주 다양하기 때문이다. 그러므로 가속도를

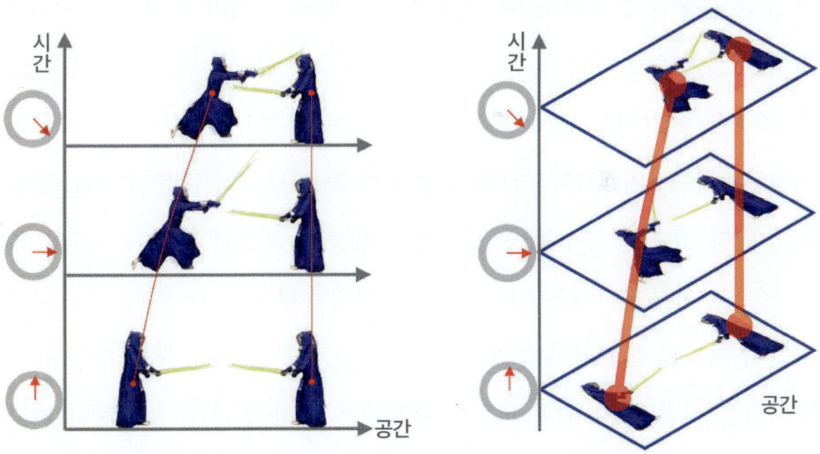

수직 방향으로 향한 시간의 축과 수평 방향으로 펼쳐진 공간의 캠버스를 통해 매 순간 몸이 움직인 운동의 궤적을 남겨보면, 마치 각기 다른 풍경을 담은 낱장의 그림을 수직으로 쌓아 올린 것 같다. 삶의 궤적이나 역사는 시간이라는 수직 방향으로 곧게 자라난 나무의 몸통을 파고든 작은 벌레들의 치열한 흔적 같다.

안다는 것만으로 단 하나의 위치와 속도가 정해지지는 않는다. 따라서, 똑같은 가속도를 지닌 궤적은 무수히 많이 존재한다. 결국 $F=ma$를 통해 운동의 유일한 궤적을 정하기 위해서는 특별한 순간의 위치와 속도라는 두 종류의 조건이 필요하다.

검도에서도 정지 상태에서 타격 부위까지 움직일 몸과 죽도의 궤적을 예측한다. 바닥으로부터 발을 도약해 몸이 앞으로 나아가고 칼을 휘두르는 단계별 과정이 존재하기는 하지만, 도약 후의 중간 과정에서 계획을 변경하면 어깨와 팔에 힘이 들어가고 칼이 느려진다. 그래서 고수들은 최적의 조건을 찾는 탐색은 신중하게 하지만 일단 공격을 시작하면 도약의 순간 처음 마음먹은 초기 조건을 기반으로 타격을 위한 이후의 모든 동작을 결정한다. 즉, 프로그램에 따라 기계가 움직이듯 도약의 초기 조건이 설정되면 이후에는 몸이 자동적으로 움직인다. '궤적'이라는 표현은 여기에서 저기까지 공간을 가로지르는 곡선을 떠올리게 하지만 궤적은 각기 다른 시간의 꼬리표가 붙은 무수히 많은 점으로 구성되어 있다. 무거운 호구를 입고 검도를 해보면 공간의 궤적이 무수히 많은 점으로 이루어진다는 의미를 좀 더 절실하게 느낄 수 있다. 평소에는 시간이 지나도 똑같은 도장 마룻바닥에 있는 것 같지만 몸이 허공 속을 날아가는 짧은 순간마다 마주하는 풍경은 완전히 다른 공간처럼 낱낱이 분리되어 느껴진다. 하나의 시간은 하나의 풍경을 지닌 고유한 공간을 제공한다. 수직 방향으로 향한 시간의 축과 수평 방향으로 펼쳐진 공간의 캠버스를 통해 매 순간 몸이 움직인 운동의 궤적을 남겨보면, 마치 각기 다른 풍경을 담은 낱장의 그림을 수직으로 쌓아 올린 것 같다. 삶의 궤적이나 역사는 시간이라는 수직 방향으로 곧게 자라난 나무의 몸통을 파고든 작은 벌레들의 치열한 흔적 같다.

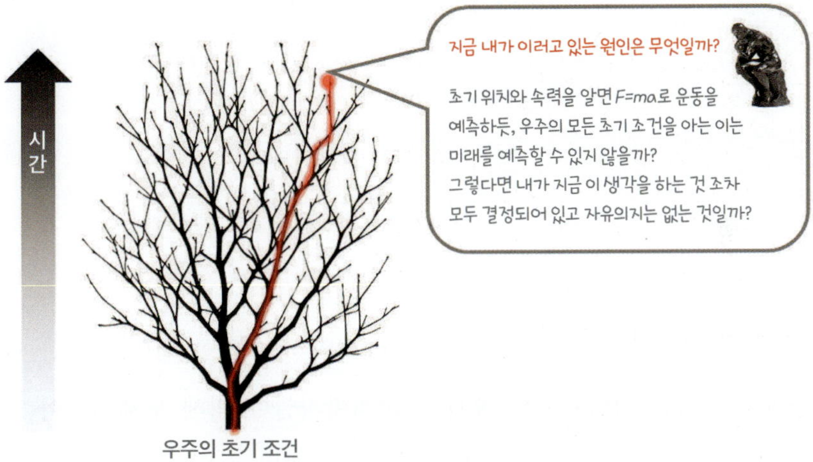

몸동작과 칼이 제어되는 고수들은 처음 위치에서부터 목표물에 도달하는 시공간의 궤적을 정확하게 제어하며 예측할 수 있다. 실제 하수가 고수와 대련하는 경우, 마치 각본에 짜인 동작을 재현하듯 검도 고수는 자신의 공격을 모두 성공시키고 하수의 공격을 예상해 방어한다. 이렇게 검도 고수를 마주하는 것처럼 미래의 궤적을 모두 예상하는 존재는 삶의 의욕을 잃게 만들고 공포심마저 일으킨다. 19세기 초 프랑스 라플라스 집안의 피에르-시몽Pierre-Simon de Laplace이라는 학자는 처음 순간의 위치와 속도를 안다면 물체의 운동 궤적을 정확히 예측해 낼 수 있다는 고전역학적 결정론을 전 우주로 확장시켜 생각했다.

"하나의 원인이 F=ma라는 규칙에 의해 미래의 운동을 결정한다면 우주를 구성하는 입자들이 아주 많기는 하지만 매 순간 우주에서 일어나는 모든 일은 운명처럼 태초에 결정되어 있을 것이다. 만약 우주 초기에 대한 모든 정보를 알고 F=ma라는 방정식을 풀어내는 지적 존재가 있다면, 그는 이 순간 우주에서 진행되고 있는 모든 운동을 이미 예측했을 것이다. 당신이 태어나 지금껏 살아온 모든 과정과 내가 이 글을 쓰는 이유와 당신이 이 글을 읽는 순간조차 우주가 탄생하는 순간 모두 결정되어 있었다."

이런 운명적 결정론은 이후 '라플라스의 악마'라는 단어로 많은 이들의 상상력을 자극했지만 후대의 물리학자들에 의해 문제점들이 지적되었다. 예를 들어 아주 많은 입자들로 구성된 우주 같은 경우 한 두 개의 공이 충돌하는 경우와 다른 혼돈chaos현상이 발생해 예측이 어려워진다. 또한 우리의 우주는 닫혀 있지 않고 팽창하며 탄생 초기에 비해 정보량이 증가하고 있어 특정 시간의 초기 조건은 미래를 예측하기에 충분하지 않을 수 있다. 여기에 위치와 운동량을 모두 정확하게 알 수 없다는 양자역학의 불확정성 원리까지 가세해 결정적 미래를 확신하는 '라플라스의 악마' 가설은 최근 수세에 몰리고 있다. 하지만 혼돈 이론, 열역학 제2법칙, 정보 이론, 양자역학을 몰랐던 19세기 결정론자들에게 '라플라스의 악마'의 문제점을 어떻게 지적할 수 있을까?

상대의 모든 동작을 예측할 수 있는 검도 초 고수 두 명이 만나 시합을 하면 어떻게 될까? 제12회 세계 검도선수권대회 개인전 결승 경기에서는 무려 10분간 상대를 응시하는 침묵의 대치 장면이 펼쳐지기도 했다. 예측의 주체가 동시에 예측의 대상이 되는 검도 경기처럼 라플라스 악마를 예측의 대상에 포함시킨다면 순환 논증 오류에 빠지게 된다.

두 명이 진행하는 검도 시합은 이런 다입자계의 혼돈이나 미시세계의 양자역학 같은 첨단물리에서 발생하는 문제점들로부터 자유롭고, 원인을 알면 결과를 예측할 수 있다는 고전역학적 결정론이 단순하게 작동하는 사례처럼도 보인다. 그런데 '라플라스의 악마'처럼 자신과 상대의 동작 모두를 예측할 수 있는 두 명의 검도 고수가 서로 마주하며 시합을 하면 어떻게 될까? 상대를 향해 조심스럽게 접근하던 고수 A는 고수 B가 숨을 들이마시는 순간 방어 자세에 미세한 빈틈이 생긴다는 것을 알아차렸다. 고수 A는 숨을 들이마실 때 몸이 즉각적인 반응을 하기 어렵다는 점을 감안해 고수 B가 자신의 칼을 방어하기 어려운 곳을 조준했다. 한편 고수 B는 고수 A의 방어 자세에서 어떤 빈틈도 찾을 수 없었다. 그러다 문득 예선 때 고수 A가 타격할 때마다 습관적으로 노출하는 빈틈을 기억해 내고는 의도적으로 숨을 들이마시며 자신의 빈틈을 노출시켰다. 그리고 고수 A가 이 미끼를 덥석 물기를 고요하게 기다리고 있었다. 그런데 갑자기 고수 A가 준비 자세를 하는 칼의 각을 바꾸었다. 고수 B는 본능적으로 고수 A가 자신의 작전을 읽고 있다는 것을 알아차렸다. 하지만 자신이 자세를 바꾸면 고수 A가 자신이 그 작전을 알아차렸다는 것을 눈치챌 것이므로 기존대로 빈틈을 노출하되 A의 공격 이후 반격할 궤적을 머릿속으로 준비해두었다. 고수 A는 공격을 시작하기 직전 불현듯 이것이 B의 미끼일 것 같다는 생각이 들었다. 그 짧은 시간 동안 그가 자신의 습관적 빈틈을 노리고 있을 것이라는 생각까지 도달했다. 그래서 B가 A의 공격을 방어한 뒤 역공하려는 작전이 실패하도록 A는 정지 자세에서 칼의 각을 미세하게 바꾸었다. 하지만 A는 자신의 칼 각도를 바꾸었는데도 B가 아무 반응을 보이지 않는 점이 미심쩍어지기 시작했다.

"B는 모든 수를 읽고 있는 것일까?"

"아니면 그냥 처음 계획을 유지하고 있는 것일까?"

"그의 마음이 어느 쪽인지 알 수가 없다..."

그래서 고수 A와 고수 B는 경기가 끝날 때까지 서로를 겨누기만 한 채 공격을 시작하지 못했다. 둘은 멈춰 있었지만 머릿속에서는 무한 루프에 빠진 컴퓨터 프로그램처럼 가상의 시합을 하며 생각을 멈출 수 없었다. 실제 제12회 세계검도선수권대회 개인전 결승 경기에서는 무려 10분간 상대를 응시하는 침묵의 대치 장면이 펼쳐지기도 했다. 이렇게 '라플라스의 악마' 문제는 예측의 주체가 예측의 대상에 포함되는 여부와 물질적 운동과 구별되는 '자유의지'의 존재와도 맞물려 있다. 만약 누군가 당신의 미래를 예측하려 한다면 그 역시 우주의 일부이며 그 예측이 본인의 삶에 영향을 미칠 수도 있다는 점을 환기하자. 물리적으로 예측자와 예측 대상은 정보를 주고받으며 상호작용을 하고 있으며 둘은 분리할 수 없는 확장된 우주로 취급해야 한다. 사람들은 운명적 결정론을 통해 도전의 용기를 얻기도 하지만 "이번 생은 틀렸어"라는 방식으로 실패와 무기력을 합리화하기 위한 용도로도 사용한다. 비록 어려운 논리와 물리학은 잘 몰라도 새해에는 '로망롤랑R. Rolland'의 시를 읽고 용기를 내보자.

나는 존재하는 일체는 아니다
나는 허무와 싸우는 생명이다
나는 허무는 아니다

나는 허무 속에 타오르는 불이다

나는 영원한 싸움이다

전투를 창공에서 내려다보는 영원한 운명이란 없다

나는 영원히 싸우는 자유로운 의지다

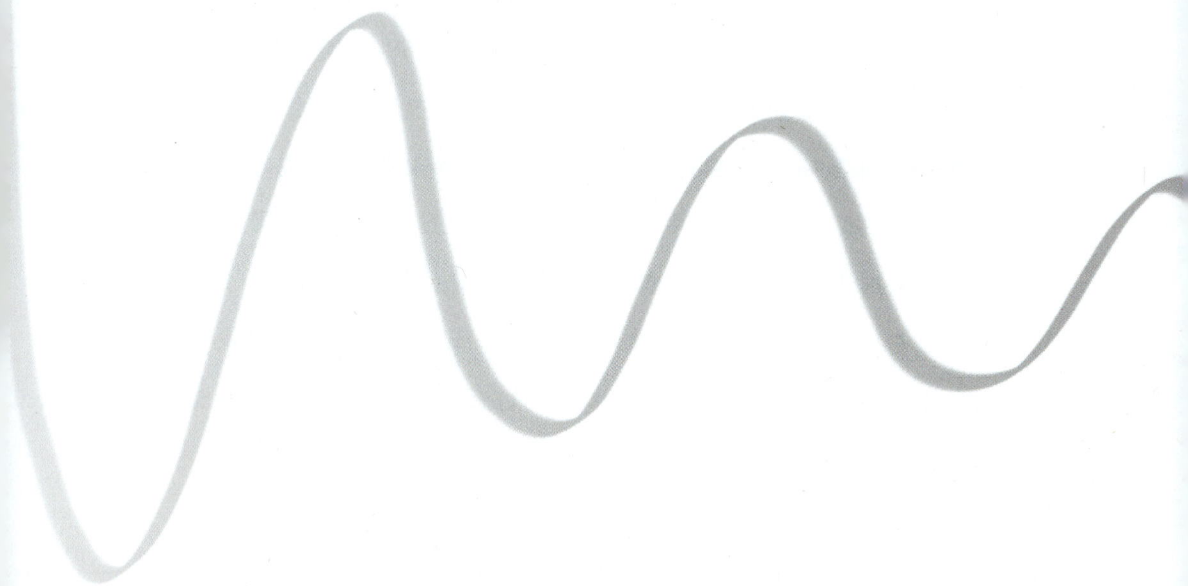

Wave
빛과 소리의 파동

진동

고개를 들면

심장이 뛰고

가슴이 떨린다

자리에서 일어나

조금씩 높아지다

결국엔 까치발로

버둥거리게 된다

불현듯 자신이 없다

고개를 숙이고

어깨가 처지고

조금씩 주저앉다

바닥에 누워 버렸다

땅 속으로 파고든다

깊고 깊은 어둠 속으로

자꾸만 파고들어

급기야 죽음처럼 멈춰 버린다

그러다 문득

다시 한번 보고 싶어

또다시 고개를 든다

하루에도 수백 번

습관처럼 반복되는 마음속 주기운동

몇 번을 더해야 잊을 수 있을까

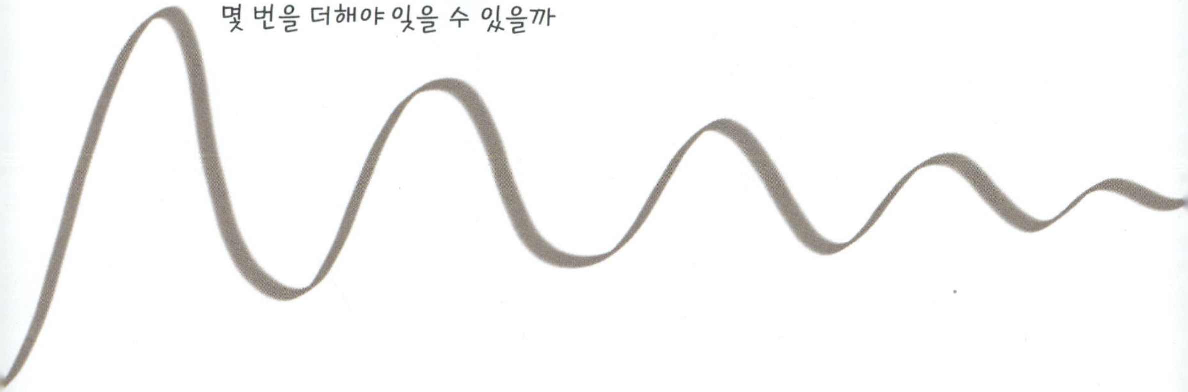

용수철, 그네, 시계추처럼 시간에 따라 위치가 주기적으로 변화하는 진동 운동을 수학적으로 표현하기 위해서는 Sin, Cos 같은 삼각함수를 사용해야 하고, 위치, 속도, 가속도를 얻기 위해 미분을 두 번이나 해야 한다. 또한 진동 운동을 다양한 방식의 그래프로 시각화하거나 에너지라는 추상적 관점에서 새롭게 해석하기도 한다. 만약 공기저항까지 추가되어 감쇄하는 진동까지 배우게 되면 다뤄야 하는 수식은 더욱 복잡하게 된다. 슬슬 짜증이 나고 머리가 저려 올 수도 있다. 이렇게 버티다 한계에 도달하면 "재미와 호기심은 개뿔! 물리가 이런건지 몰랐다!"라는 말을 속으로 내뱉는 학생도 있을 것 같다. 물론 물리를 재미있어 하는 학생들도 있지만 물리 현상을 수학적으로 정교하게 표현하는 전문 지식을 처음 배울 때는 스트레스가 쌓이고 감성은 자꾸 마르는 것 같다. 하지만 진동은 일상에서 쉽게 볼 수 있는 익숙한 모습이고 익숙함에는 충분히 감성을 투사할 수 있다. 학생 때 진동 운동과 주기를 배우는 수업 시간에 나는 농담처럼 친구에게 물어봤다.

"마음의 진동도 주기를 사용할 수 있을까? 심장 박동과 다른 마음의 떨림 말이야."

친구는 의외로 현명한 대답을 해줬다.

"조울증 환자에게 쓰면 되겠네."

연인과의 이별, 죽음의 이별을 경험한 사람들은 삼각함수를 모르더라도 충분히 진동 운동에 공감할 수 있을 것 같다. 비록 진동 운동을 수식으로 표현하지는 못하더라도 감정의 미묘한 변화를 수식만큼 정교하게 기억하고 있을 것이다.

용수철이나 시계추의 끝자락을 잡았다 놓으면 처음에는 더디게 움직이는 듯 보이지만 금세 빨라진다. 속력이 자꾸만 커지는 동안은 희망이 생기고 모든 것이 낙관적이다. 다시 무엇인가를 시작할 수 있을 것 같고 지난 일들을 잊을 수 있을 것 같다. 하지만 다시 움직임이 느려지고 점점 불안해진다. 급기야 움직임의 방향이 바뀌고 다시 상황이 반전된다. 작은 우울함이 먹물처럼 번지고 불안해지고 슬퍼지다 현기증이 날 만큼 아찔해진다. 두렵고 자신 없고 바닥까지 떨어지다 땅속으로 파고든다. 다시금 알 수 없는 의욕이 생겨 일어나 보지만 매일 같은 과정을 반복하게 된다.

이런 마음의 진동 과정을 기억하고 있다면 수학의 언어로 표현된 물리적 진동에 그때의 감정을 투사해 보자. 물리적으로 주기운동을 유지하는 배후에는 멀어지는 거리에 비례해서 원상태로 돌아가려는 복원력이 작동하고 있다. $F = ma$라는 식으로 이해해 본다면 가속도 a는 진동 속도의 시간적 변화이고, 진동 속도는 진동하는 주체의 시간적 위치(x) 변화로 정의된다. 그런데 이 진동의 가속도를 결정하는 복원력이 안정 위치로부터 멀어짐에 따라 점점 증가하는 것이다. 즉, 아무런 힘을 느끼지 않는 안정적 지점에서 아주 조금 벗어날 때는 원상태로 돌아오려는 힘이 별로 크지 않지만 이탈의 변위가 클수록 점점 더 강력한 회귀의 힘이 작동한다.

돌이켜 보면 같은 지점을 반복해서 오가는 진동은 안정점으로부터 벗어난 맨 처음의 사건에서 비롯된다. 아무런 힘도 느끼지 않고 고요한 일상의 안정점에 머물던 어느 날 갑작스럽게 낯선 곳에 서 있게 되는 당혹스런 바로 그 순간부터 진동은 시작된다. 또한 그 낯선 곳과 안정점과의 거리 차이가 진동의 진폭을 결정한다. 맨 처음 마주한 낯선 그곳에서는 안정적 지점으로 돌아가려는 회귀의 힘이 가장 강력하다. 그래서 가속도도 가장 크고 낯선 그곳에서 안정점을 향하는 여정의 속력은 빠르게 증가한다.

하지만 안정점으로 가까이 다가갈수록 회귀의 힘은 줄어든다. 따라서 안정점으로 다가갈수록 가속도도 줄어든다. 여기서 주의해야 할 점은 가속도가 줄어들기는 했지만 속력은 여전히 늘어나고 있다는 것이다. 단지 속력이 증가하는 비율이 줄어들었을 뿐 속력은 처음의 낯선 지점에서 안정점을 향할 때까지 계속해서 증가한다. 하지만 정작 그토록 회귀하고 싶은 안정점에서는 속력이 가장 빨라 순식간에 지나쳐 버리게 된다. 그렇게 안정점을 지나쳐 버리고 나면 다시 불안이 커져간다. 움직임이 안정점으로부터 점점 멀어지는 방향으로 진행되고 있기 때문에 지나쳐 버린 안정점으로 회귀하고 싶은 복원력은 다시 점점 증가한다. 따라서 증가하는 가속도는 움직임의 속력을 점점 감소시키는 결과를 초래한다. 결과적으로 처음 시작된 낯선 곳에서 시작된 운동은 처음과 비교해 정반대로 떨어진 새로운 낯선 곳에 도달하게 된다. 당혹스런 그곳에서 잠시 멈추다 그때까지 거쳐온 경로를 반대로 지나가는 운동을 반복하게 된다.

그런데 갑작스럽게 마주한 사건으로 인해 심리적 양극단의 상태를 오고 가는 것 같은 물리적 진동을 멀리서 바라보면 의외로 조화로운 harmonic 모습을 보인다. 그 이유는 회귀의 복원력이 안정점으로부터 떨어진 거리에 선형적linear 관계를 보이기 때문이다. 즉, 안정점으로부터 멀어지며 느껴지는 복원력과 그 지점의 거리를 그래프로 그려보면 직선적 비례관계를 보여 준다. 만약 회귀의 복원력이 거리에 대해 아주 예민해서 거리와 복원력의 그래프 관계가 직선에서 벗어난 비선형적 nonlinear 모습을 보인다면 진동은 조화롭지 않게 된다. 그래서 물리학적 진동은 선형적 복원력이 만드는 조화로운 진동harmonic oscillation과 비선형적 복원력이 만드는 조화롭지 않은 진동anharmonic oscillation으로 구분된다. 진동의 모습이 조화로워 보이기는 하지만 계속해서 마음의 극단을 오고 갈 수 없는 노릇이다.

인간의 마음속에는 극단을 오가는 복원력과 별개로 움직임을 저지하려는 저항력도 존재한다. 이런 마음의 저항력에 의해 감정의 기복은 점차 줄어들 수 있다.

마찬가지로 물리적 진동의 경우에 공기저항력은 진동의 진폭을 시간이 지남에 따라 줄어들게 만든다. 일반적으로 공기저항력은 속력에 비례해 움직임이 빠를수록 더욱 강력하게 작동한다. 즉, 가장 빠른 속력으로 스쳐 지나갈 수밖에 없었던 안정점 근처에서 저항력은 가장 강력하게 작동해 진동을 억제하려 한다. 결과적으로 이런 저항력 덕분에 양극단을 몇 번 오가는 동안 진동의 폭은 처음에 비해 기하급수적으로 줄어들게 된다. 하지만 엄밀한 수학적 의미에서 진동은 멈추지 않는다. 겉으로 드러나지 않을 만큼 요동의 진폭이 아주 작기는 하지만 그것은 흉터처럼 작은 떨림으로 남아 있다. 이를테면 사랑하는 사람을 떠나 보낸 이들의 마음속에는 이런 작지만 미세한 진동이 여전히 남아 있는 것이다. 너무도 작아 눈에 띄지는 않지만 그들의 마음 깊숙한 곳에 남겨진 이 작은 떨림은 영원히 멈추지 않는다. 그러므로 오래된 이별의 상처는 정적인 흉터의 모습보다 사그라지는 동적 진동을 더 닮아 있다.

위상

A : "국제 사회의 위상을 드높입시다!"

B : "우리나라는 위상이 낮나요?"

A : "그래도 선진국의 위상과는 차이가 납니다."

B : "주변국과는 어때요?"

A : "조금 높기도 하고 낮기도 합니다."

B : "그러면 지구촌이 파동인가요?"

A : "갑자기 웬 파동입니까? 주식 파동 말씀인가요?"

B : "파동이라면 나라 간의 위상도 시간이 지나면 바뀌지 않을까요?"

A : "입장이 뒤바뀌는 역사적 사례를 말씀하시는 것인가요?"

B : "크레용팝 아세요?"

A : "위상이랑 무슨 상관인가요?"

나라와 기업의 국제적 위상, 조직과 사회에서 개인의 위상이라는 단어는 익숙하다. 하지만 수학과 물리학에서는 안과 밖, 높음과 낮음에 대해 좀 더 구체적으로 표현한다. 파동에서도 위상位相, phase이라는 단어가 등장한다. 국제적 위상이 높은 나라와 그렇지 않은 나라 사이에 위상차가 존재한다는 표현처럼 두 개의 파동 사이에도 위상차가 존재한다. 일반물리학에서 파동 단원을 배우기 시작할 때 학생들에게 파동의 봉우리와 골짜기의 위상차가 얼마인지 물어보면 대부분의 학생들은 180도라는 정답을 말한다. 하지만 왜 위상차를 각으로 표현하는지 다시 질문했을 때 명확하게 설명하는 학생은 드물다.

용수철 위치를 시간에 따라 그래프로 그려보면 파도 모양이 나온다. 하지만 진동하는 용수철의 실제 모습을 특정 순간에 사진으로 포착해보면 용수철의 끝자락에 매달린 추는 정적인 점일 뿐이다. 진동의 경우 순간을 포착한 사진 속에 출렁이는 파동 같은 모습은 없다. 하지만 수면 위의 파문이나 바다의 파도는 다르다. 순간을 포착한 파도의 사진 속에는 공간의 다른 지점마다 출렁이는 모습을 볼 수 있다. 그리고 시간이 조금 다른 사진의 모습과 비교해 보면 파동 물결의 위치가 달라졌음을 알 수도 있다. 한편 바다에 들어가 가만히 서 있어 보면 내 몸에서 바닷물이 찰랑이며 높아졌다 낮아졌다를 반복하는 것을 알 수 있다. 또한 출렁임은 내가 서 있는 위치뿐 아니라 다른 공간에도 퍼져 있다. 파도의 물결은 멀리서 내게 다가오기까지 한다. 파동은 시간과 공간 양쪽 측면에서 모두 변화하는 것이다. 따라서 파동은 여러 개 용수철이 결합한 것으로 이해할 수 있다.

몇 년 전 대중적 히트를 쳤던 크레용팝의 안무를 처음 본 후 파동을 몸으로 익힐 수 있는 동작이라는 생각이 들어 수업 시간에 졸고 있는 학생들 여러 명을 불러내 율동을 시킨 적이 있다. 크레용팝은 한 사람이 뛰면 옆 사람이 앉는 모습이지만, 줄에 배열된 사람의 높이를 좀 더 세부적으로 나누면 제법 파도스러운 모습을 만들 수 있다. 쉽게 말해, 파도타기인 것이다. 경기장의 파도타기처럼 한 줄로 늘어 선 여러 명의 학생들이 출렁이는 파도를 제대로 구현하기 위해서는 타이밍을 잘 맞춰야 한다.

개인별로 보면 결국 제자리에서 앉았다 일어섰다를 반복하는 단순한 동작에 불구하다. 처음 서 있는 자세에서 앉았다가 다시 서는 데 까지 걸리는 시간을 0.6초라고 하면 이것이 주기인 것이다. 각자 0.6초의 주기로 앉았다 일어서는 것만 잘하면 된다. 하지만 실제 파도의 모습을 구현하기 위해서는 옆 사람과의 파도 높이 차이를 적절하게 잘 유지해야 한다. 앉았다 일어서기를 하며 움직이고 있는 와중에도 유지하려고 하는 옆

사람과의 차이가 바로 '위상'과 관련이 있다. 하지만 위상은 파도의 높이가 아니라 각도로 표현한다. 그림에서는 옆 사람과 다들 60도 위상차를 유지하고 있다. 그런데 왜 위상을 각으로 표현할까?

파동은 현실에서 경험하는 실재적인 물리 현상이지만 파동을 수학적으로 표현할 때는 상상의 수(허수)를 도입하면 유용하다. 이를테면 수평축의 실재의 수(실수)에 수직축의 상상의 수(허수)를 추가한 복소수 complex number의 2차원 공간에서 일어나는 원운동을 1차원으로 투영해서 파동의 모습을 얻는 것이다. 예를 들어 0초일 때 왼쪽 가장자리에 서 있는 크레용팝 멤버는 상상의 원운동의 실수축에 있는 것과 같고 위상은 0도라고 한다. 0.1초가 지나 약간 쪼그려 앉은 상태는 반시계 반향으로 60도 회전한 것과 같다. 0.2초 후에는 0.1초에 있던 곳에서 다시

60도를 더 간 120도의 위치, 가장 낮게 쪼그려 앉은 0.3초에는 실수축에서 0초와는 반대 방향인 180도 위치에 있게 된다. 이 원운동의 각이 진동의 위상에 해당한다.

특정 시간(예를 들어 0초)에 사진을 찍어 보면 크레용팝의 멤버들은 공간적으로 파도 같은 모습을 보여 준다. 이들은 동일한 시간에 있지만 공간적으로 각자 다른 위상을 지니고 있다. 시간을 고정한 상태에서 공간적으로 보여 주는 주기성의 거리를 파장이라고 한다. 이를테면 봉우리에서 그 다음 봉우리까지의 거리다. 다른 시간마다 찍은 사진 속 공간의 모습과도 비교해 보면 파동의 봉우리에 해당하는 서 있는 멤버의 위치가 바뀌는 것을 알 수 있다. 파동은 이렇게 움직인다. 파장의 길이를 주기의 시간으로 나누면 파동의 위상 속력을 얻을 수 있다.

매 순간 옆 사람과의 위상차를 유지하려는 크레용팝 멤버들의 노력에 의해 파도 안무가 만들어지는 것처럼 매끈한 파동의 모습을 만들어 내는 것은 매질이다. 파도를 만드는 것은 바다이고, 우아한 선의 파형을 만드는 것은 줄이고, 허공 속에서 소리의 파동을 만드는 것은 공기 입자들이다. 매질을 구성하는 개체들은 크레용팝의 멤버들처럼 서로 관계를 맺고 있다. 즉, 파동의 출렁이는 매끄러운 곡선은 개체 간에 존재하는 관계의 탄력성과 조화에 달려 있다.

한 개인은 제자리에서 지속적이며 규칙적인 일관성을 보여야 하며 주변의 개인들도 같은 주기를 유지하며 이웃과 일정한 탄성에

의해 타이밍을 조화롭게 유지해야 한다. 이렇게 서로의 다름에 해당하는 위상차를 일정하게 유지하는 조화로운 일관성을 통해 규칙적이고 매끄러운 파동이 생기게 되는 것이다.

파동 이론이 지겹고 어렵다고 느껴지면 그림처럼 여러 명이 함께 크레용팝 안무를 해 보기를 권한다. 조화로운 파동의 모습을 만들어 내기 위해 서로 집중해서 맞춰 나가는 몸의 기억들은 훨씬 감각적으로 이해를 도울 것이다. 힘과 운동을 다루는 물리를 가장 직관적으로 이해하는 방법은 본인이 직접 그 운동을 체험하는 것이다. 수학의 언어로 표현된 물리를 체화된embodied 지식으로 바꿀 수 있다면 춤으로 표현할 수도 있을 것이다. 안무가가 파동의 원리를 이해한다면 훨씬 더 멋진 동작을 만들어 낼 수 있지 않을까?

스트로보스코프와 토끼

하루 동안 천천히 일어나는 변화, 그것보다 더 느리게 변해가는 계절의 변화, 1년을 단위로 회귀하는 봄. 옛사람들은 이런 자연의 변화를 가늠할 수 있는 시간과 날짜의 기준을 마련하기 위해 태양 고도와 달 모양 변화를 관찰해 양력과 음력 혹은 둘을 혼합한 다양한 방식의 달력을 만들었다. 요즘 사람들은 양력 1월 1일에 사소한 것이라도 새로운 계획을 하나씩 세우곤 하지만 종교가 생활 깊숙이 스며든 초기 교회의 신자들은 아마도 부활절을 통해 새해의 다짐을 했을 것이다. 그런데 아이들에게 크리스마스가 며칠이냐고 물으면 곧장 12월 25일이라고 잘 대답하지만, 부활절이 며칠이냐고 물으면 "언제였더라?"하는 표정을 짓는다. 사실 어른들의 반응도 대부분 다르지 않다. 부활절 날짜는 매년 다르다.

예수가 태어나기 전부터 유대인들은 봄마다 치루는 과월절(유월절)과 무교절의 전통이 있었다. 신의 계시에 따라 문설주에 어린 양의 피를 발라 둔 집은 재앙이 지나쳐갔지만(Passover) 그렇지 않은 집의 맏아들은 모두 돌연사해버린 열 번째 재앙을 통해 유대인들은 이집트의 노예살이에서 벗어났다. 이후 첫 번째 낳은 가축의 수컷 새끼를 신에게 바치던 유목민족의 오래된 방식은 그날의 어린 양의 피를 기억하는 과월절(유월절)이 되었고, 급하게 이집트를 탈출하느라 발효되지 못한 반죽으로 만든 빵을 먹으며 사막을 건너가던 힘든 기억은 누룩 없는 빵을 먹는 무교절의 전통으로 자리를 잡았다. 구약의 이런 전통은 신약에서 예수가 맞이하는 마지막 삶의 순간과 대비를 이룬다. 예수는 과월절(유월절) 축제 당일, 사람들의 환호를 받으며 예루살렘에 입성하지만 최후의 만찬을 마치고 한 제자의 밀고로 체포된다. 하지만 만찬 중 제자들에게 자신의 '피'와 '몸'이라 말하며 포도주와 빵을 나눠주는 장면은 과월절과 무교절의 전통을 떠올리게 한다.

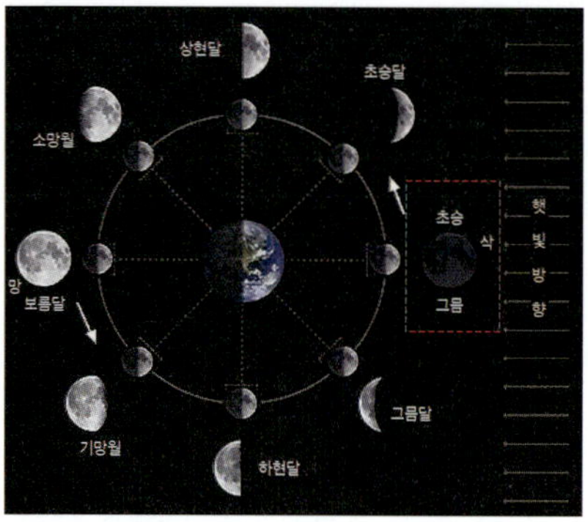

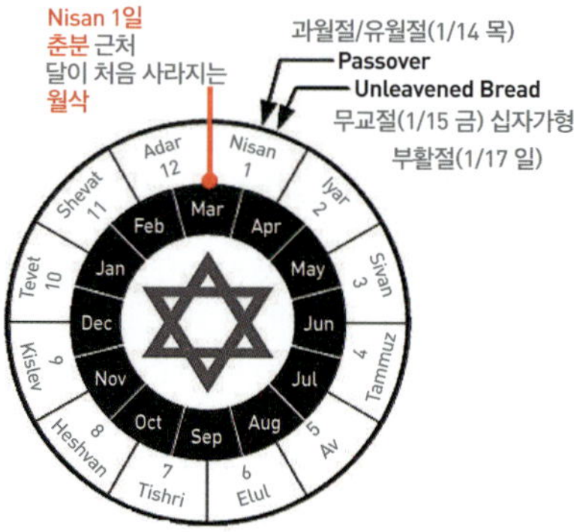

유대인들은 춘분 근처 달이 처음 사라지는 월삭을 기준으로 한 해를 시작했다. 첫 번째 달Nisan은 현대인들이 사용하는 로마식 달력의 3월 중순 무렵이다. [사진 출처 : 위키피디아]

유대인들은 특이하게도 춘분 근처 달이 처음으로 사라지는 월삭을 1월 1일로 삼았다. 초기 예루살렘교회는 유대의 달력으로 1월 14일에 과월절(목요일), 예수가 십자가형을 당한 1월 15일에 무교절(금요일), 1월 17일에 부활절(일요일)을 기념했다. 하지만 로마 교회에서는 율리우스력과 춘분을 기준으로 하는 날짜로 부활절을 기념했고 여러 가지 정치·사회적 문제가 함께 결부되어 부활절 날짜 논쟁은 격화되었다. 결국 AD 325년 니케아 공의회를 통해 "춘분이 지난 후 만월 이후의 첫번째 일요일"을 부활절로 정하자는 합의가 이루어졌다. 하지만 니케아 공의회에서 정한 율리우스력의 춘분 날짜인 3월 21일 역시 수백 년이 지나자 천문학적 회귀 연도와의 누적된 오차에 의해 16세기 후반에는 3월 11일까지 당겨져 그레고리력을 만드는 계기가 되었다. 어떤 기준으로 날짜를 정하는지에 따라 죽음으로부터 다시 태어나는 기적의 날짜가 연기되기도 하고 앞당겨지기도 하게 된 것이다. 그런데 태양 고도로 정해지는 춘분을 기준으로 하지만 만월이라는 달의 모습을 통해 구체적인 부활절의 날짜를 정하는 니케아 공의회의 합의는 오래된 토착 신화를 흡수하게 한다. 춘분이라는 시점을 기준으로 하는 부활절의 영어 단어 Easter는 봄을 알리는 여신 Ostara에 기원을 두고 있다. 북유럽의 춥고 긴 겨울을 지내고 봄의 햇살을 맞이해보면 죽음에서 부활하는 것만큼 너무도 반가워서 마치 여신을 맞이하는 것 같다. 그래서 부활절이 만들어지기 전부터 춘분은 새로운 빛과 생명을 상징하는 대지의 여신 혹은 대자연의 어머니와 어우러지는 오래된 축제의 시기였다.

살해되어 토막 난 시신이 나일강에 버려진 후 부활하는 이집트 신화 속 Osiris는 종종 토끼로 묘사된다. 시계를 들고 뛰어가는 토끼를 따라가다 이상한 나라로 빠져든 앨리스처럼, 달(토끼)이 지구(앨리스)에게 보여주는 시간은 환상일까? 달은 지구에게 태양의 시간(일력)과 어긋난 시간(월력)을 보여준다. [사진 출처 : 위키피디아]

한편 춘분을 기준으로 하지만 부활을 맞이하는 날짜를 달의 모양으로 결정하는 역법은 달을 토끼 신화와 연결시킨다. 이집트에서는 살해되어 시신이 나일강에 버려진 후 우여곡절 끝에 다시 부활한다는 오시리스Osiris의 신화가 있는데 부활 이전의 그는 종종 토끼 머리를 한 '운네페르Unnefer; un=open, nefer=good'의 모습으로 묘사되기도 한다. 다른 문화권에서도 토끼는 주변 환경을 예민하게 감지하고 어딘가로 숨어버리는 속성 탓에 은밀한 비밀을 전달하는 전령사로 묘사된다. 마야인들과 아즈텍인들 역시 달 토끼의 전설을 믿고 있었고 12간지 중 하나인 토끼의 시간은 밤의 어둠을 지나 새벽의 햇살을 맞이하는 아침 5시에서 7시 사이이다. 그렇다면 겨울에서 봄으로, 어둠에서 빛으로, 죽음에서 부활의 새로운 삶과 새로운 세상으로 가는 비밀을 알려주는 존재가 토끼일까? 하지만 달이 지구에 그 모습을 보이며 알려주는 날짜는 부활절처럼 가변적이다.

동화 <이상한 나라의 앨리스>에서 앨리스는 한 손에 든 주머니 시계를 보며 뛰어가는 토끼를 뒤따라가다 이상한 나라에 들어서게 된다. 이 모습은 달에서 내려온 토끼가 대지의 여신(앨리스) 지구에게 보여 주는 시간이 환상이라는 것을 암시한다.

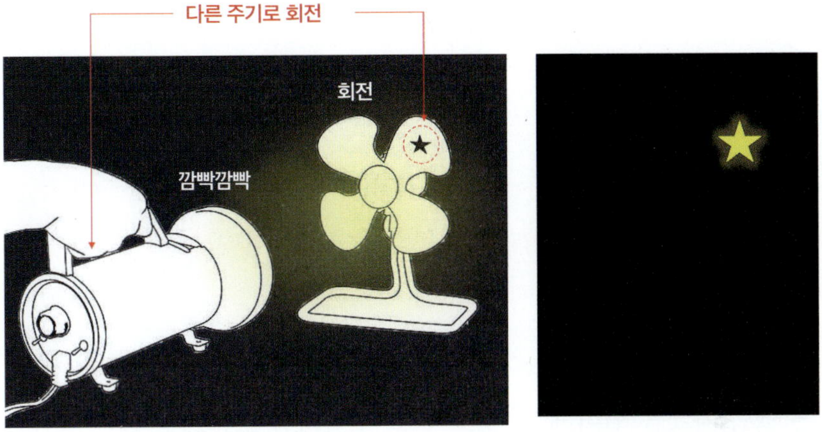

회전하는 선풍기 날개에 별을 붙인 후 깜빡이는 빛으로 비춰보자. 선풍기 회전주기와 조명의 깜빡임 주기가 동일하다면 별은 같은 위치에 있는 것처럼 보인다. 하지만 빛의 주기가 짧아지거나 길어지면 별은 매 순간 위치를 바꾸며 회전하기 시작한다.

스트로보스코프Stroboscope라는 장치가 있다. 예를 들어 토끼가 달리는 장면들을 낱장의 사진으로 찍어 한 장씩 디스크의 테두리에 붙여 보자. 대신 시간순으로 전개되는 동작을 담은 낱장들은 디스크의 테두리를 따라 반시계 방향으로 붙인다. 이제 사진 한 장 정도의 크기만 비추는 고정된 조명을 시계 방향으로 회전하는 디스크에 비춰보자. 대신 조명은 일정한 주기로 깜빡거려야 한다. 만약 조명의 깜빡거리는 주기가 디스크가 한 바퀴 회전하는 주기와 동일하다면 정지한 듯 똑같은 장면만을 보게 된다. 즉, 토끼는 특정 순간의 모습으로 멈춰 있다. 시간이 멈춰 있는 것 같다. 하지만 조명의 깜빡임 주기가 디스크 주기보다 약간 길면 사진이 한 칸씩 밀리면서 달리는 토끼를 보게 된다. 그러나 조명의 깜빡임 주기가 디스크 주기보다 조금 짧으면 제자리에 멈춰 선 그 장면을 포착해야 하는 타이밍에 비해 빛이 조금 빨리 켜져 과거의 장면을 보게 된다.

이제 토끼는 시간을 거슬러 가는 것처럼 뒤로 달리기 시작한다.

낡은 LP판이 돌아가는 것을 멍하니 보고 있으면 참 좋다. 빛바랜 낡은 앨범 자켓을 열어 보는 것도 좋고 추억처럼 드문드문 튀는 잡음도 좋다. 디스크가 맴돌며 퍼져 나오는 음악이 방 안을 가득 채우는 순간이 좋고 디스크 위에 그어진 무수한 선들이 주름진 얼굴처럼 낯익다. 하나의 주름에 하나의 기억이 새겨져 있고 기억은 바늘 끝으로부터 음악으로 새어 나온다. 방안 불을 모두 끄고 LP플레이어 곁에 있는 작은 조명 하나만 켜 두어도 좋다. 어스름한 불빛 속에서 담배 연기처럼 음악이 방 안을 가득 채우고 나면 시간을 가늠할 수 없는 오래된 기억 속으로 빠져든다. 조명 아래 보이는 디스크에 패인 수많은 홈들이 영화 속 장면처럼 빠르게 지나가고 어느새 나는 꿈속으로 빠져든다.

별빛도 보이지 않는 칠흑 같은 하늘에는 보름달만 떠 있다. 달빛은 마치 깜깜한 무대 위에 설치된 조명처럼 한줄기 빛살들을 비추고 있는데 그 아래는 하얀 토끼가 주머니 시계를 보며 뛰어가고 있다. 자세히 보니 토끼가 달리는 검은색 바닥은 미세한 홈이 패여 있는데 홈 속의 요철이 꿈틀거리는 것으로 봐서는 토끼가 달리는 바닥 역시 움직이고 있는 것 같다. 회전하는 거대한 LP판이나 러닝머신 위를 달리는 것처럼 토끼는 움직이는 바닥 위를 달리고 있지만 달빛이 깜빡거려서 그런지 움직이는 모습이 왠지 어색하다. 마치 오래된 흑백 영화를 보는 것처럼 연속적이지 못하고 동작이 어딘가 이상하다. 달빛 조명 아래 달리는 토끼는 제자리에 멈춘 듯 보였다가 간혹 앞으로 나아가기도 하지만 어떨 때는 뒤로 간다.

달을 닮은 조명 아래에서 회전하는 디스크 위를 달리는 토끼가 제자리에 멈춰 서있는 것 같은 환상. 달이 조금 일찍 혹은 늦게 뜬다면 토끼는 미래 혹은 과거로 향하는 움직임을 보인다. 지구에게 보여주는 달의 시간을 믿어서는 안되는 것일까? 비슷한 방식으로 부활이 일어난 기적의 날짜도 매년 바뀐다.

배음

단 하나의 색과 하나의 음으로
바늘처럼 찌르지 마세요

닫혀진 입 안에서 가슴 속까지
동굴 속에 갇힌 채로 출렁거리는
그런 소리들로 내 머리를 빗겨 주세요
물방울에 갈라지는 무지개처럼
다채로운 화음들의 그윽한 향기
그것들로 잠든 나를 깨워주세요

대부분의 빛과 소리는 다양한 주파수의 파동이 섞여 있다. 주파수를 수평축으로 두고 빛과 소리세기의 분포를 그려볼 경우 주파수별 섞임의 정도를 쉽게 알 수 있다. 단색이나 단음의 경우는 특정 주파수에 바늘처럼 삐죽 솟은 분포를 보여 주게 된다. 물리적으로 이상적 단색·단음은 단 하나의 주파수로 정의되므로 바늘 같은 분포 곡선의 폭이 전혀 없어야 한다. 하지만 실제 바늘 같은 단색·단음 분포 곡선에도 작지만 폭이 존재한다. 예를 들어 인간은 '라4'음의 440 Hz와 441 Hz의 소리가 다른 음이라는 것을 감지할 수 있는 귀를 지니고 있다.

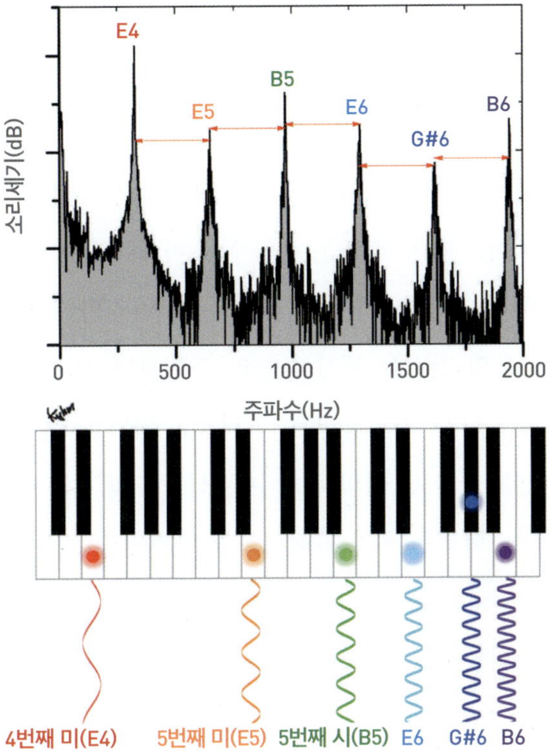

피아노 건반에서 '미4'를 치면서 목소리로 똑같은 음을 내려할 때 우리는 '미4'의 단음만 관련되어 있다고 생각하기 쉽다.

하지만 피아노 소리와 사람의 목소리를 주파수 스펙트럼으로 분석해 보면 빗살 같은 일정 주파수의 간격으로 여러 음들이 섞여 있다. '미4'의 음이 가장 강하게 들리기는 하지만 다른 높은 음들도 함께 섞여 있는 것이다.

즉, 그림의 예처럼 '미4'음(329.7 Hz)의 2배는 그 다음 옥타브에 있는 '미5'음(659.3 Hz)에 해당된다. 하지만 3배, 4배, 5배의 음은 옥타브를 올린 '미'가 아니라 각각 '시5'(987.8 Hz), '미6'(1318.6 Hz), '솔#6'(1661.4 Hz), '시6'(1975.6 Hz)에 해당된다. 엄밀하게는 배수가 커질수록 조율된 피아노 음계의 표준 주파수와 미세하게 차이가 있다. 그래도 음의 선폭을 감안하면 주파수의 배수는 모두 건반에 대응시킬 수 있다. 이 모든 음들의 건반을 동시에 눌러 들어보면 잘 어우러진 화음으로 들린다. 배음overtone이라 불리는 이 현상은 다양한 악기나 사람의 목소리에 모두 존재한다. 소리의 주파수 분석을 위해서는 마이크를 사용하는데 보통의 마이크는 공기의 떨림을 전자기원리로 감지하는 방법을 사용하고 있다. 즉, 얇은 막의 진동이 자석 주변에 감긴 코일의 전류 변화를 일으켜 소리를 전기 신호로 바꾸는 방식이다.

최근 학생들과 함께 광학 마이크라는 것을 만들었다. 소리는 공기 밀도가 공간적으로 변하는 것이므로 빛의 입장에서는 미세한 공기 밀도의 변화를 굴절률의 변화로 인식한다. 따라서 공기 밀도 변화로 인한 압력 변화가 막을 진동시켜 전기신호로 변하는 기존 전자기유도 마이크보다 감도가 뛰어나고 신호의 왜곡도 적다. 그림 속 그래프는 '미4'음을 소리 내려는 학생의 목소리 속 배음들을 실험실에서 만든 광학마이크로 직접 측정한 결과다.

바이올린이나 첼로 같은 악기들은 현의 떨림으로 공기를 진동시키는 소리를 만든다. 현의 양쪽이 고정된 경우 파동의 배와 마디의 수가 늘어가며 파장이 1/2, 1/3, 1/4, 1/5로 짧아져가면 주파수는 2, 3, 4, 5배로 커져간다. 목소리나 관악기의 경우에도 닫힌 공간 속 공기 밀도의 분포를 그려보면 현의 진동과 유사한 모습을 얻을 수 있다. 닫힌 공간 안에서 만들어지는 이런 독특한 파동을 정상파定常波, standing wave라 하는데 정상定常 혹은 서 있는standing이란 표현은 마디와 배의 위치가 변하지 않는다는 것을 의미한다. 하지만 시간에 따른 정상파의 진폭은 마치 과식을 하고 누워 잠든 부푼 배가 숨을 쉬는 것처럼 커졌다 작아지는 모습을 반복한다. 배와 마디수에 따라 달라지는 정상파의 특별한 파장과 주파수의 상태는 모드mode라고 한다. 즉, 정상파에는 다양한 모드가 존재한다.

자연 속에서는 단음의 고독한 소리는 드물다. 항상 배음의 울림이 동반된다. 허공을 향해 외치는 목소리 속에는 항상 여러 개의 배음이 존재한다. 히말라야나 몽고 지역에서는 배음발성으로 노래하는 신비스런 창법이 있는데 그들은 고차수의 배음으로 대자연과 공명하며 자기 자신과 세상을 깨운다. 소리뿐만 아니라 빛도 닫혀진 텅 빈 공간 속에서는 정상파를 형성한다.

2006년 노벨물리학상을 수상한 COBE 프로젝트는 우주의 텅 빈 공간 속에 존재하는 빛의 정상파를 오랜 시간에 걸쳐 관측했다. 이를테면 우주라는 계란처럼 거대한 닫힌 공간 속에서 만들어진 여러 가지 색깔의 빛 정상파 모드들을 측정한 것이다. 닫힌 공간

에 존재하는 다양한 모드의 정상파 빛들은 고유한 세기 분포를 지니는데 그 빛 세기의 주파수 분포를 통해 빛의 평균 에너지에 대응되는 온도를 정의할 수 있다.

빛 세기 분포에서 주를 이루는 주파수는 온도와 상관이 있는데 온도가 낮아질수록 주파수가 낮은 계열의 빛들이 분포에서 주를 이루게 된다. 극도로 차가운 우주 온도를 감안하면 우주공간 속 빛 정상파는 마이크로 웨이브 주파수 영역에 분포한다. 처음 통신 레이더 속에서 잡음처럼 감지된 전파신호들이 사실은 거대한 우주공간 속에서 만들어진 빛 정상파의 신호였던 것이다.

나노 스케일의 닫혀진 공간 속에서 전자처럼 질량을 지닌 작은 입자들이 보여 주는 양자역학적 물질파 역시 정상파의 특성을 보인다. 즉, 닫힌 공간 속에서 허용되는 마디와 배의 수가 증가함에 따라 드문드문 주파수가 늘어난다.

양자역학적으로 주파수는 에너지에 비례하므로 결국 정상파의 특별한 주파수 모드에 대응되는 에너지만 지닐 수 있게 된다. 미시세계 속 물질 파동, 깊은 산 속의 메아리 소리, 거대한 우주공간 속 빛의 메아리까지 모두 정상파라는 공통의 기제가 작동하고 있는 것이다. 빛과 물질로 구성된 우주와 자연 모두 배음을 닮은 파동의 속성을 지니고 있는 것이다.

박쥐

매일 밤
너는 내게서 도망친다
아득하게 멀어지는 너를 향해
허우적거리며 만들어 낸
촘촘한 파문

너를 향해 달려가는
파란 나의 목소리
밤새 허공 속을 번져가다
너를 만지고 부딪쳐
다시 내게 돌아온다
생채기처럼 붉은 나의 목소리

사람은 낮은 음에서 높은 음까지 대략 20~20,000 Hz 주파수 영역(가청주파수)의 소리를 듣지만 박쥐는 1,000~120,000 Hz 영역의 사람이 느끼기에는 고음처럼 들리는 소리와 사람이 들을 수 없는 초음파를 예민한 귀로 감지하며 발생시키기도 한다. 박쥐는 어마어마한 성량을 지닌 울트라 소프라노다. 입과 코에서 뿜어져 나오는 우렁찬 소리는 50~120 dB(데시벨) 정도의 세기를 지니는데 가청주파수의 세기로 치자면 요란한 도심이나 공장의 소음만큼 시끄럽다. 고요한 듯 보이는 밤 사이 박쥐는 엄청나게 시끄러운 고함을 지르고 있는 것이다. 다행스럽게도 인간은 박쥐의 초음파 고함 소리를 들을 수 없다. 유사한 원리를 노인 요양원에서 활용하는 사례도 있다. 사람은 나이가 들면 고주파 소리를 점점 못 듣게 되는데 노인 요양원에 10대만 들을 수 있는 확성기를 크게 틀어 놓으면 노인들은 들을 수 없지만 10대들은 시끄러운 소음을 견디기 어려워 근처에 얼씬도 할 수 없을 것이다. 여름철 모기도 그렇게 쫓아낼 수 있다.

박쥐는 칠흑 같은 어둠 속에서 자신이 외치는 고함의 메아리를 통해 사물의 위치와 모양을 감지한다. 멀리 있는 대상은 투과성이 큰 저주파를 사용해 대략적인 위치를 파악하고, 가까이 있는 대상은 고주파를 통해 세부 모양을 감지한다. 엄마 배 속에 있는 아기의 모습을 보는 초음파 영상도 같은 원리다. 박쥐는 귀로 소리를 듣지만 초음파 기계가 태아의 영상을 재구성하는 것처럼 자신의 머리 속에 청각 정보를 모아 사물의 이미지를 떠올린다. 박쥐는 소리로 보는 것이다. 소리와 빛은 정보를 매개하는 것일 뿐 정보를 재구성해 이미지가 만들어지는 곳은 뇌 속이다.

그런데 박쥐가 멈춰 선 상태로 도망가는 나방을 향해 고함을 지르면 되돌아오는 메아리의 주파수는 낮아진다. 고음으로 고함을 질렀을 때 들려오는 메아리의 음이 낮아진다. 빛의 색으로 바꿔서 설명하면 파란색을 쪼였을 때 도망가는 나방에서 반사된 빛은 붉은색 쪽으로 이동한 것처럼 보인다. 자신에게 다가오는 나방의 경우 그 반대의 결과가 된다. 저음으로 소리를 지르면 반사돼 들리는 메아리는 고음으로 들린다. 마찬가지로 박쥐가 나방을 향해 다가가거나 멀어짐에 의해 메아리의 주파수가 바뀐다. 박쥐는 메아리의 변화를 통해 멀어지고 다가오는 나방의 위치를 인지하는 것이다. 파원이 움직이거나 파동을 반사시키는 물체가 움직일 때 파동의 주파수가 바뀌는 현상을 도플러Doppler 효과라 하는데 이 원리를 이용하면 움직이는 물체의 속력을 소리와 빛으로 알아낼 수 있다. 도로 위 차량의 과속 여부나 혈관 속 혈액의 흐름도 도플러 효과를 통해 감지한다. 마음이 멀어져 가는 이, 다가설 수 없는 이를 향한 들리지 않는 마음의 목소리 같은 것이 있다면 어떨까? 박쥐가 외치는 초음파 고함처럼 허공을 가로지르며 그리운 이를 향해 퍼져 나가는 마음의 목소리 같은 것이 있어 그에게 반사돼 메아리로 들려오는 것이다. 만약 그가 내게서 멀어져 간다면 고음의 내 시퍼런 목소리는 저음의 붉은 소리로 들릴 것이다.

푸리에 변환

빛을 담는다
투명한 유리컵 속에
빨강에서 파랑까지
높이를 조금씩 줄여서 만든
빛의 계단

실로폰처럼 두드리면
들려온다
빛의 소리
사과 빨강의 도
오렌지 주황의 레
개나리 노랑의 미
새싹 연두의 파
우거진 숲 초록의 솔
가을날 창공의 푸른 라
겨울 바다의 시린 시

소리를 섞는다

색깔의 레시피에 따라서

매운 빨강은 아주 조금

시큼한 주황은 그보다 많이

바나나 향 노랑은 제법 많이

몸에 좋은 연두와 초록은 아주 듬뿍

그리고 하늘빛 소금을 조금 뿌리고

블루베리 파랑은 아주 조금 몇 방울

모두 다 버무리면 들려오는

먹음직스러운 맛의 소리

눈을 감으면
밀려오는 파도처럼
잠시 동안 내 안을 가득 채우다
천천히 사라져가는
맛있는 소리의 맥박

비로소 심장이 뛴다

소리는 파동이다. 파장이 긴 것은 저음, 파장이 짧은 것은 고음, 빛도 파동이다. 붉은빛은 파장이 길고 파란빛은 파장이 짧다. 그러므로 소리의 음계를 빛의 색과 연결시킬 수 있다. 주기로 분류해도 된다. 낮은 음과 붉은빛은 주기가 길고, 높은 음과 파란빛은 주기가 짧다. 유리컵에 물의 높이를 다르게 채우면 실로폰 같은 음계를 만들 수 있다. 컵 속의 물이 많이 채워지면 저음, 얕게 채워지면 고음이 들린다. 만약 음이 높아짐에 따라 컵 속의 물을 빨강에서 파랑까지 다른 색소로 채워 넣는다면 빛의 계단은 소리의 계단이 된다.

그런데 화음이나 색의 혼합처럼 다른 빛과 소리를 모두 더하면 어떻게 될까? 파동의 다름은 공간과 시간의 측면에서 각각 나누어 봐야 한다. 파장이 다른 파동을 더한다는 것은 시간이 멈춘 한 순간 봉우리 사이의 거리가 멀거나 가까운 다양한 풍경이 공간 속에서 합쳐진 모습을 보는 것이다. 주기가 다른 파동을 더한다는 것은 공간의 한 지점을 정하고 떨림의 시간적 간격이 길거나 짧은 다양한 역사가 시간 속에서 합쳐진 모습을 보는 것이다. 그런데 파동을 합치는 과정에는 특이한 원리가 작동한다. 가령 두 개의 파도가 마루와 마루로 만나는 경우(위상차 = 0도)에는 각자가 지닌 파도의 높이가 온전하게 더해지지만, 마루와 골의 상태로 만나는 경우(위상차 = 180도)는 서로 상쇄시킨다. 마루와 골의 차이가 이도 저도 아닌 어정쩡한 다름으로 합쳐지는 경우(0도 < 위상차 < 180도)는 온전한 합과 완전한 상쇄의 중간쯤에 해당하는 값을 지닌다. 그러므로 서로 다른 파동이 합쳐지는 모습은 벽돌과 모래를 차곡차곡 쌓아올리는 경우와 다르다. '위상차'에 따라 온전하지 못한 합이나 상쇄가 작동한다는 점을 명심해야 한다.

다양한 파동의 합을 복잡한 수식으로 이해하기 보다 좀 더 감각적인 '맛'으로 느껴보자. 요리에 사용되는 양념들은 풍미를 더하기 위한 목적도 있지만 불쾌한 냄새나 향을 잡기 위한 목적도 있다. 그리고 아주 많은 양념들을 모두 더하면 버무리기 전의 특성을 알아차리기 어려운 색다른 맛이 되기도 한다. 그러므로 파장과 주기가 다른 여러 개의 파동을 더해 새로운 풍경을 만들어 내는 배합의 비법은 맛의 '레시피'를 닮았다. 다양한 맛에 빛과 소리의 이미지를 대응시킨다면 버무려진 양념은 파장과 주기가 다른 다양한 색과 음이 혼합된 파동인 것이다.

구체적으로 '레시피'는 세 가지 사항에 주목해야 한다. 첫째 어떤 색과 음의 높낮이를 선택할 것인지, 둘째 그 색과 음을 얼마나 많이 사용할 것인지, 마지막으로 그 색과 음이 보강(+)을 위한 것인지 혹은 상쇄

(-)를 위한 것인지를 알아야 한다. 이를테면 파장이 큰 빨강의 매운 맛은 아주 조금, 몸에 좋은 초록은 아주 많이, 하늘빛 소금은 짜지 않게 적당히 뿌려야 한다. 그렇게 다양한 양념들의 배합에 따라 다채로운 색깔의 빛과 소리를 버무린 맛은 공간적으로는 국소화된 영역만을 점유한 '섬'이 되고 시간적으로는 아주 잠시 요동치는 심장의 맥박 같은 '펄스'가 된다. 공간적으로 수평선 위에 동그마니 솟아오른 섬 모양을 얻기 위해서는 여러 파장의 파동들을 잘 버무려야 하고 시간적으로 맥박 같은 펄스 모양을 얻기 위해서는 다양한 주기의 파동들을 잘 버무려야 한다. 이렇게 '섬'과 '펄스'를 만들기 위해 파장이나 주기가 다른 파동들을 어떻게 배합할 것인지를 알려주는 레시피를 푸리에 변환Fourier transform이라고 한다.

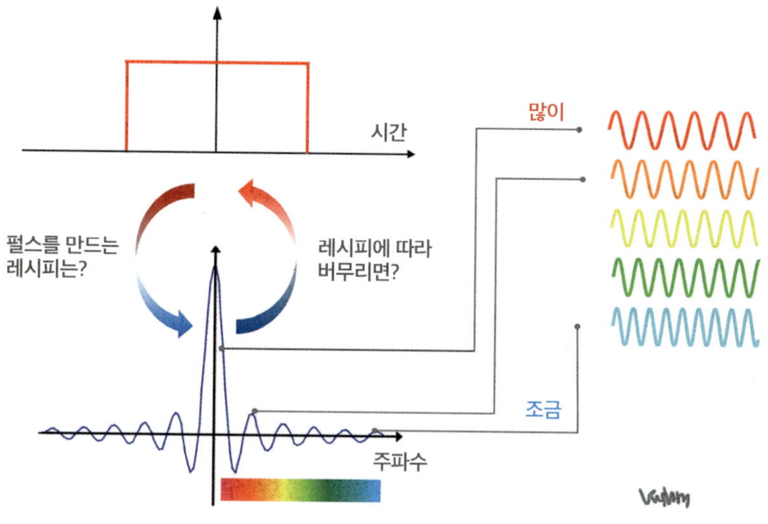

수학적 편의를 위해 주기의 다름은 주기의 역수인 주파수frequency로 표현하고, 파장의 다름은 파장의 역수인 파수wave number를 종종 사용한다. 주파수의 레시피를 사용해 빛과 소리의 양념을 버무리면 시간축 위의 맥박이 되고, 파수의 레시피를 사용하면 특정 공간에 국소적으로 고립되어 있는 '섬'이 만들어진다. 그들을 구성하는 개개인의 파동은 공간적으로는 모든 영역에 펼쳐져 있고 시간적으로도 멈추지 않고 지속하고 있다. 하지만 마법 같은 주파수와 파수의 레시피에 따라 버무리면 특정 시간과 공간에서만 모습을 드러내고 다른 영역은 모두 상쇄시켜 버리는 것이다. 즉, 섬 주변에 펼쳐진 수평선의 단조로운 모습은 다양한 파동이 합쳐져 만들어 낸 상쇄의 결과인 것이다.

내 실험실에는 펄스 레이저가 많다. 그래서 과학 지식이 없는 방문객이나 처음 실험실에 들어온 인턴 학생들이 가장 많이 하는 질문은 어떻게 펄스를 만드냐는 것이다. 펄스 레이저에 대비되는 단어는 연속 레이저다. 시간적으로 빛의 파동이 끊기지 않고 연속해서 발진된다는 뜻이다. 펄스 레이저 기술은 나노(nano = 10^{-9}) 초, 피코(pico = 10^{-12}) 초, 펨토(femto = 10^{-15}) 초를 지나 최근에는 아토(atto = 10^{-18}) 초 펄스 레이저까지 개발되고 있다. 펄스라는 것은 공간과 시간 측면에서 모두 국소화되어 있다는 것을 의미하므로 공간적인 폭과 시간적인 폭을 정의할 수 있다. 파수wave number폭이 넓은(다양한 파장을 사용하는) 레시피는 그 결과로 만들어진 펄스의 국소화된 공간폭을 줄이고, 주파수frequency폭이 넓은(다양한 주기를 사용하는) 레시피는 그 결과 만들어진 펄스의 시간폭을 줄인다. 따라서 시간폭이 좁은 펄스 레이저를 만들기 위해서는 넓은 주파수 영역의 빛을 잘 버무려야 한다. 아주 짧은 찰나의 순간 스쳐가는 펄스 속에는 많은 색깔의 빛이 합쳐져 있는 것이다.

다양한 색깔의 빛들을 단순하게 합친다고 펄스가 만들어지는 것은 아니다. 색깔이 다른 파장들은 주기와 파장이 모두 다르지만 서로 간의 위상차를 지니고 있는데 펄스가 되려면 그 위상차가 일정하게 유지되어야 한다. 가령 흰색 백열전구에서도 다양한 색깔의 빛이 방출되지만 색깔 사이의 위상차가 무작위로 변하기 때문에 폭넓은 주파수의 여러 파동을 모두 더했음에도 펄스가 안정적으로 유지될 수 없다. 반면 펄스 레이저는 색깔이 다른 파동들 간의 위상차가 유지될 수 있게 하는 과정이 내재되어 있는데 이것을 모드 잠금mode-locking이라고 한다. 모드 잠금은 레이저 공진기 내에서 제각기 고유한 방식의 진동을 하고 색깔이 다른 정상파 mode들 간 위상차가 일정하게 유지되도록 강제하는 과정인 것이다.

잔향

내가 국민학교를 다니던 시절에는 교실에 연통이 달린 난로가 있었다. 난로 위에는 습도 조절을 위해 항상 물을 담은 대야가 놓여있었고 누르스름한 빛의 낡은 대야는 심지어 타원 모양으로 찌그러져 있었다. 하루는 체육 시간에 몸이 아파 교실에 남아 있었는데 혼자 있는 시간이 지겨워 무심코 대야 수면 위로 물방울을 떨어뜨렸다. 대야의 가장자리에서 시작된 동그란 파문은 곡면 벽에서 반사한 뒤 반대편의 대칭적 위치의 한 점으로 수렴하는 모습을 보였다. 호기심 많은 어린 나이라 계속해서 반복해도 그 광경은 매번 신기하고 놀라웠다. 아이들이 운동장에서 놀고 있는 동안, 나는 텅 빈 교실 난로 옆에 앉아 물방울을 떨어뜨리며 혼자만의 상상 속으로 빠져들었다.

"대야가 거대한 우주고, 신이 물방울 하나 떨어뜨려 파문이 번져 나가게 하는 것이 인간의 삶 같은 것이라면 반대편의 한 점으로 수렴하는 것은 어떤 의미일까?"

"우주도 처음에는 점에서 시작해 거품처럼 커지지만, 언젠가는 다시 줄어들어 처음과 닮은 하나의 점으로 돌아가는 것일까?"

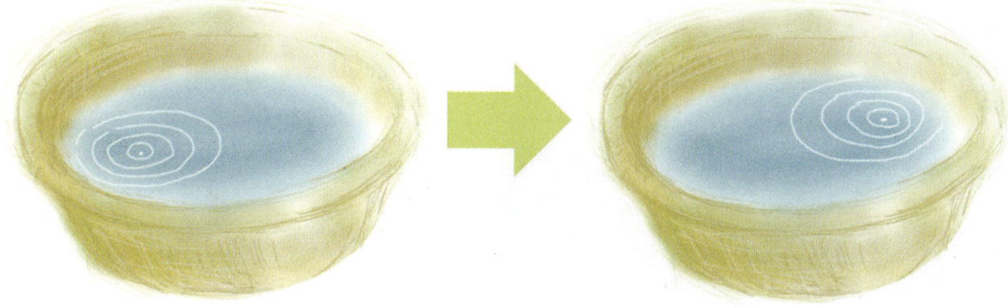

타원형 대야의 한 귀퉁이에서 생겨난 파문은 곡면 벽에서 반사되어 맞은편 위치에 있는 한 점으로 수렴한다.

중심이 하나인 원과 다르게 초점이 둘인 타원의 경우에는 한 초점에서 출발한 파동이 벽에 반사된 후 반대편 초점으로 수렴한다는 것을 몇 년이 지나 알게 되었지만, 그때의 감정은 수학적 이해만으로는 채워지지 않는 것이었다.

샬롯텐부르크 궁에는 실내악 연주를 위해 특별히 설계된 공간이 있다. 천장은 풍부한 잔향을 위해 곡면으로 휘어져 있다. 연주자들은 그 시절 복장을 차려입고 가발을 쓴 채 고전 음악을 연주한다.

몇 년 전 베를린에 머물 때 샬롯텐부르크 궁 안에서 진행되는 비발디 연주회를 보러 간 적이 있었다. 연주회가 진행되는 곳은 프로이센의 왕이 지인들을 초대해 음악공연을 보여 주기 위해 특별히 설계한 공간이었다. 연주자들은 모두 그 시절 의복을 차려입고 가발까지 쓰고 있었다. 덕분에 관람자들은 타임머신을 타고 과거로 날아가 프로이센 왕가에 초대받은 것 같은 기분이 들었다. 내가 비발디를 좋아한 탓도 있었지만, 비발디 '4계'의 봄 연주가 시작되자마자 감동에 휩싸이게 되었다. 연주 모습을 보는 즐거움도 있었지만 분명 소리에 압도당했다. 크지 않은 실내 공간에는 마이크나 스피커 같은 전기 음향시설은 전혀 없었지만 울려 퍼지는 풍부한 잔향이 잠들어 있던 모든 감각을 깨우는 것처럼 느껴졌다.

'여름' 연주가 시작되자 잠시 고개를 들었다. 연주 공간의 천장은 적당히 높아 보였지만 소리가 반사될 수 있도록 곡면으로 설계되어 있었다. 그래서 끊어지지 않고 만들어 내는 바이올린 소리는 언덕 위의 바람처럼 다가왔다. 아주 먼 곳에서 불어와 오래된 풍경을 떠올리게 하는 기억의 바람. 다시 눈을 감자 이번에는 갑자기 소리의 폭풍이 밀려왔다. 폭풍은 어느새 거센 파도가 되었다. 사나운 파도는 작은 바위처럼 동그마니 앉아있는 내 양쪽 귀에 차갑게 부딪혔다. 머릿속까지 시려오며 소리의 칼에 심장이 베이는 것 같았다.

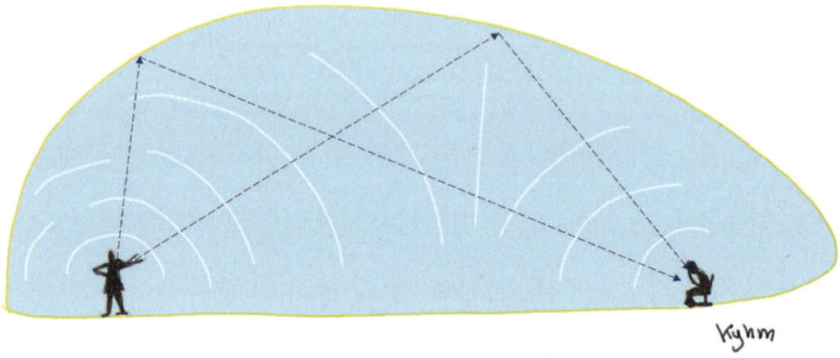

연주자의 소리는 다양한 경로를 통해 청중에게 도달하므로 원음에 비해 풍성해진 잔향을 유발한다.

문득 텅 빈 교실을 지키던 국민학교 시절, 파문을 지켜보던 난로 위의 낡은 대야가 생각났다. 작은 대야 위에서 번지던 물결처럼 연주자들의 소리도 방 안의 천장과 벽에서 반사되는 다양한 경로를 지나오지만 결국에는 하나의 점 같은 나에게 모두 모이고 있었다. 그렇게 나를 향해 수렴하는 비발디의 선율을 타고 나는 삼십여 년 전 기억으로 회귀했다. 낡은 교실 안 나무 냄새와 난로의 온기와 대야의 파문 속으로, 대야 위 떨어지는 물방울 하나로, 마음속 파문이 번지며 우주를 상상하던 그 처음 순간으로, 그리고 다시 시간을 훑어내려 역마살 낀 여행자처럼 여기저기를 떠돌던 시절을 지나 정착을 하고, 우연히 집을 떠나 타국의 어딘가에서 눈을 감고 있는 중년의 아저씨로 다시 돌아왔다. 이것이 처음과 유사한 상황으로 다시 돌아온다는 회귀 정리의 인생 버전이 아닐까 하는 생각이 잠시 스쳤다. 연주는 어느덧 '겨울'을 시작하고 있었다. 누군가는 운명 같은 회귀를 삶의 일부로 받아들이며 결전을 벌여야 한다고 말했지만 나는 샤롯덴부르크 궁 안에서 울려 퍼지는 비발디를 들으며 좀 다른 생각이 들었다.

하나의 음원으로 출발한 소리가 다양한 경로를 거쳐 한곳으로 모이는 물리 현상은 '속삭이는 미술관whispering gallery 효과'를 떠올리게 한다. 즉, 곡면 벽을 지닌 미술관 그림 앞에서 아주 작게 속삭였는데도 멀리 떨어진 벽 앞에 있는 사람이 또렷하게 그 소리를 듣는 현상을 말하는데 이미 다양한 분야에 기술적으로 응용되고 있다. 하지만 천장 높은 건물에서 경험하는 '울림'에는 다양한 경로를 거쳐 오는 소리 파동 사이의 '시간차'가 존재한다. 소리가 반사되어 되돌아오는 시간이 길고 소리의 모습도 심하게 왜곡되는 경우가 대형 경기장에서 듣게 되는 에코 효과지만 다양한 경로를 통해 미세한 시간차를 지니게 된 소리 물결들이 한 덩어리가 된 경우에는, 오히려 그 소리가 풍성하게 느껴진다. 역사상 훌륭한 음악가나 악기 장인들은 원음을 왜곡시키지 않는 범위에서 적당히 풍성한 느낌을 주는 최적의 건축구조를 설계했다. 특히 타고난 음감을 지닌 스트라디바리우스는 악기의 구조뿐 아니라 건축물의 구조가 어떻게 소리를 반사하고 풍성하게 담아낼 수 있는지 알고 있었다고 한다.

콘서트홀처럼 닫힌 건축물 안에서는 원음의 파동이 다양한 방식으로 벽과 천장에 반사되어 청중의 귀에 도달하기 때문에 청중이 듣는 소리는 원래의 소리에 비해 달라진다. 가령 피아노 건반을 순간적으로 누른 짧은 펄스의 소리는 청중에게 미묘하게 긴 잔향으로 들린다. 게다가 인간의 귀는 같은 세기의 소리라도 저음을 덜 시끄럽다고 느낀다. 만약

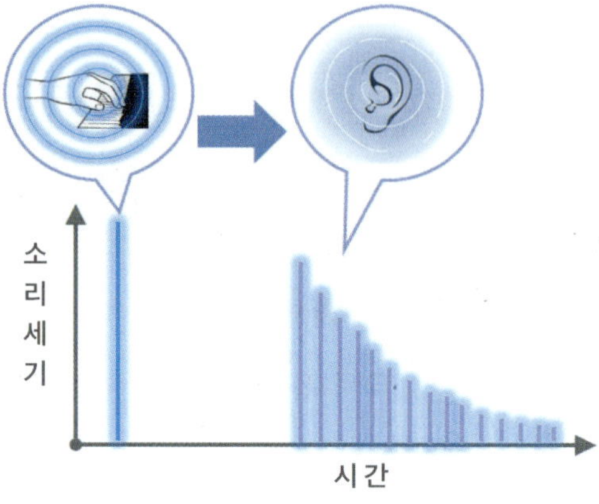

실내 공간에서는 피아노 건반을 누른 것 같은 펄스 형태의 소리가 다양한 경로를 통해 조금씩 다른 시간차를 가지고 도달한다. 이런 잔향의 모습은 실내 공간 구조에 의해 결정된다.

이런 효과를 고려하지 않고 연주 공간을 설계한다면 뒷자리에 앉은 사람은 저음이 손실된 음향을 듣게 된다. 그래서 음향 전문가는 천장과 벽을 설계할 때 저음 보강에 많은 신경을 쓴다. 청중이 들을 수 있는 충분히 큰 연주 소리의 세기를 100dB이라고 할 때 원음과 달라진 잔향의 세기가 60dB까지 줄어드는 시간을 잔향시간이라고 하는데, 고음은 대체로 1초 이내의 잔향시간을 가지지만 저음의 잔향시간은 인간의 청각 특성을 고려해 의도적으로 수초까지 늘린다. 샬롯텐부르크 궁 안의 연주 공간 역시 저음의 잔향이 특히 깊고 풍부하게 들렸다.

연주자가 아주 짧은 시간 동안 만들어 낸 원음은 콘서트홀의 천장과 벽을 거치는 다양한 경로를 지나 모두 합쳐지므로 각각의 소리가 청중의 귀에 도달하는 시간도 조금씩 다르다. 수학적으로 해석하면 원음의 펄스가 콘서트홀의 소리 변형함수에 의해 최종 목적지인 청중의 귀에서 미세한 시간차를 지닌 모습으로 모두 합해지는 것으로 이해할 수 있다. 즉, 잔향은 원음의 시간 함수와 공간의 시간차 유발 함수와의 합성곱convolution이다. 결국 똑같은 회귀는 아닌 셈이다. 이를테면 원음과 유사해 보이지만 보다 성숙해진 마음으로 과거를 떠올리며 달라진 현재를 확인할 수 있는 방식. 삶의 회귀는 오히려 다양한 경험들이 풍성하게 적분되어 새로운 모습으로 드러나는 잔향을 닮았다.

거울 반사

거울의 뒷면을 본 적이 있는가
어느 길모퉁이 바닥 위를 나뒹구는
조각나고 금이 간 그의 몸뚱이
벗겨진 검은 홑겹 속으로 드러난
거울의 투명한 속살을 본 적이 있는가

맨 등의 살갗으로 금속의 뜨거움을 마주한 그때부터
거울은 붉은빛이든 파란빛이든 모두 다 지나가도록
투명하게 속을 내어주던 유리의 삶을 버렸던 것이다

거울로 살아간다는 것이란

뜨거운 자유 한 장 등 뒤에 감추고

광장의 화살과 주먹을 외롭게 받아 내는 것

등껍질이 벗겨질 만큼 두들겨 맞을지라도

어느 낯선 이의 억센 손아귀에 붙잡혀

깨지고 조각난 채로 쓸쓸히 버려질지라도

끝까지 눈부시게 자유를 외치는 것

거울을 바라보면 내 모습이 보인다. 호수가 잔잔한 날이면 수면도 커다란 거울이 된다. 매끈한 호수 위로 하늘, 구름, 산의 모습이 거울처럼 고스란히 수면 위에 담긴다. 빛은 반사한다. 바람이 고요한 날이면 물속에 잠긴 채로 수면 밖 풍경을 볼 수 있다. '반사'는 벽을 향해 달려가다 튕겨 나온 공을 떠올리게 한다. 빛도 공처럼 수면 위에서 튕기는 것일까? 햇살이 눈부신 어느 날 아침 어항이 만들어 낸 예쁜 무지개 빛들은 손으로 움켜쥐려 해도 잡히지 않는다. 그런 빛이 어떻게 공처럼 반사할 수 있을까?

빛은 전기장과 자기장이 출렁거리는 파도 같은 것이다. 하지만 '빛의 파도'는 바닷가에서 경험한 '파도'와는 좀 다르다. 그들의 실체는 단지 텅 빈 공간에서 출렁거리는 질량 없는 파동일 뿐이다. 바닷가 파도는 질량을 지닌 짠물이라는 매질이 있지만 빛의 파도는 질량이 없고 매질도 필요로 하지 않는다. "아무것도 없다니? 지금 눈앞에 보이는 알록달록한 빛깔이 존재하지 않느냐?"고 반문할 수도 있겠지만 그것은 빛에 응답하는 시각 세포 속 물질의 생화학 반응과 신경의 전기신호를 처리하는 뇌가 만들어 낸 감각의 환영일 뿐이다. 우리는 빛을 보면서 일 초에 수백조 회 진동하는 전자기 파도의 실체를 느끼지 못한다.

대신 빛의 전기장과 자기장은 전기적 극성과 자성을 지닌 물질에 각각 전기력과 자기력을 유발시킨다. 귀에 익은 음악이 들려오면 나도 모르게 몸이 들썩거리며 흥이 생기는 것처럼 빛의 파동은 물질 속에 내재된 전기적 극성과 자기적 극성을 출렁이게 한다. 이렇게 빛은 자신의 진동에너지를 소진해 클럽에서 리듬을 타는 청춘 남녀 같은 양과 음의 입자들을 들썩거리게 만든다. 질량이 없는 빛의 에너지가 질량을 지닌 물질의 운동에너지로 바뀌는 것이다. 그런데 음양 극성을 지닌 물질 속 입자들이 진동하면 또 다른 빛이 발생한다. 마치 음악에 맞춰 춤을 추기 시작하다 춤을 추는 자신의 몸에서 또 다른 음악이 생겨나는 것처럼 춤추는 극성 물질은 새로운 빛을 만들어 낸다. 처음 물질을 진동시킨 빛은 사라지지만 진동하는 물질을 통해 새로운 빛으로 다시 부활하는 것이다.

엄밀히 말해서 물질의 경계에서 반사된 빛은 경계로 처음 진입한 그 빛이 아니다. 하지만 두 빛이 공교롭게도 똑같아서 구별하지 못하는 것이다. 빛이 경계를 향해 진입하면 경계에 늘어선 무수히 많은 극성 입자들은 빛에 응답하며 모든 방향으로 빛을 뿜어낸다. 만약 그 입자들이 촘촘하게 잘 정렬되어 있으면 물질이 뿜어낸 수많은 새로운 빛의 파동이 서로 합쳐져 특정 방향으로만 파동의 결이 만들어진다. 그래서 마치 벽을 향해 비스듬히 진입한 공이 튕겨나가는 모습처럼 빛이 '반사'되는 것이다. 하지만 경계에서 새로운 빛을 뿜어내는 입자들의 간격이 잘 정렬되어 있지 않으면 빛은 경계에서 여러 방향으로 퍼지는 난반사의 모습을 보인다.

유리로 진입하는 가시광선의 빛살이 경계면에 대해 수직인 경우(입사각이 0도) 유리는 3~4% 정도만 '반사'하고 96~97%를 경계 너머로 '투과'시킨다. 그래서 우리는 투명하게 유리 너머에 있는 풍경을 볼 수 있다. 하지만 거울은 그렇지 않다. 길모퉁이에 나뒹구는 거울 조각의 뒷면을 본 적이 있는가? 거울의 뒷면은 의외로 종이처럼 얇고 검은 껍질이 전부다. 그리고 벗겨진 얇은 검은 껍질 속에는 속살 같은 유리만 있다. 고작 3~4% 밖에 반사하지 못하는 유리의 한 면에 종이처럼 얇은 금속성 재질의 껍질을 덮는 것으로 유리는 대부분의 빛을 반사하는 거울이 되는 것이다. 유리는 '빛'에게 자신의 몸을 내어 주며 창문 너머 세상을 투명하게 보여 주지만 거울은 그 빛에 맞선다. 거울의 이런 높은 반사율 덕에 우리는 자신의 모습을 적나라하게 들여다 볼 수 있다. 유리의 뒷면에서 반사율을 급격하게 증가시킨 얇은 종이 같은 물질의 비밀은 무엇일까?

고대인들은 구리나 청동의 표면을 매끈하게 갈아서 거울로 사용했다. 그러다 투명한 유리 위에 은이나 수은 같은 금속 막을 코팅하는 기술로 진화했다. 금속의 표면을 매끈하게 가는polishing 작업은 울퉁불퉁한 표면의 난반사를 줄이려는 목적이었지만 거울의 소재로 사용되는 구리, 은, 수은은 또 다른 공통점이 있다. 바로 전기가 잘 통하는 금속성 '도체'라는 점이다. 대체로 반사율이 높은 물질은 전기가 잘 통할 가능성이 많다. 반면 반사율이 낮은 유리SiO_2는 전기가 잘 통하지 않는다. 그렇다면 금속 같은 도체와 유리 같은 부도체는 어떻게 이런 극명한 반사의 차이를 만들어 내는 것일까?

유리를 구성하는 원자는 최외각 전자가 양이온에 구속되어있는 모습을 지니고 있다. 이온의 껍질 가장자리에 아슬아슬하게 붙어 있는 전자를 최외각 '구속전자'라고 하는데 자유와 구속의 경계에 위치한 그들은 작은 에너지의 변화에도 쉽게 요동친다. 그러므로 양이온에 붙들린 '구속전자'의 모습은 일종의 작은 용수철로 간주할 수 있다. 용수철이 저마다의 고유한 진동 주기(혹은 주파수)가 존재하는 것처럼 '구속전자'도 고유한 '공명 주파수resonance frequency'가 존재한다. 만약 전기장이 출렁이는 빛의 파도가 '구속전자' 용수철의 '공명 주파수'와 일치할 경우 '구속전자'의 요동은 극대화된다. 대체로 '구속전자'의 '공명 주파수'에 대응되는 빛의 주파수는 자외선 영역에 존재하는데 무지개 빛깔들의 가시광 주파수는 '공명 주파수'에서 많이 벗어난 것이다. 비록 가시광 주파수가 최외각 '구속전자' 용수철의 '공명 주파수'에 비해 많이 낮기는 하지만 그래도 '구속전자'는 꿈틀거린다. 유리가 되받아낸 3~4%의 반사는 '공명'을 일으키기에는 많이 모자란 가시광선에 대한 최외각 '구속전자'의 작은 떨림이 만들어 낸 결과인 것이다.

반면 금속의 최외각 전자는 태생적으로 자유를 지니고있다. 그래서 '자유전자'라고 부른다. 바람이 불어오면 망설임 없이 길을 나서는 방랑자처럼 '자유전자'는 전기장의 부름에 충실하게 이끌린다. 따라서 빛이 지닌 전기장의 파도에 예민하게 반응할 수 있다.

물론 유리 속 '구속전자'도 빛의 전기장 파도에 반응하지만 '구속'과 '자유'의 차이는 반사율의 차이만큼 확연히 다른 속성을 지니고 있다. 이렇게 거울은 '구속'의 속성을 지닌 유리 위에 '자유'의 속성을 지닌 금속을 입혀 만들어진 것이다. 한편 금속은 '자유전자' 밀도가 아주 높아서 '전자의 바다'라는 표현을 사용하는데 수조 속 물처럼 한 덩어리의 집단적인collective 거동을 한다. 마치 광장을 가득 메운 군중들이 싸이의 '강남 스타일'이나 월드컵 응원가 "오! 필승 코리아"에 맞춰 다 함께 들썩이는 것처럼 빛의 전기장 파도는 '자유전자'를 집단적으로 출렁거리게 만든다. 대신 '자유전자'는 음의 극성을 지니고 있으므로 빛의 전기장 방향에 대해 반대 방향으로 움직인다. 이 모습은 기존의 흐름에 맞서 변화를 요구하는 저항의 출렁거림을 떠올리게 한다. 복종을 강요하는 권력에 맞선 자유의 몸짓, 침묵 앞에서 진실의 공개를 요구하는 몸짓, 익숙한 편견에 맞서 변화를 요구하는 몸짓, 금속의 '자유전자'는 광장에 모인 이런 저항의 몸짓처럼 출렁거린다.

그런데 금속 안에는 여전히 양이온들이 규칙적으로 배치되어 있다. 따라서 순간적으로 출렁이며 이동한 '자유전자'는 규칙적으로 배열된 양이온과 짝을 이룬 것 같은 효과로 빛의 전기장을 상쇄시킨다. 많은 수의 시위 군중이 효율적인 저항의 몸짓을 하기 위해서는 주파수가 너무 큰 것보다 작은 것이 좋다. 금속 내에서도 '자유전자'-양이온 쌍을 만들어 낸 진동이 '플라즈마 주파수plasma frequency'라는 값보다 작은 주파수로 출렁거리는 경우 빛의 전기장 파도를 상쇄시킬 수 있다. 만약 금속 내 '자유전자' 진동을 감쇄시킬 저항 요인이 전혀 없다고 가정하면, '플라즈마 주파수'보다 작은 주파수로 진입한 빛의 전기장은 '자유전자'-양이온 짝이 만들어 낸 전기장에 의해 금속 내부에 완전히 상쇄된다. 따라서 '플라즈마 주파수'보다 낮은 주파수의 빛은 금속 내부로 침투할 수 없다. 대신 그들의 강렬한 몸짓은 경계면 밖으로 뿜어져 나오는 눈부신 빛을 통해 확인할 수 있다.

금속의 반사는 그를 향해 달려온 빛의 방향을 돌린 것이 아니라 '자유전자' 군중의 힘겨운 몸짓의 결과인 것이다. 대체로 금속의 플라즈마 주파수는 가시광선에서 아주 먼 높은 주파수의 자외선 영역에 존재한다. 그래서 금속은 가시광에 대해 대체로 높은 반사율을 지닌다.

우연히 골목에 버려진 깨진 유리조각들을 보다 자유와 정의를 외치며 사라져간 이름 없는 노동운동가들이 생각났다. 그들도 처음에는 유리처럼 투명하게 세상의 일들을 대수롭지 않게 받아들이는 평범한 사람이었을 것이다. 그러다 우연히 광장에서 외치는 목소리를 들었을 것이다. 머리가 아닌 심장으로 그 목소리에 담긴 '자유'와 '정의'에 공명한 이후부터 유리의 삶을 버렸을 것이다. '자유'라는 홑겹의 금속을 등에 댄 거울처럼 온몸으로 권력에 맞섰을 것이다. 수많은 빛의 화살과 빛의 주먹을 튕겨내는 거울의 삶을 살다 어느 날 부서지고 조각난 채로 세상 어느 뒷골목에 초라하게 버려진 채 잊혀졌을 것이다. 나는 깨진 거울 조각을 볼 때마다 김남주 시인의 시를 노래로 만든 가수 안치환 씨의 <자유>가 듣고 싶어진다.

전반사와 소멸파

사경을 헤매다 깨어난 이들의 이야기를 들어 보면 모두 한결같이 죽음 너머에 또 다른 세상이 있었다고 묘사한다. 종교는 물리적 우주와 다른 또 다른 차원의 세상이 존재한다고 믿고 사후 세계의 풍경을 자세히 묘사하기도 한다. 하지만 죽음 이후에 어떻게 그 세상에 진입하게 되는지를 과학으로 이해하거나 받아들이는 것은 분명 쉽지 않다. 뇌신경학자들은 사후 체험은 죽음의 고통에 맞서기 위해 뇌 속 생화학 반응이 만들어 낸 일시적인 환각 현상이라고 설명한다. 생물학적 죽음은 대체로 단절이라는 메시지를 주는 것 같다. 죽음이란 끝이 보이지 않을 만큼 까마득히 넓은 생의 평야를 순식간에 가로질러 어느새 바다를 마주한 지상의 절벽에 서 있는 것 같다. 삶이 유리 속을 빠른 속력으로 지나가는 한줄기 빛살의 궤적 같은 것이라면 죽음이란 유리의 경계를 처음 마주하는 것과 같다. 오로지 삶이라는 매질에만 익숙해져 왔고 죽음을 한 번도 경험해 보지 못했기에 그 경계를 맞이하는 것은 두려움으로 다가올 수밖에 없을 것이다. 하지만 우리는 유리처럼 견고하고 딱딱한 삶 속에서 그저 투명하게 비치는 유리 밖 세상의 텅 빈 모습을 막연하게 생각하고 있는지 모르겠다.

빛은 매질의 다름을 굴절률로 구분한다. 굴절률은 빛이 물질을 느끼며 소통하는 방식인 것이다. 경계에 비스듬하게 진입한 빛이 꺾이는 굴절 정도를 통해 우리는 빛이 경계에서 마주한 새로운 매질을 얼마나 이질적으로 느끼는지 확인할 수 있다. 또한 빛은 새로운 매질을 경험하는 경계에서 굴절하며 투과하지만 일부는 반사도 한다. 투과가 경계 너머에 존재하는 새로운 세상을 경험하는 것의 시작을 의미한다면 반사는 여태껏 살아온 익숙한 곳을 향한 일종의 회귀가 된다.

비록 빛살의 화살표는 삶을 지나고 나면 죽음이라는 다른 매질로 향해야 한다는 운명을 알려주고 있지만 죽음을 눈앞에 둔 삶의 끝에서는 항상 지나온 삶으로 되돌아가고 싶은 강렬한 열망이 생기기 마련이다. 어쩌면 그것은 자연법칙에 의해 지배되는 반사만큼 좀 더 근원적인 본능 같은 것인지도 모르겠다.

경계에서 되돌아오는 반사처럼 우리는 생의 마지막 경계에서 유리라는 삶을 향한 강렬한 메아리를 보낸다. 죽음을 정면으로 받아들이는 것처럼 눈에 보이는 빛이 유리와 공기의 경계를 수직으로 진입하는 경우 대부분의 빛은 유리 밖으로 나아가지만 유리로 되돌아오는 반사도 여전히 3~4% 정도가 있다. 그것은 시간을 거슬러 과거의 자신을 향한 후회의 메시지일 수도 있고, 죽음을 외면하고 싶은 생의 열망일 수도 있다. 그러나 96~97%가 유리 밖 다른 세상으로 빠져나간다는 것은 다른 세상으로 떠나간 것으로 간주해도 될 것 같다. 아마도 3~4%는 마지막 순간을 맞이하는 이가 이 세상에 남겨둔 다양한 방식의 흔적일 것이다.

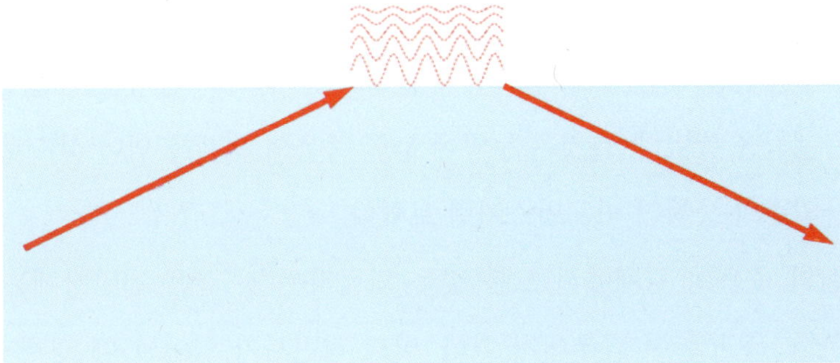

하지만 경계를 향해 진입하는 빛의 각도가 점점 더 많이 기울어지면 상황이 달라진다. 유리에서 공기로 빛이 진입하는 것처럼 굴절률이 큰 매질에서 굴절률이 작은 매질로 빛이 진입하는 경우 입사각이 커지면 대체로 반사되는 빛의 비율이 점점 증가하게 된다. 그렇게 비스듬한 빛의 입사각이 증가하다 어떤 임계각critical angle 이상이 되면 대부분의 빛이 경계에서 투과되지 않고 전부 유리로 되돌아오는 내부 전반사total reflection가 일어나게 된다. 유리와 공기라는 주어진 매질은 동일하지만 단순히 경계에 다가서는 방식에 따라 되돌아오는 반사의 비율이 100%가 되는 것이다. 예를 들어 수면 밖을 향해 반듯하게 누운 채 물속으로 깊이 잠겨 들다 보면 내부 전반사를 경험할 수 있다. 물속으로 잠겨 가면서 수면을 비스듬하게 올려다보면 특정 깊이에서부터 수면은 바깥 세상을 보여 주지 않고 매질 위를 뒤덮은 거울 천장이 되어 버린다. 수면 밖의 세상과 단절한 채 오히려 물속의 세상을 비추는 매끈한 거울이 되어 버리는 것이다. 삶과 죽음의 경계를 전반사 각도 이상으로 마주하는 것이 어떤 의미인지는 모르겠지만, 나는 어릴 적 백과사전에 실린 전반사 사진을 처음 보고서 왠지 죽을 고비를 넘기고 살아난 이를 닮았다는 생각을 했었다. 그것은 눈앞에 놓인 죽음의 경계를 넘어 삶으로 돌아온 일종의 상징적 퍼포먼스처럼 보였다.

삶과 죽음의 경계에서 모든 빛을 되돌리는 것 같은 전반사에는 더 신비스러운 부분이 감추어져 있다. 빛의 전반사가 일어날 때 경계지점에서 곧장 방향을 바꾸는 것이라 생각하기 쉽지만 전반사가 일어나는 지점을 자세히 들여다보면, 실제 반사가 일어나는 위치는 처음 진입한 지점과 미세하게 다르다. 즉, 처음 진입한 경계지점에서 경계선을 따라 어느 정도 이동한 뒤 처음과는 다른 지점에서 모든 빛을 반사시키는 것이다. 전반사에서 관측되는 이 현상을 구스한센 효과Goos Hanchen effect라 하는데 어딘가 혼수상태에서 며칠 동안 삶과 죽음 사이를 줄타기를 하듯 두 개의 이질적 매질의 경계를 지속하다 다시금 삶의 영역으로 온전히 돌아와 깨어난 이의 모습을 닮았다. 더욱 놀라운 사실은 일종의 사후체험처럼 전반사를 하는 빛도 유리의 경계를 넘어갔다 되돌아온다는 것이다. 삶과 죽음의 경계를 지속하다 불현듯 깨어나 들려주는 '사후체험' 이야기처럼 빛도 유리의 경계선에서 곧장 반사되는 것이 아니라 유리의 경계를 넘어선 외부 매질에서 소멸파evanescent wave의 모습으로 잠시 머물다 유리로 전부 되돌아온다. 신기한 것은 마치 죽었다 살아난 것처럼 경계를 넘어선 뒤에도 빛의 세기를 잃지 않고 온전한 모습으로 전부 되돌아온다는 것이다.

유리의 경계 밖에 존재하는 소멸파는 쉽게 관측되는 것이 아니고, 경계로 진입한 빛이 전부 되돌아왔으니 그것은 꿈이나 환상처럼 보일 수 있다. 찰나의 꿈처럼 존재하는 소멸파를 만나기 위해서는 종이의 두께도 두껍다. 하지만 대략 천만 분의 1미터 만큼의 간격을 두고 전반사를 일으키는 유리 위에 또 다른 유리가 놓여 있으면 소멸파는 그 간극을 뛰어넘어 새로운 유리 속에서 되살아난다. 겉으로 보기에는 있는 듯 없는 듯한 텅 빈 공간을 꿈꾸듯 가로질러 새로운 매질에서 태어나는 것이다.

전반사 원리가 작동하는 다른 사례도 있다. 붉은색 염료 용기로 채워진 페트병의 옆구리에 구멍을 뚫으면 뚜렷한 붉은색의 물줄기가 포물선 모양으로 쏟아져 내린다. 물줄기가 곱게 채색된 형태의 모양을 유지할 수 있는 것은 물줄기 속의 붉은 빛이 굴절되어 밖으로 부서져 나오는 것이 덜하기 때문이다. 물줄기 속 붉은빛은 공기와의 경계를 만나 굴절의 형태로 탈출할 수 있지만 물줄기의 단면이 작으면 입사각이 임계각 이상이 되어 전반사가 일어나게 된다. 결과적으로 전반사 원리는 빛을 물줄기 속에 가두는 효과를 일으킨다. 실제 이 원리는 인터넷 인프라를 구축하는 광섬유에 적용된다. 빛이 투과하는 투명한 광섬유 가닥의 밖을 굴절률이 작은 매질로 덮으면 유리에서 공기 밖으로 나오는 상황과 비슷해지고 광섬유 단면이 적당히 작으면 빛은 광섬유 속 물질 밖으로 나오지 못한다. 경계에서 계속해서 전반사를 경험하지만 반사율이 높아 수백 km의 광섬유를 따라 살아남을 수 있게 된다. 광학에서는 이 현상을 guiding이라고 표현한다. 빛은 광섬유라는 특별히 설계된 구조 속에서 인도되어 무사히 살아남고 있는 것이다.

굴절

서로의 발을 묶고 한 줄로 늘어서
틀려서는 안 되는 구령에 맞추어
여러 개의 발들이 모두 함께 동시에
곁맞은 한 줄로 무작정 앞으로
그렇게 걸어온 지상의 여정이
마침내 수면과 만나는 땅끝의 경계에서
비스듬히 다가서는 대열의 끝자락
물속으로 발 하나 들여놓은 처음 한 사람
홀로 더디게 휘청거리는 동안
역사는 이제야 새 시대와 만나고
한 줄의 대열도 가지처럼 꺾인다
두 번째
세 번째
차례차례로
들어선 이들이 늘어 갈수록

물의 대열은 땅의 것과 달라

경계에서 둘은 서로 다른 길을 간다

물속으로 들어가지 않은 자는 알 수가 없다

새로운 시대는 매질이 다르다

역사는 그렇게 경계에서 굴절한다

국문과 교수님 한 분이 '굴절'을 설명해 달라고 하셨다. 경계에서 빛이 꺾이는 모습은 다양한 문학적 영감을 주지만 정작 꺾이는 원리가 궁금하시다는 것이었다. 광학을 공부하는 이공계 학생들도 굴절을 배운다. 굴절과 관련된 공식이 등장하고 거기에는 기하학적 도형과 삼각함수도 나온다. 하지만 '굴절'이라는 현상에 대해 요구하는 문학적 감수성은 그런 식의 설명은 아닐 것이라는 생각이 들었다.

"아이들 운동회 때 서로 다리를 묶고 달리는 게임을 생각해봅시다. 예를 들어 9명이 옆 사람과 다리를 묶어 10개의 다리가 되어 하나의 선처럼 달려야 하는 경기에서는 당연히 협동심을 필요로 합니다. 선을 구성하는 모두가 하나처럼 움직이는 것, 물리에서는 그것을 결맞음이라고 표현합니다. 호수 위에 돌을 던지면 번지는 파문의 결, 기다란 자로 물 위를 치면 만들어지는 직선의 결. 모두 N인(人) - N + 1각(脚) 경기인 것이죠. 대신 N의 수가 좀 큽니다. 물이라는 액체는 빈틈없이 빼곡하게 채워져 있으니까요.

호수 위에서 번져가는 선들이 그 모습을 계속해서 유지하려면 대열이라는 선을 구성하는 모든 점들은 호흡을 맞추어야 합니다. 단합된 동작을 필요로 합니다. 그래서 구령이 있어야 하고 물결 위 점 같은 구성원들은 그 명령에 충실히 복종해야 합니다. 강제성을 지닌 구령은 호수 위의 파동을 처음 만든 사람으로부터 나

옵니다. 기다란 자로 수면 위를 일정 간격으로 치는 사람, 호수 위에 파문을 만드는 권력을 지닌 사람처럼 말이죠.

만약 호수가 잔잔하지 않고 아무렇게 요동친다면 파문이 날렵하게 생기지 않습니다. 많은 구성원들이 하나의 결맞은 동작을 내는 것이 쉽지 않기 때문이죠. 반면 수면이 고요하다면 구성원 모두가 두려움을 가지고 있다는 의미입니다. 누구하나 명령에 반항했다가는 어떤 봉변을 당할지 모르기에 복종이 생존방식으로 길들여진 것이죠. 그런 곳에서는 결맞음이 좋습니다. 그래서 선들이 일정한 간격으로 퍼져 가는 규칙적 파문을 만들어 냅니다. 매스게임처럼 말이죠. 얼마나 힘이 듭니까? 그렇게 많은 사람이 하나처럼 결맞음성이 좋은 매스게임을 만드는 것은.

빛은 파동입니다. 그래서 물결처럼 빛도 결이 있습니다. 이를테면 번져오는 파동의 봉우리 부분만을 연결해 보면 하나의 선이 됩니다. 호수 파문의 선들은 파동의 봉우리 부분을 연결한 선들입니다. 빛의 파동도 전기력선과 자기력선의 봉우리를 연결하면 하나의 선이 됩니다. 물결 같은 빛의 결이 있다 상상해 보세요. 빛이라는 파동은 물결 같고, 물결은 N인(人) – N + 1각(脚)으로 다가오는 대열 같습니다.

이제 육지에서 하나의 선처럼 결을 잘 맞추어 이동하던 대열이 땅과 맞닿은 수면을 향해 비스듬히 다가온다고 상상해봅시다. 그들 모두는 육상에서 호흡을 맞추어 결맞는 선을 유지하는 것에 모두 익숙해져 있습니다. 그런데 갑자기 육지와 수면이 만나는 경계를 향해 비스듬하게 다가오다 대열의 맨 끝자락에 있는 사람이 그들 중 처음으로 수면에 발을 들여놓게 됩니다. 여전히 다른 사람들은 기존에 해 왔던 것처럼 땅 위의 걸음걸이를 유지하는 상황이지만 시린 물속에 처음으로 발을 담근 이는 육상과 다른 물의 속성을 체험하며 갑자기 진행이 느려지게 됩니다. 그러면 그 순간 대열의 모양은 어긋나기 시작합니다. 차례로 대열의 다음 사람들이 물속으로 들어오면서 이제 하나의 대열은 마치 꺾인 나뭇가지와 같은 모양으로 변하게 됩니다. 육지에서 진행하는 대열이 한 걸음의 폭을 이동할 때 물속에 들어선 새로운 대열은 그만큼 이동하지 못하기 때문이죠.

기존의 시대를 살아온 보수적 사람들과 새로운 시대를 경험한 이들과의 차이가 경계에서 극명하게 드러나는 것처럼 땅에서만 걸어온 자들은 새로운 대열에 대해 사회의 균열을 일으키는 파행으로 취급하겠지만 물속에 발을 들여놓은 사람들은 감각적으로 알게 됩니다. 물은 육지와 매질 자체가 다르다는 것을. 그래서 새로운 매질에서는 육지와는 방향이 다른 새로운 대열을 만들어 냅니다. 물속으로 들어오는 이가 많아질수록 수면에서 만들어진 꺾인 대열의 모습은 점점 더 분명해집니다.

이렇듯 비록 지금까지는 하나의 모습으로 걸어왔지만 세월이 흘러 속성이 다른 새로운 시대를 마주하게 된다면 어쩔 수 없이 사회는 굴절해야 합니다. 문학과 예술에서도 새로운 시대정신을 만나면 작가들의 행보가 기존과 다른 방향으로 굴절합니다. 매질의 철학과 가치가 다르기 때문이겠죠. 정치나 사회도 유사할 것 같습니다. 아마도 지금 대한민국도 굴절하고 있는 것 같습니다. 경계에서 꺾이는 빛처럼 말이죠."

Imaging

볼 수 없는 세상
가려진 세상
너무 멀리 있거나
너무 작은 세상
한번도 보지 못한
'그것'이 있는 '그곳'
'그곳'에 대한 상상과 믿음

간절한 목마름으로
어떤 이는 수식 가득한 이론을 만들고
또 다른 이는 렌즈를 깎고 나사를 조여
볼 수 없던 '그것'을 비로소 보게 되었다
또 어떤 이는 첫사랑에 빠진 것처럼
어느새 자리 잡은 마음속 우물
깊고 깊은 '그곳'을 향한 목마름으로
그리고 색칠하며 캔버스를 채웠다
입술이 그리움을 말하기 전에
손끝이 그리움을 그려 내기 전에
눈 속의 그리움이 이미지가 되기 전에
'그것'이 이미지를 만들기 전에
좀 더 깊은 '그곳'에는 울림이 있었다
'그것'은 어쩌면 하나의 부름
수만 년 붉은 피 속에 각인된 해묵은 그리움

"몸이 천 냥이면 눈은 구백 냥"이라는 말처럼 인간에게 시각은 다른 감각기관에 비해 상대적으로 큰 비중을 차지한다. 어려운 내용도 일단 그림이 있으면 이해하기 훨씬 편해지고 뉴스를 듣더라도 사진 정보가 있어야 더 실감이 난다. 말을 배우기 전 아기들은 엄마와 아빠를 눈에 익혀 부모와 다르게 생긴 사람에게는 낯을 가리고 눈앞에 펼쳐진 모습을 보고 상황을 판단한다. 언어에 익숙해진 우리는 말을 통해 좀 더 구체적이고 명확하게 정보를 전달할 수 있지만, 복잡한 몸동작을 요구하는 무용이나 무술을 배워 보면 언어가 별로 도움이 되지 않는 경우가 존재한다는 것을 알게 된다. 정교한 춤사위와 재빠른 몸놀림에 대해 선생님이 아무리 설명해도 소위 말하는 '감'을 잡지 못하면 자신의 동작은 늘 어딘가 어설프게 된다. "감을 잡았다"고 표현하는 그 '감'은 대부분 설명에 대한 이해라는 언어적 정보보다 시각 정보에 기반한 비언어적 판독에 의해 이루어진다. 그러므로 우리는 언어를 사용하지 않았던 유아기 때처럼 '이미지'를 통해 사유할 수 있고 그 능력은 여전히 유효하다.

이미지는 시각에 의해 만들어진다. "지금 눈앞에 놓인 사과가 보인다"는 상황을 광학적으로 해석해 보자. 분명 사과는 내 눈보다 커서 사과를 눈 속에 넣을 수 없다. 하지만 멀리 떨어진 사과는 사방으로 수많은 빛살들을 방사형으로 뿜어낸다. 눈은 그것들 중 특별한 각 범위에 들어오는 빛살들만 포획하는 것이다. 그런데 눈 속에 들어온 그 빛살들은 렌즈의 역할을 하는 수정체를 통해 방향을 틀어 눈 깊숙한 곳으로 비좁게 밀집한다. 돋보기로 태양빛을 아주 작게 모아 검은 종이를 태우던 유년 시절의 추억처럼 사람의 눈도 사과에서 나오는 빛의 화살들을 종이가 아닌 시각세포가 밀집한 망막에 모은다.

하지만 두 상황은 약간의 차이가 있다. 태양은 지구로부터 너무 멀리 떨어져 있어서 태양빛이 손에 잡은 돋보기에 도달할 때는 모든 빛살들이 평행선처럼 나란하게 들어온다. 따라서 검은 종이를 태우던 눈부신 작은 점은 초점이면서 동시에 태양의 이미지다. 보잘것없어 보이는 투명한 돋보기는 지구 크기의 108배나 되는 태양을 작은 점으로 줄여 우리에게 가져온 것이다. 반면 상대적으로 눈 가까이에 위치한 사과가 뿜어내는 빛살들은 각자 조금씩 다른 각으로 날아가다 렌즈에 도달한다. 그래서 이미지는 초점과 다른 위치에서 만들어진다. 또한 그 이미지는 태양의 경우처럼 윤곽을 알 수 없는 점이 아니라 진짜 사과의 모습을 지니고 있다. 대신 그 이미지는 여전히 시각세포가 밀집한 좁디 좁은 공간에서 만들어진 아주 작은 크기를지니고 있다. 내 눈보다 커다란 사과를 빛살을 매개로 눈 속 좁은 공간에 밀집시켜 나만의 사과 이미지를 얻는 일, 광학에서는 이 과정을 이미징imaging이라고 부른다.

잠에서 깨어 눈을 뜨고 다시 잠에 들기까지 우리는 하루 종일 엄청나게 많은 이미징imaging을 하고 있다. 핸드폰의 카메라와 비교할 수 없을 만큼 많은 수의 사진들을 매 순간 만들고 있는 것이다. 또한 우리는 이미지라는 그 많은 사진들 중 하나를 앨범에서 꺼내어 보듯 떠올리거나 포토샵 프로그램을 사용하듯이 여러 개의 사진들을 겹치고 조합하고 때로는 조작하기도 한다. 그런데 시간이 흘러갈수록 축적되는 '사과'에 대한 다양한 경험들은 '사과'에 대한 감정을 만들고 맨 처음 만들어진 사과에 대한 이미지를 조금씩 훼손시키며 변형시킨다. 또한 언어를 배우기 시작하면서 이미지는 말의 소리와 글로 대체된다. 결국 '사과'라는 소리를 내뱉고 '사과'라는 글자를 쓰는 순간 처음 경험한 사과의 이미지는 사라지고 소리와 글이 만들어 내는 또 하나의 이미지가 만들어진다. 또한 타인이 말하는 '사과'라는 소리와 타인이 쓴 '사과'라는 글자를 통해 떠올리는 '사과'의 이미지는 자신의 것과 미묘하게 달라 보인다. 그렇게 언어에 익숙해져 갈수록 언어가 만들어 내는 사과의 이미지는 원형의 이미지로부터 멀어져 간다. 또한 '사과'에 대한 지극히 개인적인 경험은 기존의 사과에 대해 지녔던 보편적인 감정과 다른 모습으로 다시 한번 변형된다. 그렇게 우리는 원형의 사과 이미지로부터 점점 멀어져 간다. 그리고 그 간극에는 일종의 갈증이 존재한다.

'사과'라는 말과 '사과'라는 글자를 버리고 생각조차 멈춘 침묵 속에서 오랫동안 사과를 마주하면 그 간극이 어렴풋이 느껴지는 것도 같다. 불현듯 그 간극에 너무도 목이 마르고 마음이 간절해지는 것 같아 지금까지의 감각적 경험과 언어적 경험으로 만들어졌던 '사과'의 이미지로부터 원형의 이미지를 향한 여정을 시작하고 싶다. 하지만 그것은 쉽지 않다. 그런데 어느 날 아주 먼 곳에서부터 욕망처럼 다가오는 간절한 이미지가 생긴다. 그것은 어쩌면 기억나지 않는 원형의 이미지 같이 익숙하고, 한번도 본 적 없는 이미지가 만들어지기 전의 이미지 같이 낯설고, 어쩌면 언어와 이미지가 만들어 낸 그 간극을 채울 수도 있을 것 같아 보인다. 그렇게 '그것'을 향한 여정이 시작된다.

1번 그림은 쥐의 뇌혈관을 비선형 이미징이라는 특별한 광학기법을 통해 얻은 사진이다. 일반적으로 알고 있는 현미경이라는 장치를 이용해

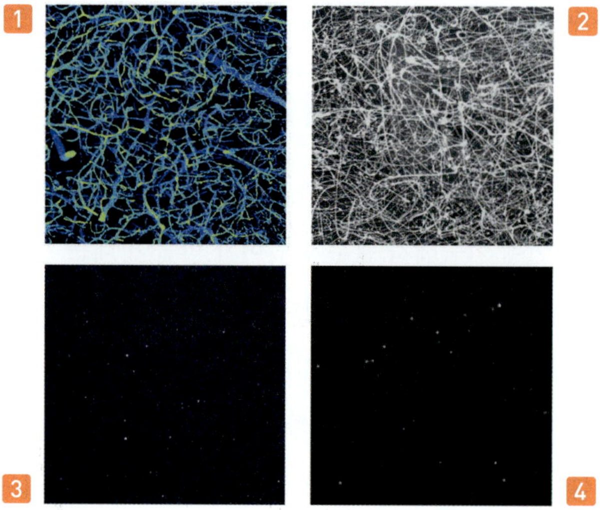

빛이 시료를 투과하고 렌즈에 의해 상이 맺히는 방식으로 뇌의 이미지를 얻고 싶을 경우는 뇌를 얇은 조각으로 잘라내야 한다. 따라서 살아있는 뇌의 이미지를 얻을 수는 없다. 하지만 레이저가 집광된 지점 중 가장 세기가 강한 지점에서만 일어나는 비선형 광학 기법을 이용하면 뇌를 조각내지 않고 집광된 레이저 빔의 초점 거리를 이동시키는 것으로 뇌 혈관에서 피가 이동하는 실시간 이미지를 좋은 공간분해능으로 얻을 수 있다. 하지만 그 여정은 무척이나 험난하다. 1조 분의 1초 동안만 반짝하는 펄스 레이저와 정밀 이동 장치와 복잡한 광학 장치를 조합해야 하는 힘겨운 여정을 거쳐야 한다. 하지만 수 년에 걸쳐서 만든 복잡한 장치를 통해 맨 처음 뇌혈관 이미지를 얻기 전 과학자의 머릿속에는 이미 자신만의 이미지인 '그것'이 존재한다. 그래서 아직 '그것'을 본 적은 없지만

'그것'을 육안으로 확인하고 싶은 간절함에 오아시스를 찾아 사막을 건너는 여행자처럼 절박한 여정을 지속한다.

2번 그림은 액션 페인팅action painting으로 유명한 잭슨 폴록의 그림 중 일부를 잘라 낸 것이다. 선들이 뒤엉켜 격정과 자유를 떠올리게 하는 이 작품을 만들기 전 그의 머릿속에는 어떤 이미지가 있었을까? 단순히 물감을 뿌리고 던지고 그은 것처럼 보이지만 그림 속에는 분명 그만의 규칙과 의도가 있다. 사실 설계도면을 떠올리게 하는 몬드리안의 그림보다 잭슨 폴록의 그림 속에 보다 치밀한 계획과 규칙이 내재하고 있다. 그렇게 그 규칙들을 통해 그는 자신이 원하는 '그것'을 육안으로 볼 수 있는 이미지로 만들어 갔을 것이다.

3번 그림은 나노 입자들이 뿌려진 모습을 광학적 방법으로 이미징imaging한 것이다. 특별한 렌즈를 깎아 끼우고 나사를 조여 좀 더 정교하게 다듬어 빛의 경로를 모아야 비로소 하나의 이미지를 얻을 수 있다. 하지만 처음으로 수십억 분의 1미터가 되는 나노 덩어리를 처음 합성한 과학자의 머릿속에도 한번도 보지 못한 '그것'에 대한 이미지가 존재했을 것이다. 그리고 그것은 어쩌면 그가 어릴 적 바라보던 밤하늘 별빛의 이미지(4번 그림)와 닮아 있었을지도 모른다.

"진정한 발견의 여정은 새로운 땅을 찾는 것이 아니라 새로운 시각을 얻는 것으로 이루어진다."

20세기 전반의 소설 중 최고로 칭송받는 <잃어버린 시간을 찾아서> 의 작가 마르셀 프루스트가 남긴 말이다. 아래 6개의 그림은 모두 달라 보이지만 동일한 뼈 조직을 각기 다른 광학적 방법을 사용해 이미징 imaging한 것이다. 사용하는 빛의 파장(적외선, 가시광, 자외선, X선)과 물질의 응답 방식에 따라 똑같은 뼈 조직은 각기 다른 이미지를 만들어 낸다. 쪼여주는 빛의 세기가 약한 경우 부위별 흡수 차이가 명암 대비를 만들어 내는 '투과'나 흡수한 빛을 다시 내어놓는 '형광'을 이용할 수 있

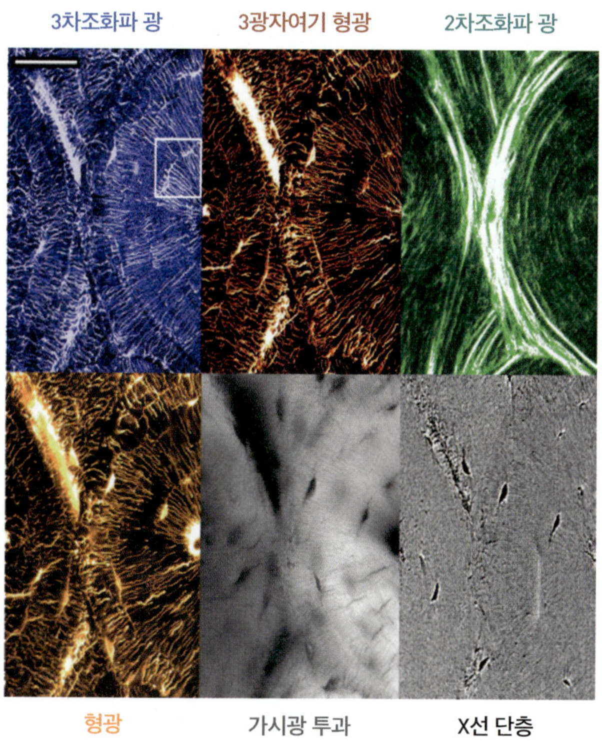

지만, 강한 세기의 레이저를 이용하는 경우 쪼여준 빛과 전혀 다른 색의 빛을 만들어 낸다. '2차/3차 조화파'는 레이저의 붉은색에 대응되는 주파수의 2배(초록)/3배(파랑)에 해당하는 새로운 빛이다. 한 알의 광자로는 흡수가 일어나지 않지만 세 알의 광자가 힘을 합쳐 흡수를 일으킨 후 형광을 발생하는 '3광자 여기 형광'도 있다. 동일한 대상이라도 바라보는 관점과 방법에 따라 완전히 달라 보일 수 있다는 프루스트의 통찰이 첨단 광기술로 드러나는 셈이다. 다양한 감각에 의한 감정과 언어로 사유하는 인간에게는 이런 광기술보다 더 다양한 사유적 시선이 가능하다. 이를테면 하나의 대상을 향한 다양한 '시각'은 물리적 차이뿐 아니라 관념적이고 감정적인 것들도 포함한다. 그런데 그 시각의 차이가 어떤 방식이든 간에 진정한 의미의 새로운 시각을 만들어낸 과학자와 예술가의 배후에는 '그것'에 대한 갈증 혹은 간절함이라는 원동력이 있었던 것 같다.

Electromagnetic
전기와 자기

전자방울과 전류

숨을 수도
피할 수도 없다
가만히 있지 못하고
결국엔 일어나
길을 나서게 된다

천 번이고 만 번이고
부딪히고 튕겨나가는
무수한 우연에 길을 잃어도

보이지 않는 힘은
집요하게 이끌어
기어이 그곳을 향하게 한다

어제처럼
오늘도
무모하게
미련하게
또 다시 그곳을
향하고 있다

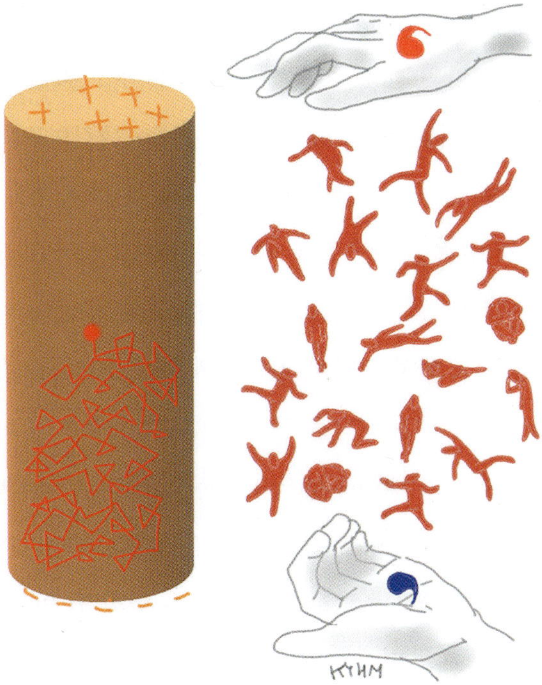

건전지 꼭지와 바닥을 전선으로 서로 연결하면 전선 속으로 물살 같은 전류가 흐른다. 높은 산에서 아래로 물이 흐르듯 전압의 산은 '전류'라는 전기의 흐름을 만든다. 대부분 이런 이미지가 흔히들 알고 있는 '전류'에 대한 설명이지만 '전류'에 대해 좀 더 자세하게 알아볼 필요가 있다.

산이 높아짐에 따라 물살의 세기가 빨라지는 것처럼 전류도 전압이라는 산의 높이에 비례해서 커진다. 하지만 물을 담고 있는 하천의 거칠기에 따라 물살의 빠름이 달라지는 것처럼 전류를 담고 있는 물질의 전기적 저항에 따라서도 전류는 달라진다. 그러므로 "전류(I)는 전압(V)에 비례하고 저항(R)에 반비례한다." 이른바 I = V/R로 요약되는 옴(Ohm)의 법칙은 전류를 하나의 대푯값으로 단순화한다. 하천의 흐름들이 하나의 가는 선이 될 만큼 높은 곳으로 올라가 아래를 내려다 보는 것이다. 머리카락처럼 가늘게 보이는 물길의 거칠기를 일정한 저항(R)값으로 단순화한 후 전압(V)이라는 산의 높이로 전류(I = V/R)를 구하는 것이다. 하지만 좁은 계곡 바위틈을 비집고 굽이치는 물살이나 강의 한 귀퉁이 소용돌이 물살을 경험해 본 사람들은 하천의 물살을 하나의 값으로 표현하는 것에 동의하지 않을 것이다. 이를테면 옴(Ohm)의 법칙 속 '전류'는 집단을 하나의 대푯값으로 단순화한다는 측면에서는 편리하지만 그 내부에서 일어나는 국소적 요동과 변화를 감추고 있다. 겉으로 보기에 일정한 속도로 잘 흘러가는 듯한 집단 속에도 그 속도를 따라가지 못하거나 앞서 가거나 혹은 멈춰 서 있는 다양한 개인들이 있다.

하늘에서 떨어지는 비를 사진으로 찍어보면 어떤 모습일까? "찰칵"

하며 셔터가 열려 있는 시간이 아주 짧다면 사진 속 빗줄기는 서로 떨어진 물방울들의 모습으로 찍히게 된다. 느리게 떨어지는 보슬비의 사진에는 물방울들의 간격이 듬성듬성하게, 빠르게 쏟아져 내리는 소나기에는 촘촘하게 찍힌다. 만약 보슬비와 소나기의 물방울이 똑같은 크기를 지니고 있다면 같은 시간 동안 소나기는 더 많은 수의 물방울들로 더 많은 양의 물을 운반한 것이다. 그래서 물방울이 빠르면 단위 시간당 운반한 물의 양이 증가하고 흐름의 크기도 증가한다. 유사한 방식으로 전류는 전자라는 방울들의 흐름으로 이해할 수 있다. 물방울이 물을 짊어지고 나르는 대신 전자는 전하량을 짊어지고 있다. 그런데 전자라는 짐꾼은 모두 똑같이 생겨서 같은 크기의 전하량을 짊어지고 있다. 그러므로 전류가 크다라는 것은 전자 짐꾼들의 수가 많고 움직임이 빨라 시간당 많은 전하량을 운반한다는 것을 의미한다.

물방울과 전자방울은 중력과 전기력이라는 각자 다른 방식의 힘에 이끌려 움직인다. 다른 종류의 힘이라도 힘은 모두 같은 단위를 사용하고 힘(F)은 질량(m)을 지닌 물체를 가속(a)시킨다($F = ma$). 전자는 전하량뿐 아니라 질량도 지니고 있으므로 전자는 전기력을 받으면 속력이 점점 빨라져야 한다.

그런데 전자라는 짐꾼을 이끄는 전기력은 사실 그가 짊어진 전하량에 매력을 느끼기 때문이다. 전하량은 질량과는 속성이 완전히 다른 것이다.

하지만 속력이 증가하는 정도는 짐꾼의 질량에 달려 있다. 갈수록 속력이 증가한다면 높은 곳에 있는 구름에서 낙하한 빗방울과 기다란 전선을 지나온 전자방울들은 아주 빠를 것 같다. 예를 들어 2 km 고도에 위치한 구름에서부터 낙하하는 물방울 속력이 계속해서 일정한 중력 가속도의 비율로 증가한다면 지면에서는 시속 720 km/h 정도로 빨라야 한다. 하지만 얼굴 위로 떨어지는 빗방울의 속력은 그 정도로 빠르지는 않다. 전류의 유동속도drift velocity 역시 생각보다 느리다. 가령 1.5볼트(V) 전지를 반경 1 mm, 길이 10 cm의 구리전선으로 연결한 경우 전기력의 가속에도 불구하고 전자는 1초에 10 cm를 가지 못할 만큼 느리다. 왜 그럴까?

힘을 받아 계속해서 속력이 증가되기 위해서는 진공 상태처럼 텅 비어 있는 이상적 공간을 필요로 하지만 실제 빗방울과 전자방울이 마주해야 할 현실의 공간은 그리 녹록지 않다. 운동을 이끌고 속력을 증가시키는 원동력은 분명 존재하지만 막상 그들이 매 순간 경험하는 것은 무수한 충돌이다. 저 멀리서 자신을 부르는 힘에 이끌려 이제 막 한발 나아가지만, 금세 뜻하지 않은 무언가에 부딪히게 되고 그 충돌은 가고자 하는 방향과는 다른 방향으로 자신을 튕겨 나가게 한다. 다음번 충돌이 언제일지 예측할 수도 없다. 운이 좋으면 긴 시간 동안 아무런 충돌을 경험하지 않고 계속해서 속력이 증가될 수도 있다. 그러면 가속의 원인이 되는 배후의 힘은 꽤 좋은 존재로 여겨진다. 하지만 쌓아온 모든 속력을 한순간의 충돌로 잃어버릴 수 있다. 심한 경우 충돌은 오히려 가고

자 하는 방향과 완전히 반대 쪽으로 뒷걸음치게 할 수도 있다. 예측할 수 없는 충돌은 때로는 잔인하기까지 해서 방금 전 경험한 충돌의 여운이 채 가시기도 전에 그보다 더 가혹한 충돌이 들이닥칠 수도 있다. 그렇게 상황을 예측하기 어려울 때 우리는 그것을 우연이라고 표현한다. 때로는 충돌이 원하는 방향과 어긋나 그로 인한 실망이 감당하기 어려운 경우 운동의 배후에 있는 힘을 원망하기도 한다.

하지만 힘은 한순간도 쉬지 않고 작용하고 있다. 충돌이 다른 방향으로의 운동을 이끌더라도 일관성 있게 한 방향으로 당기고 그 방향으로 가속시킨다. 그러므로 충돌이라는 부조리한 우연에 맞서는 방법은 충실하게 힘에 이끌리는 것이다. 비록 충돌은 예측할 수 없지만 힘은 정지 상태에 속력을 부여할 수 있고 후퇴하는 속력의 방향을 뒤집을 수 있다.

다만 짧은 시간이 아닌 긴 시간의 기다림과 인내가 필요하다. 충돌과 충돌 사이의 시간과 이동거리가 지나치게 짧거나 너무 길다고 슬퍼하거나 기뻐하지 않고 그저 덤덤하게 받아들일 수 있을 만큼의 인내와 시간이 필요하다. 그 많은 우연들에 특별한 미련을 두지 않고 모두를 있는 그대로 품을 수 있을 만큼의 오랜 기다림이 있고 나면 비로소 하나의 평균값을 얻을 수 있다. 매 순간 우연을 마주할 때는 아무것도 예측할 수 없었지만 수많은 우연들을 통해 평균 충돌거리와 평균 충돌시간이라는 예측의 단서 조각을 얻게 되는 것이다. 그런 측면에서 시간적 통계는 지나온 세월을 회상하는 것과 같다.

한 치 앞도 내다볼 수 없을 것 같았던 매 순간을 오랫동안 살아내다 보면 자질구레했던 많은 사연들을 모두 묻어버리고 평균값 같은 단순화된 방식으로 세월을 요약할 수 있다. 그러면 그제서야 자신의 삶을 일관성 있게 이끌었던 보이지 않는 힘의 존재를 느끼게 된다.

"배터리로 만든 전압(V)의 산 아래로는 늘 한결같이 일정한 전류(I)가 흐른다. 그리고 그 전류값(I = V/R)은 전선을 대표하는 하나의 저항값(R)을 통해 얻을 수 있다."라는 옴(Ohm)의 법칙 속에 감춰진 전자들의 사연은 치열하다 못해 처절하다. 고작 1초에 1 m도 가지 못하는 느린 유동속도를 얻기 위해 전자들은 수백만 km/h 이상으로 돌진하며 1초에 수십조 번을 충돌한다. 자신과 닮은 처지에 있는 전자와 충돌하고 때로는 원자들로 만들어진 구조물에 충돌한다. 하지만 전기의 힘은 너무도 강렬해 그토록 무모해 보이는 시행착오를 지속하게 만든다. 가령 10 cm 구리선을 수직으로 세워 놓으면 전자는 자신이 지닌 질량의 크기만큼 아래 방향으로 떨어지려는 중력의 힘을 느낄 것이다. 그러나 1.5볼트(V)에서 유발된 상승시키려는 전기력은 중력에 비해 수천억 배 크다. 전기력은 중력의 존재조차 지워버릴 만큼 강렬하게 전자를 위로 당기는 것이다. 대신 전기력은 전자의 질량이 아닌 그가 짊어진 전하량을 당기는 것이다. 전기력은 중력과 속성이 달라 질량만 지니고 전하량이 없는 이에게는 아무런 관심도 작용하지 않는다. 어쩌면 질량을 가진 우리 모두는 각자의 방식으로 알 수 없는 힘에 이끌리고 있는지도 모르겠다. 이를테면 그 힘은 너무도 개인적이라 타인에게는 아무런 영향을 미치지 않지만 마치 전하량에만 반응하는 전기력처럼 내 속에 숨겨진 그 무엇을 강렬하게 당기는 것이다.

대부분의 사람들은 가슴 속에 존재하는 내적 인력이 약해 일상을 유지하는 질량을 당기는 현실의 무게에서 벗어날 수 없지만 어떤 이들은 현실의 바닥으로 이끄는 중력으로도 버틸 수 없는 알 수 없는 강렬한 힘에 이끌린다.

외면하고 숨어 보기도 하지만 그 힘은 기어이 운명적인 길을 나서게 만든다. 그러나 이후의 여정은 구리전선 속 전자처럼 치열하고 처절하다.

하늘에서 떨어지는 물방울도 낙하하는 동안 수많은 공기분자들과 충돌한다. 너무 작아 눈에는 보이지 않지만 산소, 이산화탄소, 질소 등의 다양한 종류의 분자 10^{23}여 개와 계속해서 부딪히면서 떨어진다. 대신 공기 분자에 비해 물방울이 너무 커서 전자처럼 물방울이 운동 방향을 급격하게 바꾸지는 않지만 공기분자들과의 충돌은 중력에 의한 속력의 증가를 둔화시키는 하나의 공기저항력으로 작용한다. 공기저항력은 속력이 커질수록 더 커지므로 중력에 의해 가속될수록 더 강렬하게 속력을 줄이려 한다. 결과적으로 낙하하는 물방울은 시간이 지나면 변하지 않는 종단속도terminal velocity에 다다르게 되는데 이를테면 중력과 공기저항력의 타협점 같은 것이다. 중력이 작용하고 있지만 시간에 따라 속도가 변하지 않아서 낙하하는 본인은 아무런 가속이 없다고 느끼게 되는데 그것은 실제 무중력 상태와 똑같다. 그래서 고공 낙하를 하고 나면 가속을 느끼는 것이 아니라 무중력 상태를 경험하게 된다. 물론 시각적으로는 빠르게 지나가는 바람을 느낄 수 있지만 공기저항력과 중력의 타협은 낙하 이후 곧장 이루어져서 당사자는 우주 비행선 속에서 둥둥 떠 있는 것 같은 상태를 느끼게 된다.

학생 때 공기저항력이 존재하는 낙하 과정을 이해하고 나서 나는 지표면까지 떨어져 내려온 빗방울을 바라볼 때마다 모든 것을 내려놓은 순종의 이미지가 떠올랐다. 서로 반대 방향으로 작용하는 중력과 공기저항력이 만들어 낸 균형은 무중력 상태처럼 평화로워 보이지만 그 이면에는 종단속도에 다다르기까지 겪어 낸 치열한 충돌이 있었던 것이다. 그리고 그 모습은 마치 지나간 속세의 사연을 침묵 속에 묻어버린 사연 많은 비구니의 무표정한 얼굴을 닮았다.

전류 속 전자에 대한 이런 고전적 해석이 이른바 인내와 지속의 용기를 주는 반면 양자통계역학적 해석은 또 다른 흥미로운 이미지를 제공한다. 통계적 관점에서 많은 수의 전자들은 다양한 속력 분포를 지닌다. 수백 만 km/h의 빠른 속력을 지닌 전자도 있지만 아주 느린 속력을 지닌 전자들도 있다. 서로 충돌하다 보면 빠른 전자가 느려지기도 하고 느린 전자가 다시 빨라지기도 한다. 하지만 직관적으로 생각했을 때 1초에 1 m도 가지 못하는 전체 전자 집단의 유동속력은 집단의 분포를 대표하는 평균속력과 관련이 있을 것 같아 보인다. 실제 정교한 고전적 통계역학을 사용하면 전자들의 평균속력으로부터 전류의 유동속력을 유도해 낼 수 있다. 하지만 실험결과는 이런 고전적 통계역학 충돌모형에 기반한 이론 예측과 차이를 보인다. 실험과 고전적 통계역학과의 차이를 설명하기 위해서는 양자통계역학적Quantum statistical mechanics 수정을 해야 하는데 핵심이 되는 수정사항은 놀랍다. 전류 속 전자 집단의 유동속력을 결정하는 것이 전자의 평균속력이 아니라 상위 0.001%에 속하는 극히 빠른 속력을 지닌 전자에 의해 결정된다는 것이다.

양자역학적 전자들은 좀 까다로워서 다른 전자와 동일한 상태에 있는 것을 싫어한다. 비유를 들자면 거리에서 자신의 옷과 같은 옷을 입고 있는 사람을 보면 당장 다른 옷으로 갈아 입고 싶은 성향과 같은 것이다. 그런 배타적인 성향 때문에 모든 것이 꽁꽁 얼어 집단의 총 에너지도 0일 것 같은 절대 0도에서도 전자들은 모두가 정지 상태로 있지 않는다. 누군가 가만히 있다면 자신은 조금이라도 더 움직여서 자신의 정체성을 드러내는 것이다. 누군가가 특정 속력으로 움직이고 있다면 자신은 좀 더 속력을 내서라도 차별화시킨다. 그래서 절대 0도에서 조차 전자 집단은 에너지의 분포를 지니고 집단의 총 에너지는 0이 아니게 된다. 통계역학을 배우지 않은 학생들은 온도는 에너지에 비례한다는 편견을 지니고 있어서 절대 0도에서 총 에너지가 0이 아닌 사실에 낯설어 한다. 하지만 통계역학에서 온도는 경우의 수를 이용해 정의한다.

그래서 절대 0도에서 반드시 에너지가 0일 필요는 없다. 자신을 타인과 차별화하는 과정에서 남은 선택이 아주 빠르게 달려야 하는 큰 에너지라 할지라도 전자는 무리를 해서라도 그 상태를 선택하게 된다.

이런 전자집단에 전기력이 작용하기 시작했을 때 전류의 느린 유동속력을 결정하는 것은 자존심 강한 그런 부류들이다. 대다수의 전자들은 세상이 어떻게 돌아가든 상관없다는 듯 실제적으로 아무런 차이를 보이지 않지만 에너지 상위 0.001%의 전자들은 외력에 대해 치열하게 요동치며 구리전선 속 전자 집단의 전류를 결정한다. 나노 스케일 세상에 사는 전자들의 이런 모습은 인간이 사는 사회와도 많이 닮았다. 대부분은 변화에 무관심하지만 정작 세상을 바꾸는 혁명은 안주와 편견에 도전하는 사람들로부터 시작되었다.

그런데 극소수 전자 무리가 '전류'라는 거시적인 흐름을 만들어 내는 방식이 좀 특이하다. 상식적으로 생각해보면 열정을 지닌 극소수의 '전자' 개인은 자신을 둘러싼 다수의 보수 집단과의 충돌로 멀리 나아가지 못할 것 같다. 하지만 나노스케일의 전자는 밀집된 벽 사이를 뚫고 지나가는 소리의 파동처럼 예상보다 멀리 퍼져나간다. 이렇게 양자역학적 전자의 평균충돌거리가 고전통계물리학적 예측보다 긴 이유는 넓게는 '양자파동성'에 기인하지만 좀 더 구체적으로는 자신과 동일한 '상태'를 허락하지 않는 배타 원리exclusion principle가 작동하기 때문이다. 이를테면 열정적인 극소수의 전자에게 충돌 후 바뀔 수 있는 새로운 상태를 보장하는 않는 대상은 장애가 되지 않는다. 다르게 말해 비어있는 새로운 상태를 유발할 수 없는 보수적 대상은 파동의 속성처럼 뚫고 지나갈 수 있다. 극소수의 이 열정적인 전자들은 상온에서는 규칙적으로 배열된 원자 격자들의 떨림과 주로 충돌하지만 원자 격자의 떨림조차 얼어붙는 극저온에서는 자유전자 집단과 더욱 신기한 방식으로 상호작용한다. 열정적 개인이 보수집단을 뚫고 지나가는 형태가 아니라 자신을 둘러싼 주변을 변화시켜 새로운 모습의 덩어리가 되어 전파되어 간다. 양자물리는 전자 사이의 상호작용으로 변한 이 새로운 상태를 준입자 quasi-particle라고 부르는데 이 모습은 비록 세상을 향해 외치는 극소수는 보잘 것 없어 보이지만 인접한 주변인들을 설득해 개인의 가치관을 바꾸고 사회라는 집단 전체의 거대한 흐름이나 변화를 유발되는 상황을 떠올리게 한다.

전자기학 강의가 중반을 넘어서면 낯설고 복잡한 수식 때문에 많은 학생들의 표정이 어두워진다. 그쯤에 맞춰 나는 늘 전류 속 전자 이야기를 감성적으로 들려준다. 전류 속 전자에 대한 고전적 해석은 'Keep walking'이라는 교훈을, 양자역학적 해석은 개척자 pioneer가 되라는 메시지를 전할 수 있다.

성게와 가우스의 법칙

오늘 밤도 속이 쓰려 잠에서 깨었다
내 위장 속에는 성게가 산다

몸 밖으로 뿜어낸 수많은 가시들
살갗을 뚫어 내며 자라는 동안
깊은 바다 어둠 속에서 소리 없이 앓았다

하나의 가시는 하나의 상처
흉터를 모두 다 헤아려야만
비로소 그가 품은 소중한 것을 알 수 있다

성게는 일생 동안 가우스 법칙을 산다

간혹 성게처럼 온몸에 가시를 세우고 사는 사람들이 있다. 그런 사람들은 곁에 있으면 뾰족한 가시에 찔려 상처가 날 것 같아 신경이 날카로워지고 자꾸만 마음이 거슬려 멀리하게 된다. 하지만 상담자가 시간을 두고 그를 알아가기 시작한다면 각각의 가시가 상처라는 것을 확인하게 된다. 결국 날카로운 가시들은 상처의 아픔에서 스스로를 지키려다 만들어진 것이다. 그렇게 온몸에 가시들이 돋아나게 된 사연들을 전부 알아가다 보면 그의 마음속에도 노란 성게알처럼 지키고 싶은 소중한 것이 있다는 것을 알게 된다.

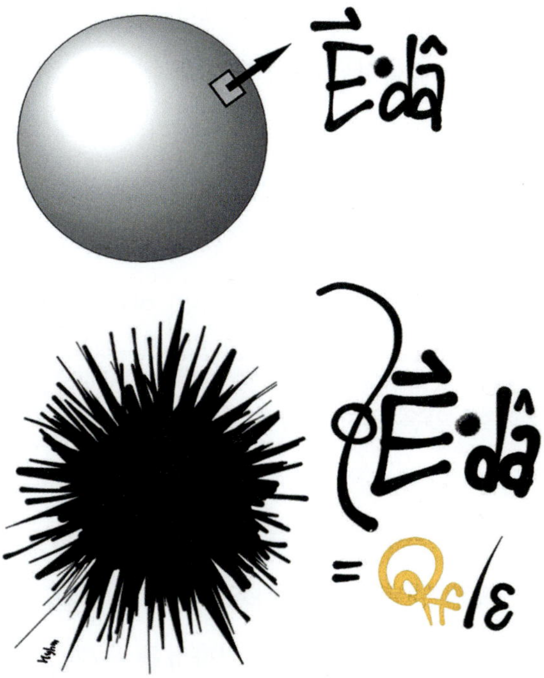

(위) 가우스 법칙은 전하를 둘러싼 가상의 구를 가정한 후 전기장 ($\vec{E}$)이 작은 면적($d\hat{a}$)을 뚫고 나오는 상황을 다룬다. 전기선속에 해당하는 $\vec{E} \cdot d\hat{a}$는 둘 사이의 방향을 고려한 곱을 의미한다. $\vec{E}$와 $d\hat{a}$는 크기뿐 아니라 방향까지 지니고 있다.
(아래) 자유전하(Q_f) 같은 노란 알을 품은 성게는 온몸에 가시를 세우고 있다. 가시가 작은 면적을 뚫고 나오는 모습을 통해 전기선속을 알 수 있다. 구면을 뚫고 나온 모든 가시들의 전기선속을 합하면 비로소 성게가 품고 있는 노란 알의 자유전하 크기를 알게 된다. $\varepsilon(=\varepsilon_0 \varepsilon_r)$은 성게 몸속 매질의 전기적 특성을 의미한다.

흔히 알고 있는 마음의 이런 특성을 맥스웰 방정식의 첫번째 식에서 발견할 수 있다. 가우스 법칙Gauss's law을 표현하고 있는 이 식은 살갗을 뚫고 나온 가시들과 속에 품고 있는 노란 성게알의 관계처럼 곡면으로 둘러싸인 전하와 그곳에서 뿜어져 나오는 전기장 화살 $\vec{E}$의 관계를 다룬다. 즉, 전기장 화살의 세기와 방향 그리고 화살이 뚫은 작은 조각의 표면 $d\hat{a}$를 성게 몸에 돋아난 가시를 헤아리 듯이 곡면 위에서 일일이 고려해 얻은 전기선속 값을 모두 더해야 한다. 그런데 이렇게 더한 최종 값이 다름 아닌 곡면 내부에 품고 있는 총 전하량에 해당된다. 흥미로운 점은 이 전기선속의 합이 전하를 둘러싼 곡면의 모양과 상관없다는 것이다. 이를테면 성게의 모양이 완벽한 구가 아니라 찌그러지거나 뭉개져 볼품없는 모양이라도 성게의 살갗을 뚫고 나온 모든 가시를 헤아린다면 성게 속 노란 알을 온전히 알 수 있다.

가우스 법칙이 만들어진 과정에 대해 좀 더 자세히 알아 보자. 덩어리진 양(+) 전하 Q 근처에 또 다른 양(+)의 점전하 q를 두면 반발력을 느낄 수 있다. 그 힘은 q에도 비례하지만 멀리 떨어진 전하 Q에도 비례한다. 전기력의 존재는 또 하나의 점전하 q를 통해 드러나지만 Q는 q의 존재 유무와 상관없이 자신의 주변 공간에 영향력을 행사하고 있다. 이를테면 Q는 자신의 주변 공간에 보이지 않는 전기장의 화살을 뿜어내고 있다. Q가 뿜어낸 많은 전기장 화살들 중 q가 위치한 특정 지점에 집약된 총합을 $\vec{E}$라고 하면 전기력은 $\vec{F} = q\vec{E}$라고 생각할 수 있다.

"전기력은 전하의 크기에 비례하고 거리의 제곱에 반비례한다(F

$\sim \frac{qQ}{r^2}$)." 프랑스의 샤를 오귀스탱 드 쿨롱Charles Augustin de Coulomb에 의해 실험적으로 확인된 '쿨롱의 법칙'은 전기력이 중력과 속성은 달라도 동일한 거리 의존성을 지니고 있다는 점을 알려준다. 하지만 점이 아닌 크기를 지닌 전하 덩어리 Q가 특정 지점에 미치는 전기장 $\vec{E}$를 계산하는 것은 쉬운 작업이 아니다. 왜냐하면 Q는 몸통의 제각기 다른 위치에서 목표물이 위치한 하나의 점을 향해 수많은 전기의 화살을 날리고 있기 때문이다. Q 몸통의 수많은 출발점들은 목표 지점까지 각기 다른 거리를 지니고 있으며, 전기의 화살이 날아가는 방향도 다르다. 그러므로 특정 지점의 전기장 $\vec{E}$를 계산하는 것은 그리 쉬운 작업이 아니다.

수학자 가우스Johann Carl Friedrich Gauss는 크기를 지닌 전하 덩어리가 특정 지점에서 만들어 내는 전기장 $\vec{E}$를 구하는 기발한 방법을 고안해 냈다. '가우스 법칙'의 핵심은 특정 지점에서 전기장 화살이 뚫고 있는 면적과 $\vec{E}$를 함께 고려하는 것이다. 예를 들어 화살은 종이면을 향해 수직으로 날아갈 때 가장 효율적으로 종이를 뚫을 수 있다. 이렇게 화살의 움직임과 종이면이 수직하는 경우를 기준으로 할 때 화살의 몸통 길이로 대표되는 전기장의 세기와 화살과 수직으로 마주하는 종이의 면적을 곱한 값을 '전기선속Electric flux'이라고 한다. 흐름의 세기와 흐름에 맞선 영역의 크기를 모두 고려한 '선속flux' 개념은 전기의 화살, 자기의 화살, 유체의 화살, 전류의 화살, 빛살 같은 다양한 경우에도 적용할 수 있다. '선속'은 면적이 넓거나 주어진 면을 뚫고 가는 화살의 세기가 클수록 증가한다.

그런데 왜 가우스는 전기장에 면적을 곱하는 생각을 한 것일까? 가우스는 전기력이 거리의 제곱에 반비례한다는 사실에서 '선속'의 필요성을 떠올렸다. 양의 점전하로부터 모든 방향으로 뿜어져 나오는 전기의 화살을 감싸는 반지름 r의 구를 상상해보자. 화살의 방향은 다양하지만 각각의 화살은 동일한 크기의 전기장 $E(r)$로 구의 표면을 수직으로 뚫고 있다. 그러므로 '전기선속'은 구의 표면적 A에 동일한 크기의 $E(r)$을 곱한 값이다. 그런데 구의 표면적은 반지름 크기의 제곱에 비례해서 증가하지만($A \sim r^2$), $E(r)$의 크기는 반지름의 제곱에 반비례하게 줄어든다($E(r) \sim \frac{1}{r^2}$). 따라서 둘을 곱한 '전기선속'은 반지름과 상관없이 항상 일정한 값을 유지하게 된다.

이제 수식과 함께 정리된 다음 장의 그림을 통해 가우스 법칙을 제대로 알아보자. 미분, 적분, 벡터를 모르는 분들은 괜히 어려워 보일 수 있다. 하지만 고대문자가 그림과 함께 섞인 고고학적 미스터리를 푼다는 기분으로 가급적 오랜 시간 그림과 마주하기 바란다. 직관력이 살아난다면 한참 동안 그림을 바라보다 갑자기 가우스가 느꼈던 것과 똑같은 영감의 불꽃이 켜지는 순간을 경험하게 될 것이다. 그 순간부터 낯선 이방인의 언어처럼 보였던 이 수식들은 당신에게 꽃처럼 다가올 것이다.

점처럼 작은 성게알을 구면이 품고 있다고 생각해 보자(그림 1). 구의 중심에 위치한 성게알 점전하가 뿜어낸 가시 같은 전기장($\vec{E}$) 화살 하나가 구면의 아주 작은 일부($d\hat{a}$)를 뚫고 나오고 있다. 뚫고 나온 조각은 구의 일부라 곡면을 지니고 있지만 구면에 비해 아주 작다면 원뿔

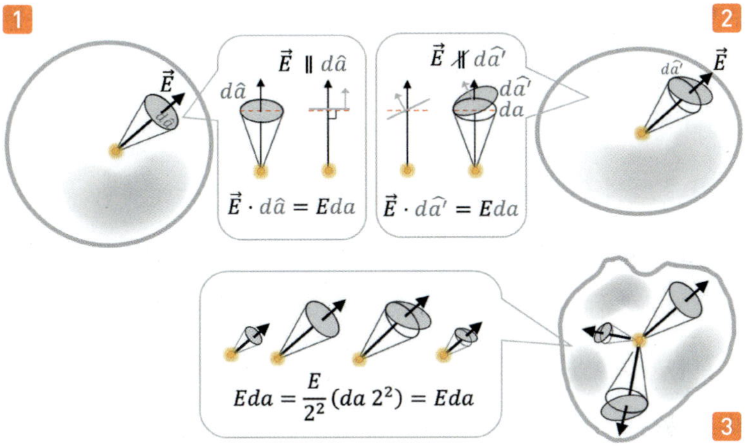

의 평평한 바닥처럼 보일 것이다. 원뿔의 바닥에 해당하는 회색 원의 면적은 da이다. $\vec{E}$는 회색 원을 수직으로 뚫고 나오고 있지만 전기장의 회색 원의 방향과는 서로 나란한($\vec{E} \parallel d\hat{a}$) 것으로 취급한다. 왜냐하면 회색 원에 수직인 방향을 면의 방향으로 정의하기 때문이다. 결과적으로 전기장 화살이 회색의 작은 조각을 수직으로 뚫고 나오는 경우 전기선속은 Eda이다. 구면의 다른 부분의 상황도 모두 동일하다.

흥미롭게도 그림 2처럼 면적이 조금 큰 회색 원($d\hat{a}' > da$)을 사용해도 동일한 전기선속(Eda)을 얻을 수 있다. 대신 커진 면적이 전기선속을 증가시키지 못하게 만들기 위해 회색 원의 방향($d\hat{a}'$)을 $\vec{E}$와 나란하지 않게 기울이면 된다. 즉, 조금 큰 회색원이 기울어짐으로 인해 $\vec{E}$와 나란했던 경우와 비교해 동일한 효과(붉은 점선)를 만들어 낸다. 결국 구면 위의 회색 원이 $\vec{E}$와 나란한 경우 얻었던 전기선속(Eda)과 동일한 값을 지니게 하는 기울어진 회색 면은 아주 다양하게 존재한다는 것을 알 수 있다. 따라서 그림 2와 같이 면적과 기울어짐이 제각각인 많은 회색 원의 조각들을 모두 합치면 구면에서 벗어난 찌그러진 곡면이 될 수 있다.

그런데 회색 원을 바닥으로 하는 원뿔의 높이가 달라져도 똑같은 전기선속을 만들어 낸다(그림 3). 앞서 설명한 것처럼 구면의 반경(원뿔의 높이)이 커져도 줄어든 전기장의 세기를 늘어난 면적이 보상하기 때문에 둘을 곱한 전기선속은 변함없다. 따라서 회색 원이 성게알로부터 멀리 떨어져도 전기선속은 동일하게 유지된다. 예를 들어 반경이 2배로 커지면 회색 원의 면적이 4배로 늘어나지만 $\vec{E}$의 세기가 1/4로 줄어들어 전기선속은 변함없다. 그렇다면 동일한 전기선속을 지니면서 바닥 회색 원의 면적과 기울어진 원뿔들이 다양한 모양과 크기로 존재하는 것이다. 결국 이 원뿔들을 모두 모으면 어떤 폐곡면이든 만들어 낼 수 있다. 결론적으로 똑같은 크기의 전하량을 품고 있다면 구면, 타원, 울퉁불퉁한 면 모두 동일한 전기선속을 지니게 된다. 가우스 법칙은 본질을 덮고 있는 겉모습에 현혹되지 말라는 교훈을 알려준다. 가슴 속에 품고 있는 소중한 것의 크기가 같다면 그것을 뒤덮은 살갗을 뚫고 나온 가시의 선속은 모두 동일하다.

추가적으로 성게의 몸속 내부 공간에 대해서도 고려할 수 있다. ε는 성게알 자유전하(Q_f)가 머물고 있는 성게의 내부 공간의 전기적 특성을 대변하고 있다. 만약 성게의 몸 속 공간이 텅 비어 있다면 유전율 permittivity ε는 진공의 유전율vacuum permittivity ε_0을 사용하면 된다. 하지만 몸이 내장과 바닷물로 채워져 있다면 그 매질의 상대유전율 ε_r relative permittivity 항도 추가로 고려해야 한다($\varepsilon = \varepsilon_0\varepsilon_r$).

젊은 시절 나는 만성 위염에 시달렸다. 신경을 조금이라도 쓰면 속이 쓰려 밤마다 잠을 설쳐야 했다. 속앓이가 일상의 습관이 되었던 탓에 학부 시절 전자기학 과목에 등장하는 가우스의 법칙을 배울 때 위염과 많이 닮았다는 생각을 했다. 전하로부터 뿜어져 나오는 전기장의 화살이 투명한 봉지의 표면을 뚫고 나오는 모습이 화살이 위벽을 뚫고 나오는 듯한 이미지를 떠올리게 했다. 하지만 위는 완전히 닫혀 있는 곡면이 아니라 정확히 일치하는 비유는 아니다. 이후 세월이 흘러 만성 위염이 치유되고 젊었을 때 느껴보지 못한 음식 맛을 비로소 알게 되었는데 우연히 제주도를 여행하던 중 처음으로 성게 국을 먹게 되었다. 너무도 황홀한 맛에 한참 동안 성게의 노란 덩어리를 바라보다 그제서야 온몸이 가시로 뒤덮인 성게의 모습이 떠올랐다. 왠지 성게에게 미안해지면서 아주 오래 전 속앓이를 했던 기억이 떠올랐다.

전자기학 강의 시간에 가우스 법칙을 설명할 때면 표면을 뚫고 나온 전기장 화살이 표면과 수직이 아니라 비스듬한 경우를 수학적으로 표현해야 하는데 많은 학생들이 이 지점에서 어려워하고 집중력이 떨어진다. 그래서 살갗을 뚫고 나온 성게 가시의 모습에 감정을 이입해 보라고 말해 주곤 한다. 생채기를 보듬는 마음으로 살갗을 뚫고 나온 가시 같은 '전기선속'을 계산하면 성게 속의 노란 알 같은 총 자유 전하량을 얻을 수 있다.

소용돌이 손

가슴 속에 무엇인가 꿈틀거려도
시큰둥한 내 마음
천 개의 손길로도 소용이 없네
밤하늘을 가로지르는 한줄기 유성
불현듯 불어오는 한줄기 바람
비로소 내 마음속에 소용돌이가 인다

힌두교의 신들 중에는 여러 개의 손을 지니고 있는 경우가 있다. 힌두교의 영향을 받은 불교의 '천수관음보살'도 세상 사람들의 다양한 사연을 보고 도움을 주기 위해 천 개의 손과 천 개의 눈을 지니고 있다. 불교 문화권 국가 중에 이런 이미지를 춤으로 표현하는 경우도 있다. 즉,

한 사람이 여러 개의 팔을 등에 부착하거나 한 사람 뒤에 여러 명이 줄을 지어 천 개의 손을 묘사한다. 이 동작은 간혹 아이돌 가수들의 군무에도 활용된다. 아는 게 물리밖에 없어서 이런 춤 동작을 보다가 나는 전자기학을 떠올렸다. 양(+) 전하가 보이지 않는 전기의 화살을 뿜어내고 있는 모습을 여러 방향으로 천 개의 팔을 뻗은 신의 이미지로 이해해 보면 어떨까?

이를테면 신의 전기적 손길에 영향을 받으려면 전하electric charge를 지녀야 한다. 인력이든 척력이든 신의 손길과 상호작용하기 위해서는 전하가 필요한 것이다. 신과 인간 사이에서 전하에 대응되는 것이 무엇인지는 모르겠지만 신을 느끼지 못하는 이들은 전하가 없는 경우에 해당될 것 같다. 사실 모든 물체에는 전하가 있다. 원자 핵 속에는 양전하를 지닌 양성자가 있고, 전자는 음전하를 지니고 있다. 비록 전체적으로는 양과 음의 전하가 전기적 중성을 형성하고 있지만 수많은 원자로 구성된 물질은 전기의 손길에 크고 작은 반응을 한다. 예를 들어 자유전자는 전기장의 손길에 온몸이 이끌려 '전류'라는 흐름을 만들어 낸다. 반면 구속전자는 진동이나 회전의 형태로 꿈틀거린다. 비록 양이온에 붙들려 온전한 자유를 누릴 수는 없지만 구속전자도 자신의 삶과 방향을 끊임없이 바꾸며 꿈틀거리는 것이다.

일정한 거리를 유지하며 신을 마주하기 보다 신을 향해 달려가거나 멀어지면 어떨까? 이 상황을 물리적으로 해석하면 전기의 화살을 뿜어내고 있는 양(+) 전하에 대해 전하를 지닌 관측자가 상대 속도를 지니고 있다는 것을 의미한다. 달리는 관찰자는 여전히 전기의 화살 혹은 천개의 손을 느낄 수 있다. 하지만 일정 거리를 유지하며 정지해 있었던 경우와 다른 새로운 손길을 경험하게 된다. 즉, 전기의 화살과는 속성이 다른 자기magnetic의 화살을 경험하게 된다. 게다가 새로운 자기의 화살은 소용돌이치고 있다.

전자기학 지식이 없는 분들은 자기력을 전기력과 별개의 힘으로 취급하기 쉽다. 극성이 같은 전하들은 서로 밀고 극성이 다른 전하는 서로 당기는 모습과 유사하게 N극끼리는 밀고 N과 S극이 당기는 모습을 보면 전기력을 유발하는 양(+)과 음(-) 전하가 별개로 존재하듯 자기력도 N과 S에 해당하는 자석 입자가 따로 존재할 것 같다. 그래서 나침반을 반으로 자르면 빨갛게 칠해진 N극 부분과 파란 S극 부분을 분리할 수 있을 것 같다. 하지만 하나의 자석을 반으로 자르면 여전히 N극과 S극을 지닌 두 개의 자석이 될 뿐 N극과 S극을 분리시킬 수 없다. 그렇지만 자석의 자기장magnetic field은 떨어진 양(+)과 음(-) 전하 사이 전기장과 비슷한 모습으로 N극과 S극에서 각각 뿜어내고 흡입하는 모습을 지니고 있다.

나침반이나 철 가루를 주변에 두면 자기장의 크기와 방향을 시각적으로도 확인할 수 있다. 하지만 자석이 없더라도 전류가 흐르는 전선 주변에서도 자기장은 형성된다. 나침반을 이용해보면 전선을 중심으로 자기장이 소용돌이 치고 있다는 것을 확인할 수 있다. 좀 더 구체적으로 오른손 엄지를 전류가 흐르는 방향으로 두면 나머지 네 손가락을 감싸는 방향이 자기장 소용돌이의 방향이다. 대부분의 전선에는 아주 많은 수의 전자가 이동하고 있지만 단 한 알의 전자가 이동해도 '전류'라 할 수 있다. 따라서 자기장은 전하를 지닌 입자의 움직임이 만들어 낸 것이다. 멈춰 선 신은 천 개의 전기 손만을 뻗어 내는데 그가 움직이기 시작하면 갑자기 진행방향을 중심으로 소용돌이치는 자기의 손을 추가로 만드는 셈이다.

그런데 잘 생각해 보면 움직인다는 것은 상대적인 개념이다. 만약 직선 방향으로 달려가는 신과 동일한 속도로 달린다면 나에게 신은 정지한 것처럼 느껴질 것이다. 따라서 소용돌이치는 자기의 손은 사라진다. 즉, 신은 나를 기준으로 상대적으로 움직여야 비로소 나에게 자기magnetic의 손을 만들어 낼 수 있다. 신이 정지하고 내가 움직여도 동일한 효과를 얻을 수 있다. 자기magnetic적인 새로운 손길은 신과 나 둘 중 하나가 다가서거나 멀어질 때 생기는 것이다. 이렇게 자기장이 전하의 상대운동과 관련이 있다는 사실은 전자기학을 역학의 관점에서 재해석하는 새로운 접근을 유발하고 결국 움직이는 좌표계의 공간과 시간이 정지한 것에 비해 달라진다는 상대성이론을 이끌어 낸다. 특수 상대성이론에 의하면 움직이는 전하가 만드는 전기의 화살들의 모습은 움직이는 방향으로 조금 찌그러진 형태를 보인다. 결국 자기장의 소용돌이는 상대운동으로 찌그러진 시공간의 변화와 관련이 있는 것이다.

유체역학의 소용돌이vortex는 물리적으로 혼돈현상과 관련이 있지만 수학적으로 위상적 속박topological constraint이나 대칭성이 깨지는 것과 연결된다. 이런 점을 고려해 최근 전기장의 화살들이 뿜어져 나가는 모습을 비이상적 유체non-ideal fluid 모형으로 가정해 자기장의 소용돌이 발생을 설명하려는 시도가 있었다. 하지만 이 모형들은 주어진 환경이 다를 경우 각자 다른 방식으로 소용돌이의 원인을 설명해 왔다. 몇 년 전 미국-일본 공동연구로 진행된 이론물리 연구팀은 이상적 유체모형ideal fluid과 특수 상대성이론적 시공간효과를 접목시켜 소용돌이 자기장의 발생원인을 일반화할 수 있는 색다른 관점을 제시했다. 결론적으로 시공간에 대한 특수 상대성이론적 효과가 위상적 구속을 깨트리며 그 결과가 씨앗이 되어 점차 자기장 소용돌이의 모습으로 나타난다는 주장이다. 우리가 살아가는 모습도 조금 비슷한 것 같다. 그 존재가 구체적으로 신이 아닌 진리, 영감, 행복, 사랑, 보람, 가치 혹은 무엇이든 간에 일정한 거리를 두고 덤덤하게 바라보다 우연히 다가오거나 멀어지면 소용돌이 손처럼 예전에 느끼지 못했던 낯선 힘을 느끼게 된다. 세상 모든 것이 무의미해 스스로가 무언가를 찾기 위해 떠난 여행에서도 소용돌이 손과 같은 낯선 경험을 하기도 한다. 그리고 그 손길을 경험하는 공간과 시간은 나만을 위해 변형된 듯 보인다.

쌍극자

밀어냄과 당김

주기와 받기

창문을 열고 소리치기

커튼을 닫고 숨어있기

두 팔을 벌려 포용하기

마음을 닫고 배척하기

빛처럼 사방으로 뿜어내기

블랙홀처럼 한 점으로 수렴하기

뜨겁게 솟아오르기

차갑게 움츠러들기

그렇게 다른 둘이 함께하기

한 발짝 떨어진 서로의 짝이 되기

갈대의 화살처럼 바람이 부는 곳으로 향하기

중동과 동양 문화권의 신화는 창조와 파괴의 신, 빛과 어둠의 신, 양과 음처럼 대립적인 두 존재를 통해 우주 창조를 묘사한다. 대립된 두 존재에 대해 선과 악이라는 도덕적 가치를 부여하는 경우도 있지만 둘을 단지 속성이 다른 존재로 받아들이는 경우도 있다. 물질적 우주를

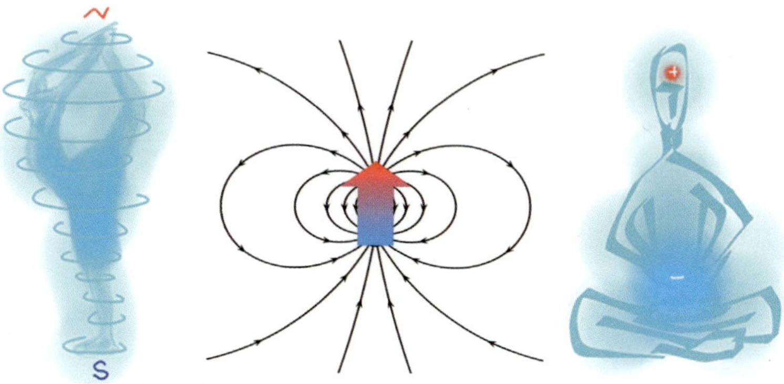

자기 쌍극자 전기 쌍극자

(왼쪽) 자전하는 전자는 자기 쌍극자를 유발한다.
(중간) 전기 쌍극자와 자기 쌍극자가 만들어 내는 역선의 모습은 유사하다.
(오른쪽) 양(+)과 음(-)의 전하 중심이 떨어져 있는 구조의 전기 쌍극자.

다루는 물리학에서도 전기력의 양(+)과 음(-)의 전하, 자기력의 N극과 S극이라는 대립적 요소들이 있다. 그리고 극성이 다른 두 개체들은 독립적으로 존재하기보다 짝을 이루어 쌍극자dipole라 불리는 구조를 형성하기도 한다. 막대자석처럼 양끝에 N극과 S극이라는 두 개di의 극pole이 적당히 떨어진 상태를 유지하는 경우는 자기 쌍극자magnetic dipole라 하고, 양(+)과 음(-)의 전하 중심이 떨어져 있는 구조는 전기 쌍극자electric dipole라고 한다.

쌍극자는 미시세계의 원자나 분자 단위에서 형성된다. 양자 역학적으로 물질을 구성하는 원자핵 주변의 전자는 그 위치와 속력을 둘 다 파악하기 어려워 구름 같은 확률밀도분포로 표시한다. 전자는 어디에

든 존재할 수 있지만 특정 범위의 확률밀도가 짙다면 그곳에 존재할 가능성이 좀 더 크다는 것을 의미한다. 양(+)의 핵과 음(-) 전자의 확률밀도분포의 전하 중심위치가 동일한 경우에는 전기 쌍극자가 형성되지 않는다. 하지만 확률적으로 구름처럼 퍼져있는 음(-) 전하의 중심이 양(+) 전하를 띈 핵과 떨어진 위치에 있으면서도 힘의 균형을 유지하는 경우도 있다. 예를 들어 외부에서 전기장이 가해지면 양(+)과 음(-) 전하는 각기 다른 방향으로 이동하지만 동시에 인력에 의해 붙들리게 된다. 이 두 힘이 평형을 유지한 결과로 두 전하 중심의 위치가 달라지면서 전기 쌍극자가 유도될 수 있다. 혹은 구조적으로 양(+) 전하와 음(-) 전하의 중심 위치가 다른 경우도 있다. 분자의 경우 두 원자들이 공유하는 구름 같은 전자의 확률밀도 비율이 다르면 두 원자들도 각각 양(+)과 음(-)의 극성을 지닌 이온이 된다. 만약 양(+) 전하를 띈 이온과 음(-) 전하를 띈 이온이 떨어진 채로 힘의 균형을 유지할 수 있으면 이들은 분자 단위의 전기 쌍극자가 된다. 양(+) 전하는 전기력선을 뿜어내는 반면 음(-) 전하는 그 주변으로 역선들을 수렴시킨다. 이렇게 속성이 다른 양(+)과 음(-) 전하들이 아주 조금 떨어진 채로 짝을 이루고 있으면 독특한 모양의 전기력선 풍경을 만들어 낸다.

자기 쌍극자는 조금 어렵다. 고전 전자기학 이론에서는 N극과 S극이 양(+)극과 음(-)극처럼 별개로 존재하지 않는다고 본다. 반면 자기장은 전하의 운동에 의해 만들어진다. 직선운동뿐만 아니라 회전운동도 자기장을 만들어 낼 수 있다. 지구가 태양 주변을 도는 것처럼 전자가 양의 핵 주변을 돌아도 자기장이 생긴다. 또한 크기를 지닌 전하덩어리가 자전을 해도 자기장이 생긴다. 즉, 아주 작은 양이지만 유한한 전하량을 지닌 전자가 지구처럼 자신의 몸통을 회전시키는 자전을 할 경우 전자는 작은 막대자석 같은 자기 쌍극자가 된다.

대신 미시세계 속 전자가 운동하는 모습을 정확히 알 수는 없다. 대신 그 윤곽이 공, 타원 등의 다양한 형태를 지닐 수 있는데 자기 쌍극자의 세기는 구름 같은 전자의 확률적 윤곽에 의해 정해진다. 결국 전기 쌍극자와 자기 쌍극자 모두 확률적 전자구름의 모습에 의해 결정되는 것이다.

쌍극자는 화살 기호로 단순화해서 표현할 수 있다. 전기 쌍극자는 화살의 꼬리가 음(-) 전하에서 양(+) 전하로 향한다. 양(+) 전하와 음(-)전하가 떨어진 거리가 멀거나 전하량의 절대치가 클수록 전기 쌍극자의 세기도 증가한다. 자기 쌍극자의 화살 기호는 막대자석처럼 화살 꼬리의 S극에서 화살 머리의 N극으로 향하고 있다. 자기 쌍극자를 유발하는 회전 전하량이 크거나 회전속력이 빠르거나 혹은 팔을 옆으로 뻗어 회전하는 피겨스케이트 선수처럼 회전 반경이 큰 부분이 많을수록 자기 쌍극자의 세기는 커진다. 비록 힘의 속성이 다르지만 전기 쌍극자와 자기 쌍극자는 화살이라는 단순화된 기호로 표기되고 그들이 공간에서 만들어 내는 역선 또한 닮아 있다. 물질 속에는 극성이 다른 두 존재가 새로운 하나가 된 전기 쌍극자와 자기 쌍극자들로 채워져 있다. 따라서 물질 속 수많은 전기·자기 쌍극자들은 바람의 방향에 따라 눕고 일어서는 길가의 억새풀처럼 전기장과 자기장 바람의 방향으로 움직인다. 외부에서 불어오는 바람에 순응하듯 바람과 같은 방향으로 정렬하는 쌍극자들도 있지만 내적 자유로움이 남아 있는 쌍극자들은 바람의 방향과 어긋나는 곳을 향하기도 한다. 이렇게 외력과 개인의 자유가 차이를 가지는 것처럼 쌍극자들은 바람이 불어가는 방향 주변을 회전하거나 요동치는 모습을 보인다. 불어오는 외부 전기장이나 자기장에 대한 다수의 전기 쌍극자와 자기 쌍극자의 이런 몸짓의 평균은 각각 상유전성paraelectricity과 상자성paramagnetism이라는 거시적 전기 특성과 자기 특성을 만들어낸다.

마음속 생각에도 종종 대립된 두 개의 극이 존재한다. 속에서 밖으로 뿜어내듯 세상을 향해 드러내려는 성향과 그와 반대로 자신만의 공간으로 숨어드는 성향이 공존한다. 만약 우리의 마음속에 이런 대립된 속성이 '쌍극자'라는 하나의 구조로 존재한다면 흥미로운 일이 생긴다. 마음속 쌍극자 화살은 외부에서 불어오는 유행의 바람에 휘둘리기 시작한다.

바람이 불어오는 방향으로 정렬되기도 하고 때론 조금 어긋난 각도를 유지한 채 요동치기도 한다. 혹은 꿋꿋이 정반대의 방향을 유지하는 보수성을 보이기도 한다. 특정 방향으로 쏠리는 생각을 '편견' 혹은 편향되었다polarized고 표현하듯 외부의 전기장에 대한 다양한 전기 쌍극자

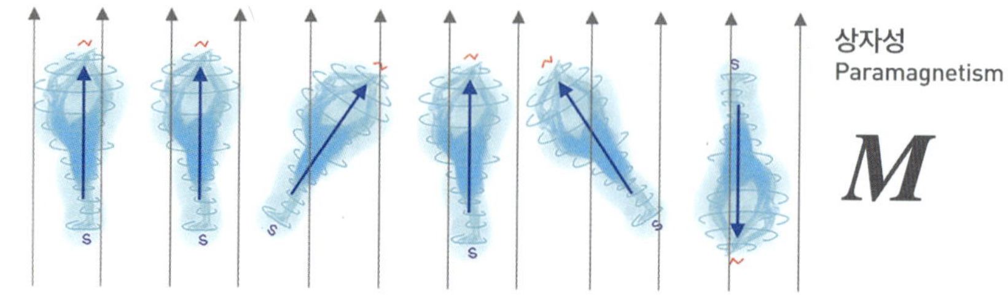

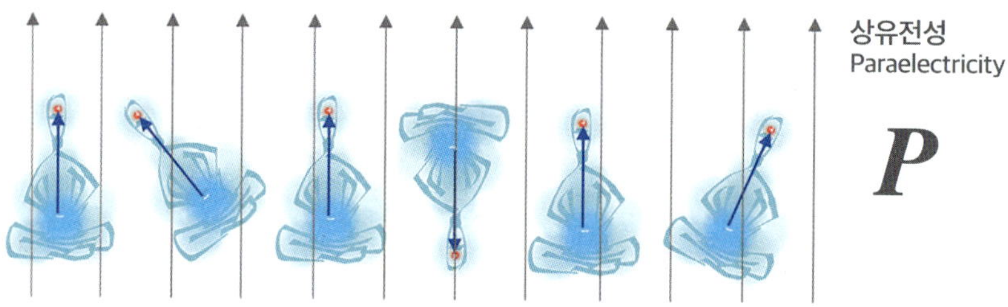

화살의 합을 분극polarization이라고 한다. 만약 모든 개인이 만장일치의 단합된 의견을 보인다면 분극(P)은 최대가 된다. 마찬가지로 자기 쌍극자의 합은 자성magnetization이라고 한다. 예를 들어 분극(P)과 자성(M)을 정치와 문화에 대한 집단의 편향성 척도에 비유한다면 시대의 바람 같은 외부 전기장은 세상이 지닌 '분극(P)'의 방향을 바꾸고 있는 것이다. 또한 실증적 물질만을 추구했던 문화의 자성(M)이 비물질적 가치라는 새로운 방향을 추구하는 변화의 이면에는 외부 자기장 같은 새로운 흐름이 존재하고 있는 것이다.

우로보로스와 무한 순환

머리가 꼬리를 먹으면
먹은 만큼 몸과 함께 꼬리가 자란다

꼬리를 먹고 자라난 꼬리를 다시 먹으며
죽음에 먹힌 삶을 한번 더 살아가는 동안
먹히는 것과 먹는 것은 하나가 된다
삶과 죽음은 하나가 된다
동그란 하나의 반지가 된다

코끝을 자극하는 자바섬의 유향
그 속의 깊고 작은 세상에서도
신화 속 뱀들이 살고 있다
반지의 둘레를 벗어날 수 없는
무한 순환의 운명이지만
멈추지 않는 열망은 하늘로 솟구쳐
마법 같은 분수가 뿜어져 나온다

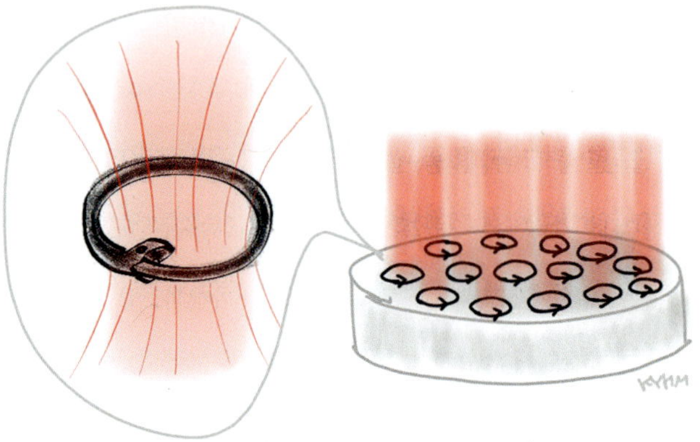

뱀은 기독교 문화권에서는 타락과 악의 상징으로 묘사되지만 고대 동서양 문화권의 신화나 종교에서는 신성한 존재로 여겨진다. 대체로 유목 생활의 경우 뱀은 소와 양들에게 위험한 존재로 경험되지만 농경 생활에서는 농작물에 피해를 입히는 해로운 동물들을 징벌하고 자연의 변화를 계시하는 신령한 존재로 받아들여졌다. 옛 사람들에게 뱀이 주기적으로 허물을 벗어 버리거나 동그랗게 똬리를 튼 모습은 환생, 재생, 회귀에 대한 이미지를 만들었다. 대표적으로 자신의 꼬리를 물고 있는 뱀 형상의 '우로보로스'가 있다. 뱀이 자신의 꼬리를 먹는 비율과 몸이 자라나는 비율이 동일하다면, 이른바 되먹임 순환구조처럼 생성과 소멸을 반복하며 그 모습을 계속해서 유지할 수 있을 것이다.

원형의 뱀 형상 같은 맴돌이 전류를 상상해 보자. 전류는 시간당 흐르는 자유전자들의 전하량으로 정의하므로 반지 혹은 링 모양 속에서 전자가 운동하는 경우에는 한 바퀴를 회전하는 주기 동안 링 속에 있는 전자들의 전하량을 고려해 전류를 구할 수 있다. 일반적인 회로 상식으로 생각해 보면 전류는 배터리 같은 외부전압이 있어야 하고, 그 전압이 있어야 전자를 잡아 당기는 전기력을 발생시킬 수 있다. 따라서 링 모양 속 전류를 지속하려면 배터리가 있어야 할 것 같다. 만약 배터리가 소진되면 회전하다 전자를 잡아 끄는 회전의 구동력이 충분하지 못해 회전하는 전류값은 점차 사라질 것 같다. 하지만 놀랍게도 물질의 크기가 작아지면 배터리가 없어도 멈추지 않고 계속해서 전자가 회전하는 '지속 전류persistent electric current'를 관측할 수 있다.

'지속 전류'의 원인을 이해하기 위해서는 우선 회전운동에서 일정하게 유지되는 물리량을 생각해야 한다. 직선운동의 경우 저항이 없는 곳에서 직선운동량(= 질량 × 속도)이 일정하게 유지되는 것처럼, 저항이 없다면 회전운동도 각운동량(= 반경 × 질량 × 속도)을 일정하게 유지해야 한다. 따라서 링 속에 전자의 회전운동을 방해하는 저항이 없다면 전자의 회전 각운동량은 일정하게 유지되며 결과적으로 멈추지 않는 회전운동을 유발한다. 그런 이유로 물리학자들은 처음에는 전기 저항이 없는 초전도 물질로 링을 만들었다. 실제 초전도 물질을 수천 분의 1미터 크기의 링으로 제작하면 멈추지 않는 '지속 전류'를 관측할 수 있다. 그런데 최근에는 초전도 물질이 아닌 저항을 지닌 도체에서도 지속 전류가 관측되기 시작했다. 그리고 그 원인은 전자구름이 안개처럼 링 구조물 전체에 퍼져 하나의 연결된 모습을 유지하는 것에 기인한다. 이를테면 회전하는 전자의 모습은 매 순간 그 위치를 일일이 구분할 수 있는 것이 아니라 링처럼 하나의 연결된 구조가 될 때 비로소 멈추지 않는 '지속전류'가 발생하는 것이다. 이 모습은 분명 '우로보로스'를 닮아 있다. 자신의 꼬리를 물고 있는 뱀의 형상이 전자구름의 모습이라면 벗어날 수 없는 무한 순환 반복의 운명은 '지속 전류'에 대응된다.

하지만 입자인 전자가 하나의 연결된 링 모습을 유지하는 특이한 효과는 온도가 증가하면 점점 더 일어나기 어려워서 크기가 수천 분의 1 밀리미터 정도일 경우에는 100 mK(1 K = 영하 272도) 이하의 극저온에서만 관측이 가능하다. 따라서 측정의 실험적 구현을 위해서는 많은 부담이 따른다. 대신 링의 크기가 작아지면 상대적으로 더 높은 온도에서도 멈추지 않는 전류를 측정할 수 있다. 전자의 원형 궤적의 반경이 더욱 작아지면 우리가 살고 있는 일상 온도에서도 멈추지 않는 회전을 유지할 수 있게 된다. 대신 링의 크기는 나노 미터 스케일의 분자 크기만큼 아주 작아져야 한다. 실제 상온 화학 실험실에서 사용되는 벤젠 구조 속에서는 전자들이 여섯 개의 탄소(C) 원자 주변을 둘러 다니다 처음 지점으로 회귀하는 것을 반복하는 지속 전류가 존재하고 있다. 벤젠을 기반으로 하는 다양한 화합물의 특성 역시 이런 지속 전류와 관련이 있다. 6개의 탄소(C)와 6개의 수소(H)로 구성된 벤젠이라는 물질은 특이한 향 때문에 오래 전부터 약제사들에게 알려져 있었지만 화학식 구조에 대해서는 묘연했었다. 독일의 화학자 '프리드리히 아우구스트 케쿨레 폰 슈트라도니츠Friedrich August Kekulé von Stradonitz'는 우연히 꿈속에서

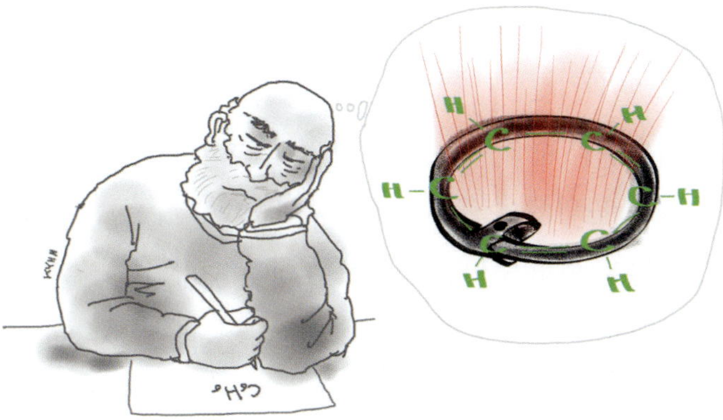

꼬리를 물고 있는 뱀을 보고 나서 벤젠의 구조에 대한 아이디어를 얻게 되었다고 한다. 물론 그보다 먼저 링을 떠올린 과학자도 있었다.

분자보다 좀 더 작은 크기의 원자에서도 전자의 멈추지 않는 회전은 가능하다. 즉, 원자 속 전자는 마치 태양을 공전하는 행성들처럼 양(+)의 핵을 중심으로 회전하고 있다. 전자는 음의 극성을 띠고 있고 한 개의 전자가 회전을 하고 있으므로 회전하는 전류로도 취급할 수 있다. 지구가 태양 주변을 멈추지 않고 회전을 하듯 전자도 핵 주변을 멈추지 않고 회전하고 있는 '지속 전류'를 유지하고 있는 것이다. 지구가 자전을 하듯 전자의 자전도 생각해 볼 수 있다. 자신의 몸통에 e(- 1.6 × 10^{-19} C)라는 특정 전하량을 품고 자전하고 있다면 그것 역시 회전 전류이다. 예를 들어 전자가 공 모양이라고 가정하면, 구는 반경이 다른 여러 개의 링들을 쌓아올려 만들 수 있으므로 반경이 다른 각각의 링들이 전류를 지니고 있는 것이다.

그런데 전류가 움직이는 전하 주변에는 소용돌이치는 자기장이 발생한다. 따라서 전자가 핵 주변을 링 모양으로 회전하거나 부피를 지닌 전자가 자전하는 경우 모두 자기장을 만들어내고 그 자기력선의 모습은 작은 링의 단면에서 물살을 뿜어내고 있는 분수를 닮아 있다. 실제 전류가 흐르는 원형 코일을 만들어도 비슷한 자기력선의 분수가 만들어진다. 즉, 핵 주변을 공전하는 전자와 자전하는 전자 모두는 각기 다른 모습의 작은 자석이 된다. 특히 자전하는 전자의 각운동량을 스핀 spin이라고 하는데 스핀은 물질 속에 존재하는 작은 막대자석 같은 역할을 한다. 벤젠이나 자성 물질 속에 링 모양의 꼬리를 물고 있는 작은 뱀들이 가득하다는 상상은 좀 징그럽지만 때론 그런 신화적 영감이 어려운 과학 문제를 푸는 실마리가 되기도 한다. 동서양 신화에 등장하는 뱀이 링을 닮은 다양한 구조물로 변형되어 인간의 상상 속에서 부활한 셈이다. 수천 년 전 우로보로스 신화의 원형 이미지는 그렇게 우리의 무의식 속에서 살아있다.

반자성

중력을 거스르는 듯한 공중 부양 사진을 연재하는 '나츠미 하야시'라는 젊은 사진작가가 있다. 일상의 경험과 대비되는 순간을 포착한 비현실적인 사진들이 꽤 매력이 있어 세계적으로도 많은 인기를 누리고 있다. 사진을 보다가 실험물리 측면에서 두 가지 생각이 떠올랐다. 첫째,

바닥에서 도약을 하면 중력 때문에 감속을 하게 되는데 가장 높은 곳에 다다르는 순간에는 아주 잠시 멈추게 된다. 하지만 이후 다시 가속하여 바닥으로 떨어진다. 카메라가 "찰칵"하고 장면을 포착하는 노출시간 동안 속력이 빠르면 움직이는 장면이 겹쳐서 촬영된다. 그러므로 좋은 공중 부양 사진을 찍으려면 최고 높이에서 정지하는 아주 짧은 순간에 맞춰서 카메라 셔터를 눌러야 한다. 작가는 공중 부양한 듯 보이는 장면을 얻기 위해 보통 300번 이상의 시도를 한단다. 300번의 시도를 하면서 얼마나 다쳤을까? 아마도 최고 높이에 다다르는 바로 그 순간 카메라가 "찰칵"하도록 타이밍을 잡는 것이 가장 어려운 문제일 것 같다. 기술적으로 이런 문제는 동기화synchronization와 관련이 있다. 동기화 구현을 위해 가장 간단하게는 바닥과 신발 바닥에 초음파 센서를 부착해 시간별 위치와 속력을 실시간으로 측정하는 방법이 있다. 속력값을 시간별로 측정해서 0 근처로 수렴하는 순간을 예측해 와이파이로 카메라 셔터를 자동적으로 열리게 하면 된다. 몇 번 해보면 최적 조건을 금방 알 수 있고 관련 앱이 많아서 스마트폰 카메라와 연동하여 만들 수도 있다.

둘째, 공중 부양은 바닥으로부터 반작용에 의한 도약으로 이루어진다. 최고 높이에서만 아주 순간적으로 이루어지고 지속적이지 못하다. 그러면 도사님들이 주장하는 지속적인 공중 부양은 불가능할까? 물리적으로 가능하다. 대신 강력한 자기장을 가해야 한다. 1997년 프랑스 그르노블 고자기장 연구소에서는 강력한 자기장을 가해 살아있는 개구리를 공중 부양시키는 데 성공했다. 이후 물방울, 사과, 토마토, 딸기 같은 생활 속 유기물의 공중 부양 장면을 촬영해서 일반인들에게 보여줬다. 사람이 자석도 아닌데 어째서 자기장이 공중 부양을 시킬 수 있을까? 쉽게 말해 강력한 자기장을 가하면 사람이 자석이 되기 때문이다. 예를 들어 N극의 자석에 의해 내 몸의 아래에서 위로 향하는 자기장이 가해지고 있다면, 내 몸의 발바닥은 N극, 머리 꼭대기는 S극의 자석이 된다. 즉, 서로 같은 N극을 마주한 두 개의 자석이 밀어내는 모양새가 된다. 안정적 부양을 위해서는 여러 가지 다른 문제를 해결해야 하지만 대략적으로는 서로 밀어내는 자기력이 중력과 비슷해지면 공중 부양이 가능해진다.

그러면 사람은 어떻게 외부 자기장에 의해 자석이 될 수 있을까? 외부 자기장이 물질에 가해지면 물질은 그에 대한 응답으로 새로운 자기장을 만드는데, 그 자기장의 방향이 외부 자기장과 같을 수도 있고 다를 수도 있다. 공중 부양처럼 외부 자기장에 대해 물질이 반대 방향의 자기장을 형성하는 경우는 '반자성diamagnetism'이라고 부른다. 반자성은 몸을 구성하는 물질 속 자유전자들에 의해 생기는데 '반反'이라는 접두어의 어감처럼 외부 자기장에 대한 일종의 '반항'이다. 그런데 이 '반항'은 다른 한편으로는 '복종'의 결과이기도 하다. 물질 속 전자는 마음이 가는 방향으로 원하는 데로 움직이는 자유로운 상태를 유지하고 싶은데, 느닷없이 몰려오는 외부 자기장으로 인해 작은 회오리 바람이나 소용돌이 물살 같은 회전운동을 억지로 시작하게 된다. 하지만 공교롭게도 전자의 회전운동이 외부 자기장과 반대 방향의 새로운 자기장을 만들

게 된다. 결과적으로 외부 자기장이라는 외압에 의해 자유로운 삶을 누려 온 전자가 다람쥐 쳇바퀴처럼 맴도는 회전운동을 하게 되지만, 이것이 다시 외부 자기장을 상쇄시키는 새로운 자기장을 만들어 내는 것이다. 전자는 자신의 삶으로 느닷없이 침투해 온 자기장이 싫지만 그 외력에 저항이 아닌 충실한 복종을 통해 외부 자기장을 상쇄할 수 있는 새로운 자기장을 만들어 낸 것이다. 그러므로 반자성은 철저한 복종으로 가장 강력한 저항을 만들어 낸 역설적인 결과다.

이 모습은 카뮈Albert Camus의 시지프 신화를 떠올리게 한다. 무거운 돌을 힘들게 언덕 위로 올리고 나면 금세 굴러 떨어져 또다시 돌을 올려야 하는 삶을 무한 반복해야 하는 시지프의 부조리한 운명은 외부 자기장에 의해 자유를 박탈당하고 똑같은 궤적을 맴도는 지겨운 일상을 반복해야 하는 전자의 모습과 어딘가 닮아 보인다. 카뮈는 부조리한 운

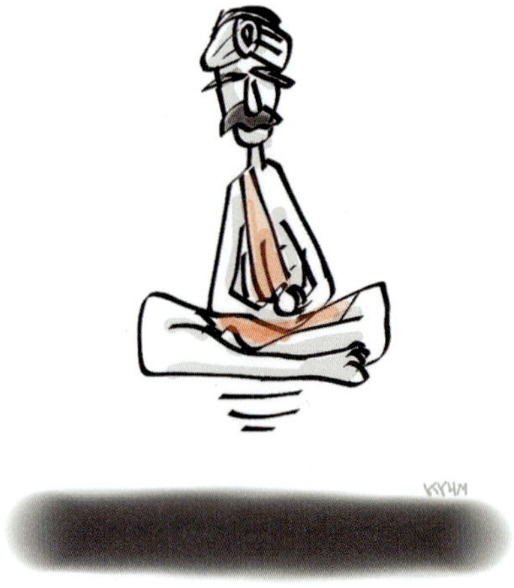

명을 비난하거나 신을 원망하기보다 오히려 철저한 복종을 택한 시지프의 모습이 실존적 차원의 저항이라고 생각했다. 신은 지루한 일의 반복으로 괴로움을 주기 위해 형벌을 고안했지만 언덕 위로 올려놓은 돌이 헛되게 굴러 떨어지더라도 좌절하지 않고 매 순간 진지하게 임하며 계속해서 그 일을 반복하는 시지프의 모습을 바라보는 것으로 오히려 더 스트레스를 받았을지도 모른다. 먼저 화내면 지는 거다. 그러므로 자유전자의 반자성은 철저한 복종을 통한 반항인 것이다.

대부분의 금속에는 자유전자가 회전하는 동안 다양한 충돌 요인들로 인해 방해를 받지만 초전도체가 되면 아무런 저항 없이 회전운동을 할 수 있다. 그러므로 초전도체는 완벽한 반자성을 보여 준다. 자석 위에 초전도체를 올려놓으면 초전도체는 온 몸으로 그 자기장을 밀어 내는 하나의 자석이 된다. 초전도체 위에 거구의 씨름 선수가 올라가 무게로 내리누르려 해도 반자성은 가뿐하게 그를 들어 올릴 만큼 강력한 힘을 만들어 낸다.

도메인과 이배 화백

우연히 숯을 재료로 사용하는 재불在佛 화가 '이배' 화백의 전시회에 간 적이 있다. 숯을 이용해 먹처럼 선과 점의 형상을 그리기도 하지만 숯의 조각들을 이용해 평면이나 입체 구조물을 만들기도 한다. 여러 작품들 중 나는 평면에 사각형 조각들을 끼워 맞춘 작품이 유독 눈에 띄었다.

1

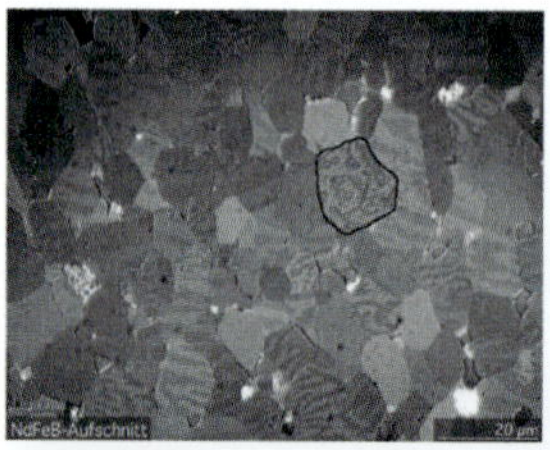

2

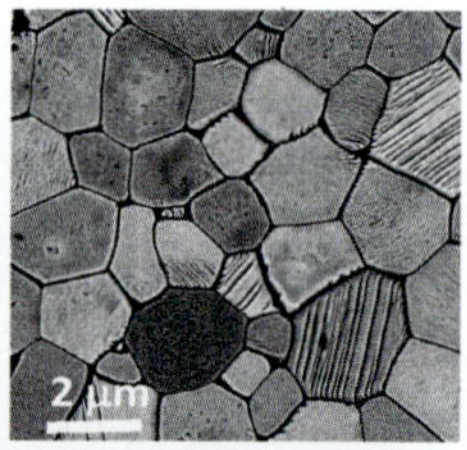

3

비행기를 타고 높은 하늘에서 내려다본 밀집도 높은 구도심 주거지역을 찍은 흑백사진 같아 보이기도 하지만, 나는 강자성ferromagnetism과 강유전성ferroelectricity 물질의 도메인domain이 떠올랐다. 그림 1과 그림 2는 각각 강자성체와 강유전체의 도메인을 실험장치로 찍은 사진이고, 그림 3은 이배 화백의 작품이다.

물질의 자기적 특성은 외부 자기장에 대한 응답의 측면에서 상자성paramagnetism, 반자성diamagnetism 그리고 강자성ferromagnetism으로 구분할 수 있다. Ferro는 철의 라틴어 Ferrum에서 기원했다. 그래서 철의 원소 기호도 Fe를 사용한다. 철은 대표적인 강자성 물질이다. 우리가 흔히 말하는 자석이 강자성 물질이다. 강자성은 자기 쌍극자가 외부 자기장 방향으로 정렬한다는 측면에서는 상자성과 유사성을 지니지만 외부 자기장에 훨씬 예민하다. 즉, 아주 작은 자기장을 가해도 상대적으로 높은 정렬도와 큰 자성(M)을 일으킬 수 있다. 그래서 철(Fe)은 자석에 잘 달라붙는다. 외부 자석의 자기장이 자기 쌍극자들을 특정 방향으로 아주 잘 정렬시키는 것이다. 상자성 물질은 외부 자기장을 치우고 나면 금세 그 정렬이 흐트러지지만 강자성 물질은 자기장의 흔적을 내부에 남긴다. 만약 강력한 자석을 철에 붙이고 있으면 떼어 내더라도 철은 자석이 될 수 있다.

강자성의 핵심 원인은 바로 도메인에 있다. 도메인은 자기 쌍극자들이 동일한 방향을 향하고 있는 영역을 의미한다. 이를테면 도메인은 선거를 앞둔 여론조사에서 드러나는 지역별 정치적 성향과 유사하다. 정당을 강력하게 지지하는 지역이 있는 반면 야당을 지지하는 지역도 있다. 또한 이도 저도 아닌 중도적 방향을 드러내는 지역도 있다. 중도 이외에 중도 여당이나 중도 야당이 존재하듯 성향을 각도처럼 좀 더 정교하게 분류하면 자기 쌍극자가 정렬된 강자성의 도메인과 비슷해진다. 강자성 도메인 내부의 자기 쌍극자가 모두 특정 방향으로 정렬하는 미시적 원인은 특정 지역구의 여론 형성과정과 비슷한 면이 있다.

개인들은 옆 사람 눈치를 보며 서로 영향을 받는다. 특정 지역의 개인들은 각자 나름의 소신에 따라 합리적 판단을 하는 것 같지만 주변 사람들의 의견에 영향을 받기 쉽다.

강자성은 구성원 간의 상호작용이 동조의 형태로 일어나는 경우에 해당한다. 경우에 따라서는 동조의 의견 사이에서 소수의 반동 의견을 드러내는 페리자성ferrimagnetism과 반동이 동조와 동일한 강도로 번갈아 일어나 전체 자성을 상쇄시키는 반강자성antiferromagnetism이 존재하게 된다.

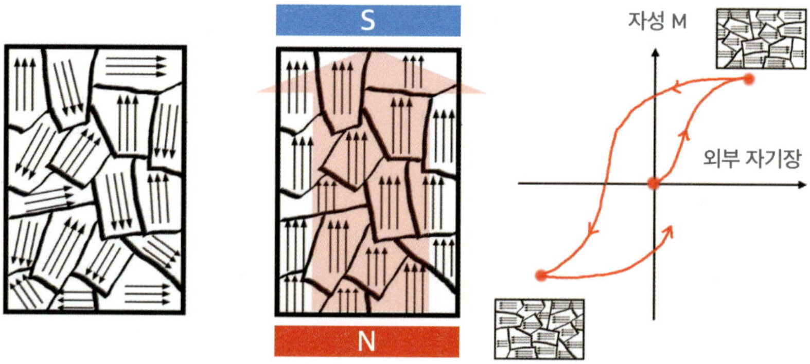

(위) 강자성체에 외부 자기장을 가하면 도메인의 자기 쌍극자들이 점차 같은 방향으로 정렬되며 최대의 자성(M) 값에 도달한다. 그러나 외부 자기장의 크기를 줄이며 방향을 바꾸면 처음의 상태로 돌아가지 않는다.

정치인들은 항상 선거 때 유권자들이 민감하게 반응할 수 있는 특정 이슈를 들고 나와 여론을 흔든다. 이를테면 안보, 이념, 경제, 분배, 비리, 사생활 같은 다양한 외부 자기장을 가한다. 외부 자기장 같은 바람의 세기가 약하면 민감도에 따라 지역별로 다르게 반응하지만 안보, 이념, 사생활 같은 강력한 이슈는 대부분의 지역을 한 방향으로 정렬하게 만들기도 한다. 하지만 안타까운 것은 선거가 끝나고 나도 여운이 남아 선거 이전의 상황으로 돌아가지 않는다는 점이다. 이 모든 상황과 유사한 일들이 강자성 물질에서도 일어난다. 자성이 없었던 강자성 물질에 외부 자기장을 가하며 그 세기를 증가시키면 도메인의 자기 쌍극자들이 점차 같은 방향으로 정렬되기 시작하다 결국에는 모든 도메인의 쌍극자들이 동일한 방향으로 정렬해 자성(M)이 최대값에 도달하게 된다. 하지만 자기장을 점차 줄여도 처음의 상태로 돌아가지는 않는다. 강자성 물질에 외부 자기장(H)을 증가시키면서 자성(M)의 변화를 측정해 보면 히스테리시스Hysteresis라는 특이한 곡선을 보여 준다. 자기 쌍극자 대신에 전기 쌍극자를 사용하고 외부 자기장을 외부 전기장으로 바꾸면 강유전성ferroelectricity이라는 유사한 현상이 일어난다. 강유전성도 전기 쌍극자들이 같은 방향으로 정렬된 도메인을 지니고 있다.

이배 화백의 작품(그림 3) 역시 숯의 도메인으로 구성되어 있었다. 강자성체나 강유전체의 도메인 속 자기 쌍극자와 전기 쌍극자들이 특별한 방향으로 정렬된 것처럼 숯으로 잘라 붙인 하나의 조각들은 특별한 방향으로 정렬된 결이 보였다. 결의 방향이 달라 반사율이 편향적이게 되어 작품 전시 당시 갤러리에서 빛이 들어오는 방향에 따라 거울처럼 반짝이는 조각이 각자 달라 보였다. 아마도 작가는 그런 부분을 감안해 정교하게 조각들의 방향과 크기를 구성한 것 같았다.

이배 화백은 오랜 세월 숯이라는 소재로 점, 선, 면 공간을 만들며 숯이라는 재료의 고유한 질감에 익숙해지며 예민해졌을 것이다. 그러다 좀 더 좋은 질감을 만들어내기 위해 자신이 직접 재료를 구하러 다니고 숯을 만들어 보기도 했을 것이다. 아마도 그런 과정에서 좋은 숯의 내부구조와 결에 대한 자세한 지식을 접하거나 나름의 내부 모형을 상상했을 것이다.

작가 고유의 방식으로 한 가지 재료와 오랜 시간 교감하며 만들어 나가는 시각적 구성이 강자성 물질의 내부 구조에 대한 도메인 모형을 닮은 것은 그저 단순한 우연의 일치일까? 전자기학이라는 이론과 더불어 강력한 자기력과 전기력을 지닌 강자성체와 강유전체라는 물질을 정량적으로 분석한 물리학자의 머릿속에 떠오르는 영감과 수도승 같은 화가의 여정이 도달한 이미지가 닮아있듯 인간의 원형적 상상 속에는 보편성이 내재하고 있는 것은 아닐까? 과학과 예술은 인간의 무의식에 자리잡은 그런 보편적 사유가 다른 언어로 표현된 것은 아닐까?

Homopolar motor

정수리에서 솟구쳐 나온 것은
거추장스럽게 몸 밖을 한참 둘러가고 난 뒤에야
비로소 발바닥에 닿을 수 있다
욕망이 결핍을 채우려 이끌리는
검붉은 구리빛 길 주변에는
언제나 소리 없는 회오리바람이 분다
감추어 왔던 마음
발 아래 괴어 둔 돌덩이처럼
허공 속 보이지 않는 분수로 뿜어낼 때면
이제는 그 길이 통째로 들썩거리다
몸뚱이가 에둘러 맴을 돈다
머리끝에서 솟아오른 분수가
메마른 발바닥을 모두 적실 때까지
삶의 고갱이가 모두 방전될 때까지
오늘도 그렇게 똑같은 맴을 돈다

전기 현상과 자기 현상은 별개의 물리 현상으로 일어나기 보다 항상 서로에게 영향을 주고 받는 형태로 존재한다. 전기장은 자기장에 영향을 주고 자기장 역시 전기장에 영향을 준다. 건전지에 전선을 연결해 전구에 불이 들어오는 실험은 전구에 불이 켜지는 순간은 매력적이지만 이후 금세 지루해진다. 하지만 건전지 밑 바닥에 자석 하나를 추가하는 것만으로 매력적인 움직임을 볼 수 있다.

건전지, 자석, 구리선으로 쉽게 구성할 수 있는 호모폴라 모터Homopolar motor가 작동하는 모습을 보면 전기와 자기가 끊임없이 에너지를 주고받는 동적인 모습을 볼 수 있다. 제작도 간단하고 결과도 재미있어 계속해서 지켜볼 수 있게 만든다. 쉬지 않고 회전하는 모습을 지켜보며 물리적인 분석을 할 수도 있고 감성적 상상으로 연결될 수도 있다. 만드는 방법은 간단하다. 피복이 붙어 있는 느슨한 전선 대신 형태를 유지할 수 있는 구리선을 사용하는 것이 좋다. 미술 시간 철사를 휘어 모빌 작품을 만드는 것처럼 구리선을 휘어 '사각', '하트' 혹은 '나선'의 다양한 모양을 만들어도 좋다. 대신 구리선의 한쪽 끝은 건전지의 머리 꼭지 부분에, 나머지 끝은 건전지 바닥 혹은 자석과 접촉하게 해야한다. 구리선이 건전지와 자석 둘레를 링 모양으로 감싸게 하면, 안정적으로 회전하면서 동시에 자석과 접촉할 수 있다.

Homopolar motor는 구리선이 건전지와 연결되는 순간부터 격렬하게 회전하기 시작한다. 원리를 간단히 말하면 건전지의 전기에너지를 역학적 회전운동에너지로 변환하는 것인데 이 과정에 자석의 자기장이 매개 역할을 하고 있다. 과정을 좀 더 자세히 살펴보면 일단 건전지 머리 꼭지에서 바닥까지 연결된 구리선으로 전류가 발생한다. 전류는 양의 정공hole과 음의 전자들의 집단적 움직임이다. 정공은 양극에서 음극으로 이동하지만 전자는 음극에서 양극으로 이동한다. 전자는 실재하는 물질 입자인 반면 정공은 전자의 빈 자리를 대변하는 가상의 입자다.

전하는 정지 상태로 있으면 전기장만을 발생시키는 반면 움직이기 시작하면 그 주변으로 회오리바람 같은 자기장을 만들어 낸다. 따라서 전하의 이동인 전류는 그 주변으로 소용돌이 자기장을 만들어 낸다. 그런데 건전지의 바닥에 놓인 자석에서도 보이지 않는 분수 물줄기 같은 자기장이 뿜어져 나온다. 그 중 자기장 물줄기 화살의 일부는 전류가 흐르는 구리선까지 도달한다. 전류가 만들어 낸 회오리바람과 건전지 바닥에 깔려있는 자석이 뿜어낸 분수 물줄기 모두 물리적으로는 속성이 같은 자기장이다. 다만 방향이 다를 뿐이다.

자석에서 뿜어낸 자기장 화살은 구리선 주변의 소용돌이 자기장과 만나 합쳐진다. B지점에서는 자석의 분수 물줄기와 전선의 소용돌이 방향이 똑같지만, A지점에서는 서로 반대 방향이다. 결과적으로 B지점

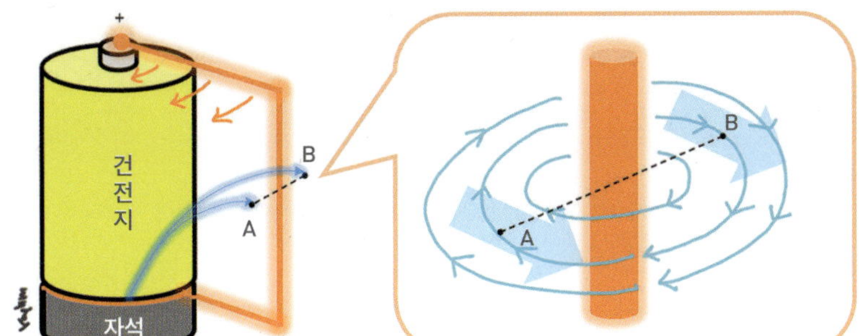

에서는 자기장의 물살이 강해지지만, A지점은 상쇄 효과로 약해진다. 이렇게 B지점과 A지점 사이에 자기장 물살의 차이가 발생하면 그 차이가 힘으로 작동해 전선을 밀어 주게 된다. 즉, B지점에서 A지점으로 구리전선을 미는 힘이 생긴다. 또한 구리선이 회전하면 그 속의 전하도 회전하는 셈이므로 가속 운동에 해당한다. 따라서 눈에 보이지 않는 영역의 전자기파장도 약하지만 방출된다. 자석이 없다면 건전지에 보관된 전기에너지가 전류와 열로 사용되지만 자석의 자기장이 매개하면서 건전지 에너지의 일부가 구리선을 회전시키고 빛을 방출하는 데 사용되는 것이다.

Part-Ⅲ.

현대 물리

Relativistic
상대성이론

불변성

작년 봄, 출장을 다녀오자 딸아이는 게임 장면들을 스케치한 종이들을 바닥에 한 장씩 늘어놓으며 자랑을 했다. 아마도 아이는 타블렛 프레임 속의 배경이 바뀌면 각각의 게임들을 영화의 장면scene처럼 구분해서 기억하고 싶었던 것 같다. 이를테면 아이에게는 각각 스케치한 그림들이 다른 세상이고, 다른 삶인 것이었다. 어른이 되어 개인의 삶이나 역사를 돌이키는 방식도 유사한 것 같다. 별개로 촬영된 영화의 scene처럼 지나간 일들은 스토리를 닮은 한 폭의 그림 같은 대표적인 이미지 단위로 기억되는 것 같다. 비록 세상은 표준 시간을 통해 사건들을 분류하고 기록하지만 자신만의 고유한 경험을 객관적이거나 절대적 기준으로 가늠할 수는 없다. 그래서 기억은 자신만의 가치와 밀도로 이미지를 재구성한다. 그림 속 공간과 시간에 철저히 자신을 기준으로 한 새로운 눈금을 부여하는 것이다.

때로는 기억의 이미지 속 공간과 시간은 순차적으로 배열되지 않고 뒤엉켜 있기도 한다. 우연히 재회한 익숙한 장면은 수십 년을 눈 깜짝할 사이에 거슬러 올라가 과거의 한 장면을 현재와 나란히 배열하기도 한다. 또는 아직 경험한 적도 없는 미래의 장면을 현재의 눈앞에 데리고 온 듯 낯선 곳을 익숙하게 만들어 기억이 과거에만 국한되지 않고 미래에서 오는 것이 아닌가 하는 혼란에 빠지게도 한다.

기억의 시공간은 너무도 유연해서 감성과 사고의 움직임에 따라 아무렇지 않게 늘어지거나 줄어들 수도 있다. 살아가는 것이란 기억의 창고에 이런 다양한 종류의 그림들을 한 장씩 만들어 내는 과정인 것 같다. 매일매일이 재미있는 일들로 가득한 아이들은 하루에도 수십 장의 그림을 그리지만 오늘이 어제와 별반 다르지 않게 시큰둥한 어른들은 그림을 그려낼 소재가 빈곤해진다. 어쩌면 삶의 풍요로움은 하루 동안 만들어 낸 이미지의 수로 가늠할 수 있을지도 모르겠다.

그림을 창작하는 것은 일정 시간이 지나 새로운 세포를 만들어 내는 몸속 반응을 닮았다. 생명의 씨앗이 물질 세상과 물리 화학적으로 반응하며 자라나는 것처럼 이미지는 사유와 감정을 먹으며 매 순간 자라난다. 몸속 아주 작은 스케일에서 세포가 분열하며 조직을 형성하듯 생각도 한 폭, 한 폭 그려낸 이미지들의 조각으로 조직을 만들고 그것이 사상과 신념의 장기가 되고 팔, 다리, 몸통이 되는 것이다. 그러므로 낱장의 이미지 그림들은 자신만의 고유한 시공간으로 구성된 생명체 덩어리인 것이다.

물질의 세상을 에너지로 대표할 수 있다면 기억의 세상은 정보 혹은 엔트로피로 대표할 수 있다. 그림을 그리는 과정이란 규격화된 물질 세상의 감각 경험들을 자신만의 방식으로 정보화하고 재구성하는 작업이다. 그래서 물질 세상의 커다란 산과 딱딱한 돌덩이, 꽃과 나무들이 그림 속에서는 전혀 다른 모습으로 재구성된다. 하지만 그 구성이 물질 세상처럼 보편화된 기준을 따를 필요는 없다. 오롯이 자신만의 세상이기 때문이다. 자신이 구성한 이미지에 공감하는 이가 없거나 혹평을 쏟아내도 크게 낙담할 필요는 없다.

이미지에 대한 공감은 공간과 시간을 넘어서 일어날 수 있기 때문에 어쩌면 지구 반대편 한 사람 혹은 백 년 후 평범한 어느 누구와 공명할 수도 있다. 화가는 많은 사람들에게 찬사를 받기 위해 그림을 그리지 않는다. 단지 자신이 지닌 고유의 방식으로 그림을 인코딩하고, 그 독특한 재구성을 디코딩할 수 있는 사람에 의해 공감된다.

아마도 대부분의 작가들은 영감에 의해 작업을 시작할 것이다. 그리고 그 영감에 이끌리는 작업의 과정에서 일종의 '내적 공명'같은 것을 경험하며 그 길에 더욱 확신을 가지게 되는 것 같다. 하지만 그 '내적 공명'은 지극히 주관적인 것일 수 있다. 그래서 작품도 지극히 자기중심적인 관점에서 세상을 바라본 사유와 감정의 결과일 수 있다. 관람객들도 작가의 작품을 보고 '내적 공명'을 경험할 수 있지만 관람객 고유의 주관적 생각과 감정의 결과일 수 있다. 그러므로 동일한 작품을 보고 서로 다른 감정과 공명을 느끼는 '상대성'은 지극히 당연한 것이다. 하지만 문화, 세대, 배경, 심지어 시대가 다름에도 불구하고 변함없이 공감할 수 있는 불변의 교집합이 존재하는 경우가 있다. 아마도 그것은 수만 년 시간이 지나도 변하지 않는 인류의 본성에 기인한 것일 수도 있다. 심리학자 칼 융Carl Gustav Jung은 개인의 사적 무의식 이외에 집단 무의식이 존재하고, 그 속에는 원형archetype의 이미지가 작동한다고 주장했다. 또한 인류학자 레비스트로스Claude Levi Strauss는 원시림 속에서 살아가는 원주민들의 일상에 스며 있는 신화와 규율이 문명사회 못지않은 지혜를 지니고 있으며 그 속에 인류의 보편적 사유 구조가 존재한다고 주장했다. 그렇다면 구석기 시대 동굴 속에 그려졌던 원시인의 그림과 첨단 기술의 도움을 받아 제작된 현대 인류의 예술 작품 속에도 겉으로 드러난 모습은 달라도 변하지 않는 '불변'의 규칙이 존재하지 않을까?

'불변성invariance'은 특수 상대성이론을 관통하는 가장 핵심적인 키워드다. 구체적으로 물리학 법칙의 불변성과 빛의 속력이라는 불변량invariance을 기반으로 하고 있다. 특수 상대성이론에서 말하는 물리학 법칙의 불변성이란 정지한 지상에 대해 일정한 속도로 달리는 기차는 상대적으로 다른 역학적 환경을 지니고 있지만, 각자의 시선에서는 물리학 법칙이 변하지 않아야 한다는 것을 의미한다. 공이 떨어지는 것 같은 운동을 관찰해 기술했을 때 $F = ma$라는 물리 법칙이 정지한 지상과 등속 운동하는 기차 안에서 변하지 않고 똑같아야 한다는 것이다. 그러므로 물리학 법칙의 불변성을 위해서는 공의 운동을 관찰하는 것만으로는 자신이 지상 위에 있는지 달리는 기차 위에 있는지 구별할 수 없어야 한다. 단, 이 논의는 일정한 방향과 속력으로 이동하는 기차 같은 '관성계Inertial frame of reference'라는 특수한 상황으로 제한한다.

관성계에서 $F = ma$라는 '역학 법칙'이 불변한다면 전기와 자기의 법칙은 어떨까? 전기와 자기 현상은 독립적이지 않고 서로 얽혀 있어 상호의존적인 전자기 현상을 만들어내고 있는데 줄여서 '전파'라고 부르는 전자기파동이 그렇다. 즉, 전자기파동은 전기장의 변화가 자기장을 만들어 내고 자기장의 변화가 전기장을 만들어 내는 과정을 계속 반복하며 만들어진다. 그리고 전자기파동은 다름 아닌 빛이다. 그렇다면 지상 위에서의 전자기 법칙이 등속으로 움직이는 기차에서도 변하지 않는 불변의 모습을 보여 줄까? 다르게 말해서 일정한 속도로 움직이는 기차 안에서 빛을 관찰하면 내가 정지한 지상이 아니라 움직이는 기차 위에 있다는 것을 알 수 있을까? 만약 그렇다면 물리학 법칙의 불변성은 깨지는 것이다.

사실 뉴턴으로 대표되는 고전역학 역시 불변의 대상을 묵시적으로 가정하고 있었다. 즉, 그 경계를 한번도 본 적은 없지만 우리가 속해 있는 거대한 우주라는 '절대공간'과 우주의 다른 위치에 떨어져 있어도 똑같이 공유하고 있는 '지금 이 순간'이라는 '절대시간'의 개념이 내재되어 있다. 쉽게 말해, 규모가 좀 크기는 해도 '우주'라는 한 배를 타고 있다는 의미다. 나름 그럴 듯해 보이는 가정이지만 아인슈타인Albert Einstein이 특수 상대성이론을 만들어가는 험난한 사유의 여정은 바로 이 '절대공간'과 '절대시간'을 버리는 과정이었다. 특수 상대성이론의 혁명적 생각의 핵심은 빛으로 대표되는 전자기 법칙이 관성계에서 '불변성'을 만족하기 위해서는 빛의 속력을 '불변량'으로 삼았다는 점이다. 공간 속 길이를 시간으로 나누어 얻어 내는 속력의 속성을 고려해 보면 속력은 공간과 시간에 비해 덜 본질적인 양인 듯 보인다. 그래서 속력을 변하지 않는 기준으로 삼는다는 것은 어딘가 어색하고 불편한 느낌이 든다. 하지만 공간이나 시간이 아닌 빛의 속력을 불변의 기준으로 삼는 혁신적 생각은 한번도 경험해보지 못한 놀라운 세상을 보여 준다. 즉, 빛의 속력이 '불변량'이 되면서 물리학 법칙이 '불변성'을 유지하게 만들기 위해서는 공간과 시간이 달라져야 한다. 달리는 기차의 공간은 지상의 정지한 이에게 찌그러져 보이고, 시간도 느리게 간다. 하지만 기차가 움직이는 것을 모르는 기차 안에 있는 사람은 그 반대로 생각할 것이다. 자신의 공간과 시간은 평소대로인데 기차 밖으로 펼쳐진 지상의 풍경들이 찌그러지고 시간이 느리게 간다. 그렇다면 무엇을 기준으로 해야 할까? '절대 정지'나 '절대시간'이 기준이 될 수 없으니 상대적 관점에서 둘은 모두 거짓을 말하고 있지 않는 것이다.

이 지점에서 많은 사람들은 "서로 다른 주장을 하니 모순이 있는 것

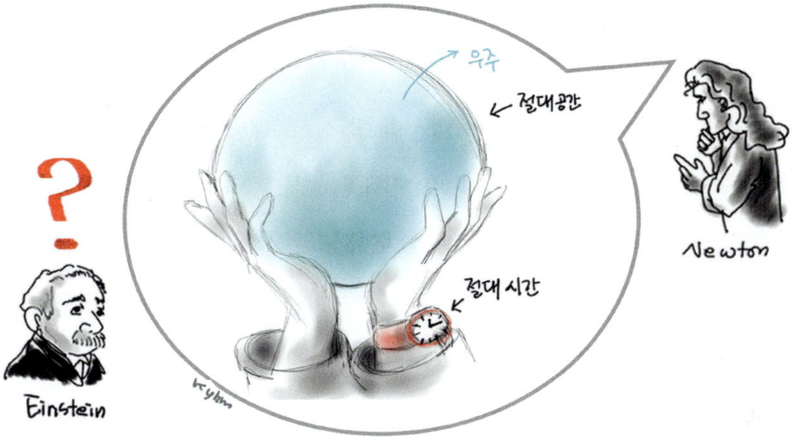

같은데 또 둘 다 틀린 주장은 아니라고 하니 결국 특수 상대성이론이 보여 주는 것처럼 서로 상충되는 진실은 우리가 처한 어쩔 수 없는 한계같은 것인가?"와 같은 반응을 보이며 상대성이론을 구조적 회의주의에 사용하려 한다. 이를테면 "너도 맞고 나도 맞아. 둘이 달라도 다 맞아. 대신 우주가 원래 그렇게 생겨 먹어서 우리는 이런 대립조차 어쩔 수 없이 받아들여야 해."라는 식이다. 하지만 이런 해석은 표면적인 현상에만 의미를 부여한 것이다. 특수 상대성이론의 기저에는 '불변성'과 '불변량'이 존재한다는 것을 잊지 말아야 한다. 미술 작품을 보며 각자 다른 감정과 사유의 풍경이 일어나지만 작품 속에 숨겨진 작가의 원형적 영감을 발견한 경우 모두가 다르지 않은 '그것'을 공감하는 것처럼 말이다.

흥미롭게도 전자기학의 관점에서 볼 때 빛의 속력($c = \frac{1}{\sqrt{\varepsilon_0 \mu_0}}$)은 진공의 전기적 특성과 자기적 특성을 각각 대변하는 유전율(ε_0)permittivity과 투자율(μ_0)permeability을 곱해서 얻어지는 물리량이기도 하다. 진공은 아무것도 없는 빈 공간을 떠올리게 하지만 전자기파동은 진공을 매질로 느끼는 것이다. 상대성이론은 절대공간과 절대시간을 포기하지만 파동은 공간과 시간이라는 두 가지의 이질적인 물리량을 동시에 느낀다. 따라서 빛의 속력이라는 불변량은 시간과 공간을 분리하지 않은 하나의 덩어리로 바라볼 때 비로소 얻게 되는 것이다. 특수 상대성이론에서도 공간 수축과 시간 지연 현상을 다루지만 일반 상대성이론에서는 이를 좀 더 일반화시켜 공간과 시간을 구분하지 않고 합쳐 '시공간'이라는 하나의 연속체로 다룬다. 이를테면 시간과 공간이 합쳐진 것 같은 한 장의 종이가 휘어지고 말아지는 것이다. 이렇게 '시공간'이라는 연속체는 아이들이 가지고 노는 클레이clay처럼 늘어지고 줄어드는 것을 얼마든지 할 수 있는 유연한 존재가 된다. 어릴 적 딸아이에게 선물로 블록을 사줬더니 처음에는 흥미를 가지다가 언젠가부터 클레이에 더 관심을 보이기 시작했다. 다양한 모양을 만들 수 있지만 기본 모양이 정해진 블록보다 원하는 모양을 마음대로 늘리거나 줄이기 쉬운 클레이의 자유로움에 끌린 것 같았다. 말도 서툰 나이에 작은 손으로 클레이를 빚어 둥근 공을 만들고 길쭉한 팔과 원통 모양의 사람 몸을 만드는 아이의 모습을 가만히 보고 있으면 가끔 묘한 기분이 들 때가 있었다. 신도 아이처럼 시공간을 주무르고 비벼서 우주를 만들었을까? 신은 자신의 창조 과정을 재현하며 반복하도록 인간의 창작 본능에 자신을 내재시켰을까? 그래서 지극히 주관적인 화가의 창작 작품 속에서도 불변하는 속성을 공감할 수 있는 것일까? 어쩌면 신은 자신의 모든 창작 과정의 장면들을 무수히 많은 그림과 영화의 장면으로 나누어 시간과 공간을 초월한 우주의 허공 속에 와이파이 정보처럼 뿌려둔 것이 아닐까? 화가는 단지 남들보다 유난히 와이파이가 잘 잡히는 좋은 안테나를 타고나 신이 만든 그 많은 장면들을 쉬지 않고 수신해야 하는 특별한 운명을 타고난 것이 아닐까? 어린아이가 그림을 그리는 것처럼 데생도 인간이 지닌 일종의 본능이 아닐까? 물질을 먹고 호흡하며 아이의 몸이 자라듯 또 다른 세상에서는 기억과 이미지의 조각들이 상념과 감성으로 만들어진 또 다른 몸이 자라고 있는지도 모르겠다. 아이가 스케치한 조각들이 하나의 형상으로 드러나듯 어쩌면 신은 지극히 주관적이고 자유로운 화가의 작품들 속에서 당신이 지닌 불변의 모습을 드러내고 싶은 것이 아닐까?

에테르를 찾아서

맥스웰James Clerk Maxwell은 전기 및 자기와 관련된 다양한 법칙들을 정리한 4개의 식을 모두 결합할 경우, 전기장과 자기장이 파동의 형태로 존재할 수 있음을 이론적으로 알아냈다. 이후 헤르츠Heinrich Rudolf Hertz는 '전자기파동(전자기파 혹은 전파)'의 존재를 실험적으로 입증하는 장치를 만들었다. 주파수의 단위 헤르츠(Hz)는 그의 이름에서 유래한다. 그는 송신기 회로에서 전파를 발생시킨 다음 수신기 역할을 하는 작은 틈을 지닌 금속 링을 적당히 떨어진 곳에 두면 그 틈에서 불꽃이 유발된다는 것을 확인했다. 무선통신에 익숙한 현대인들에게는 뻔한 결과이지만 그 당시에는 나름 충격적인 실험결과였다. 바다의 파도와 호수 위의 파문처럼 파장과 주기를 지니는 파동의 속성을 지니고 있지만 보이지 않는 전기와 자기의 출렁거림이 아무것도 없는 텅 빈 공간을 가로질러 간 정황을 육안으로 확인하는 것은 당시로서는 충격적인 결과였을 것이다.

텅 빈 공간에서 떨어져 멈춰 서 있는 극성이 다른 두 전하 사이에도 보이지 않는 손으로 당기는 것 같은 인력이 작용하고 있다. 유사한 방식으로 떨어져 있는 두 개의 자석 사이에도 보이지 않는 힘이 작동한다. 마주한 극이 서로 같다면 밀어내고 다르다면 당긴다. 텅 빈 공간에서 작동하는 전기력과 자기력을 다시 한번 생각해 보면 정말 신기하다. 중력도 마찬가지다. 특수 상대성이론과 일반 상대성이론은 한 어린아이가 나침반을 돌리는 보이지 않는 손에 대한 호기심에서 출발해, 사과를 잡아 당기는 보이지 않는 손에 대한 이해에 도달한 길고 긴 사유의 결과다. 하지만 대부분의 사람들은 보이지 않는 전기와 자기의 힘을 화살표로 그려둔 것으로 이미 모든 것을 다 이해했다는 착각과 함께 호기심을 잃어버린다.

전자기파동은 전기장의 시간적 변화가 자기장의 공간적 변화를 유발하고, 자기장의 시간적 변화가 전기장의 공간적 변화를 유발한다는 법칙에 의해 작동하고 있다. 그리고 각각의 법칙은 진공에서도 유효하다. 하지만 '전자기파동'을 수면 위의 물결이나 파도의 경험과 비교해 보면 아무것도 없는 공간에서 무언가가 출렁인다는 사실을 받아들이기 쉽지 않다. 파도를 만들기 위해서는 바닷물이 출렁거려야 하고 호수 위 파문을 만들기 위해서는 호수 물이 출렁거려야 한다. 그래서 물리학자들은 전기장과 자기장이 출렁거리기 위해서는 '에테르'라는 빛의 매질이 있어야 한다고 생각했다. 아무것도 없는 텅 빈 공간인 듯 보이지만 알지 못하는 미지의 물질이 채워져 있다고 생각했던 것이다. '에테르'는 그리스 신화에 등장하는 이미지나 형태를 갖추기 이전의 신 혹은 일종의 물질적 기운 같은 존재인데 그리스인들은 인간 세상에는 공기Air(Aer)가 있지만, 신들이 사는 천상에는 영혼과 기운이 담긴 '에테르Aether(Aither)'가 존재한다고 믿었다.

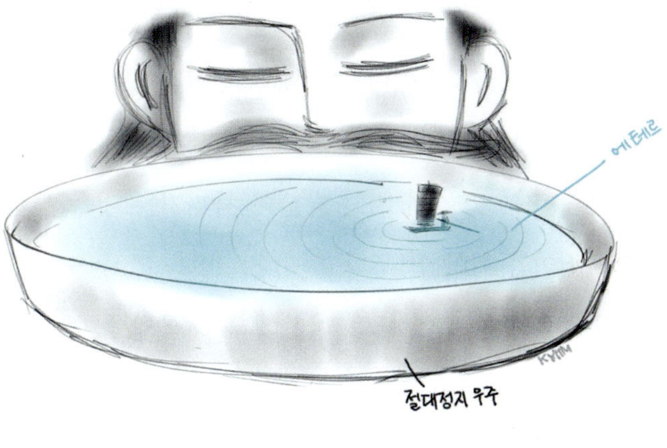

만약 빛도 매질에 의해 퍼져 가는 것이라 생각하면, 도플러 효과를 고려할 수 있다. 호수 위에서 오리가 제자리를 유지하며 발을 움직이면 파문이 만들어진다. 수면 위를 퍼져 나가는 파문의 속력은 오리의 몸짓과 별개로 호수를 채운 물의 재질에 의해 결정된다. 즉, 파문의 속력은 탄성과 밀도에 의해 결정된다. 하지만 오리가 앞으로 나아가며 만들어지는 파문을 보면 진행하는 방향으로 파문의 간격이 좁아진다. 먼저 만들어 낸 파문이 충분히 번져가기 전에, 그 다음 파를 만들어 낼 오리가 앞으로 조금 이동해 새로운 파를 만들었기 때문이다. 오리가 헤엄치는 속력이 좀 더 빨라지면 진행하는 방향의 파문들은 점점 더 촘촘해진다. 만약 오리가 헤엄치는 속력이 파문이 퍼져가는 속력과 똑같을 만큼 빠르면, 진행하는 방향의 파문들은 결국 모두 포개어지게 된다. 앞으로 진행하는 오리 입장에서 보면 파문들은 모두 겹쳐져 앞으로 번져가지 못한다.

빛도 전기와 자기가 출렁거리는 파동이고, '에테르'라는 매질에 의해 퍼져 가는 것이라면, 똑같은 일이 일어날 것이다. 즉, 빛의 속력으로 달려가는 차 안에서 손거울을 들여다보면 내 모습이 보이지 않게 될 것이다. 왜냐하면 내 얼굴에서 나오는 빛의 파동이 거울에 도달하지 못하기 때문이다. 그렇다면 우리는 거울에 비친 모습이 사라지는 것을 통해 내가 일정한 속도로 움직이는 기차 안에 타고 있다는 것을 알 수 있게 된다.

관성계의 '불변성'을 관찰자의 입장에서 해석해 보면 정지한 지상과 등속 운동하는 기차 안에서 목격하더라도 물리 현상의 차이를 발견

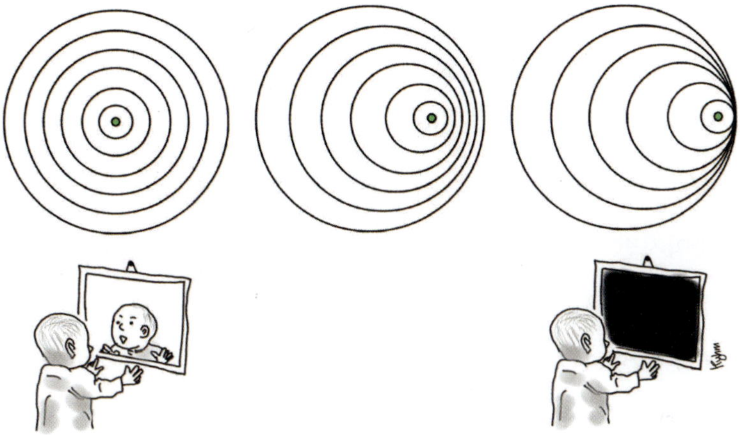

하지 못해야 한다는 것을 의미한다. 즉, 지상에 서있는 관찰자가 달리는 기차 안에서 자유낙하하는 공의 모습을 관찰하면 기차의 수평 속도 horizontal velocity 성분만큼 추가되어 포물선 운동을 하는 것처럼 보이지만 자신이 기차에 직접 승차해 자유낙하하는 공을 관찰해 보면, 지상에서 보던 운동의 모습과 다르지 않게 곧장 아래로 떨어지는 광경을 보게 된다. 따라서 등속으로 움직이는 기차의 창문을 모두 벽으로 막아 그럴듯한 방으로 꾸민 이후 관찰자를 기차 안으로 데리고 오면, 그는 물건이 바닥에 떨어지는 모습만 봐서는 그곳이 정지상태의 지상인지 달리는 기차 안인지 구분할 방법이 없다.

하지만 도플러 효과와 같은 파동의 경우는 관성계의 '불변성' 원리와 상충하는 것처럼 보일 수 있다. 이런 오해의 본질은 '매질'에 기인한다. 즉, 파동은 공간을 가득 채운 매질을 경유해서 운동을 드러내고 매질은 파원이 정지하거나 움직이는 것과 상관없이 고유한 속력값을 제공한다. 파동의 속력이 매질이 지닌 고유한 특성에 의해 일정하게 유지되는 반면, 파원의 움직임은 파장이나 주파수를 변화시킨다. 따라서 빛으로 요약되는 전자기파동은 진공에서도 작동하는 전기와 자기 법칙의 결과이지만 '에테르'라는 빛의 매질을 포기하지 않는 이상 관성계의 '불변성'과 연결시키는 데 문제가 생긴다. 또한 텅 빈 우주가 '에테르'라는 매질로 채워져 있다는 생각의 배후에는 정지한 절대공간에 대한 믿음이 내포되어 있다. 때로는 감각적 경험이 진리를 알아내는 데 방해가 된다. 특히 물리학적 진리는 감각적 경험이 그 진리와 다른 경우가 허다하다. 일상의 감각을 기반으로 한 무의식적 사유를 '직관'이라 부른다면 그런 부류의 '감각적 직관'은 오히려 제대로 된 진리를 찾아가는 데 방해가 된다. 물리학 내용이 낯설게 느껴지는 이유 역시 이런 감각적 직관과의 괴리에서 비롯된다.

하지만 그렇다고 너무 실망할 필요는 없다. 어쩌면 그런 괴리감은 지극히 인간적인 과정일 수 있다. 19세기 '에테르'에 대한 논의는 이론과 실험 분야 모두에서 활발하게 토론되었지만, 물리학자들은 파도나 호수의 경험에서부터 얻은 파동의 '매질'이라는 개념을 100년 동안 버리지 못했다. 불가佛家에서는 '병 속의 새'라는 화두가 있다. 어린 새를 유리병 속에 넣어 키웠지만 덩치가 커져 새는 좁은 주둥이 밖으로 나오지 못하게 되었다. 병을 깰 수도 있지만 그 방법은 새를 다치게 할 수 있다. 새는 일평생 자신이 갇혀 있는 병 밖의 세상을 투명하게 바라보며 아무렇지도 않게 있지만, 결코 밖으로 나오지 못한다. 스승은 수행자에 게 새를 꺼내라고 말한다. 이를테면 19세기 물리학자들의 생각을 병 속의 새처럼 가둔 것은 바로 '에테르'였다. 1905년 20대의 아인슈타인은 '에테르'를 '절대공간'과 '절대시간'과 함께 버리고 병 속을 나온 새처럼 한번도 경험해보지 못한 놀랍고 새로운 세상에 대한 이야기를 시작했다.

아인슈타인의 특수 상대성이론에는 두 개의 가정이 존재한다. 첫째는 물리학 법칙은 등속 운동하는 관성계에서 불변성을 유지해야 한다는 것이고, 둘째는 빛의 속력은 서로 다른 관성계라도 항상 일정한 불변량을 유지해야 한다는 것이다. 이제 '에테르'를 버리고 상대적으로 정지한 이와 등속으로 움직이는 공간에 서 있는 이가 총알이 아닌 빛의 레이저 총을 발사한다고 가정해 보자.

정지한 이가 목격한 빛의 속력이 c라면 등속 v로 움직이는 공간에서 발사한 빛의 속력은 정지한 지상의 관측자에게 $c + v$가 될 것이라 생각

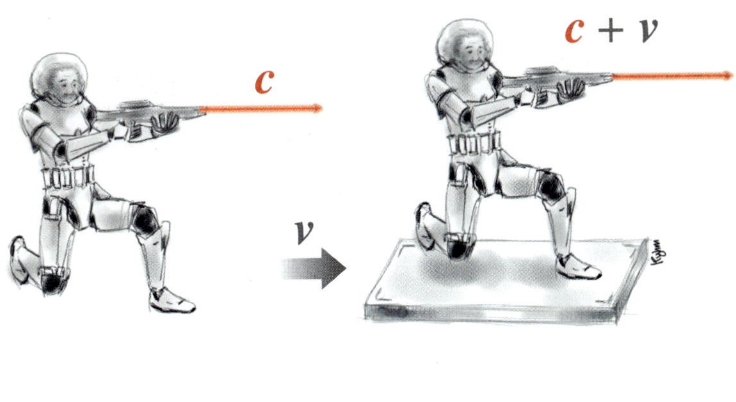

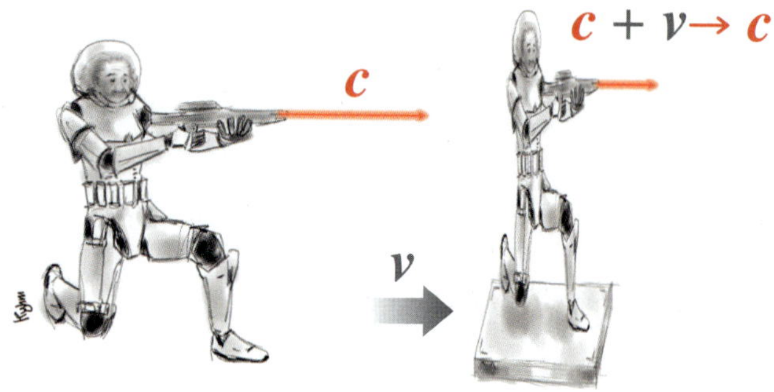

할 수 있다. 하지만 이것은 관성계에서 빛의 속력이 일정해야 한다는 두 번째 가정에 위배된다. 움직이는 공간의 속력 v가 더해지는 원리를 잘 생각해 보면, 정지한 관찰자의 기준에서 가만 있기만 해도 계속해서 이동거리가 더 생기기 때문이다. 마치 특혜를 받는 사람들은 아무것도 하지 않고도 경력과 실적을 인정받는 것처럼 말이다. 어떻게 하면 v로 움직이는 특혜가 지상의 관측자가 보기에 이동거리가 늘어나지 않는 것처럼 보이게 할 수 있을까? 특혜로 인정된 이동거리에 특정 비율을 곱해 수축시켜 버리면 된다. 즉, 공간이 찌그러지면 되는 것이다. 절대공간은 없다.

또한 맥스웰 방정식으로 표현되는 전자기 법칙이 정지한 곳과 등속으로 움직이는 관성계에서 '불변성invariance'을 유지하는지 확인해 보면, 그렇지 않다는 것을 알게 된다. 따라서 '불변성invariance'이 유지되도록 공간과 시간의 비율 모두를 재조정해야 한다. 이렇게 조정된 상대적 시간과 공간은 심지어 공간적으로 떨어져 있지만 동시에 일어난 사건을 다른 시간에 일어난 사건으로 만들어 버린다. 예를 들어 기차 역장은 플랫폼의 양 끝에 떨어져 있는 두 개의 등을 동시에 켰다. 하지만 빠른 속도로 플랫폼으로 진입하는 기차 안 승객들은 두 개의 등이 동시가 아닌 서로 다른 시간에 켜지는 모습으로 보게 된다. 우주에 떨어진 모든 곳이 동시에 공유하는 절대시간은 없다.

이제 이 글의 처음 질문으로 돌아가 보자. 빛의 속력으로 달리는 차 안에서 손거울을 들여다보면 내 얼굴을 볼 수 없을까? 만약 얼굴이 거울 속에서 사라진다면, 관성계에서 물리학 법칙의 불변성invariance이 유지된다는 첫 번째 가정에 위배된다. 지상의 관측자가 보기에 빛의 속력이 내가 날아가는 속력에 더해진다면, 빛의 속력이 불변량invariance이라는 두 번째 가정에 위배된다. 따라서 거울 속 얼굴은 그대로 있고 빛의 속력도 변함없다.

실패의 고백

특수 상대성이론은 전자기학과 고전역학의 새로운 융합이다. 전자기파동이 곧 빛이므로 광학에 해당되기도 한다. 실제 광학은 전자기학 및 진동과 파동의 고전역학 내용을 모두 담고 있으며 특수 상대성이론을 실험적으로 확인할 수 있게 해주었다. 빛의 매질인 '에테르'에 대한 19세기의 중요한 연구는 광학 교과서에서 자주 이름을 볼 수 있는 프레넬Augustin-Jean Fresnel, 피조Armand Hippolyte Louis Fizeau, 사냑Georges Sagnac,

마이켈슨Albert Abraham Michelson에 의해 진행되었는데, 이들 모두는 빛의 매질 '에테르'의 존재를 굳게 믿고 있었다. 그래서 그들이 고안한 실험장치들은 모두 '에테르'의 존재를 확인하기 위한 것들이었다. 어쩌면 19세기 물리학자들에게 '에테르'는 신념 이상의 믿음에 가까운 것이었다. 하지만 특수 상대성이론은 '에테르'라는 빛의 매질을 버림으로써, 비로소 전자기학을 역학적 상대운동의 프레임 속으로 끌어들인다.

그렇다면 100여 년 동안 '에테르'라는 매질의 개념에서 벗어나지 못했던 19세기 과학자들의 잘못된 믿음은 인류의 과학 발전을 저해한 것일까? 그들의 잘못된 가정이 없었더라면 특수 상대성이론이 좀 더 빨리 만들어지고, 21세기는 지금보다 더 앞선 모습이 될 수 있었을까? 나는 그렇지 않다고 생각한다. 이렇게 지난 시행착오를 시간 낭비라고 생각하는 발상의 근저를 따져 보면 과정보다 '정답'을 우선시하고 정답을 가장 빨리 찾아가야 한다는 '조급증'이 내재되어 있기 때문이다. '정답'을 '결실'이라는 단어로 대체하고 '시행착오'를 '효율'이라는 단어로 바꿔 보면 왠지 한국의 과학 정책이 떠오른다. '에테르'를 사용한 잘못된 이론과 헛수고 같았던 실험들은 다른 방식으로 현대 과학기술에 기여하고 있다.

19세기 초 프레넬은 우주공간의 에테르가 물질 속으로 더 많이 스며들어가 있다고 생각했다. 그래서 물질이 움직이면 그 물질 속을 진행하는 빛의 속력에도 영향을 준다고 생각했다. 피조는 프레넬의 가설을 실험적으로 검증하기 위해 흐르는 물과 같은 방향으로 빛이 진행하는 경우와, 반대 방향으로 진행하는 경우 두 빛의 속력이 다르다는 것을 실험적으로 측정했다. 즉, 흐르는 물의 방향으로 빛이 진행하면 에테르 당김 Aether/Aither dragging이 발생하여 빛의 속력이 빨라진다고 생각한 것이다. 실제 그 실험결과는 프레넬의 에테르 당김 가설Aether/Aither drag hypothesis로 설명할 수 있었으므로 '에테르'의 존재가 규명된 것처럼 보였다.

'마이켈슨'은 피조의 실험을 좀 더 큰 스케일에서 상상했다.

"우주가 '에테르'라는 매질로 가득 채워져 있다면 공전하는 지구 위에서는 분명 '에테르'의 바람이나 물살을 느낄 수 있을 것이다. 그렇다면 빛이 지구가 공전하는 방향과 같거나 반대 혹은 수직으로 진행하는 경우 빛의 속력은 달라질 것이다. 지구 위 실험실 광학 실험테이블을 회전시키면 에테르 바람의 방향도 달라질 것이다."

하지만 처음 그가 고안한 장치로는 기대했던 에테르 바람의 효과를 측정할 수 없었다. 그리고 그 실패의 원인은 예상 신호의 크기에 비해 장치 정밀도가 너무 좋지 않았기 때문이었다. 그래서 광학 실험을 잘하는 몰리 Edward Williams Morley라는 화학자와 함께 다시 장치의 정밀도를 높이는 방법에 몰두했다. 마침내 이론적으로 예측되는 신호 값의 수십 분의 1까지 측정할 수 있는 정밀도가 높은 장치가 만들어졌다. 하지만 기대했던 신호는 여전히 측정되지 않았다.

지구의 공전궤도가 계절에 따라 바뀌는 것이 원인일지도 모른다는 생각에 몇 달에 걸쳐 실험을 반복하며, 월별 결과를 비교했다. 밤낮으로 너무 실험에 몰두한 나머지 마이켈슨은 한 달 가량 정신 나간 사람이 되기도 했다. 다시 건강을 회복한 후 실험을 지속했지만 여전히 '에테르 바람'이 만들어 내야 할 실험결과는 관측되지 않았다. 예상되는 신호는 장치 정밀도보다 수십 배나 크게 나와야 하므로 실험장치의 오차 탓을 할 수도 없었다. 이후 특수 상대성이론(1905)이 세상에 알려지고 '에테르 바람' 효과의 부재를 광학 실험으로 확인한 공로로 '마이켈슨'에게는 최초의 미국인 노벨상 수상자(1907)라는 영예가 주어졌다. 예상되는 이론 결과를 측정할 수 없었다는 실패의 실험 고백으로 노벨상을 받은 것이다.

십여 년 이상 대학교 학부생들의 실험 리포트를 받아 봤지만 <검토> 항목에는 항상 기재되는 똑같은 문장이 있다. "실험장치가 정교하지 못해 오차가 생긴 것 같다. 장치가 좀 더 좋으면 이론과 가까운 결과를 얻어낼 수 있을 것 같다." R&E 프로그램을 통해 주변에서 영재라고 치켜세우는 고등학생들의 실험 리포트를 받아 봐도 처음 그들이 적은 리포트에도 이 내용은 빠지지 않는다. 이를테면 학생들은 정답이 있는데, 실험이 그걸 맞추지 못한 것은 기본적으로 잘못한 거라고 생각하는 것이다. 그리고 그 잘못을 탓하기 가장 쉬운 대상이 애꿎은 장치 정밀도인 것이다. 그렇다면 교과서에 나오는 18세기, 19세기 과학자들이 사용했던 장치는 21세기 학생들이 사용하는 장치보다 정밀도가 높았을까? 우리나라 학생들은 정답 같은 이론 결과와 다르게 나오는 실험결과 자체에 별 흥미를 가지지 못하고, 이론과 실험의 차이를 단지 불편해하는 것 같다.

왜냐하면 시험 답안지에는 늘 하나의 정답만 정해져 있고, 정답이 아니면 틀린 것이고, 틀리면 점수를 받을 수 없기 때문이다.

이론이라는 정답과 어긋난 실험 노이즈 속에 숨겨진 물리 현상은 이렇게 처음부터 관심의 대상에서 제외되고, 실험은 단지 정답이라는 이론을 확인하는 지루한 도구로만 이해되는 것이다. 이런 식의 가치관은 실험 리포트가 학점과 관련되어 있는 경우 데이터를 조작해서라도 이론과 일치하는 실험결과를 만들어 내는 극단적인 태도를 유발할 수도 있다. 이론이 사유의 결과인 반면, 실험데이터는 장치라는 작은 우주가 보여 주는 일종의 물질적인 증거다. 그러므로 이론을 아주 조금 어긋난 무작위의 노이즈가 때로는 기존의 이론보다 더 중요한 비밀을 담고 있을 수 있다.

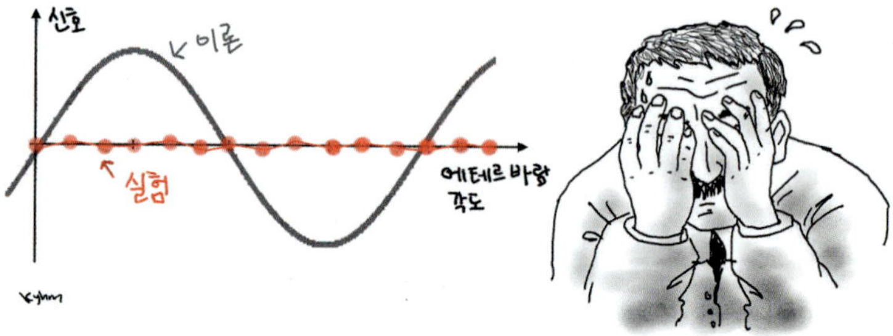

그런 측면에서 특수 상대성이라는 새로운 진리를 알아가는 과정에서 마이켈슨이 보여준 솔직한 실패의 고백은 무엇보다 소중하다.

연구실에서 학생들이 처음 일을 시작하면 학생들의 관심을 예상 이론이 아닌 실험 노이즈 자체로 옮기는 데 집중시킨다. 노이즈로 보이는 실험과 이론의 차이는 장치의 정밀도 탓도 있겠지만 또 다른 물리 현상이 개입되는 경우가 많다. 노이즈가 장치 정밀도의 문제라도 정밀도와 관련된 어떤 물리 현상이 관련되었는지를 알아내야 한다. 이 과정을 통해 하나의 정답 같은 이론보다 열린 문제의 답을 찾아낼 수 있는 노이즈의 매력에 빠질 수 있다. 또한 노이즈를 제대로 이해하는 과정을 통해 오히려 관련 이론을 더욱 깊게 이해할 수 있다. 에테르 논쟁과 특수 상대성이론이 지지를 얻어가는 과정에는 이렇게 실험과 이론의 불일치를 통한 수많은 착오와 수정이 관련되어 있다. 하지만 그 100년의 논쟁을 통해 겨우 특수 상대성이론 하나를 이해한 것이 아니다. 온갖 종류의 실험 기법과 이론과 실험의 불일치를 설명하려는 다양한 가설의 장단점을 파악한 것이다. 이를테면 산속을 구석구석 헤매고 난 이후 산에 대한 지도를 모두 알아버린 것과 같다. 산에서 수없이 길을 잃고 살아남는 법을 터득한 심마니는 깊은 산 어디에서도 길을 찾아낼 수 있다. 성공이라는 결과보다 실패의 경험이 사실은 더 소중한 자산인 것이다.

지구 공전에 의한 에테르 바람의 효과를 관측할 수 없다는 마이켈슨의 실험결과가 알려졌지만 여러 가지 대안들이 제시되었다. 그중 하나가 에테르가 중력에 의해 투명한 보호막처럼 지구 표면에 코팅되어 있다고 생각하는 것이다. 그러면 지구가 공전을 해도 지상에서는 에테르 바람을 느낄 수 없다. 하지만 이 결과는 멀리서 오는 별빛의 위치가 지구 공전 속력에 의해 바뀌는 현상을 설명할 수 없다. '광행차stellar aberration'로 알려진 이 효과는 비가 지면을 향해 수직으로 떨어지지만 앞으로 뛰어가는 동안 빗줄기가 기울어지는 원리와 유사하게, 빛을 통해 추정하는 별의 위치가 지구 공전에 의해 다른 위치에 있는 것처럼 관측되는 현상이다. 따라서 '광행차' 효과와 중력에 의해 지표면에 에테르가 단단하게 고정되어 있다는 가설은 서로 상충하는 것이다.

아인슈타인의 특수 상대성이론이 발표된 이후에도 프랑스의 실험물리학자 사냑은 원판 위에서 회전하는 간섭계를 만들어 에테르의 바람이 여전히 존재함을 주장했다. 즉, 두 갈래로 갈라진 빛이 각각 회전하는 원판과 같은 방향과 다른 방향으로 돌다 다시 만날 때 둘 사이 빛의 속력 차이가 존재한다면, 원판이 정지한 경우에는 볼 수 없었던 다른 빛의 보강·상쇄의 간섭무늬를 만들 수 있다. 이 결과는 프레넬과 피조

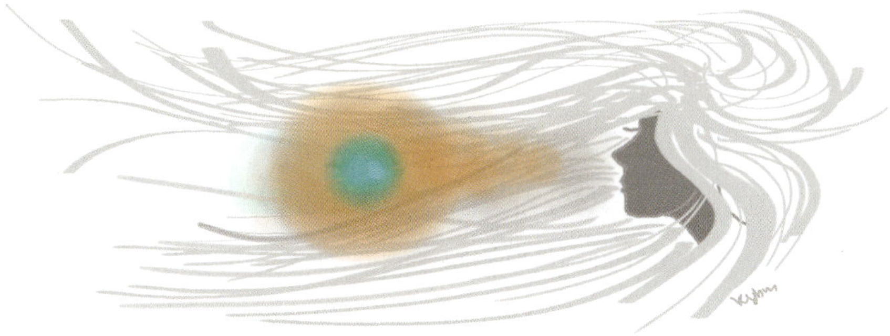

의 ‘에테르 바람’ 개념을 다시 부활시켜야 한다는 것을 의미하는 것이었다. 그러자 이미 노벨상까지 수상한 마이켈슨은 다시 한번 에테르 바람의 존재를 확인하기 위해 사냑의 실험을 거대 스케일로 확장하는 과제를 기획한다. 그는 간섭계를 회전하지 않아도 지구가 자전하고 있으니 거대한 간섭계를 지상 위에 만들어도 지구 자전에 의한 에테르 바람 효과를 관측할 수 있을 것이라고 상상한 것이다. 직진하는 레이저 광원이나 진동 억제 장치도 없던 1925년, 수 km에 달하는 거대 간섭계에서 실험이 수행되었고, 사냑의 실험결과와 일치하는 간섭무늬가 측정되었다. 게다가, 이 결과를 토대로 추정한 지구의 자전 속력은 기존의 알려진 값과 일치했다. 1887년 지구 공전에 의한 에테르 바람의 효과를 측정할 수 없다는 결과를 얻고 그 공로로 노벨상까지 받았지만, 그로부터 38년이 지나서는 지구 자전에 의한 ‘에테르 바람’ 효과로 추정되는 실험결과를 얻은 것이다.

하지만 공전에 의한 에테르 바람 효과는 없지만 자전에 의한 에테르

효과가 있다는 결과는 서로 상충되는 것이었다. 이제 서로 모순되는 실험결과를 설명하기 위해 에테르에 대한 다양한 조건과 해석이 등장했다. 그러다 에테르 바람이 부는 방향으로 공간이 찌그러지고 시간도 다를 것이라는 가설이 점점 더 설득력을 얻기 시작했다. 사실 특수 상대성이론의 핵심을 이루는 상대운동에 의한 공간 수축과 시간 지연의 아이디어는 아인슈타인 이전 과학자들에 의해 이미 제안된 적이 있었다. 그러나 그들 대부분은 여전히 '에테르'를 버리지 못했다. 과학사를 연구하는 학자들은 아인슈타인의 특수 상대성이론 논문이 아무런 인용을 하지 않았고 그 전에 이미 에테르 부재에 대한 실험결과와 공간 수축 및 시간 지연의 개념들이 다른 물리학자들에 의해 등장하고 있었기 때문에 특수 상대성이론에 대한 공로를 전부 아인슈타인에게 주는 것은 바람직하지 않다고 주장하기도 했다. 심지어 아인슈타인이 특수 상대성이론을 출판한 거의 같은 시기에 프랑스의 푸앵카레Henri Poincaré는 비슷한 이론을 발표하기까지 했다. 그럼에도 불구하고 지금까지 아인슈타인이 특수 상대성이론의 공로를 독점하는 결정적 이유는 확실히 에테르를 버렸기 때문이다. 실험결과를 설명하기 위해 에테르에 대한 작위적인 가정을 하는 것보다 차라리 통째로 버리는 것이 더 합리적이라는 대담성. 아인슈타인의 위대함은 바로 그 지점에 있다.

2017년 일반 상대성이론에서 이론적으로 예측하는 중력파의 존재를 실험적으로 측정한 성과에 노벨물리학상이 수여되었다. 40여 년간 집요하게 노이즈와 씨름을 벌인 그 장치는 아이러니하게도 지구 공전에 의한 에테르 바람을 측정하기 위해 고안한 마이켈슨 간섭계였다. 황량한 서부를 개척하던 카우보이들처럼 수 km의 거대 장치를 만들어 원자보다 작은 공간의 변화를 감지하겠다는 도전정신 역시 '마이켈슨'에게서 물려받은 정신적 유산이다. 또한 특수 상대성이론을 반박하기 위해 고안해 낸 사냑 간섭계 역시 중력파의 신호 안정화를 위해 사용될 수 있다. 수많은 실패의 역사가 고스란히 현대 실험과학의 핵심 기술로 다시 사용되고 있는 것이다.

연구를 하다 보면 오랜 시간 공을 들인 실험이 기대했던 것과 다르게 실패로 돌아갈 수 있다. 하지만 눈앞에 보이는 실패는 그냥 사라지지 않는다. 어쩌면 그 경험들은 미래의 어느 날 새로운 모습으로 나타나 난관을 헤쳐 갈 핵심 단서가 될 수도 있다. 하지만 그러기 위해서는 우선 실험결과에 대한 솔직함과 이론과 어긋나는 원인을 찾아내려는 노력이 전제되어야 한다. 민주화를 위해 투쟁한 박노해 시인의 삶과 과학은 별로 상관이 없어 보이지만 그의 <참된 시작>이라는 시의 한 구절은 실험 과학자들에게도 나름 힘을 줄 수 있는 것 같다.

그해 겨울,
나의 시작은 나의 패배였다
…
그해 겨울,
나의 패배는 참된 시작이었다

특수 상대성이론

자석옆에 당기는힘 자기력이 무엇일까
마법같은 돌맹이가 신기하고 신기한데
전기통한 도선옆에 나침반이 돌아가네
도선속에 전자들이 달려가는 전류인데
난데없는 자기력이 이상하고 신기하다
전자들은 전기장을 만들기만 한다던데
움직이는 전자들이 자기장을 만들었네
전류속력 비슷하게 달려보면 어찌되나
나침반을 손에쥐고 전류속력 내어보세
자기장은 어느샌가 감쪽같이 사라졌네
자기현상 알고보니 상대운동 역학일세
요상하고 신기하네 마법같은 자기현상

특허청의 젊은청년 전자기에 꽂혔었네
어린 시절 나침반과 자기장에 꽂혔었네
전기자기 서로얽혀 전자기파 만든다네
전자기파 빠르기가 빛의속력 이었다네
전자기는 다름 아닌 광현상의 다른이름

그렇다면 이내몸이 빛의속력 달린다면
뉴턴씨의 고전역학 아무탈이 없을라나
알고보니 큰일났네 뭔가많이 문제있네
특허청의 젊은청년 이문제를 풀었다네
불변량은 빛의속력 관성계의 불변법칙
그결과는 놀라워라 뉴턴역학 박살났네
새로만든 전자기학 관성계의 상대역학
네가아주 빨리뛰면 네공간은 찌그러져
동시조차 어긋나고 시간조차 느려지네
너와나는 상대운동 절대정지 그건없네

절대공간 절대시간 알고보니 헛된믿음

신기하고 놀라워라 관성계의 상대역학

멈춰있는 질량조차 에너지가 될수있네

다른것은 어려워도 이것하난 모두알지

질량에다 빛의속력 제곱해서 곱해보세

에너지는 엠씨제곱 핵폭탄의 원리라네

관성력

노트북이 자꾸만 자동화면 회전을 한다

나는 느끼지 못했지만

비행기는 허공에서 방향을 틀고 있었던 것이다

잠시라도 넋을 놓고 있으면

질량을 탐내며 무엇이든 잡아 당기는

보이지 않는 집요한 중력의 손아귀

'털썩' 소리를 내며 바닥을 마주한

내 것의 일부를 알아차리고 나서야

허공이 절벽처럼 무서워진다

커다란 그의 움직임을 알 수 없는
고래 배 속 같은 비행기
타블렛 화면을 돌리려는 보이지 않는 손에서
중력의 냄새가 난다
지상에서 아래로 나를 당기던 집요한 중력이
하늘을 나는 비행기 안까지 유령처럼 따라와
내 것들을 쉬지 않고 밀고 있는 것일까?

아무리 멀리 있어도
보이지 않는 힘에 이끌리듯
일상의 걸음을 멈추게 하거나
시큰둥하게 수저를 뜨게 만드는
그리움이라는 질량에는
어떤 종류의 원격 작용이 있는 것일까

마음에 작용하는 관성력이 있다면
무엇이 가속 운동을 하고 있는 것일까
커다란 질량의 태양이 시간과 공간을 움켜쥐어
지상에서는 볼 수 없었던 빛살 하나를 붙잡아
은밀하게 지구에 보내준 것처럼

커다란 그리움도 질량처럼
그 크기만큼 세월의 시간과 공간 속에서
무언가를 움켜쥐게 만드는 것일까
그리움에도 관성력 같은 보이지 않는 힘이 있다

매일매일 똑같은 일상 속에서
일종의 자동화면 회전 기능처럼
불쑥불쑥 뜻밖의 힘을 만난다
눈치채지 못한 비행기의 선회처럼
나의 삶을 천천히 회전시키며
마음의 관성력을 드러내는 당신은
누구신가요

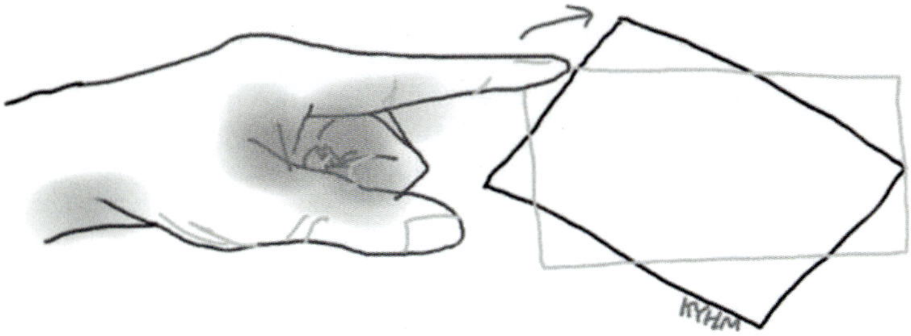

버스가 갑자기 멈추면 누군가 등 뒤에서 미는 것 같다. 갑자기 출발할 때는 뒤에서 머리를 잡아 당기는 것 같다. 비행기가 이륙한 후 노트북을 켜 놓고 밀린 작업을 하다 보면 간혹 자동화면 회전 기능이 자꾸 반복되면서 오작동처럼 보일 때가 있다. 그럴 때 창밖을 보면 비행기가 방향을 틀면서 크게 선회하고 있다. 두 가지 모두 원인은 버스와 비행기가 가속하기 때문이다.

가속도는 속도의 크기를 바꾸거나 방향을 바꾸면 생긴다. 버스나 비행기는 창밖 풍경을 내다보면 움직인다는 것을 알 수 있지만 우리가 발을 딛고 서 있는 거대한 지구가 움직이고 있다는 것을 알기는 쉽지 않다. 물리학에서는 관찰자가 있는 공간 전체가 가속 운동을 할 경우 경험하는 새로운 힘을 관성력이라 부른다. 물론 비행기나 버스의 경우처럼 지구의 가속 운동으로 인한 관성력도 관찰할 수 있다.

하지만 관성력은 관찰자의 공간이 정지하고 있거나 일정한 속도로 움직이고 있는 경우에는 생기지 않는다. 버스가 등속으로 움직이고 있다면 버스에 앉아 있는 사람은 창밖을 보지 않는 이상 버스가 움직이는지 멈춰 서 있는지 알 수가 없다. 관성력은 운동의 속성을 일정하게 유지하려는 관성적 상태를 벗어날 때 생기는 것이다. 일반 상대성이론은 질량을 지닌 물체가 잡아 당기는 중력과 버스가 급정거할 때 느끼는 관성력을 구분할 수 없다는 원리에서 출발한다. 예를 들어 지층에서 멈춰 선 엘리베이터에서 손에 움켜쥔 사과를 놓으면 바닥으로 떨어진다. 사과를 당기는 중력 때문이다. 이번에는 이 엘리베이터를 별들의 중력으로부터 자유로운 텅 빈 우주공간으로 옮겨 놓아 보자. 그리고 엘리베이터를 버스가 갑자기 출발하는 것처럼 위로 가속시켜 보자. 가속도의 크기를 잘 조절하면 엘리베이터 안에 있는 사과는 중력이 당기는 것과 똑같은 모습으로 바닥으로 떨어진다. 엘리베이터 안에 갇힌 사람은 사과를 당기는 힘의 원인이 아래에 있는 지구의 중력 때문인지, 자신이 탄 엘리베이터의 가속 때문인지를 구별할 수가 없다. 바꿔 말해, 지구가 당기는 중력은 우리가 살고 있는 공간이 위로 가속해서 생긴 관성력인 셈이다. 그래서 지구라는 거미가 만들어 낸 중력장이라는 거미줄의 단위는 다름 아닌 가속도다.

아인슈타인은 상대운동에 가속도가 존재하는 좀 더 일반적인 경우에 대한 '일반 상대성이론'을 완성하였다. 즉, 정거장에 멈춰 서 있는 내게서 멀어지거나 다가오는 기차의 속도는 변하고 있다. 특수 상대성이론에서 상대운동을 하는 경우 공간과 시간이 찌그러지고 느리게 가는 것처럼, 일반 상대성이론은 중력을 유발하는 질량이 공간과 시간을 휘게 한다는 결론을 유도한다.

상대성이론에서는 시간과 공간이 모두 바뀌기 때문에 둘을 합친 '시공간'이라는 용어를 사용하는데, 탄력성이 좋은 담요를 시공간이라고 상상해 보자. 이제 그 담요 위에 묵직한 볼링 공 하나를 올려놓으면 평평했던 담요는 볼링 공 주변으로 움푹 내려앉으며 휘어진다. 결과적으로 볼링 공보다 조금 떨어진 곳에 작은 구슬을 올려놓으면 구슬은 담요의 곡선을 타고 내려와 볼링 공 쪽으로 끌리게 된다. 우리는 담요를 볼 수 없지만 일반 상대성이론은 휘어진 담요 같은 시공간의 왜곡이 중력의 원인이라고 설명한다.

태양에서 지구로 도달하는 빛도 시공간의 담요를 지나야 한다. 빛은 질량이 없어 중력과 무관한 듯 보이지만, 휘어진 시공간 때문에 경로가 휘어지게 된다. 일상에서 경험하는 빛이 휘는 굴절 현상은 빛이 지나가는 매질의 속성이 달라서 생기는 현상이다. 뜨거운 모래 사막의 지표는 공기를 데워 높이에 따라 공기 밀도를 다르게 하고 빛의 굴절률을 변화시킨다. 그래서 멀리 있는 오아시스의 야자수로부터 목마른 사막의 여행자를 향해 진행하는 빛은 경로가 휘어 실제의 위치보다 가까이 보이는 신기루를 유발한다. 우주의 시공간은 텅 빈 공간이지만, 휘어진 시공간이 굴절률의 변화를 유발하고 빛을 휘게 하는 것이다.

지구에서는 태양 뒤에 있는 별빛을 볼 수 없을 것 같지만, 아인슈타인은 태양의 중력에 의해 휘어진 별빛이 지구에 올 수 있다고 예측했다. 평상시에는 태양의 강렬한 빛 때문에 그 효과를 관측하기 어렵지만, 달이 태양을 가려주는 개기일식 때는 가려진 태양 주변에서 지구로 휘어져 들어오는 태양 뒤의 별빛을 관측할 수 있다. 1919년 5월 29일 개기일식 때 이 효과가 직접 관측되면서 아인슈타인의 일반 상대성이론은 실험적으로 증명되었다.

질량 덩어리가 시공간을 휘게 만들어 작용한다는 일반 상대성이론의 설명을 들으면 왠지 애잔하다. 질량의 크기가 클수록 시공간이 더 많이 휘고 더 강하게 물체를 당길 수 있다면 응어리진 그리움도 질량처럼 작용할 수 있을까? 상대가 아무리 멀리 있어도 중력처럼 상대를 향한 그리움이 크면 멀리 떨어진 상대와 나 사이의 시간과 공간을 휘게 할 수 있을까? 방향을 바꾸는 비행기와 급정거하는 버스 안에서 느낄 수 있는 관성력처럼 일상에서 경험하는 납득할 수 없는 힘은 누군가의 간절한 그리움과 부단한 가속의 결과일지도 모르겠다. 관성력을 경험하고 나서야 비행기가 회전한다는 것을 알아차린 것처럼 무딘 일상 속에서 간혹 예사롭지 않게 느껴지는 보이지 않는 힘도 관성력을 닮았다.

사건의 지평선

그때는 결코 알 수 없었다
멈춰 선 서로가 한 발짝 떨어져
가만히 보고 있던 그 시절에는
절대로 그것을 볼 수 없었다
네 곁에 멈춰만 있었던 내가
처음으로 너에게 다가가던 순간
너를 향한 가속이 시작되던 그때부터
자꾸만 너는 내게 눈이 부시다
너에게도 나는 눈부신 추락
그때는 결코 알 수 없었다

지상 위에 멈춰 선 우리 모두는
추락하는 이들에겐 빛나 보인다는 걸
하지만 서로가 서로에게 멈춰 선 우리는
절대로 그 빛을 볼 수가 없었다

일반 상대성이론의 핵심 아이디어는 본질적으로 중력이 가속 운동에 의해 생기는 힘과 구분이 되지 않는다는 것이다. 즉, 멈춰 선 버스가 갑자기 출발할 때나 일정한 속도로 달리던 차가 급정거할 때 마치 보이지 않는 손이 내 등을 잡아 당기거나 떠미는 것처럼 느껴지는 힘(관성력)이 중력과 속성이 동일하다는 것이다.

별들의 중력으로부터 자유로운 우주공간 속에 엘리베이터 같은 우주선이 멈춰 있다고 상상해보자. 엘리베이터 속에 있는 K는 그 작은 공간 속에서 무중력 상태를 느끼며 자유롭게 떠있다. 그런데 갑자기 엘리베이터가 위 방향으로 가속을 시작한다. 그 순간 K는 바닥으로 자신을 당기는 힘을 느끼게 된다. 일반 상대성이론은 이 관성력이 중력과 다르지 않다고 말한다.

우주에 떠 있는 엘리베이터를 지구로 옮겨와 보자. 엘리베이터가 지상 위 허공에 줄로 고정되어 있을 경우 엘리베이터 내부에 있는 K는 역시 바닥 방향으로 당기는 힘을 느낄 것이다. 하지만 엘리베이터 밖이 우주공간인지, 지구인지 알 수 없는 그는 바닥으로 당기는 힘이 중력 때문인지, 우주공간 속 엘리베이터의 가속 운동에 의한 것인지를 구분할 수 없다.

갑자기 지구 위 허공에 있는 엘리베이터가 아래 방향으로 아주 조금 가속을 하기 시작했다. 엘리베이터 가속에 의한 관성력이 위 방향으로 생긴다. 하지만 이 힘은 중력과 비교하면 작다. 따라서 위로 당기는 관성력이 엘리베이터 바닥으로 당기는 지구 중력과 합쳐져 엘리베이터 속에 있는 K는 바닥으로 당기는 힘이 조금 줄어들었다고 느낄 것이다. 자신의 체중이 줄어들었다는 착각에 빠질지도 모른다.

이제 엘리베이터를 지구 근처 허공에 떠 있게 붙잡았던 줄이 끊어져 자유낙하를 시작했다. 엘리베이터는 중력에 의해 바닥 방향으로 가속 운동을 시작하고 그 결과 위 방향을 향하는 관성력이 생긴다. 이 관성력은 중력과는 방향이 반대지만, 크기가 같다. 따라서 자유낙하하는 엘리베이터 속 K는 무중력 상태를 경험하게 된다. K는 이 무중력의 결과가 엘리베이터가 우주공간에 떠 있어서 발생한 건지, 엘리베이터가 자유낙하해서 생긴 것인지 구분할 수 없다.

그런데 가속을 하는 물체가 전하를 지니고 있을 때는 전자기 파동이라는 빛이 발생하므로, 가속 운동에 빛의 발생도 추가적으로 고려해야 한다. 빛은 전기장과 자기장이 출렁거리는 파동이다. 멈춰 선 전하는 허공에 뿜어내는 화살처럼 빈 공간에 전기장을 만들어 내지만, 전하가 움직이기 시작하면 자기장이 움직이는 전하 주변으로 회오리바람처럼 추가로 생겨난다. 만약 전하가 움직이는 속력의 크기와 방향이 바뀌면 전하가 만들어내는 전기장과 자기장의 출렁거림이 파동의 형태로 생겨난다. 즉, 전하의 가속 운동은 전자기파동이라는 빛을 발생시킨다.

지상으로 자유낙하하는 엘리베이터는 지상 위 관측자가 보기에 자유낙하하며 가속 운동하고 있다. K의 몸이 전하를 지니고 있다면, 지상 위 관측자는 그에게서 나오는 빛을 목격하게 된다. 물론 가속하는 엘리베이터 자체도 전하를 지니고 있다면, 빛을 발생시킨다. 그런데 자유낙하하는 엘리베이터에 두 명이 타고 있다면, 그들은 서로의 얼굴에서 방출되는 빛을 보지 못한다. 그들은 엘리베이터 속에서 우주공간과 구분되지 않는 무중력 상태를 느끼는 중인데 만약 상대의 얼굴에서 빛이 발생하는 것을 볼 수 있다면, 자신들이 탄 엘리베이터의 무중력 상태가 우주공간에 의한 것이 아니라 지상 위 자유낙하에 의한 것임을 알게 될 것이다. 따라서 자유낙하하는 엘리베이터 속 둘은 서로의 얼굴에서 뿜어져 나오는 빛을 볼 수 없어야 한다. 그러나 지상에 멈춰 선 관측자에게는 그들에게서 뿜어져 나오는 빛이 목격된다.

반대로 자유낙하하는 이들이 자신들을 바라보고 있는 지상 위 '그녀'를 바라보면, 빛이 발생하는 것을 목격하게 된다. 하지만 그녀와 함께 지상 위에 멈춰 선 또 다른 이들은 그녀의 얼굴이 뿜어내는 그 빛을 보지 못한다. 상대적으로 가속 운동을 하는 서로에게만 그 빛이 보이는 것이다. 그 빛이 상대적으로 멈춰 선 이들의 시공간으로는 건너가지 못하기 때문이다. 마치 아득한 지평선처럼 빛이 건너갈 수 없는 그 경계를 사건의 지평선event horizon이라고 부른다.

멈춰 선 그녀와 그녀 곁에 멈춰 선 그들 사이에는 빛도 건너지 못하는 사건의 지평선이라는 경계가 있는 것이다. 함께 추락하는 그들 사이에도 사건의 지평선이라는 경계가 있다. 지상의 그녀에게 추락하는 그들의 모습은 눈부시지만, 정작 함께 추락하는 그들은 서로에게 아무런 빛을 보여 주지 못한다. 그 빛은 추락하고 있지만 멈춰 선 그들 사이에 존재하는 사건의 지평선을 건너지 못하는 것이다. (실제의 경우 사람의 눈으 로 볼 수 없는 통신 주파수 영역의 아주 약한 전자기파가 방출된다.)

루이의 파도

공간과 시간은 서로 속성이 다른 것처럼 보이지만 시간도 결국에는 공간적 감각을 빌려 표현하게 된다. "까마득하게 먼 나중의 일"이라는 표현처럼, 시간의 차이도 기억 속에서는 가깝고 먼 공간 속 풍경으로 기억된다. 마치 암실에서 건져 올린 필름 사진들을 가지런하게 줄에 매달아 놓은 것처럼, 시간은 낱장의 풍경들 사이에 존재하는 거리감을 통해 비로소 알아차리게 된다. 이를테면 시간은 기억 속에 존재하는 또 하나의 공간인 셈이다. 흔히들 시간이 흐른다고 말하지만, 정작 흐르는 것은 낱장의 필름들과 풍경들이다. 사실 매 순간의 필름 속 풍경도 정물처럼 멈춰 있다. 마치 미술관 벽에 걸려 있는 한 점의 그림을 보고 난 후 그 옆에 멀찍이 떨어져 있는 또 다른 그림을 마주하며 느끼는 것처럼, 흐름은 간극과 다름을 통해 비로소 드러난다. 다음 그림으로 옮겨가는 발걸음의 조급함과 옆 그림에서 마주하는 변화의 정도가 그 흐름의 빠르기를 정하는 것이다. 또한 매 시간마다 저장된 기억의 풍경들은 낱장의 종이들이 한곳에 포개어져 있는 책의 모습을 하기 보다는 벽을 따라 각기 다른 위치에 나열된 전시관의 그림들 같은 또 하나의 풍경을 이루고 있다.

흐름의 속도감이 커지면 풍경이 달라 보이기도 한다. 그림들은 각자의 프레임을 벗어나 물이나 공기처럼 퍼지고 흩어져 그 옆의 그림들과 뒤섞이기 시작한다. 전시관 안을 뛰어다니는 아이의 시선이나 약속 시간에 늦어 거리를 달려가는 이의 시선은 느린 걸음의 시선이 경험하는 풍경과는 분명 다르다. 관찰자의 속도는 분명 정지한 것과 다른 새로운 풍경을 만들어 낸다. 달리는 이는 정지한 이와는 완전히 다른 세상을 보게 되는 것이다.

파리 대학의 한 문과 학생은 관찰자의 속도가 빨라짐에 따라 멈춰 선 이의 시선과는 완전히 다른 풍경이 펼쳐진다는 놀라운 물리 이론을 우연히 알게 되었다. 아인슈타인의 특수 상대성이론에 감명을 받은 그 학생은 이미 역사 전공으로 학사학위를 마쳤지만, 물리학으로 학사과정을 추가로 전공한 뒤 박사학위까지 시작했다. '드브로이de Broglie'로 알려진 그는 브로이Broglie 귀족 집안의 아들 루이Louis다. 루이는 박사학위 논문에서 질량을 지닌 입자인 전자가 빛이나 소리의 파동처럼 출렁거리는 모습으로 보일 수 있다는 제안을 하는데, 그의 물질파이론의 근간이 되는 핵심 아이디어 역시 그를 물리학으로 이끈 특수 상대성이론을 기반으로 한다. 비록 양자역학이 학문적 체계를 잡으면서 물질의 파동성은 확률적인 것으로 해석되었지만, 루이가 제안한 물질파는 관찰자에게 파동처럼 보이는 좀 더 실재적인 것이었다.

시간과 공간은 서로 구분이 되는 다른 물리량이지만, 그래프를 통해 해석하는 경우 시간과 공간을 띄어 쓰지 않는 '시공간'이라는 혼합된 영역에서 다루게 된다. 공간을 가로축으로, 시간을 세로축으로 표시하는 경우 삶과 역사의 궤적을 시공간 평면 위에 표시할 수 있다. 예를 들어 오랫동안 한곳에 가만히 멈춰 있다면, 수평축 공간은 늘 동일한 위치이고, 수직축 시간은 계속 바뀌고 있는 셈이니 세워진 직선의 흔적을 남기게 된다. 일생을 한곳에 계속해서 머무는 나무의 삶은 시공간 위에 자신의 모습을 닮은 올곧은 직선 하나를 남기게 되는 것이다. 반면 세로축의 특정 시간을 고정한 채 가로축을 따라 위치한 각기 다른 점들은 시간이 같지만, 공간적으로 떨어진 동시同時공간이 된다. 나는 여기에 있고 그는 저 멀리 있지만, 둘은 지금 이 순간 모두 같은 시간을 공유하고 있는 것이다.

하지만 관찰자가 빛의 속력과 비교할 수 있을 만큼 아주 빠르게 달릴 경우 상황은 달라진다. 정지한 이와 비교해 달리는 이의 시간과 공간의 좌표 축은 상대적으로 모두 기울어진 모습을 지니게 된다. 달리는 이도 자신 나름의 동시공간을 지닌다. 그런데 달리는 이의 동시공간은 정지한 이에게는 시공간의 평면을 비스듬하게 지나가며 각기 다른 시간, 다른 공간에 걸쳐 일어난 모습으로 비춰진다. 따라서 정지한 이에게 동시에 일어난 공간적으로 떨어진 지점들이 달리는 이에게는 한 사건이 먼저 일어나고 난 뒤 공간적으로 떨어진 지점의 사건이 나중에 일어나는 모습으로 보이게 된다. 동시同時라는 것이 관찰자의 속도에 따라 동시同時가 아닌 것이 되는 것이다.

거칠고 파고가 높은 동해바다를 보다 어릴 적 우연히 보았던 잔잔한 서해바다에 간 적이 있다. 동해바다에 비하면 마치 호수처럼 잔잔하게 출렁이는 서해바다의 그림 속 풍경 같은 정적과 느림이 너무 좋았다. 하지만 아침부터 저녁까지 오랜 시간을 두고 기다려 보면, 밀물과 썰물 시간에 맞춰 수면의 높이가 천천히 변했다. 한순간에는 시간이 멈춘 듯 고요해 보이지만, 오랜 시간을 두고 보면 수면의 높이가 천천히 높아졌다 낮아지는 것이 너무 신기해서 나는 며칠을 두고 계속 바다를 바라봤다.

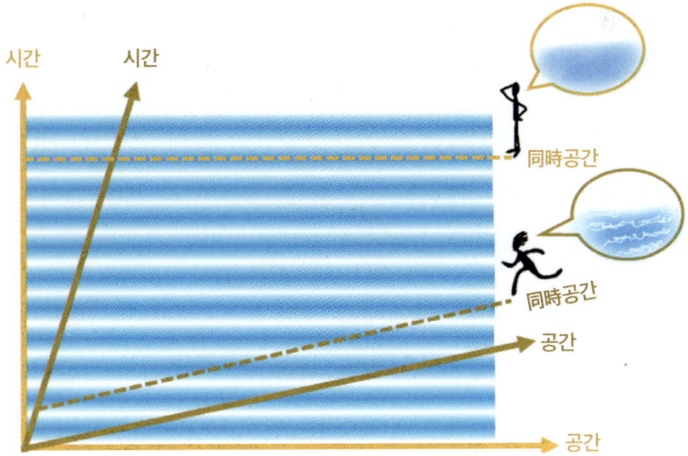

시간
시간
同時공간
同時공간
공간
공간

루이도 서해바다 같은 동시공간을 상상했을 것이다. 특정 시간마다 바닷가에서 지평선까지 수면의 높이가 똑같아 보이는 고요한 바다의 풍경을 떠올렸을 것이다. 해가 떠서 질 때까지 느린 시간 동안 천천히 수면의 높이가 높아졌다 낮아지는 바다의 풍경을 상상했을 것이다. 이렇게 정지한 시선의 바다를 시간에 따라 시공간에 표시하면, 매 순간 수평 방향으로는 누운 직선을 그리면 된다. 대신 수면의 높이가 시간에 따라 변하므로 시간별 수평 직선에 음영을 넣어 높은 수면은 짙게, 낮은 수면은 옅게 표시할 수 있다.

이제 그 바다를 향해 전력 질주로 달린다고 상상해 보자. 힘든 세상을 살아가다 어릴 적 보았던 그 고요함이 너무도 그리워 빛의 속력과 비슷할 만큼 빠르게 달려가는 것이다. 바다의 풍경은 어떻게 보일까? 놀랍게도 질주하는 이에게는 완전히 새로운 풍경이 펼쳐진다. 달리는 이의 동시공간에는 바닷가에서 수평선까지 굽이치는 파도가 펼쳐지게 된다!

멈춰 선 이에게는 잔잔한 바다 전체가 같은 시간을 공유하는 동시공간인 반면, 달리는 이의 새로운 동시공간은 멈춰 선 이가 바라본 여러 가지 수위의 잔잔한 바다를 시간대별로 조각조각 떼어 내어 엮은 전혀 다른 모습으로 재구성되기 때문이다. 심지어 달리는 이가 바라보는 멀리 있는 파도는 멈춰 선 이에게는 아직 보지 못한 미래의 장면이다. 달리는 이의 눈앞에 펼쳐진 공간의 모습은 멈춰 선 이가 시간이 흐름에 따라 마주할 사건을 공간적으로 나열한 셈이다.

일상 속에서 바다에 도착해 마주하는 파도의 광경은 당연히 같은 시간을 공유하면서 다른 공간에 펼쳐진 것이다. 즉, 모래사장에 멈춰 선 채로 바다를 바라보는 곳에서 수평선까지는 모두 '동시공간'이다. 하지만 멀리서 다가오는 파도를 바라보면 우리는 종종 파도가 마치 운명처럼 마주할 미래의 삶으로 느껴지곤 한다. 조만간 마주할 것 같은 가까운 파도, 아주 먼 미래에 경험할 것 같은 운명적 파도의 이미지를 시간축을 따라 차례차례 늘여 놓은 것 같아 보인다. 기억 속에 자리 잡은 시간의 미술관처럼 우리는 눈앞에 펼쳐진 공간적 원근을 통해 시간의 감성을 투사하기도 하는 것이다. 상대성이론적 효과에 의한 루이의 파도처럼 같은 시간 다른 공간에 있는 일들을 각기 다른 시간에 일어나는 일들로 받아들이는 것이다. 의식 속에는 이렇게 풍경을 바라보며 시간과 공간을 뒤섞여 받아들이는 일종의 상대론적 기제가 있는 것이다.

역사도 단순히 일어난 일들을 시간에 따라 나열하는 것이 아니다. 과거에서 현재에 이르는 사건들은 시선의 가치와 중심에 따라 완전히 다른 풍경을 만들어 낼 수 있다. 역사를 기술하는 통시적 혹은 공시적 시선은 시간과 공간의 좌표를 닮았다.

그러므로 각기 다른 시간과 공간의 좌표로 기억된 추억들을 짜깁기하면 파도 같은 새로운 구성을 만들어 낼 수 있다는 루이의 발상은 역사를 전공한 그의 학부전공 배경과 무관하지 않았을 것이다. 루이에게는 관찰자의 시선에 따라 시간과 공간 속에서 남겨진 운동의 궤적이 달라 보이는 것이 역사적 사건이 관점에 따라 완전히 다른 모습으로 그려지는 것처럼 낯설지 않았을 것이다. 그러므로 '이알못(이과를 알지 못하는 사람)'이나 '문알못(문과를 알지 못하는 사람)'이라는 이상한 말로 스스로의 한계를 정하거나 타분야를 배격하지 않았으면 좋겠다. 가슴이 설레인다면 문과생도 물리학자가 될 수 있고, 이과생도 시인이 될 수 있다. 오히려 이런 융합적 배경이 루이 드브로이의 사례처럼 놀라운 창의력을 유발할지 모른다.

Statistical

열 / 통계 물리학

몬테 카를로

먹음직스러운 케이크 위로
눈처럼 내려오는 설탕 가루
포근한 동그라미 위에 사뿐히
아니면 케이크 밖 네모난 접시로

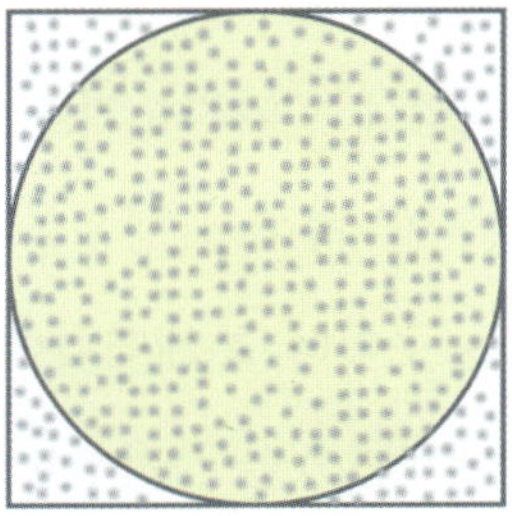

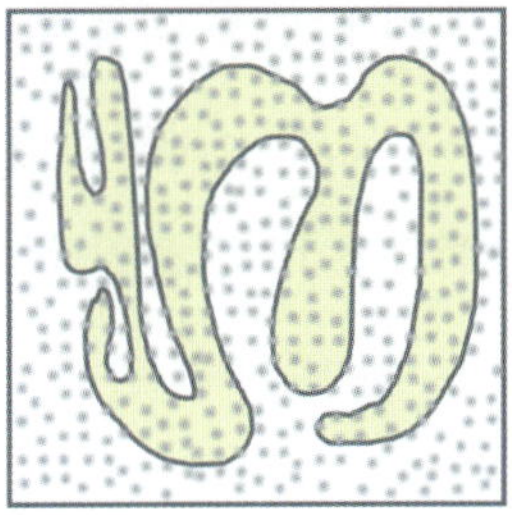

어느 겨울 창밖 풍경처럼
소복이 쌓이는 설탕 가루들
구슬처럼 한 알 한 알 전부 헤아려
케이크는 접시의 사분의 일 파이 (π /4)

먹음직스러운 케이크를 네모난 접시 위에 두었다. 사진을 찍으려 위에서 내려다 보니 정사각형이 원을 품고 있는 모양이다. 이 경우 원형의 케이크와 정사각형 접시의 면적 비율은 π/4다. 이번엔 설익은 케이크를 접시에 올려 두다 무너져 버리고 말았다. 무너져 버린 케이크의 모양은 적절하게 표현할 단어를 찾을 수도 없을 만큼 기괴한 모습이다. 그런데 이번에도 위에서 내려다 보고 찍은 사진 속의 뭉개져 버린 케이크의 면적과 네모난 접시의 면적 비율을 구할 수 있을까? 만약 뭉개진 도형의 함수를 수식으로 표현할 수 있다면 적분을 통해 구할 수 있을 것 같다. 하지만 이런 기괴한 도형을 함수로 표현하는 것이 쉽지 않아 보인다.

남프랑스에 위치한 도시국가 모나코의 몬테 카를로Monte Carlo라는 지역에는 카지노가 많다. 카드를 뒤집거나 구슬을 돌려 나오는 무수한 '우연' 속에서 행운을 잡으려는 이들이 시간을 잊은 채 게임에 몰입하는 곳이다. 통계역학에서는 이 지역 이름에서 유래한 '몬테카를로 방법'이라는 것을 사용한다.

이 방법을 이용할 경우 도형 안과 밖에 뿌려진 설탕 가루의 수를 헤아려 원과 정사각형의 비율을 구할 수 있다. 즉, 위에서 뿌린 설탕 가루의 양을 미리 측정한 뒤 케이크 밖 접시 위에 떨어진 설탕 가루의 양과 비교하면 된다. 물론 설탕 가루가 바닥에 쌓이는 높이가 일정하지 않고, 케이크 옆면에 붙거나 접시 밖으로 떨어지는 다양한 현실적 변수가 존재하기는 하지만 만약 그런 효과를 무시할 수 있고, 설탕 가루가 균질한 '우연'에 가깝다면, 설탕 가루가 케이크와 접시를 빼곡하게 채워갈수록 설탕 가루의 비율을 통해 추정한 값은 원과 사각형의 면적의 비율에 점점 다가간다. 따라서 뭉개진 케이크의 면적도 똑같은 방법으로 쉽게 구할 수 있다.

엔트로피

홀
아니
짝
여기에 모든 것을 걸었다
철수의 주먹 속 투명한 알맹이들이
요란스럽게 부딪히고 튀어 오르다
운명의 손금처럼 알알이 펼쳐질 그 순간까지

어린 사내아이의 인생은 그런 것이었다
단호하게 움켜쥔 주먹을 바라보는 동안은
흘러내리는 콧물을 훌쩍거릴 경황도 없고
손등이 부르튼 이유조차 궁금하지 않아
오로지 주먹이 열리기만을 숨죽여 기다려야 한다

마침내 눈앞에 펼쳐진 구슬의 수
갑자기 두 다리의 힘이 빠져버렸다
이 우주와 설레임과 슬픔도 모두 다
그렇게 손바닥 위 구슬들처럼
어느 날 우연히 생겨난 것일까?

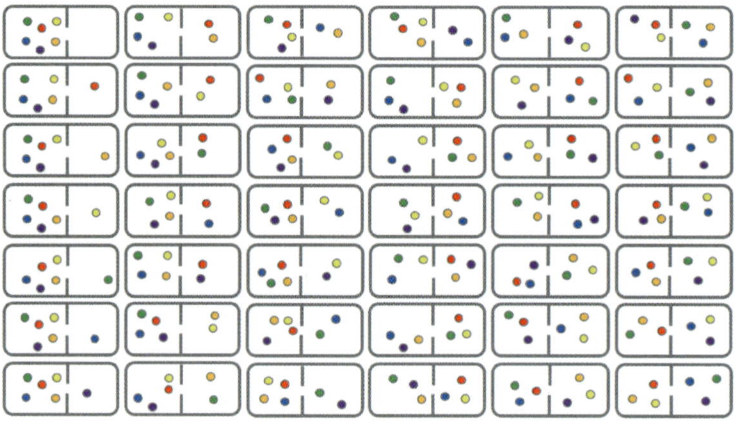

모양과 색깔이 똑같은 여섯 개의 구슬이 들어 있는 상자의 중간을 칸막이로 나눈 뒤 작은 구멍을 뚫어 구슬들이 자유롭게 넘나들 수 있게 만들자. 그리고 상자를 마구 흔든 다음 양쪽으로 나뉘어진 곳에 각각 몇 개의 구슬이 남아 있는지를 살펴보자. 일단 오른쪽 공간에 있는 구슬의 수(n)에만 주목하고 여러번을 반복해서 데이터를 누적해 보면 오른쪽 공간에 있는 구슬의 수(n = 0, 1, 2, 3, 4, 5, 6)에 따른 분포를 얻을 수 있다.

즉, 여섯 개의 절반인 세 개의 구슬이 오른쪽에 있는 경우가 가장 자주 관측되고, 간혹 한두 개가 있거나 네다섯 개가 있기도 하고, 아주 드물지만 하나도 없이 텅 비어 있거나 여섯 개로 가득 찬 경우도 관측된다.

수학에 약한 분들도 오른쪽 공간에 절반 ($n = 3$)의 구슬이 있는 경우가 가장 흔하고, 하나도 없거나($n = 0$), 가득 찬($n = 6$)경우가 드물다는 것은 직관적으로 받아들이기 쉬울 것 같다. 그리고 그 직관적인 판단은 아마도 경험 덕분일 것이다. 즉, 어떤 일들이 좀 더 자주 일어나는(혹은 확률이 큰) 이유는 그 사건에 해당하는 경우의 수가 상대적으로 많기 때문이다. 예를 들어 오른쪽이 텅 비어 있는 경우($n = 0$)는 단 한가지 경우 밖에 없지만, 옆 그림처럼 각각의 구슬들을 색으로 구분해 보면 오른쪽 공간에 한 개($n = 1$)가 있는 경우는 여섯 가지 경우가 가능하다. 그런데 두 개($n = 2$)가 있는 경우는 그림을 잘 살펴보면 15가지나 존재한다. 가장 흔하게 관측되는 세 개($n = 3$)가 있는 경우는 20가지로 가장 경우의 수가 많다. $n = 4, 5, 6$에 대해서는 $n = 0, 1, 2$에 대한 상자의 좌우 구슬 배치를 바꾸면 된다. 예를 들어 오른쪽에 구슬이 가득한 $n = 6$인 경우에 대한 모습은 $n = 0$인 경우(왼쪽에 구슬이 가득 찬)에 대한 상자의 좌우 배치를 바꾼 것에 해당한다.

뉴턴의 고전역학은 허공을 향해 던진 공의 운동과 행성의 궤적을 성공적으로 설명할 수 있지만, 물체의 수가 셋 이상만 되어도 정확한 예측을 하기가 어려워진다. 세 남녀 사이에 얽힌 삼각관계조차 예측하기 어려운 '난제'라는 것을 감안하면, 각기 다른 배경을 지닌 수천만의 다양한 개인들로 구성된 민심을 예측하는 것은 무모한 시도일지도 모른다.

실제의 자연현상 역시 많은 수로 구성되어 있는데, 예를 들어 1몰(mole)의 액체나 가스는 6×10^{23}개의 분자 입자를 지니고 있음을 의미한다. 따라서 경험적 감각으로 가늠하기도 쉽지 않을 만큼의 많은 수를 지니고 있는 고체, 액체, 기체 물질 속 개개의 입자들의 운동을 정확히 예측하는 것은 거의 불가능하다. 하지만 대안이 있다. 개별적 입자들의 정확한 예측은 어렵지만 통계적 방법을 통해 집단의 평균적인 성향과 특성을 예측하는 것이다. 투표 직전의 여론조사나 설문이 유권자들의 성향을 파악하는 중요한 단서가 될 수 있는 것처럼 물리학에서도 통계적 기법을 통해 많은 수의 미시 입자로 구성된 거시계의 거동을 예측한다.

많은 입자들의 미시적microscopic운동을 통계적 방법으로 분석함으로써 거시적macroscopic현상을 설명하는 통계역학은 열역학을 바라보는 새로운 관점으로 출발했다. 경험적 관점에서 열은 흐르는 물이나 바람처럼 하나의 유연한 덩어리로 상상하기 쉽다. 물리적 용어는 아니지만 동양 철학자들이 좋아하는 "기氣"가 흘러간다는 표현에 기氣 대신 '열'을 집어 넣어도 제법 잘 어울린다. 그런데 열에 대한 이런 견해는 근본적으로 뉴턴 고전역학의 묘사를 닮아 있다. 즉, 질량을 지닌 물체에 힘을 가해 모양이 변화하고 속력이 증가하는 것과, 열을 지닌 기체나 액체가 압력에 의해 부피가 변화하고 온도가 증가하는 모습은 어딘가 서로 닮아 보인다.

하지만 열이라는 물리량의 단위는 에너지다. 힘들게 높은 곳에 올라서면 잠재 에너지가 증가하므로, 그곳에서 바닥으로 떨어지는 물체의 운동에너지도 그만큼 증가된다고 표현하는 고전역학적 에너지 보존 법칙과 유사하게, 열현상은 열이라는 에너지가 일과 잠재 에너지로 변환되는 확장된 에너지 보존 법칙의 결과인 셈이다. 하지만 열의 모습을 에너지라는 것으로 받아들이기에는 여전히 추상적이고 모호해 보인다. 그런데 열을 연구하는 물리학자들은 온도(T)가 주어진 시스템에 열이 조금 변화한 값(dQ)으로 엔트로피의 변화(dS)라는 물리량을 정의할 경우 열현상은 엔트로피의 변화가 항상 증가하기만($dS \geq 0$) 할 뿐 결코 줄어들지 않는다는 것을 알게 되었다. 열현상을 연구하는 과정에서 고안되었지만, 엔트로피라는 물리량을 정의한 이후부터 열역학은 뉴턴의 고전역학과 어딘가 유별나게 다른 구석이 있다는 것이 점점 드러나게 된 것이다. 즉, 열현상은 엔트로피가 증가하는 특별한 방향성이 존재하는 것이다.

통계역학을 만들었지만 당시에는 자신의 이론을 인정받지 못해 자살로 생을 마감한 비운의 물리학자 볼츠만Ludwig Boltzmann은 엔트로피의 본질을 다름 아닌 경우의 수라는 것으로 파악했다. 즉, 열현상이란 다수의 구성 입자들의 조합이 만들어 낼 수 있는 무수히 많은 경우의 수에 근거하고 있으며, 열이란 그 구성 입자들이 지닌 평균 운동에너지라는 것이다. 이를테면 열이란 록 콘서트 장에 운집한 수만 명의 관람객들이 보여 주는 열정적 몸짓의 평균 운동에너지 같은 것이며, 기체의 압력이란 무대 앞에서 인간 띠를 두른 보디가드들을 향해 돌진하는 군중들의 평균 힘을 면적으로 나눈 것이다. 그러므로 통계역학은 열현상뿐만 아니라 다수를 지닌 집단 행동에 대한 통계적 해석을 필요로 하는 여론, 주식, 교통, 범죄 분포 등의 다양한 사회현상이나 생명체들의 군집행동을 설명하는 데도 활용할 수 있다. 자연과 우주에서 일어나는 많은 일들이 다수의 집단 거동의 모습이라는 점을 감안해 보면, 통계역학은 거의 대부분의 영역에 적용될 수 있는 강력한 도구인 것이다.

앞서 예를 든 구슬의 수로 엔트로피를 해석해 본다면, 오른쪽 방에 3개가 있을 경우($n = 3$) 엔트로피가 가장 크고, 텅 비어있거나($n = 0$), 가득 채워져 있는 경우($n = 6$) 엔트로피가 가장 작다. 구슬의 총 개수를 6개에서 6×10^{23}개로 늘려보면 절반으로 나뉘게 되는 경우의 수는 압도적으로 증가해, 오른쪽 방에만 구슬이 한두 개만 있거나 가득 채워져 있는 경우의 수는 불가능하다고 말해도 무리가 없을 만큼 상대적으로 희박한 사건이 된다.

그러므로 물리 현상은 엔트로피가 증가하는 방향으로 진행된다는 열역학 제2법칙을 통계역학적으로 이해해보면 경우의 수가 많기 때문에 그 사건을 더 자주 목격하게 된다는 것으로 받아들일 수 있다.

많은 입자로 이루어진 기체의 경우 십억 개의 경우의 수(W)에 한두 개의 경우의 수가 증가하는 것은 별 의미가 없다. 십억에서 백억 정도로 바뀌어야 변화가 눈에 띄기 시작한다. 따라서 경우의 수에 로그함수를 취해 엔트로피(S)를 정의하는 것이 실효적이다. 그런데 열 손가락을 지닌 인간이 10진법에 익숙한 반면 자연은 e(= 2.71828⋯)라는 무리수를 기반으로 작동하는 경우가 많다. 따라서 자연은 10을 기반으로 하는 로그함수 보다 무리수 e를 기반으로 하는 자연로그 함수가 더 적합하다($\log_{10}10^9 = 9, \log_e e^9 = 9$). 또한 경우의 수를 고전 열역학에서 정의한 엔트로피의 단위로 변환하기 위해서는 볼츠만 상수(k_B)도 곱해야 한다. 최종적으로 엔트로피(S)는 경우의 수(W)에 e를 기반으로 하는 자연 로그함수를 취한 뒤 볼츠만 상수(k_B)를 곱해 얻을 수 있다($S = k_B\log_e W$). 오스트리아 빈Wien에 있는 볼츠만 무덤의 비석에는 바로 이 식이 새겨져 있다.

나아가 구슬의 수를 에너지라는 좀 더 실질적인 물리량과 연관지어 보면 에너지가 다른 사건에 대해 각기 다른 엔트로피를 지니고 있음을 알게 된다. 이를테면 22명의 선수가 뛰는 축구 경기 중에 지금 이 순간 내가 이 지점에서 특별한 속력으로 달리고 있는 이 상황을 가능하게 하는 경우의 수는 여러 가지가 가능하고, 그 값에 해당하는 엔트로피를 계산할 수 있다. 예를 들어 내가 특정 속력으로 달리고 있을 때 철수는 눕거나 걸을 수도 있고, 영철이는 반대 방향으로 뛸 수도 있는 것이다. 이렇게 통계역학은 다수 입자 에너지의 열현상을 경우의 수에 따른 엔트로피로 풀어낼 수 있다.

초기 조건을 알기만 하면 방정식을 풀어 미래에 일어날 일을 정확히 예측할 수 있다는 고전역학의 자신감에 비해 통계역학은 개별 입자의 예측을 현실적 한계로 인해 포기한 셈이다. 그래서 집단의 평균적 성향을 예측할 수는 있지만, 개인의 행동을 정확히 예측할 수는 없다. 이를테면 내가 선거 당일 A 후보에게 투표할지 말지를 맞힐 수는 없다. 대신 통계는 80% 확률이 있다는 모호한 말로 나의 미래를 예측한다. 내 마음을 예측하는 이런 말을 듣는 것은 분명 언짢다. 내가 내일 누구에게 투표할지는 전적으로 자유의지에 달려 있는데, 내 마음을 예측하는 것이 가능한 것이냐고 비웃을 수도 있다. 하지만 통계역학의 관점에서 본다면, 여론조사 자료는 내가 속한 군집의 데이터를 통해 후보 선택에 대한 내 머릿속 생각의 경우의 수와 엔트로피를 파악하고 있는 셈이다. 두 개로 나뉜 공간에 배분되는 구슬들의 다양한 경우의 수처럼 A 후보 혹은 B 후보를 선택할 경우에 대한 다양한 생각의 패턴들을 파악하고 있는 것이다. 결국 나도 그 많은 구슬 중 하나로 파악되고 있는 것이다. 구글과 페이스북이 나의 성향에 대해 나보다 더 잘 아는 비법이 바로 이런 통계적 해석에 있다.

음의 온도

바로 그 순간부터 였다

지랄맞은 감독관을 향해

처음 한 명이 등을 돌린 그 순간

아침마다 그는 우리 모두를 공터에 세웠다

저울 위에 올라선 겁먹은 노예들처럼

두 손을 가지런히 등 뒤에 모은 채

두툼한 그의 입술만을 바라보고 있어야 했다

뙤약볕 내리쬐는 더운 어느 여름날

몹시도 야위고 창백했던 영수가

옷걸이에서 떨어진 아빠의 작업복처럼

바닥 위에 무너져 구겨지는 동안에도

우리는 꼼짝조차 하지 못했다

무서웠던 것이다

쓰러진 영수를 바라볼 수도 없을 만큼

길들여졌던 것이다

한여름의 태양도 녹일 수 없을 만큼

그렇게 모두는 얼음보다 차갑게 얼어 있었다

바로 그 순간부터였다

영희가 홀로 영수를 향해 뒤돌아가던 그 순간

하나가 둘이 되고

둘이 넷이 되어

어느새 절반이 되어 버려

절반에서 또 다시 한 명이 더해진 새로운 우리가
감독관의 고함 소리도 등진 채
영수에게 달려가던 그 순간
우리는 그렇게 음의 온도가 되었다

우리는 온도를 통해 뜨거움과 차가움을 가늠한다. 역사적으로 '열'을 이해하는 과정에서 실험가들은 뜨겁고 차갑다는 감각을 시각화할 수 있는 온도계라는 장치를 만들었다. 온도계의 모습은 다양했지만, 장치에 매겨진 눈금을 통해 온도는 '열'을 대변하는 물리량이 되었다. 따라서 온도가 열에 비례하는 양이라고 생각하는 것은 지극히 자연스럽다. 실제 열의 단위가 에너지인 것을 고려해 보면, 온도는 에너지에 비례하는 것이라고 생각할 수 있다.

하지만 열을 통계적으로 바라보는 새로운 시각은 온도를 색다른 관점에서 정의한다. 그런 통계적 온도의 사례 중에는 온도가 열이나 에너지에 비례한다는 관점으로는 이해할 수 없는 경우가 있다. 통계역학은 물질의 다양한 상태뿐만 아니라 정치, 금융, 여론 같은 사회 현상에도 적용할 수 있는데, 이 경우에도 온도를 정의할 수 있다. 심지어 음(-)의 온도도 가능하다. 보통의 상식으로 생각해 보면 열이나 에너지가 전혀 없을 때, 절대 온도가 0이 되고 음의 온도라는 것은 불가능한 상황 같아 보인다. 음의 온도는 과연 어떤 상황일까?

통계적 온도는 '열'이라는 에너지 자체보다 에너지를 구성하는 요소들의 '정렬된ordered' 혹은 '비정렬된disordered' 정도에 주목한다. order 라는 영어 단어는 '정렬하다'의 의미도 있지만, '명령하다'의 뜻도 있다. '명령'과 '정렬'은 각각 권력자와 피권력자에 해당되는 단어이며, '정렬'은 '명령'에 의해 이루어진다. 즉, 정렬되는 정도는 권력자의 '명령'에 대한 피권력자의 '복종' 정도와 관련이 있다.

내가 국민학교를 다니던 시절에는 월요일마다 아침 조회가 있었다. 운동장에 전교생을 모아 놓고 학년별, 반별로 줄을 맞춰 세웠다. 줄을 맞추지 못하면 선생님의 불호령이 떨어졌고, 반장이 나서 학급의 줄을 맞췄다. 그렇게 수백 명의 전교생이 모두 줄을 맞추고 나면, 무서운 주임 선생님의 호령이 울려 퍼졌다. "전체 앞으로 나란히!", "전체 차려!", "전체 열중 쉬어." 그렇게 정렬의 정도를 확인 받고 나면 교장 선생님의 긴 훈화가 시작되었다. 우리는 그렇게 '명령'에 의해 '정렬'되어야 했다.

그로부터 십여 년이 흘러 군사훈련을 받기 위해 모인 연병장에서도 똑같은 경험을 했다. 하지만 그곳의 '명령'은 더욱 강도 높은 '정렬'을 요구했다. 조교가 말을 하는 동안 자세가 조금이라도 느슨해지면 혹독한 얼차려가 가해졌다. 몸과 마음이 모두 힘든 얼차려를 몇 번 받고 나면, 훈련병 모두는 얼어붙었다. 이마에 땀방울이 맺힐 만큼 더운 날이라도 그 순간은 분명 싸늘하고 차갑다는 표현이 어색하지 않았다. '명령'에 '정렬'된 훈련병 집단의 온도는 얼마일까?

통계역학적 온도를 얻기 위해서는 '에너지'와 '엔트로피'라는 두 가지 물리량을 필요로 한다. 우선 '정렬'의 정도를 '에너지'로 변환해 보

자. 훈련병들이 줄을 맞춰 선 '정렬'의 정도는 '복종'의 정도를 대변한다. '복종'의 정도가 커질수록 개인의 자유의지는 줄어든다. '명령'에 대한 두려움이 커질수록 집단을 구성하는 개인들의 자유의지는 감소하고 훈련병들은 정렬도 높은 줄을 만들어 낸다. 결국 외부의 '명령'과 상관없이 지금 당장 내가 하고 싶은 대로 꿈틀거리고 싶은 욕망이 개인의 '에너지'인 셈이다. 하지만 어느 집단이든 권력의 '명령'에 대해 대다수가 움츠려 들어도 배짱 좋게 여전히 하고 싶은 대로 하는 이들이 있다. 그리고 집단의 열에너지는 자유의지가 잔존하는 그 개인들에 의해 만들어진다.

반면 엔트로피는 경우의 수와 관련이 있다. 간단한 예로, 군대처럼 통솔되는 권위적인 감독관과 노동자의 상황을 상상해 보자. 조선인 노동자들을 강제 동원하던 일제강점기나 노동 인권에 무지하던 독재정권 시절의 모습처럼 말이다. 이제 경우의 수를 따져 보자. 상황을 단순화하기 위해 "정면을 응시하라."는 명령에 대한 '복종'과 등을 돌리는 '저항' 두 가지 반응만을 고려해 보자. 10명의 노동자 전원이 일체의 미동도 없이 완벽하게 정면을 응시하는 경우의 수는 단 한 가지가 존재한다. 대신 그 상황은 모든 개인이 자유의지를 포기한 집단의 에너지가 최소가 되는 경우에 해당한다. 이제 단 한 명이 등을 돌리는 경우의 수를 생각해 보자. 10명 중 용기 있는 한 명의 그는 영희가 될 수도 있고, 철수가 될 수도 있으므로 10가지가 존재한다. 하지만 2명이 존재하는 경우는 어떨까? 경우의 수가 45가지로 증가한다. 3명이 존재하는 경우는 120

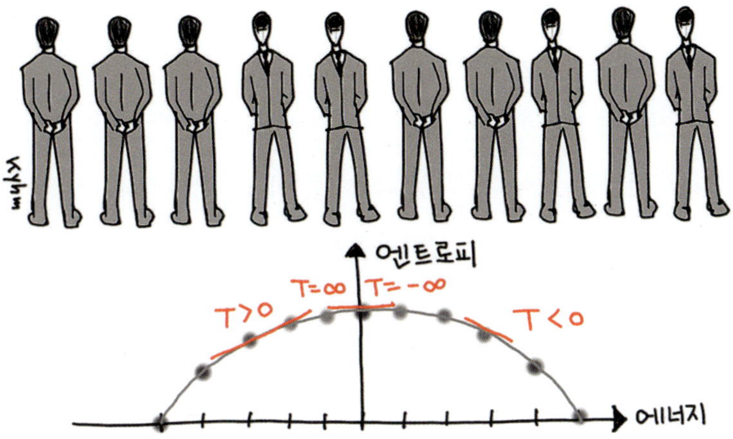

가지로 증가한다. 대신 등을 돌리며 저항하는 이의 수가 늘어 갈수록 집단의 에너지는 점점 증가한다. 결과적으로 그림처럼 저항하는 사람의 수에 비례하는 에너지와 경우의 수로 얻어지는 엔트로피의 관계를 얻을 수 있다.

엔트로피 혹은 경우의 수는 절반의 사람이 반항하는 경우가 가장 많다. 즉, 10명 중 임의로 5명을 선택하는 경우가 가장 많이 존재한다. 열역학에서 엔트로피의 변화(dS)는 주어진 온도(T)에서 일어나는 열의 변화(dQ)로 정의된다($dS = dQ/T$). 따라서 열의 변화(dQ)를 단위가 같은 에너지의 변화(dE)로 대체해보면 에너지 변화에 따른 엔트로피의 변화(dS/dE)값이 온도의 역수($1/T$)라는 것을 알 수 있다. 따라서 경우의 수를 통해 얻은 통계적 엔트로피(S)와 에너지(E) 그래프의 기울기는 온도의 역수($1/T$)에 해당한다.

'명령'에 대해 절반 정도만이 '복종'하는 가장 경우의 수가 많은 최대 엔트로피의 경우 기울기는 0이다. 따라서 그 역수인 온도는 무한대가 된다. 절반이 복종한다는 것을 곰곰이 생각해보면 그야말로 기분 내키는 대로 한다는 것이다. '복종'과 '저항'이 그저 무작위 선택일 뿐이다. 이런 상황은 자유분방한 어린이집 아이들 앞에 선 강사의 상황을 닮아 있다. 따라서 '명령'에 길들여지지 않은 순수한 아이들 집단의 온도는 거의 무한대에 가깝다.

그러나 복종하는 대다수 중 극히 소수가 저항하는 낮은 에너지를 지닌 집단의 경우는 좀 다르다. '저항'하는 이의 수가 한두 명인 경우에는 집단의 엔트로피가 증가하는 경사가 아주 가파르다. 따라서 경사값의 역수인 온도는 아주 낮다. 그런데 흥미로운 점은 집단의 절반 이상이 저항하는, 그래서 에너지도 제법 커진 경우에는 에너지 변화에 따른 엔트로피의 기울기가 음수가 된다는 것이다. 따라서 온도도 음수다. 즉, 절반 이상이 등을 돌리는 순간부터 음의 온도가 된다. 모두가 등을 돌리는 상황으로 갈수록 절대치가 큰 음의 온도에서 0에 가까운 음의 온도로 접근하는 셈이다.

대한민국 근현대사는 완벽한 복종에서 완벽한 저항으로 증가하며 집단의 에너지를 증가시키는 모습을 고스란히 보여 주고 있다. 일제강점기 시기의 평범한 개인은 조선의 정체성을 포기하고 일제의 권위 앞에 철저한 '복종'을 선택하는 것이 가장 쉽고 안전한 선택이었을 것 같다. 국민학교 학생들조차 운동장에 '정렬'한 채 단 한 명의 독재자를 향해 정면을 응시해야하는 시절도 있었다. 하지만 처음 한 명의 '저항'의 목소리가 둘이 되고, 여럿이 되어가며 힘들게 '온도'를 증가시켰다. "가만있으라"는 권력의 '명령' 앞에서 홀로 선 촛불이 수십만에서 수백만으로 늘어가며 무한의 온도까지 데웠다. 급기야 수많은 시민들이 촛불을 들고 밖으로 나와 변화를 요구한 그 시절 대한민국은 음의 온도였던 것이다.

이쑤시개

고등학생 때 우연히 식당에서 이쑤시개 한 통을 쏟은 적이 있다. 입에 쓰이는 것들이 바닥에 떨어졌으니 모두 쓸모 없게 된 셈이었다. 허탈한 마음 때문이었는지 바닥을 나뒹구는 수많은 이쑤시개들이 낯설게 느껴졌다. 유난히 짧아 보이는 이쑤시개의 모습이 마치 한 생의 시작과 끝처럼 보였다. 그러다 문득 이쑤시개들이 제각각 다른 곳을 향하고 있다는 사실에 호기심이 생겼다. 이쑤시개가 바닥에 떨어지며 선택한 특별한 방향은 일평생 한 방향만을 바라보다 마지막 순간까지도 그곳을 향한 굳은 신념일 수도 있지만, 아무런 방향 없이 살아가다 불현듯 죽음의 문턱에서의 선택일 수도 있겠다는 생각이 들었다.

"이쑤시개가 마지막 순간에 향하는 방향은 정말 완전한 우연일까?"

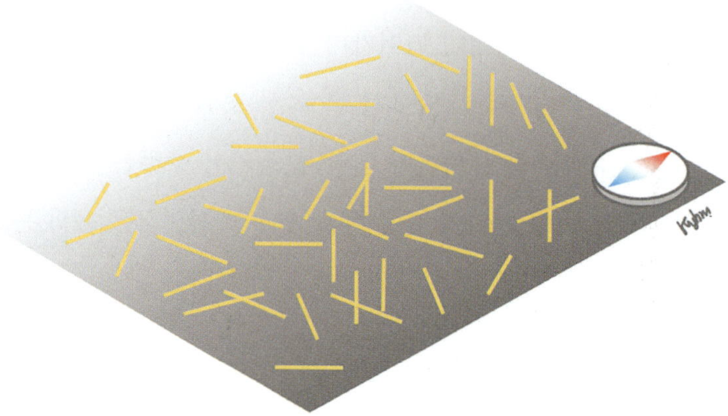

이쑤시개를 바라보며 번져나간 이 쓸데없이 진지한 생각은 갑자기 낙하 순간 선택되는 우연성에 대한 질문으로 바뀌어 버렸다. 선택의 기회가 과연 모든 방향에 대해 균등하게 주어지는 것인지 직접 확인해 보고 싶었다. 그래서 실험을 하기로 했다. 식당 바닥에 떨어진 이쑤시개를 주워 담은 후 집으로 돌아와 방에서 이쑤시개를 던지는 실험을 했다. 나침반 방향을 기준으로 각도기를 이용해 바닥에 떨어진 이쑤시개가 향하는 각도를 일일이 측정해 공책에 적었다. 충분한 우연성을 보장하기 위해 이쑤시개들을 가급적 높이 던져 낙하시켰다. 만약 처음에 이쑤시개를 던지는 조건을 매번 똑같이 통제할 수 있다면, 늘 같은 방향으로 바닥에 떨어지는 것이 불가능한 것은 아니지만 이쑤시개를 던지는 나의 손, 내 손을 제어하는 나의 마음, 내 손을 벗어난 이쑤시개가 허공으로 솟구쳐 바닥으로 떨어지는 여러 단계의 과정에는 제어할 수 없는 많은 요소들이 존재한다. 그러므로 이 모든 것을 그저 '우연' 속에 모두 묻어 두기로 했다.

비록 '우연'과 관련되어 있지만 모든 방향에 대해 균등한 기회가 주어진다면 무작위로 던진 이쑤시개의 방향은 원의 분포를 보여야 한다.

하지만 원의 분포를 확인하려면 아주 많은 각을 수집해야 하므로 데이터 수집의 현실성을 고려해 360도를 30도씩 나눈 12각형으로 분석하기로 했다. 예를 들어 0도에서 30도 사이의 방향은 모두 같은 것으로 취급하는 것이다. 결국 이쑤시개 던지기 실험은 열두 개의 이쑤시개를 던지는 것을 하나의 세트로, 세트 수를 늘려가며 누적평균분포를 구하는 것이었다.

처음 몇 회의 세트 동안은 기괴한 모양의 분포가 만들어졌다. 찌그러진 별은 그 다음 세트에서 찌그러졌던 부분이 펴지고, 반대편 모서리가 다시 찌그러졌다. 세트 수가 늘어가며 변해가는 분포의 모습이 느리게 꿈틀거리는 생명체처럼 느껴졌다. 하지만 세트 수가 제법 많아지자 꿈틀거림이 줄어들며, 점차 대칭적인 윤곽을 보이기 시작했다. 결국 어느 순간 원을 닮은 예쁜 12각형의 모습이 등장했다. 뻔한 결과지만 예측할 수 없는 우연이라도 충분히 많이 경험하고 나면 궁극의 이상적 모습이 드러난다는 사실이 신기했다.

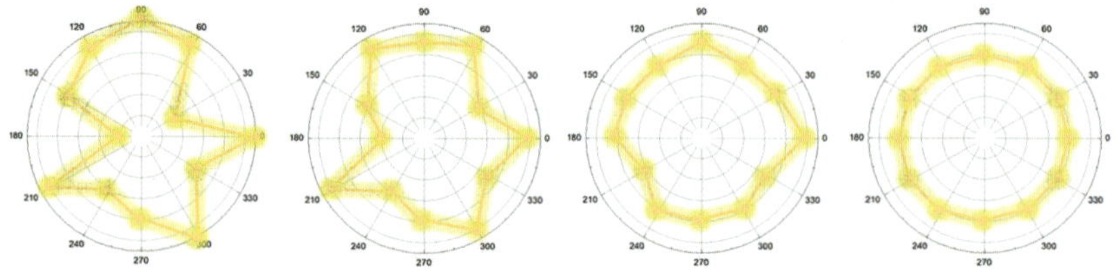

그 옛날 도형으로 표현되었던 피타고라스, 유클리드, 아르키메데스의 진리가 현실 속에서 그 모습을 드러내는 것처럼 느껴졌다.

하지만 마지막 순간에 결정되는 방향에 아무런 특별함이 없다는 결과가 왠지 허무하게 느껴졌다.

몇 년이 지나 대학에 입학한 후 '통계역학' 시간에 다시 이쑤시개를 만났다. 교과서에 소개된 상황은 조금 다르지만, 이쑤시개 던지기로 바꿔 설명하자면 양끝이 N극과 S극의 서로 다른 자성을 지닌 작은 바늘이 바닥에 흩어지는 상황이었다. 앞서 언급한 실험을 옷을 꿰매는 바늘로 해 봐도 이쑤시개와 유사한 결과를 얻을 수 있다. 하지만 공간에 특별한 방향을 향하고 있는 외부 자기장이 존재한다면, 그 결과는 달라진다. 보이지 않는 힘은 이제 자석이 바늘에 어떤 식으로든 영향을 미치기 시작한다. 하지만 바늘의 질량을 극복할 만큼 큰 자기장이 필요하므로 일상에서 쉽게 할 수 있는 실험은 아니다. 대신 나침반을 이용해 결과를 얻을 수 있다.

지구는 거대한 자석이다. 그래서 나침반 속에 떠 있는 자석 바늘은 항상 북극을 향하려 한다. 나침반의 작은 공간 속에도 한곳을 향하게 하려는 보이지 않은 힘이 존재하는 것이다. 그런데 나침반을 바닥에 두기 전에 심하게 흔들어 보면 어떨까? 나침반 바늘에 자유의지를 닮은 내적 운동에너지를 부여하는 것이다. 나침반의 요동이 많을수록 북극을 향하려는 성향은 교란을 받는다. 이제 카메라로 요동치는 나침반의 한 순간을 찍어보자. 사진 속 나침반 바늘은 바닥에 놓이는 순간 북쪽을 향할 수도 있지만, 내적 요동으로 인해 그 정반대를 향하거나 동쪽이나 서쪽을 향할 수도 있다.

수많은 순간을 포착한 사진들은 나침반의 자유의지와 지구 자기장이라는 거대한 의지 사이에서 자유와 순종이 만들어 내는 다양한 우연을 보여 주고 있는 셈이다.

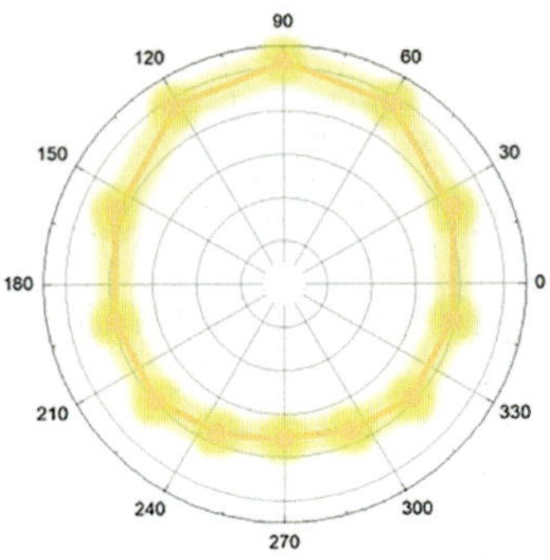

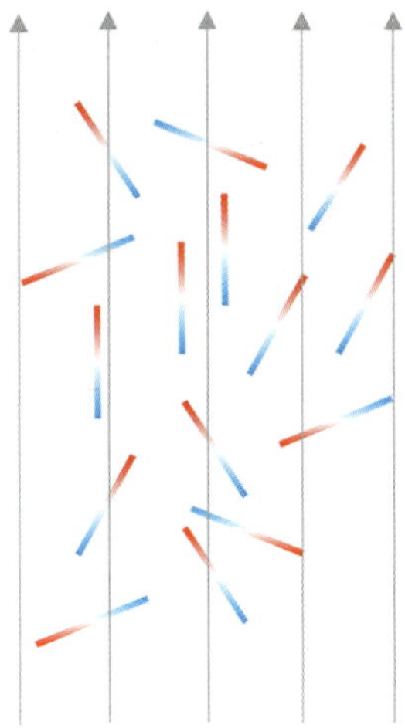

누적 데이터가 충분하다면 나침반 바늘이 향하는 분포 도형이 윤곽을 드러낸다. 하지만 방향에 대한 '누적평균분포'를 도형화한 모습은 원이 아니라 북쪽으로 치우친 타원을 보여 준다. 나침반을 흔든 후 사진을 찍을 때까지 기다리는 시간을 더 늘리면 심하게 찌그러진 모습을 보여 준다. 비록 하나의 나침반 바늘 속에는 예측하기 어려운 요동이 존재하지만 지구의 의지는 수많은 우연을 지나 마침내 그 모습을 드러내는 것이다.

어쩌면 우리에게도 나침반 바늘에 가해지는 보이지 않는 힘과 특별한 방향이 존재하는지도 모르겠다. 하지만 보이지 않는 그 힘과 방향을 알기에는 마음속이 너무 요란스럽다. 나름 선택한 몇 개의 방향들은 모두 지독하게도 운이 없어 보인다. 오히려 보이지 않는 손이 그 방향으로 가는 것을 방해하는 것 같아 보인다. 하지만 누적분포를 구하듯 많은 시행착오의 기억을 차분하게 돌이켜 보라. 어쩌면 오랫동안 자신을 일관되게 이끌고 있는 그 방향을 찾을지도 모른다.

에르고딕성

이른 아침 교문을 들어서면
밤새 내린 함박눈
텅 빈 운동장 위에 소복이 쌓여
한 발짝 한 발짝 옮길 때마다
뽀드득, 뽀드득, 그 소리가 마냥 신기해
한참을 말없이 걸어 다녔다
그러다 문득 내 뒤를 돌아보면
점점이 늘어선 작은 발자국들
어느새 커다란 동그라미를 만들며
담벼락을 따라서 수줍게 돌다가
결국에는 처음으로 되돌아왔다

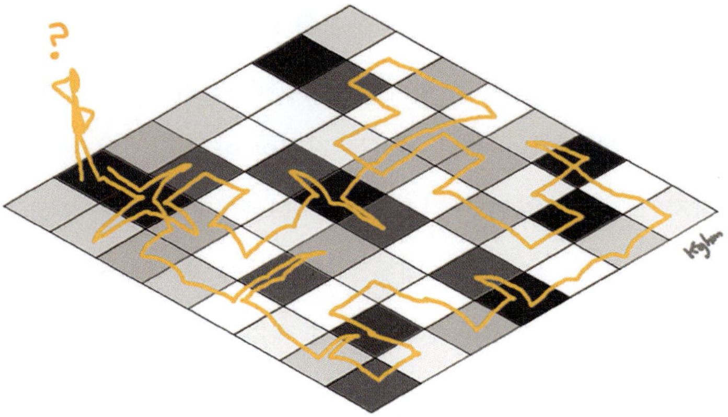

사람들로 빼곡한 분주한 출근길
눈 녹은 길을 밟는 종종 걸음들
거리 위에 남겨진 얼룩으로는
어제와 오늘을 구별할 수 없다
내 것을 알 수 없는 수많은 발자국
같은 곳을 걸어도 언제나 낯선 이곳
나는 지금 어디로 가는 것일까
유년의 추억처럼 나도 그렇게
처음의 그곳으로 갈 수 있을까?

당구billiards에서는 '길'과 '타격 방법'을 배운다. '길'은 나의 흰색 공(수구)이 사각의 벽에서 튕겨져 나와 상대방의 흰색 공을 건드리지 않은 채 두 개의 붉은색 공(표적 구)을 모두 맞출 수 있는 일종의 모범답안 같은 예상 경로를 배우는 것을 의미한다. 그런데 이 경로는 공의 어느 부위를 어떻게 치는지에 따라 확연히 달라진다. 즉, 공의 중심에서 위아래, 좌우 어느 지점을 타격하는지에 따라 굴러가는 운동과는 별개의 자전(스핀)이 생겨나 공의 궤적은 직선이 아닌 곡선의 형태로 휘게 된다. 심지어 역스핀은 가던 길을 멈추고 되돌아오게 한다. 또한 위치가 정해지더라도 공을 칠 때 밀어내듯 치거나 타격 후 재빠르게 당기는 방식으로 접촉 시간을 제어하거나 타격의 세기를 조절하는 섬세한 기술도 필요하다. '타격 방법'은 소위 말하는 큐대의 '힘 조절'을 통해 당구공에 정밀한 초기 조건을 부여하는 작업인 것이다.

본인이 타격할 차례가 왔을 때 초보자들에게는 당구공들의 배치가 매번 낯설고 새롭게 보이지만, 당구공은 점이 아니라 크기가 있고, 당구대라는 사각의 공간에 갇혀 있어서 '길'과 '타격방법'을 조합한 다양한 모범답안들을 숙지하고 있으면 웬만한 상황에는 어느 정도 대처할 수 있다. 그러므로 초보자와 고수의 차이는 다양한 '길'을 얼마나 많이 알고, 그 길을 구현하기 위한 힘 조절을 얼마나 정밀하게 제어할 수 있느냐의 차이인 것이다. 그래서 당구는 초기 조건이 주어지면 $F = ma$라는 뉴턴의 운동방정식을 통해 운동의 궤적을 예측하는 고전역학의 대표적 사례처럼 보인다.

당구를 치다 보면 개인의 삶이 사각 당구대 위에 놓인 하나의 당구공 같아 보인다. 이를테면 당구대는 우리가 살고 있는 거대한 우주이고, 당구공이 처음 굴러가기 시작해서 멈출 때까지의 기간을 한 개인의 수명이라 가정해보면, 우리의 운명은 신이 초기 우주에 부여한 큐대의 미세한 힘 조절에 의해 결정된 셈이다.

당구대라는 주어진 환경은 똑같지만, 공을 닮은 삶의 궤적은 초기 조건에 따라 확연히 달라지는 것이다. 타격의 세기가 크지 못해 잠시 움직이다 금세 멈춰버리는 경우도 있고, 제법 긴 수명을 지닌 경우도 있다. 공이 마주보고 있는 벽을 반복해서 왕래하기만 하는 경우처럼 단조

롭고 무난한 삶을 사는 이가 있는가 하면, 다른 공들과 벽을 여러 번 부딪히며 당구대를 몇 바퀴 돌아야 하는 복잡한 궤적을 만들어 내는 이도 있다. 하지만 개인의 삶이 당구공 궤적처럼 전부 결정되어 있고, 예측할 수 있다는 사실은 개인으로서는 분명 기운 빠지는 일이다. 시계 속 정교한 톱니바퀴가 맞물려 돌아가는 것처럼 자유의지가 들어설 틈이 없어 보이는 뻔한 운명적 삶을 마주하는 것은 끔찍한 일이다.

그래도 몇 개의 공이 굴러가는 것을 보고, 이렇게 운명적 비관론에 빠지는 것은 좀 섣부른 판단 같다. 현실적 모형을 위해 2차원 당구대에서 무중력의 3차원의 빈방으로 차원을 확장하고, 방 안에 있는 당구공의 개수도 늘려 보자. 또한, 우주공간의 지구와 달처럼 당구공들 사이에 서로 잡아 당기거나 밀어내는 상호작용도 고려해 보자. 그러면 많은 당구공들은 3차원의 방 안에서 각각 다양한 방식의 충돌을 경험하며 어딘가로 튕겨가며 방향을 트는 복잡하고 긴 여정의 궤적을 만들게 될 것이다. 이제 우리가 살고 있는 진짜 세상과 제법 닮아 보인다. 그런데 프랑스의 이론 물리학자 푸앵카레는 상호작용하는 입자의 수가 세 개만 되더라도 운동을 예측하는 것이 그리 만만한 것이 아니라는 것을 발견했다. 분명 궤적은 초기 조건에 의해 정해져 있지만, 너무도 비주기적이고 혼돈스런chaotic 모습이라 궤적의 예측이 사실상 쉽지 않다는 것이다. 사회와 생태계와 내 몸속의 세포조차 무수히 많은 수의 개체들로 구성되어 있다는 점을 감안하면, 다수로 구성된 집단 속 한 개인들의 미래를 예측하는 것은 확실히 쉬운 일은 아닌 듯 보인다.

'새옹지마'나 '기적'에 대한 믿음은 물리학의 혼돈현상과 유사한 통찰에서 비롯되었을까? 세상을 살아가다 보면 처음의 행운이 불행의 씨앗이 되거나, 지난날의 불행이 지금의 행운을 만드는 경우를 경험한다. 또한, 불가능해 보였던 모든 것들이 갑자기 실현되는 신비스러운 순간을 목격하기도 한다.

지혜로운 사람은 기적의 본질이 복잡한 관계 속에서 만들어진다는 것을 경험적으로 알고 있다.

구성원의 수가 많다고 반드시 혼돈현상을 유발하는 것은 아니지만, 아마도 이 세상은 혼돈이 존재하는 복잡계complex system임이 유력하다. 그러므로 타고난 초기 조건이 다르더라도 시간이 지나고 나면, 그 차이를 무색하게 할 만큼의 극적 반전이 언제든 생길 수 있다는 '나비효과'는 어떤 측면에서는 일종의 희망을 가지게 한다.

하지만 각각의 구성원들이 고전물리학법칙을 따르고 있다면, 미래는 여전히 결정되어 있는 셈이다. 너무도 복잡해 단지 예측이 어려울 뿐 개인이 그려나갈 삶의 궤적은 이미 다 정해져 있을지도 모른다. 어쩌면 신은 지금 이 순간 내가 숨 쉬는 것까지 모두 치밀하게 계획해 두었지만 그것을 결코 눈치챌 수 없게 하기 위해 세상을 이리도 복잡하고 혼란스럽게 만들어 놓았는지 모른다.

통계역학은 개체들을 일일이 예측하는 것이 불가능하다는 이런 현실적 한계에 대한 대안으로 사용되기 시작했지만, 평균값과 분포를 통해 집단의 특성을 제법 잘 기술한다. 하지만 집단을 구성하는 개인들은 여전히 무책임해 보이는 '우연'과 마주해야 한다. 단 한 개의 총알을 넣은 권총을 머리에 조준하고 방아쇠를 당기는 러시안 룰렛 게임에서 살아남을 확률은 단순한 '우연'일까? 아니면 운명의 큐대를 손에 쥐고 섬세한 힘 조절을 하는 신이 정한 운명일까? 이를테면 불행한 출생 이후 이래저래 험한 삶을 살다 누군가의 꾐에 빠져 지금 이 순간 머리에 총을 겨누는 상황까지 왔지만, 잠시 후 방아쇠를 당길 차례에서는 다행히도 총알이 없는 탄창을 마주하게 되는 이 모든 과정이 태어날 때부터 모두 결정된 것이라면? 아니면 단지 1/6이라는 죽음의 확률이 지금 이 순간을 비껴간 것일까?

당구대 위에서 궤적을 남기는 당구공처럼 역사의 궤적을 이루는 사건의 점들은 각각 시간의 꼬리표를 지니고 있다. 과거에서 현재에 이르는 궤적이 하나의 선으로 연결되어 왔다면, 미래도 그 하나의 줄기를 유지하며 연장되어야 한다. 그런데 확률은 마주할 미래의 시점 앞에서 느닷없이 이리로 갈 수도 있고, 저리로 갈 수도 있다는 무책임한 태도를 취한다. 여태껏 한 가닥이었던 역사의 줄기를 갑자기 여러 갈래로 나누어 보여 주는 것이다. 이 분열을 마주하는 순간 모든 것이 정해져 있었을 것이라는 결정론에 대한 믿음이 흔들리기 시작한다. 우리의 운명은 큐대를 움켜쥔 신의 섬세한 힘 조절이 아니라 천상의 도박장 테이블

위를 굴러다니는 주사위에 의해 결정되는 것일까?

이렇게 통계의 확률적 예측에서 운명적 결정론이 사라진 듯한 느낌을 받는 이유는 과거에서 현재로 시간이 흐르며 이어지는 궤적의 동적 느낌을 교묘한 방법으로 제거했기 때문인데, 그 배후에는 에르고딕성 Ergodic 性, Ergodicity이라는 중요한 가정이 내재되어있다. 예를 들어 당구대라는 우주 속에서 당구공들이 끊임없이 움직이며 충돌하는 경우를 상상해 보자. 우주에는 매 시간마다 고유한 하나의 사건이 일어난다. 하나의 사건이란 각자에게 다른 삶의 모습이 주어지는 것처럼 여러 개의 공들이 각기 다른 위치, 빠르기, 방향이 주어진 채로 당구대 위에 배치된 우주 전체의 풍경을 의미한다. 지금 이 순간 영희는 구석진 곳에서 왼쪽 벽을 향해 빠르게 돌진하고 있는데, 철수는 한가운데 정지해 있고, 광수는 오른쪽 45도 방향으로 전력 질주하는 이 특별한 하나의 풍경은 맨 처음 주어진 초기 조건에 의해 결정된 것이다. 만약 초기 조건이 다르다면, 지금 이 순간 그들이 처한 삶의 모습은 분명 다를 것이다. 그래서 사람들은 대체로 출발선에 예민한가보다.

하지만 통계는 그런 초기 조건의 차이에 연연해하지 않는다. 대신 오랜 시간 동안 사건들의 다양한 풍경을 관찰한다. 카메라의 셔터를 열어둔 채 매 순간 달라지는 풍경의 궤적들이 고스란히 한 장의 필름 위에 남겨지도록 내버려두고서는 길고 긴 시간을 기다리는 것이다. 오래 기다려 본 사람들은 '기다림'이 차이와 다름에 대해 점점 둔해지게 만든다는 것을 안다. 그래서인지 오랜 세월을 버틴 물건이나 사람들은 정적靜的

이다. 그들에게는 긴 세월의 흔적이 여러 겹의 풍경으로 포개어져, 고스란히 남겨져 있는 것 같다. 따라서 '기다림'은 실시간으로 바뀌며 꿈틀거리는 궤적의 역동적 시간 흐름을 복잡해 보이는 하나의 정적 풍경으로 만들어 버린다. 그렇게 시작과 끝, 차이와 다름은 시간과 함께 잊혀지고 나뭇가지가 빼곡한 숲속의 정적과 풍경이 된다.

에르고딕은 그리스어 '일'과 '길'의 합성어로서 글자 그대로 보자면 삶의 궤적 같은 의미를 떠올리게 하지만, 어떤 시스템이 "에르고딕Ergodic하다"는 뜻은 오랜 기간 동안 일어나는 사건들의 궤적을 누적하면, 가능한 한 모든 사건들을 골고루 지나게 된다는 의미이다. 예를 들어 총 에너지가 일정하게 유지되면서 당구대 위에서 공들이 다양한 방식으로 운동하는 경우를 살펴보면, 특정 시간마다 당구대 위에서는 하나의 사건에 해당하는 풍경이 펼쳐진다. 가능한 모든 사건의 풍경들을 바닥 위에 낱장의 사진처럼 펼쳐 두고 매 순간에 해당하는 풍경을 찾아가면, 결과적으로 역사란 시간이 흐름에 따라 각기 다른 풍경들을 옮겨다닌 흔적이라 생각할 수 있다. 에르고딕하다는 의미는 이 모습을 오랫동안 누적해서 관찰하면, 모든 풍경들을 균등한 빈도로 지나게 된다는 뜻이다. 그러므로 긴 시간 동안 바둑판 위를 채운 바둑알들이나 종종걸음이 남긴 보도블럭 위의 얼룩이 에르고딕하다는 의미는 그 흔적들이 균질한 빈도로 채워져 있다는 것을 의미한다.

무한히 긴 시간 동안 누적되어 겹쳐진 풍경은 일종의 통계자료인 셈인데, 유한한 수명을 지닌 인간이 이런 촘촘한 풍경을 만드는 것은 현실적으로 불가능하다. 그러나 해당 시스템이 에르고딕하다면, 긴 시간을 기다리지 않고도 그 흔적을 볼 수 있는 방법이 있다. 하나의 우주 같은 당구대에서 일어나는 풍경을 오랫동안 관찰하지 않는 대신 똑같은 당구대를 아주 많이 준비해서 한순간에 각기 다른 우주의 풍경을 들여다 보는 것이다. 통계역학에서는 아주 많은 수의 똑같은 당구대를 '앙상블'이라고 한다. 아마도 앙상블을 구성하는 각각의 우주는 서로 다른 초기 조건과 운명의 궤적을 지니고 있겠지만, 그런 차이는 중요하지 않다. 동시에 여러 개의 풍경을 보는 관찰의 시간도 특별한 순간일 필요가 없다. 긴 기다림으로 누적된 시간의 풍경이 초기 조건의 차이와 다름을 둔하게 느끼도록 만든다면, 우연히 들여다본 한 순간, 많은 우주를 통해 펼쳐진 앙상블 풍경은 다름과 차이를 지극히 자연스럽게 받아들이게 만든다. 따라서 당구대가 에르고딕하다면, 시간 평균과 앙상블 평균의 모습은 동일하다.

또 다른 예로, 한 개의 주사위를 던질 때 하늘을 향한 면의 수를 관찰해 보자. 주사위가 한 개 밖에 없으니 한 번에 하나의 수 밖에 얻을 수 없다. 만 번 정도 던지면 여섯 면의 실험적 확률분포를 어느 정도 얻을 수 있을 것이다. 하지만 이 방법은 긴 시간을 필요로 한다. 앙상블 평균은 만 개의 주사위를 동시에 던져 여섯 면의 확률분포를 구하는 작업이다. 만약 한 개의 주사위가 보여줄 수 있는 여섯 면이 에르고딕하다면, 기나긴 시간 동안 지켜보며 얻은 '시간 평균'과 아주 많은 주사위로 구성된 '앙상블 평균'이 동일한 결과를 만들어 낸다. 즉, 여섯 면 모두 균등한 가능성을 지니고 있다.

그렇다고 에르고딕이 당연하고 흔한 것은 아니다. 가령 사각의 당구대 안에서 단 한 개의 공이 주어진 경우 큐대에 의해 초기 조건을 부여받은 공이 모든 공간을 다 지나쳐가기는 쉽지 않다. 사각의 당구대에서 몇 번을 돌다 보면, 처음과 동일한 위치로 쉽게 돌아오고 결국에는 똑같은 궤적을 계속해서 맴돌게 된다. 하지만 당구대의 마주하는 두 개의 벽을 육상 경기장처럼 곡면으로 바꿔 보면, 당구공 궤적은 좀 복잡해지기 시작한다. 여러 번 부딪치고 나면 처음 위치 근처로 어렵지 않게 돌아오던 사각 당구대와 다르게, 곡면을 지닌 당구대는 계속해서 기존과 다른 방향의 궤적을 만들어 낸다. 만약 마찰이 없다면 육상경기장을 닮은 당구대의 경우, 당구공은 모든 면을 다양한 궤적으로 가득 채울 수 있을 만큼 매번 새로운 경로를 만들어 낸다.

에르고딕을 수에 적용해도 흥미롭다. 1/3은 소수점 이하에서 편집증 환자처럼 3만을 무한히 반복한다. 3/7은 소수점 이하에서 더 다양하게 428571을 반복하지만, 3, 6, 9, 0은 나타나지 않는다. 따라서 소수점 이하에서 모든 수를 균질하게 보여 주지 않는다는 측면에서 유리수는 에르고딕하지 않다non-ergodic. 하지만 $\sqrt{2}$나 π처럼 소수점 이하에서 계속해서 수를 만들어 내는 무리수는 어떨까? 그들은 에르고딕하다고 추정되고 있다.

다수의 개체들이 복잡하게 얽혀 있는 생명체, 자연, 사회 군집의 경우 혼돈이 쉽게 동반되지만, 에르고딕하지 않은 경우가 종종 목격된다.

우리가 살아가는 복잡한 세상 역시 혼돈현상이 일어나고 있지만, 에르고딕할 것인지는 장담할 수 없다.

개인이 걸어온 삶의 궤적들을 들여다 봐도 그렇고, 타인과 내가 뒤섞인 공공장소에서도 에르고딕하지 않은 상황을 자주 볼 수 있다. 가능한 한 모든 사건들을 골고루 지나지 않고, 특정한 것들만을 경험하는 것은 분명 운명적 느낌을 준다. 내게 주어진 이 특별한 경로와 선택된 삶으로 인해 세상은 에르고딕하지 않은 것일까?

볼츠만 두뇌

나는 그런 몸뚱이가 아니라네
이 몸 또한 온전히 내 것은 아니기에

나는 보통의 살아있는 존재도 아니라네
나는 '의식consciousness'이라네

그저 살아가기 위한 나의 갈증이었네
나를 속박했던 그것은

(〈아쉬타바크라의 노래〉 중에서)

통계역학은 엔트로피를 '경우의 수'와 연결짓는다. 그러므로 "고립된 시스템의 엔트로피 값은 그대로 유지되거나 증가하기만 할 뿐 결코 줄어들지 않는다."는 열역학 제2법칙을 통계적 관점에서 이해해 보면, 엔트로피가 증가하는 방향의 사건들이 일어나는 이유는 단지 다른 사건들에 비해 경우의 수가 압도적으로 많기 때문이다. 예를 들어 교실 뒤 구석자리에서 누군가 방귀를 뀌면 방귀 가스를 구성하는 분자들이 교실 공간 전체로 퍼져 나가 결국에는 맨 앞줄에 있는 학생도 그 냄새를 맡게 된다. 하지만 이미 교실 가득 퍼진 방귀 분자들이 영화 필름을 거꾸로 돌리듯 다시 처음의 발생 장소로 집결하는 일을 경험한 적은 없다. 전자의 사건이 후자의 사건보다 경우의 수가 압도적으로 많기 때문이다.

교실을 채운 공기 분자와 냄새를 유발하는 방귀 가스 분자를 각각 작고 가벼운 흰 공과, 붉은 공이라고 상상해 보자. 이들은 역마살을 지닌

방랑객처럼 빈 공간을 끊임없이 움직이며 어디론가 가려 한다. 흰 공이 상대적으로 많지만, 교실 구석에서 막 생겨난 붉은 공들은 가보지 않은 교실 속 다른 공간으로 탐험을 시작할 것이다. 만약 시간과 공간 해상도가 모두 뛰어난 카메라가 있어 매 순간마다 흰 공과 붉은 공들이 배치된 풍경을 계속해서 찍는다고 상상해 보자. 엄청나게 많이 확보한 사진들을 자세히 비교해 보면, 처음 방귀가 만들어지는 순간 붉은 공들이 구석에 몰려 있는 풍경에 비해 교실 안에 골고루 퍼져 있는 풍경의 사진을 더 많이 발견할 수 있다. 왜냐하면, 동일한 풍경으로 보이지만 여러 개의 흰 공과 붉은 공들이 교실이라는 제한된 공간에서 각자의 위치를 바꾸며 다양한 '경우의 수'를 만들어 낼 수 있기 때문이다. 즉, 교실 구석의 좁은 공간에만 붉은 공이 있는 풍경을 만들어 낼 수 있는 경우의 수는 교실 전 공간에 흩어져 있는 경우의 수보다 압도적으로 적다는 것을 알게 된다. 그리고 그 차이는 공들 수의 규모가 클수록(공기 분자에 해당하는 하얀 공의 수는 대략 10^{23}개) 더욱 급격하게 벌어진다.

이를테면 엄청나게 많은 원숭이를 자판 앞에 앉혀두고 타이핑을 시키면 알파벳들의 무작위 조합이 만들어지지만, 운 좋게 '햄릿' 같은 걸작을 만들어 낼 가능성이 전혀 없는 것은 아니다. 하지만 우리는 원숭이들이 우연히 '햄릿'을 만들어 낼 가능성을 진지하게 고려하는 것을 받아들이기는 쉽지 않다. 따라서 열역학 제2법칙을 통계적으로 해석해도 압도적으로 많은 '경우의 수'를 지닌 풍경으로 변해간다는 일종의 "방향성"을 부여할 수 있다.

엔트로피 값이 큰 풍경으로 향하는 우주의 방향성을 다르게 표현하면 정렬된ordered 상태에서 비정렬된disordered 상태로 나아가려는 것이라 말할 수 있다. 방귀 냄새 분자들이 발생지 근처에서만 얌전하게 정렬된 상태로만 있지 않고, 교실 안의 여기저기 흩어진 비정렬된 풍경으로 바뀌는 일종의 방향성이 있는 것이다. 비정렬된 풍경이 압도적으로 많은 경우의 수를 지니고 있기 때문이다. 분명 며칠 전 방 안을 깨끗하게 정리 정돈했지만 시간이 지날수록 방의 풍경이 자꾸만 엉망으로 어지럽혀지며 비정렬된 풍경으로 변해가는 것은 열역학 제2법칙이라는 우주의 심오한 원리에 의한 피할 수 없는 결과인 것이다.

그렇다면 교실 같은 거대한 우주 속 요소들은 모두 교실 안으로 흩어져 가는 분자들처럼 우주의 끝자락까지 골고루 퍼져나가 궁극의 비정렬된 상태인 최대 엔트로피를 향해 나아가야할 것이다. 그런데 나의 몸은 왜 생명을 유지하며 수십 년을 이렇게 버티고 있는 것일까? 죽음 이후 살이 썩어, 분해되어, 흙으로 사라지는 모습이 오히려 열역학 제2법칙에 맞는 것이다. 분자, 세포, 조직, 근육, 살, 피부, 뼈들이 내 몸에 엉겨 붙은 채로 생명을 유지하고 있는 상황보다는 그들이 드넓은 우주

공간으로 흩어지는 것이 더 엔트로피를 크게 할 수 있는 것이다. 이를테면 내가 생명을 유지하며 존재하는 것은 교실 안의 방귀 분자가 전체 공간으로 퍼지지 않고 한곳에 몰려있는 것과 같은 상황인 셈이다. 압도적으로 큰 경우의 수와 엔트로피를 지닌 우주 속 먼지로 흩어지는 사건과 비교했을 때, 너무도 희박한 경우의 수를 지닌 그 사건이 나의 삶인 것이다. 거대한 우주적 관점에서 나의 생명은 수많은 원숭이가 우연히 만들어 낸 '햄릿' 같은 것이다. 마찬가지 이유로 지구상의 모든 생명체, 산과 바다, 지구라는 행성, 태양계의 행성, 태양계와 은하계가 크고 작은 덩어리를 유지하고 있는 것 역시 궁극의 비정렬 상태로 나아가려는 우주의 방향성에 반하는 모습이다.

현실적 관점에서 엔트로피가 커지는 방향의 사건이 거의 유력하게 일어난다는 방식으로 열역학 제2법칙을 인정했지만, 엄밀히 말해 갑자기 엔트로피가 다시 작아지는 사건들이 일어날 가능성은 희박하기는 improbable 하지만 그렇다고 완전히 불가능impossible하지도 않다. 현실적 관점에서 불가능에 가깝지만, 그래도 기적을 기대하듯 자꾸만 상상력을 자극시킨다. 세상의 역사를 살펴보거나 개인이 살아가는 과정을 돌이켜 봐도 마치 안개나 숲의 가지들처럼 빼곡하고 복잡한 궤적을 남기며 무수한 우연들이 무심하게 지나가는 것 같지만, 분명 '회귀'라는 단어를 떠올리게 하는 특별한 순간과의 조우가 있다. 주관적이고 심리적인 합리화일지는 몰라도 분명 처음 경험하는 일임에도 불구하고 오래전에 이미 경험한 것 같이 익숙한 기시감이 들거나 지금 일어나는 일을 무의식이 미리 예상하고 있던 것 같은 묘한 느낌이 들 때가 있다. 놀랍게도 물리 이론 중에도 충분한 시간이 지나고 나면 반드시 초기 상태와 가까운 상태로 회귀한다는 푸앵카레의 재귀정리Poincaré recurrence theorem가 있다. 즉, 교실 구석에서 발생한 방귀 분자는 교실 전체로 골고루 퍼져 나가는 것이 가장 유력하지만, 다시 처음으로 회귀하는 일이 언젠가는 일어난다는 것이다. 물론 회귀가 일어나는 그 '언젠가'는 기약할 수 없다. 종교나 신화에서 사용하는 '억겁'이나 'Aeon'이라는 단어처럼 그 회귀의 시간은 현실적으로 불가능하다고 말해도 될 만큼 긴 시간일지도 모른다. 설령, 그 회귀의 순간을 마주한다 하더라도 회귀의 순간은 '찰나'처럼 너무도 짧아 허무하게도 못 보고 그냥 지나칠 수도 있다. 하지만 내가 살아있는 이 시간이 어쩌면 그 기약할 수 없는 회귀의 순간 같은 것인지도 모른다.

커다란 우주를 '교실'이라고 생각해보자. 그리고 교실 공간에 방귀 분자가 골고루 퍼진 것처럼 그 거대한 우주가 이미 궁극의 비정렬 상태

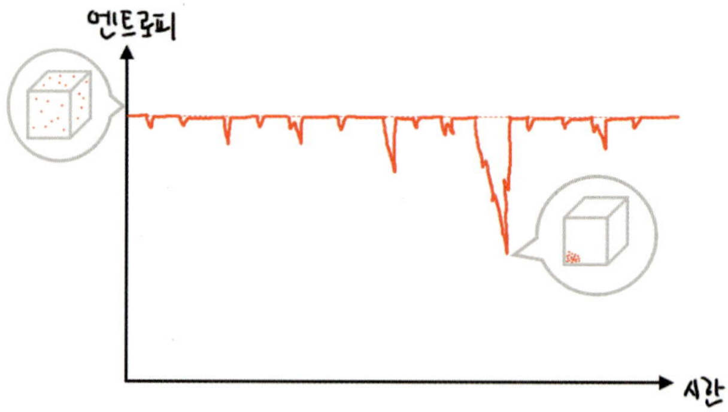

혹은 최대 엔트로피의 평형상태를 유지하고 있다고 가정해 보자. 분명 방귀 분자들이 교실 안에 골고루 퍼져 있는 모습이 가장 경우의 수가 많기는 하지만, 매 순간의 모습을 자세히 살펴보면 간혹 분자들이 듬성듬성 분포하거나 몰려 있는 비균질적인 풍경이 나타나는 경우도 존재한다. 통계역학에서도 평형상태는 최대 엔트로피를 유지하지만, 실시간으로 그 변화를 지켜보면 최대값에서 조금 줄어들었다가 금세 최대로 복귀하는 일종의 노이즈 같은 '요동fluctuation' 현상을 볼 수 있다. 어쩌면 우리가 관측하는 우주와 은하계, 태양계와 지구, 산과 바다, 수많은 생명체 같은 모든 존재는 이 궁극의 최대 엔트로피 평형상태를 유지하는 거대 우주 속에서 일어난 작은 '요동'의 결과일지 모른다. '우리 우주'는 교실이라는 '거대 우주' 속에서 분자들이 엉겨 붙는 아주 작은 '요동'에 의해 일어난 것인지 모른다.

물론 현재의 우리 과학 지식은 우주가 작은 점에서 빵Bang하고 터져 팽창하고 있다고 가정한다. 즉, 과거에는 엔트로피가 아주 작았고, 점점 커져가는 중이라고 믿고 있다. 생명이 생기는 과정도 우주의 근원 입자가 뭉쳐져 분자와 물질을 이루고, 태양과 지구를 만들고, 특별한 조건에서 원시 생명체가 만들어져 점진적인 진화의 과정을 거쳐 지금의 우리가 만들어졌다고 믿고 있다. 하지만 우리의 우주를 먼지보다 더 작은 존재로 간주하는 '거대 우주'를 가정한다면, 평형상태에 있는 그 '거대 우주'의 최대 엔트로피가 아주 조금 줄어드는 '요동'으로도 충분히 '우리 우주' 정도는 생겼다 사라질 수도 있다. 어쩌면 팽창해가는 우리 우주의 138억 년이라는 시간은 '거대 우주'의 큰 시간 스케일에서는 찰나처럼 짧은 '요동'의 과정에 해당하는 것일지도 모른다. 즉, '거대 우주'의 최대 엔트로피에서 우연히 줄어들었다가 다시 최대값으로 복귀해 가는 그 짧은 과정에 138억 년이 흘렀는지 모른다.

황당하고 어이없는 이야기다. 그렇다면 이 황당한 논리가 어디서 기인했는지 다시 한번 살펴보자. 통계역학은 교실 공간이라는 거시적 현상을 설명하기 위해 미시 스케일 속 분자들의 개별적 운동에 대한 인과적 예측을 포기한다. 대신 모든 가능성을 고려해 결과를 우연과 확률로 표현한다. 분자들의 개별적 운동에 대한 인과적 예측이 우연과 확률 속에 묻혀 버린 것이다. 그래서 통계의 세상에서는 모든 것이 가능성의 바다에서 거품처럼 우연히 생겨난다. 하지만 통계역학은 그 우연을 기반으로 거시세계를 아주 훌륭하게 설명한다. 그러므로 만약 우리 우주가 '거대 우주'의 시간 스케일에서 '요동' 같은 찰나이며, 거대 공간 스케일에서도 먼지보다 작은 존재라면, 우리 우주를 구성하는 존재들 역시 개별적 인과과정을 우연과 확률 속에 묻어 버릴 수 있다.

그런데 이렇게 인과론적 과정을 무시하고 우연한 '요동'의 결과로 존재의 이유를 설명할 경우, 아주 기묘한 결론에 도달하게 된다. 즉, 태양이 먼저 만들어진 다음에 지구가 형태를 갖추었다는 인과론적 과정을 우연과 확률 속에 묻어 버리면 태양계 없이 지구가 우연히 '요동'의 결과로 생겨날 수 있다. 지구 없이 나무가 우연히 '요동'의 결과로 생겨날 수 있다. 사과 나무 없이 사과가 우연히 '요동'의 결과로 생겨날 수 있다. 원시생명체로부터의 진화 과정 없이 인간이 우연히 '요동'의 결과로 생겨날 수 있다.

실제 통계역학 이론에서 최대 엔트로피를 유지하는 평형상태에서 엔트로피가 잠시 줄어드는 '요동'은 그 골짜기의 깊이가 얕을수록 더 자주 일어난다고 잘 알려져 있다. 쉽게 말해, 엔트로피가 덜 낮아지는 '요동'이 더 빈번하게 일어난다. 그러므로 '요동'의 깊이가 더 얕은 사건이 더 빈번하게 일어난다. 따라서 깊은 골짜기의 요동(즉, 엔트로피가 상대적으로 더 낮은)으로 태양계가 생기는 것보다, 얕은 골짜기의 요동으로 인한 지구의 우연한 생성이 더욱 빈번하게 일어난다. 그렇다면 지구가 우연히 만들어지는 것보다 산 하나만 생기는 것이 더욱 빈번하다. 산 하나가 우연히 생기는 것보다 살아있는 인간 한 명이 갑자기 출현하는 것이 더욱 자주 일어난다. 즉, 태양도 없고, 지구도 없고, 산도 없고, 텅 빈 우주공간에 나 혼자, 갑자기 출현하는 것이 상대적으로 더 흔한 일이다.

그렇다면 내 몸에 팔, 다리와 몸통이 다 붙어 있는 채로 내가 우연히 출현하는 것보다 나를 인지할 수 있는 최소한의 물질덩어리인 뇌 하나만 달랑 출현하는 것이 더욱 흔하게 일어난다. 즉, 텅 빈 우주에 존재를 인지하는 뇌 하나만 출현하는 것이 가장 빈번한 사건인 것이다.

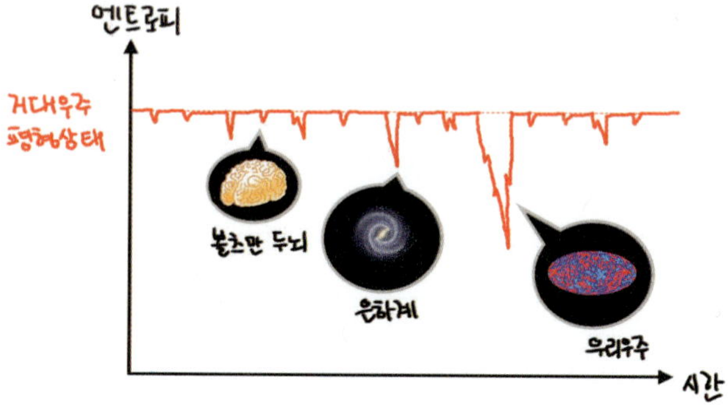

이왕 이렇게 된 거 좀 더 극단으로 가 보자. 동일한 논리로 추론해 보면, 관측 존재의 대상이 생겨나는 것보다 가상현실같은 기억과 데이터의 형태로 정보만 뇌 속에 저장되는 것이 더욱 빈번하게 일어난다. 태양이 만들어지는 것보다, 태양에 대한 이미지와 정보를 요약한 데이터가 만들어지는 '요동'이 더욱 빈번하게 일어난다. 그러므로 평형상태의 최대 엔트로피를 유지하고 있는 '거대 우주'에서는 실체가 있는 '우리 우주'가 생겨나는 가능성보다 대상을 인지할 최소한의 덩어리인 뇌가 그 대상의 데이터 정보만 저장한 채로 허공에 떠 있을 가능성이 더욱 유력한 것이다.

지금껏 우리가 관측한 모든 우주와 나의 삶은, 텅 빈 우주공간에서 뇌 하나 달랑 남은 채 꿈을 꾸고 있는 가상현실 같을 가능성이 가장 유력한 셈이다. 138억 년이라는 우주의 나이조차 '요동'으로 간주되는 평형상태의 '거대 우주'의 긴 시간 스케일에서, 우리의 삶은 어쩌면 최소한의 물리적 인지구조에서 일어나고 있는 한순간의 꿈인 것이다. 10여 년 전 물리학자들은 이 황당한 가능성을 진지하게 고려했고 '볼츠만 두뇌 Boltzmann brain'라는 이름으로 대중적으로도 화제가 되기도 했다.

그런데 만약 텅 빈 우주공간에 고독하게 존재하는 '볼츠만 두뇌'가 지니고 있는 기억과 정보조차 모두 악마에 의해 조작된 것이라면? 이를테면 우주에서 실제 생겨날 법한 가상현실을 저장시켜 줘야 하는데, 진짜 진리와 다른 내용을 우리의 뇌 속에 주입한 것이다. 그것도 아주 교묘하게 조작되어 진리처럼 보이도록 말이다. 악마는 우주의 진짜 진리를 인간에게 보여주기 싫었던 것이다. 약 400여 년 전 데카르트도 비슷한 고민을 했다. '볼츠만 두뇌'가 조작된 가상현실을 인지하는 모습처럼 우리가 사는 세상도 악마가 의도적으로 우리의 경험적 관찰과 사유에 끼어들어 잘못된 추론을 하도록 조작하고 있다면 어떨까? 이 화두는 인간이 과연 제대로 된 지식을 얻을 수 있는지에 대한 심각한 고민을 불러일으킨다. 하지만 비록 악마에게 속고 있지만 속고 있는 자신의 존재 자

체는 부정할 수는 없다. "나는 생각한다. 고로 존재한다."는 유명한 명제는 이렇게 탄생했다. 즉, 인지하는 관측 대상은 악마에 의해 조작된 가상현실같은 것일지 몰라도, 최소한 속고 있는 관측자 자신이라는 존재는 사실인 것이다.

그런데 여기서 데카르트가 말하는 '나'는 좀 모호하다. 중세시대의 영향으로 그는 세상을 '정신'과 '물질'이 섞여 있는 이원론적 세계로 이해했다. 즉, '물질'은 공간을 점유하는 속성을 지니고 있고, 육체는 물질로 구성되어 있다. 그런데 물질로 구성된 육체의 감각이 '송과선'이라는 독특한 기관을 통해 '정신'에 전달된다고 주장했다. 반면 '물질'과 구분되는 '정신'의 속성은 '사유하는 것'이므로 육체 없는 사유도 가능하다고 주장했다. 그런데 잘 생각해 보면 물질의 감각 신호가 '송과선'을 통해 사유하는 '정신'과 연결될 수 있다면 '송과선'과 '정신' 역시 물질적 속성에서 자유로울 수 없다. 예를 들어, 광케이블이나 와이파이를 통해 데이터가 컴퓨터에 전달되는 과정을 살펴보자. 아마도 데카르트가 의도한 '정신'은 컴퓨터가 데이터를 읽거나 연산하는 '인지과정' 자체에 해당하는 것이었을 것이다. 그러나 '인지과정'이라는 단어의 의미는 추상적인 것이지만 그 '인지과정'에는 아날로그 전파신호를 컴퓨터가 인지할 수 있는 디지털 신호로 변환하는 물질적 장치와 그 디지털화된 정보를 처리하기 위한 중앙처리장치CPU나 주기억장치RAM/ROM라는 물질적 하드웨어를 필요하다. 그러므로 유선 LAN 케이블이나 무선 와이파이를 통해 컴퓨터로 주입되는 것을 인간의 육체적 감각에 비유하면, '볼츠만 두뇌'는 정보의 외부유입 없이 이미 방대한 용량의 정보를 하드드라이브나 캐시메모리에 품고 있는 상황이라 볼 수 있다.

실재하는 대상은 없고 삶이 가상현실 같은 꿈일지도 모른다는 생각은 컴퓨터가 만들어 낸 '사과 이미지'가 실물을 카메라로 찍어 데이터화한 것인지, 아니면 기능 좋은 포토샵 소프트웨어로 만든 것인지, 구분하지 못하는 상황과 같다. 따라서 이런 상황에서는 '사과'라는 것이 현실 세상에 정말 있는 것인지도 알 수 없다. 이런 류의 질문은 데카르트뿐만 아니라 다양한 서양 철학자들을 거쳐 지금도 여전히 논의되고 있으며, 기원전 중국 장자의 '나비 꿈'이나 고대 힌두교 경전에도 등장한다. 심지어 현대에 와서는 우주론이나 양자역학의 새로운 해석에도 유사한 개념이 등장하고 있다.

다양한 방식으로 표현된 이 회의주의적 질문에 대한 반론은 철학과 물리학의 관점에서 모두 가능하다. 물리학적으로 따지고 들자면 진공 상태의 차가운 우주공간에서 고도로 복잡한 세포와 신경조직이 그 구조를 유지하며 작동하는 것 자체가 물리적으로 불가능한 상황이라고 주장할 수 있다. 하지만 '거대 우주'의 무한한 가능성은 우리가 여지껏 알지 못하는 방식으로 최소한의 물리적 형태를 유지하며 생존하는 '볼츠만 두뇌'의 가능성을 완전히 배재할 수 없게 만든다.

통계적 추론의 결과인 '볼츠만 두뇌'를 오히려 통계의 특성을 이용해 반박하는 방법도 가능하다. 설령, '볼츠만 두뇌'라는 물리적 구조가 우주공간에 유지하는 것이 가능하더라도 그것을 인지하는 과정에 문제가 있을 것이라는 것이다. 즉, 우리가 논리적으로 생각하는 과정은 많은 가능성 중에서 일관성을 위해 소수의 특정 가능성으로 추려가는 과정이다.

수학 문제를 푸는 과정이 그렇고, 모든 사유의 과정이 그렇게 경우의 수를 줄여가는 과정이다. 하지만 '볼츠만 두뇌'가 우연이라는 '요동'에 의해 만들어진 것이라면 설령, 세상에 대한 엄청난 데이터를 지니고 있더라도 논리적인 사고를 진행하지 못할 것이다.

따라서 '볼츠만 두뇌'의 사유는 정신병자들의 아무 말 대잔치일 가능성이 높을 것이다. 하지만 분명 우리는 수학문제를 풀기 위해 엔트로피가 줄어드는 사유 과정을 경험하고 있다.

현대 철학자들도 '볼츠만 두뇌'와 유사한 개념의 '수조 속 뇌Brain in a vat'라는 표현을 사용해 동일한 논의를 하고 있다. 즉, 당신은 사실 예전부터 몸은 없고, 뇌만 달랑 남겨진 상태로 장기 보관용 수조 속에 담겨 있었다. 대신 정교한 회로에 의해 뇌의 신경조직들이 외부 컴퓨터와 연결되어 가상현실을 체험하고 있었던 것이다.

'수조 속 뇌'를 반박하는 가장 편한 방법은 법정의 규정처럼 입증 책임을 회의주의자의 몫으로 넘기는 것이다. 즉, "수조 속의 뇌가 아니다."라는 것을 입증하는 것이 아니라, "수조 속의 뇌다."라는 것을 입증하라는 것이다. 결국 후자를 입증하지 못할 것이므로 우리는 괜한 걱정할 필요가 없다는 말이다.

힐러리 퍼트넘Hilary Putnam이라는 현대 철학자는 우리가 '수조 속 뇌'가 아닌 이유를 언어학적 의미론에서 찾았다. 그는 만약 당신이 실재하는 현실을 전혀 경험하지 못하고 태어날 때부터 가상현실만 경험했다면, 현실 경험을 한 우리가 공감하는 것 같은 수조의 '안'과 '밖'이라는 개념을 지니지 못할 것이라고 주장한다. 한번도 가상현실 밖을 벗어난 적 없는 이에게 안과 밖은 그저 다른 패턴의 이미지일 뿐이다. 이를테면 2차원에 사는 개미는 바닥에 투사된 그림자와 이미지를 통해 3차원을 경험한다.

만약 개미가 우리와 말이 통한다면 우리는 3차원에 대해 다양한 설명을 해 줄 수 있지만, 개미는 결코 3차원에 대해 직관적인 공감 같은 것을 할 수 없을 것이다. 마찬가지로 일평생 가상현실을 체험한 수조 속 뇌는 '수조 속 뇌'라는 것의 의미를 우리와 공감할 수 없다. 따라서 '수조 속 뇌'라는 단어의 의미를 공감하는 우리는 '수조 속 뇌'나 '볼츠만 뇌'가 아닌 것이다.

그러나 이 주장도 한계를 지닌다. 예를 들어, 당신은 실재의 세상에서 잘 지내고 있었다. 그래서 안과 밖의 의미를 충분히 공감할 수 있다. 하지만 한 미친 과학자가 당신이 잠든 사이 당신의 뇌만 분리해 정교하게 조작된 컴퓨터에 연결해 두었다. 잠에서 깬 당신은 지난 일상과 아무런 차이를 느끼지 못하며 아침을 맞이하고 집을 나와 집 밖의 풍경을 감상할 수도 있다. 그러나 이 모든 것은 미친 과학자가 수조 속에 담긴 당신의 뇌에 주입하는 가상현실일 뿐이다. 당신은 어젯밤 그가 당신에게 한 짓을 전혀 알지 못한다. 지금 이 책을 읽고 있는 당신은 어떤가? 자신의 손과 볼을 쓰다듬거나 꼬집으며 "이렇게 진짜가 있잖아!"라고 생각할지도 모른다. 하지만 이 모든 것은 컴퓨터가 만들어 낸 가상현실일지도 모른다.

기술이 더욱 정교해진 미래에는 어쩌면 일상 속에서조차 현실과 가상현실의 경계가 모호해질지 모른다. 그렇다고 해서 세상이 물질 없이 정보와 사실로만 이루어졌다고 섣불리 단정지을 수는 없다. 우리는 정보를 주입하고 인지하기 위해 존재하는 물질적 기계와 전기, 빛 신호와 같은 물리적 정보의 전달 과정을 간과해서는 안 된다. 물리학은 결코 물질로 구성된 우주를 포기하지 않는다. 그것을 포기하는 이론은 더 이상 물리학이 아니기 때문이다. 물리학은 바로 그 지점에서 실재하는 물질 세상을 인정하지 않는 관념론Idealism적 철학이나 세상의 모든 것을 정신적인 것으로 환원하려는 유심론Mentalism적 종교와 구분된다.

엔트로피 힘 MeToo

최근 몇 년 사이 세계적으로 진행되고 있는 MeToo 운동에서 보여지는 피해자의 폭로, 이후 일어나는 갑들의 견제, 피해자를 향한 대중적 지지의 모습을 바라보다 물리학 교과서에서 소개되는 물리적 다양한 힘들로 그 모습을 해석할 수도 있겠다는 생각이 들었다.

뉴턴역학에서 힘($\vec{F}$)은 질량(m)과 속도($\vec{v}$)의 곱인 운동량($\vec{p} = m\vec{v}$)의 시간적 변화로 기술된다($\vec{F} = \frac{d\vec{p}}{dt}$). 뉴턴은 정지한 것은 계속해서 정지하고, 움직이는 것은 동일한 속도를 유지하려는 관성의 본질을 운동량($\vec{p}$)으로 이해했다. 그래서 지금의 상태를 그대로 유지하려는 관성은

운동량을 보존하려는 법칙에 기인한 것이다. 이 경우 힘은 다분히 변화 주체의 주관적 시점에서 기술되는데, 만약 오랜 세월 한결같이 똑같았던 일상의 습관을 유지하는 것이 오히려 더 견디기 어렵게 느껴진다면, 무언가 자신을 변화시키려는 힘이 작동하고 있다는 것을 의미한다. 즉, 변함없는 운동량 상태를 변화시키기 위해서는 힘이 필요하다. 하지만 외부의 힘이 없는 경우 로켓의 원리처럼 자신을 분리시키거나 그 일부를 소모시켜야 한다. 그러므로 세상에 나와서 외치는 피해자의 한 마디는 오랜 내적 관성과 사회적 관성에 대항한 필사적 몸부림인 셈이다.

한편, 가파른 경사에서는 제자리에 서 있기만 해도 보이지 않는 누군가가 내 등을 떠미는 것 같은 힘을 느낀다. 하지만 평지에서는 그 힘을 느낄 수 없다. 물리학자들은 위치마다 다른 힘을 잠재(위치) 에너지(U)를 사용해 표현하기도 한다. 이를테면 다양한 경사가 존재하는 잠재 에너지의 산이 존재하고($\vec{F} = -\vec{\nabla}U$), 산비탈의 가파름 정도가 힘으로 나타나는 것이다.

그러므로 잠재 에너지는 한 개인을 둘러싼 권력의 환경같은 것이다. 어쩌면 오랫동안 우리는 변화를 바라는 개인의 힘겨운 몸짓이 권력이라는 거대한 산의 가파른 경사에 의해 상쇄되고, 고립되는 것을 관행이라는 말로 포장해 왔는지 모르겠다.

이따금 피해자들도 속으로 삭일 수 없을 만큼 견디기 힘들 때면 길을 나서기도 했을 것이다. 하지만 가파른 경사에, 집요한 힘에 엄두도 내지 못했을 것이다. 그래도 세월이 흘러가면서 변함없는 듯한 산의 모습이 조금씩 바뀌어 험준한 산골짜기 경사가 비와 바람으로 완만해질 오늘을 기다렸을 것이다. 그러나 하룻밤 사이라도 산을 옮길 수 있는 갑의 권력은 이번에도 세상으로 나온 그들을 향해 곧장 새로운 지형을 만들기 시작한다. 한번 미끄러지면 일어날 수 없는 좀 더 크고 가파른 산. 게다가 잠재 에너지의 산은 눈으로 쉽게 볼 수 있는 것이 아니다. 높은 곳에서 아래로 피해자들을 떨어뜨려 당장 눈에 보이지 않게 하는 것. 그래서 세상이 들뜨기 보다 차분히 가라앉아 예전처럼 조용해지는 것. 낮은 에너지를 선호하는 자연의 속성은 권력을 가진 이들에게 더할 나위 없이 매력적인 법칙이었는지 모른다.

하지만 사회처럼 많은 개체들로 구성된 통계적 상황에서는 좀 낯선 방식으로 힘을 정의한다. 집단의 뜨거움과 차가움을 가늠하는 온도(T) 그리고 에너지가 아닌 엔트로피(S)의 가파름으로 힘을 정의할 수 있다($F = T\vec{\nabla} S$). 낮은 것을 선호하는 에너지와 다르게 자연은 엔트로피가 커지는 것을 선호한다. 그래서 엔트로피의 가파름은 높은 곳에서 낮은 곳이 아닌 낮은 곳에서 높을 곳으로 향한다. 향기를 방 한 구석에 가둬둘 수 없는 것처럼, 엔트로피는 고립되어 있지 않고 커지고 퍼져 가려는 속성이 있는데, 그것은 감추어 왔던 진실이 세상으로 퍼져 가는 모습과 닮아 있다.

집단의 거동을 해석하는 통계역학은 엔트로피의 본질을 '경우의 수'

로 이해한다. 따라서 진실을 소수의 개인이 은폐하는 것보다 세상에 폭로해 다수가 알게 되는 것이 압도적으로 큰 경우의 수를 가진다. 우리 모두는 엔트로피 증가라는 열역학 제2법칙에 이끌려 하나의 힘을 만들어 낼 수 있는 셈이다. 그러므로 해묵은 관성에 맞서 힘겹게 일어선 한 개인의 용기를 새로운 잠재 에너지 지형의 골짜기로 떨어뜨리려는 갑의 권력에 저항하기 위해 우리는 좀 더 뜨거워야 한다.

좀 더 뜨거운 사회의 온도(T)를 유지하며 정의를 외면한 곳을 향해 계속해서 진실을 퍼트려야 한다. 세상이 바뀔 때까지, 권력이 만든 그 어떤 잠재 에너지의 지형에도 끄떡없이 대항할 수 있는 엔트로피의 가파름이 극대화된 열린 사회가 될 때까지...

Quantum
이상한 양자 세상

불확정성 원리와 Savant

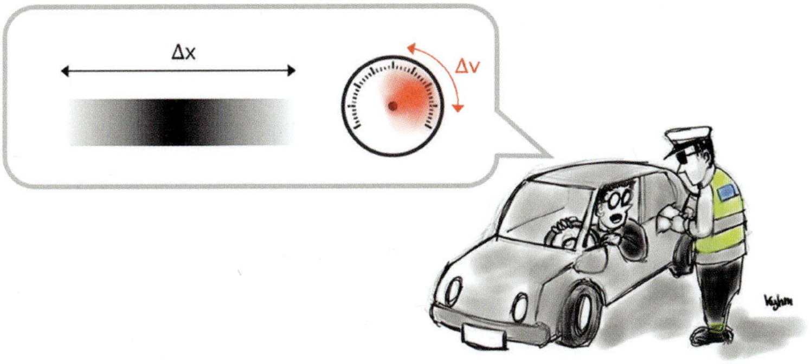

경찰 : "면허증 좀 주시죠."

운전자 : "여기 있습니다."

경찰 : "얼마나 빨리 달리셨는지 아십니까?"

운전자 : "제가 어디 있었는지는 압니다."

경찰 : "이미 스피드건으로 당신 차의 속력을 측정했습니다."

운전자 : "그 사실은 속력 제한 구간에서 과속했는지를 입증하지 못합니다."

경찰 : "고속도로에서는 불확정성 원리가 작동하지 않습니다. 음주 측정도 협조 바랍니다."

운동을 정확히 예측한다는 것은 시간마다 변화하는 위치의 궤적 $x(t)$을 안다는 것을 의미한다. 수학적으로 $F = ma$라는 미분방정식을 통해 얻을 수 있는 $x(t)$는 이 식 속에서 시간에 대해 두 번 미분된 가속도(a)의 형태로 내재되어 있다. 하지만 $x(t)$가 단 하나의 해를 지니기 위해서는 특정 시간(가령 $t = 0$)에 대한 위치 $x(t = 0)$와 속도 $v(t = 0)$라는 두 개의 조건을 필요로 한다. 즉, 질량(m)이 일정하다면 초기 속도 $v(t = 0)$에 질량을 곱한 초기 운동량 $p = mv\,(t = 0)$과 초기 위치 $x(t = 0)$를 통해 매 순간마다 변화하는 $x(t)$를 예측할 수 있게 된다. 하지만 양자역학의 기반이 되는 불확정성 원리uncertainty principle는 위치와 운동량 모두를 정확히 아는 것은 불가능하다고 기술하고 있다. 이것은 측정 장치의 정밀도 한계로 인한 기술적 문제가 아니라 원리적으로 둘을 모두 정확히 아는 것이 불가능하다는 것을 의미한다. 초기 조건에 해당하는 위치와 운동량을 정확히 알아야 $x(t)$라는 궤적이 정해지는데, 두 변수들 사이에 근원적인 한계 같은 것이 존재하므로 위치에 대한 정보는 평균 위치$\langle x \rangle$와 위치 불확정도uncertainty Δx, 운동량에 대한 정보는 평균 운동량$<p>$과 운동량 불확정도 Δp로 답할 수밖에 없다.

불확정성 원리는 이렇게 표준편차standard deviation로 표현되는 위치와 운동량의 두 불확정도 Δx와 Δp의 곱이 일정한 값을 유지한다고 기술한다. 가로의 길이가 Δx이고, 세로의 길이가 Δp인 사각형의 면적이 일정한 것이다. 만약 측정 장치의 정밀도를 높여 위치 불확정도 Δx를 점점 줄인다면 어디에 있는지에 대한 정밀도는 높아지지만, 사각형 면적을 일정하게 유지하기 위해 Δp가 커지게 된다. 즉, 운동량의 모호성이 점차 커지게 되는 것이다. 고전역학은 점과 같은 정확도($\Delta x = 0$)로 매 순간마다 결정된 궤적 $x(t)$를 예측할 수 있다고 믿지만, 불확정성 원리는 위치와 운동량의 불확정도 모두가 동시에 작아질 수는 없다고 말한다.

미래의 특정 순간 t에서의 위치 $x(t)$와 운동량 $p(t)$를 오차 없이 예측하는 고전역학에서는 Δx와 Δp가 모두 0이다. 따라서 "다가올 t시간에는 입자가 x축 위의 어디에 있는가?"라는 질문에 고전역학은 크기가 없는 점을 찍어 그 위치를 정확하게 표시할 수 있다. 또한 다양한 시간 t를 대입해 $x(t)$의 점들을 연결한다면 고유한 선이 만들어진다. 그러나 불확정성 원리가 지배하는 양자역학에서는 '운동의 상태'를 다른 방법으로 표현한다. '양자 상태'는 괄호 속에 가로, 세로 방향으로 숫자들을 나열한 '행렬'이나 공간과 시간적 모습을 담은 '파동함수'로 표현할 수 있다. 안개 같이 모호한 확률적 의미를 담고 있지만, 가시적 이미지가 필요한 경우에는 '파동함수'가 유용하다. 하지만 삶과 죽음, 빛과 어둠,

존재와 부재, 위와 아래, 건물의 층수, 방향의 각도 같이 구체적인 이미지보다 상태에 대한 사실이나 내용이 더 중요할 경우에는 '행렬' 같은 다소 추상적 표현방법이 좀 더 편리할 수 있다.

만약 물질의 양자 상태를 파동으로 표현할 경우 양자파동도 빛과 소리와 같은 파동의 특성을 고스란히 지니게 된다. 예를 들어 기준 음계의 '시' 음의 소리와 파란빛은 낮은 '도'와 붉은빛에 비해 각각 주파수가 크고 파장이 짧다. 양자상태를 파동으로 표현하는 경우에는 에너지가 클수록 주파수가 크고 파장이 짧다. 만약 다양한 음과 색을 버무리면 소리와 빛의 펄스를 만들 수 있다. 마찬가지로 여러 에너지 준위에서 비롯된 다양한 파장과 주파수의 양자파동을 혼합하면 양자파동도 펄스가 될 수 있다. 펄스는 공간적(Δx)으로나 시간적(Δt)으로나 특정 영역에만 존재하는 '국소화된localized' 모습을 보인다. 이를테면 평지의 길(x)을 따라 걷다 Δx의 특정 영역에서만 솟아오른 언덕이나, 세월(t)의 대부분이 무난하지만 20대의 특정 시간 Δt 동안 경험한 과속방지턱과도 비슷하다. 앞서 소리와 빛의 파동 파트에서 언급한 푸리에 변환의 원리를 떠올려 보면, 공간적으로 특정 영역에서만 출렁이는 국소화된 펄스를 만들기 위해서는 다양한 파장의 파동을 잘 버무려야 한다. 수학적으로 다양한 파장의 합성을 다루는 '푸리에 변환'에서는 파장(λ)보다 파장의 역수에 대응하는 파수wave number($k = 2\pi/\lambda$)를 사용하는 것이 편리하다. 따라서 파수폭(Δk)은 얼마나 다양한 파장($\Delta\lambda$)을 사용했는지를 의미한다. 그런데 푸리에 변환을 해 보면 펄스의 공간폭(Δx)과 파수폭(Δk) 중 하나가 늘어나면, 다른 하나가 줄어든다는 것을 알게 된다. 즉, 좁은 공간 영역에만 존재하는 펄스(Δx가 작은)를 만들기 위해서는 파수를 폭넓게 사용해야 한다(Δk가 크다). 이러한 둘의 반비례 관계는 "둘을 곱한 값이 항상 일정한 상수이다($\Delta x\ \Delta k$~상수)"라는 수식으로도 표현할 수 있다. 이것을 길이(x)와 파수(k) 사이에 존재하는 '푸리에 변환 한계fourier transform limit'라고 하는데, 이 관계식의 상수는 펄스의 모양에 따라 다양한 값을 지닌다.

마찬가지로 시간(t)과 주파수(f) 사이에서도 '푸리에 변환 한계'가 존재한다. 즉, 시간적으로 한순간 맥박처럼 나타났다 사라지는 펄스를 만들기 위해서는 주기(T)가 다른 다양한 파동을 잘 버무려야 하는데, 시간의 측면에서 얼마나 다양한 주기를 사용했는지를 알기 위해서는 주기의 역수인 주파수($f = 1/T$)에 2π를 곱한 각주파수($\omega = 2\pi/T$)를 사용하는 것이 수학적으로 다루기 쉽다. 각주파수폭($\Delta\omega$)을 좁게 사용하면 펄스의 시간폭(Δt)이 커지는 반면, 시간폭이 좁은 펄스를 만들기 위해서는 각주파수를 폭넓게 사용해야 한다. 따라서 시간폭과 각주파수폭을 곱한 값도 일정한 상수를 유지한다($\Delta t\,\Delta\omega$~상수).

소리와 빛에서 나타나는 이러한 '푸리에 변환 한계'라는 파동의 속성은 양자파동에서도 고스란히 나타난다. 우선 파수폭(Δk)과 각주파수폭($\Delta\omega$)을 양자파동과 연결시키기 위해서는 플랑크 상수(h)를 2π로 나눈 h - bar($\hbar = h/2\pi$)가 필요하다. 쉽게 말해, $\hbar$는 명품에 붙이는 로고 문양 같은 것이다. 파수폭에 $\hbar$를 붙이면 양자역학적 운동량폭($\Delta p = \hbar\Delta k$)

이 되고, 각주파수폭에 $\hbar$를 붙이면 양자역학적 에너지폭($\Delta E = \hbar\Delta\omega$)이 된다. 결과적으로 '불확정성 원리'는 '푸리에 변환 한계'의 수식을 고스란히 닮았다($\Delta x\,\Delta p$~상수, $\Delta t\,\Delta E$~상수). 그런데 이 수식은 하나가 늘어나면 다른 하나가 줄어들며 모양이 바뀌는 사각형을 떠올리게 한다. 즉, Δx와 Δp(혹은 Δt와 ΔE)를 변으로 하는 사각형은 클레이처럼 유연해서 한 변의 길이가 늘어나면 다른 한 변의 길이가 줄어들며 면적을 동일하게 유지하는 것이다.

매 시간마다 정해지는 위치를 점이 아닌 확률적 파동의 모습으로 표현하는 위치의 슈뢰딩거 양자파동함수는 질량이 있는 입자에만 적용된다. 하지만 빛은 질량이 없으므로 슈뢰딩거 파동을 적용할 수 없다. 그렇지만 양자역학적 상태를 표현하는 다른 수학기법을 통해 빛에서도 불확정성 원리uncertainty principle가 잘 작동함을 확인할 수 있다. 대신 빛이라는 고전 전자기파동을 양자역학적으로 다루는 양자광학에서는 위치와 운동량이 아닌 파동의 '진폭'과 '위상' 사이의 불확정성에 주목한다. 고전 물리학의 입장에서는 전자기파동의 진폭과 위상 모두를 정확히 알 수 있지만, 양자역학적 입장에서는 진폭과 위상 사이에는 피할 수 없는 근원적 모호성이 존재한다. 위치-운동량, 시간-에너지의 경우에는 사각형이 불확정성의 단위 모양이지만, 진폭과 위상으로 표현되는 빛의 경우에는 둥근 모양의 클레이를 변형시키는 것과 닮았다. 예를 들어 진폭의 불확정도를 극단적으로 줄여 나가며 위상의 불확정도를 늘리거나 반대로 위상의 불확정도를 줄이고 진폭의 불확정도를 높일수록 빛의 불확정성 동그라미는 한쪽으로 심하게 눌린 모양이 된다. 실제 빛에 사용되는 이 기술은 '광학적 양자 압착optical quantum squeezing'이라고 불리는데 동그란 오렌지를 한쪽 방향으로 짓눌러 짜내는 모습을 연상시킨다. 불확정성을 구성하는 두 개의 변수 중 하나의 불확정성을 극단적으로 줄이면, 적어도 그 물리 변수의 감도sensitivity는 비약적으로 향상된다. 그래서 이 기술은 노이즈에 극히 예민한 중력파 검출 같은 곳에 활용할 수 있다.

그런데 둘 중 하나의 불확정성이 커지는 대가로 다른 하나의 불확정성이 줄어들어 감도가 향상되는 모습은 정상인과 비교하면, 인지장애에 해당하지만 특정 분야에서는 오히려 천재성을 드러내는 서번트Savant들의 모습과 어딘가 닮아 보인다. 보통은 과학과 예술로 대표되는 좌뇌와 우뇌의 조화나 이질적인 분야 간 소통과 융합을 강조하지만 Savant들은 광학적 양자 압착기술이 적용된 것 같은 편향된 감도를 지니고 있는 것 같다. 예를 들어, 과학은 고사하고 기본적인 의사소통도 되지 않는 자폐증을 지니고 있지만 선천적 절대음감을 갖고 프로 연주자처럼 연주하는 음악 Savant, 비행기를 타고 도시 위를 한 바퀴 돌기만 해도 3D 설계도만큼 정교한 도시 전체의 조망도를 그려낼 수 있는 미술 Savant, 자신의 감성을 드러내는 것에는 미숙하지만 놀라운 색채 감각으로 인상파나 야수파 화가들 만큼 감각적인 그림을 그려내는 Savant, 한 도시 전체의 전화번호를 통째로 외우거나 계산하기도 버거운 연산의 답을 몇 초 만에 찾아내는 수학 Savant들도 있다.

선천적으로 자폐증이나 인지 장애를 보이지만 음악, 미술, 언어 영역에서 놀라운 천재성을 보이는 Savant들이 지닌 천재성의 원인은 아직 명확하게 규명된 것은 아니지만, 신경과학자들은 선천적으로 결핍되거나 후천적으로 손상된 인지 회로를 다른 한쪽 뇌가 대체하는 과정에서 정상인과 다른 능력을 지니게 된다는 가설을 제시하고 있다. 쉽게 말해, 보통은 좌뇌가 담당해야 할 기능을 전부 다 우뇌가 수행하기 위해 신경회로가 재구성되다 보면, 일반인들과 완전히 다른 독특한 감각과 능력을 얻게 된다는 것이다. 이런 가설이 흥미로운 점은 정상인들의 경우 좌뇌와 우뇌의 균형이 Savant와 같은 천재적 능력으로 발전되는 것을 오히려 방해하고 있을지도 모른다는 것이다. 이를테면 일반인들은 불확정성 도형 같은 인지 도형이 정사각형 같은 모양을 유지하도록 하는 자체 억압이 있는 반면, Savant들은 사각형의 한쪽 길이가 아주 작아진 도형을 지니고 있는 것이다. 실제 Savant를 연구하는 뇌신경학자들 중에는

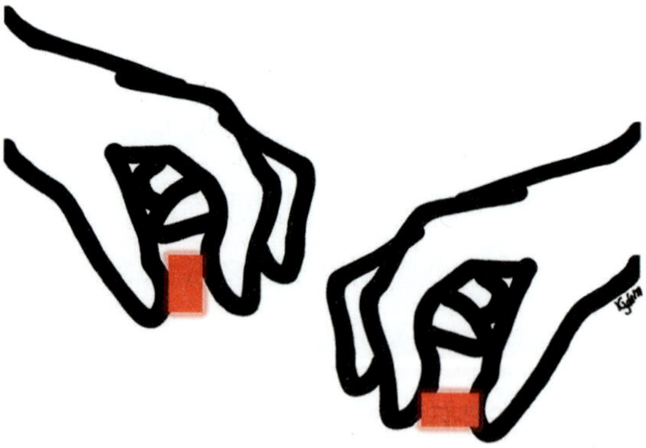

평범한 정상인의 좌뇌 기능을 인위적으로 억제시켜 특정 인지 능력을 향상시키는 실험을 하기도 한다.

선천적 재능이 없었는데 후천적 뇌 손상을 입은 이후 갑자기 천재성을 보이는 후천적 서번트증후군acquired savant syndrome의 경우도 있다. 일평생 막노동을 하며 예술에 대해서는 아무것도 모르던 영국의 토미 맥휴Tommy McHugh는 뇌출혈이 발생한 이후 극도의 감정 기복과 함께 미술적 천재성이 드러나기 시작했고, 미국의 제이슨 퍼젯Jason Padgett 역시 학창 시절부터 수학과 담을 쌓고 가구판매상을 하며 살아가는 평범한 사람이었는데, 어느 날 강도를 만나 머리를 크게 다친 이후 세상의 모든 것이 도형과 수로 보이면서 수학적 천재성이 나타나기 시작했다. 데렉 아마토Derek Amato는 풀장에서 다이빙을 하다 졸도한 이후 한번도 배운 적 없는 피아노를 전문 연주자처럼 연주하기 시작했다.

자신의 전문 분야에는 뛰어나지만 관계가 먼 다른 분야에는 전혀 공감할 수 없는 것은 마음의 클레이 사각형 모양이 딱딱하게 굳어버려서 그런 것일까? 그렇다면 불확정성의 인지 도형을 유연하게 변형시켜 상황에 맞게 감도를 향상시키는 방법이 도움이 될 수 있을 것도 같다. 즉, 유연한 클레이처럼 예술가의 코드에는 예술에 맞는 모양으로 납작하게 변했다가 과학자의 코드에서는 다시 적합하게 모양이 바뀌는 것이다. 일단 아이들과 함께 클레이를 만지며 놀아보자. 당신의 머리가 클레이처럼 말랑말랑해질지도 모른다.

꽃과 양자물리

내가 그녀의 이름을 불러주기 전에는

그녀는 다만

하나의 몸짓에 지나지 않았다

내가 그녀에게 H라는 이름을 불러주었을 때

그녀는 나에게로 와서

에너지가 되었다

색, 소리, 향기, 맛, 감촉에 알맞은 모습을

이름으로 불러내듯

에너지, 운동량, 각운동량, 스핀에 알맞은 상태를

행렬과 함수로 부르고 싶다

서로 다른 언어로도 똑같은 것을 떠올릴 수 있고

시간과 공간이 변해도 한결같은 값을 얻을 수 있는

불변의 그녀를 꽃처럼 만나고 싶다

양자역학을 배우던 학생 시절 나는 강의가 없는 시간이면 주로 방에서 지냈다. 건강이 좋지 못한 탓에 교과서 한 단원을 읽고 나면 눈을 감고 한동안 누워 있었다. 그러다 눈을 뜨면 시를 읽었다. 시 한 편을 읽고 나면 또 다시 눈을 감고 누웠다. 살아가는 모든 것이 시처럼 허무하게 느껴졌다. 양자역학 교과서를 읽는 것은 시커먼 흙을 먹는 것 같았다. 난해한 수식으로 가득한 양자역학 내용을 읽고 나면, 텁텁한 야생의 흙을 입 속으로 밀어 넣는 것처럼 답답해져 왔다. 반면, 한 편의 시를 읽는 것은 가랑비에 젖는 것 같았다. 잠시나마 건조해진 마음이 촉촉해졌다. 그러나 시는 물처럼 공허했다.

내 속에 아무것도 남겨놓지 않고 투명하게 흘러가기만 하는 시인의 언어는 잡을 수가 없었다. 시집도 역시 한편 이상을 읽기가 어려웠다. 그래서 똑같은 시 한 편과 똑같은 양자역학 교과서 단원을 번갈아 가면서 반복해서 읽었다.

그런데 이렇게 성향이 다른 책을 바꿔 읽다 보니 신기하게도 똑같은 내용을 다시 읽을 때마다 매번 색다른 느낌이 들었다. 시를 읽는 것은 마치 압축된 한 알의 양념이 투명한 물속에서 불어나는 것처럼 똑같은 단어들을 되뇌이는 순간마다 다른 이미지와 맛이 느껴졌다. 양자역학 교과서를 읽을 때도 비슷했다. 똑같은 내용을 읽고 있었지만 머리 속에서는 그 전에 읽었던 때와 다른 개념들이 검은 흙을 비집고 나온 연두색 싹처럼 돋아나기 시작했다. 양자역학의 언어와 시의 언어가 어딘가 닮은 구석이 있다는 느낌이 들었다. 그렇게 느리게 책을 읽어가다 양자역학의 체계를 추상적 개념의 고등수학으로 정리하는 단원에서 문득 고등학교 때 배웠던 김춘수 시인의 <꽃>이 떠올랐다. 언어란 무엇일까? "보는 것이 믿는 것이다."라는 말이 있듯이 우리는 시각 정보에 상대적으로 많은 가치를 부여하지만 시 속의 밀도 높은 단어들을 읽다 보면 눈으로 보는 것이 전부가 아니라는 생각이 들었다.

그 시절 내게 볼거리를 찾아 밖을 나서는 것은 고된 일이었다. 비염이 심해 냄새도 잘 맡을 수 없었다. 음식은 위염이 심해 맛을 볼 경황도 없이 고역스럽게 배 속으로 밀어 넣어야 하는 것이었고, 친구들과 살을 부대끼며 어울리는 일들은 놀이가 아니라 노동이었다. 혼자 있는 내 방에는 TV도 인터넷도 없었다. 소리 내어 책을 읽거나 라디오를 듣는 것이 새로운 정보를 얻는 유일한 통로였다. 욕조에 물을 채우듯 육면체의 내 방은 하루 종일 언어로만 가득 채워졌다. 그러던 어느 날 누워지내는 거울 속 내 모습을 보다 듣고 말하는 능력만 지닌 한 사내를 상상했다.

그는 선천적으로 시각, 후각, 미각, 촉각조차 느낄 수 없다. 대신 눈을 감고 누워 있으면 스피커 폰이 말동무가 되어 준다. 스피커 속에서 흘러나오는 아름다운 목소리의 그녀는 세상의 다양한 이야기를 들려준다. 한국을 벗어나면 '사과'가 아닌 다른 발음으로 소통된다는 것을 알려주고 '사과'의 붉은 빛깔, 모양, 맛, 향기, 만지면 뽀드득하는 표면의 촉감과 소리까지 친절하게 설명해 준다. 어느 날 뱀의 유혹에 넘어가 사과를 한 입 베어 물다 평화로운 동산에서 쫓겨난 이야기. 나무에서 떨어진 사과를 보다 사과

나무가 뿌리 내린 지상의 모습이 거대한 사과처럼 둥글고, 그 커다란 사과가 작은 사과를 당긴다는 걸 알아낸 이야기. 은밀한 비밀을 알게 했던 태초의 사과처럼 규칙을 알 수 없는 부호와 복잡한 숫자의 배열 속에 감춰진 비밀을 알아낸 한 남자의 이야기. 그 남자의 은밀한 사생활과 생의 마지막 순간에 베어 먹은 사과 한 조각의 이야기. 공주의 아름다움을 질투해 사과에 독을 묻혀 그녀를 잠들게 한 왕후의 이야기. 그러다 그녀의 목에 걸린 사과 한 조각이 우연히 튀어 나와 그녀가 다시 일어난 이야기. 그녀의 목에 걸린 사과 한 조각이 다시 튀어 나올 미래에는 손바닥 위에 올려놓은 작은 거울 속으로 온 세상을 들여다 볼 수 있게 될 것이라는 이야기. 이제 그는 '사과'라고 말하는 그녀의 음성으로 머릿속이 가득해졌다. 그러던 어느 날 그는 기증자로부터 눈을 이식 받았다. 수술을 마치고 붕대를 풀며 눈을 뜨는 순간 그의 눈앞에는 탐스러운 붉은 사과가 놓여 있었다. 의사가 그에게 물었다.

"뭐가 보이시나요?"

그가 대답했다.

"이게 뭔가요?"

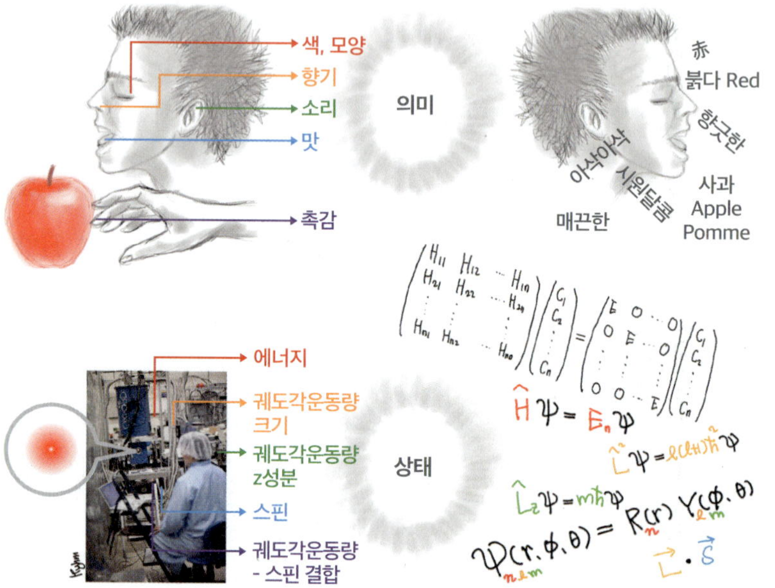

(위) 인지 대상의 존재와 오감의 경험은 '사과'라는 명사와 다양한 형용사로 '언어화'된다. 인간은 언어를 통해 '의미'를 떠올린다.
(아래) '원자'라는 관측 대상 역시 다양한 물리량의 측정을 통해 '수학의 언어'로 표현된다. 물리학자는 수학의 언어를 통해 원자의 '상태'를 떠올린다.

언어학자 소쉬르Ferdinand de Saussure는 언어를 '사과', '沙果', 'apple', 'pomme'처럼 다양하게 발음될 수 있는 소리의 이미지(기표signifier, signifiant)와 그것에 대응되는 의미(기의signified, signifié)가 결합된 기호sign, signe로 해석했다. 소쉬르의 통찰이 획기적인 것은 '이름'은 그것이 지칭하는 물리적 '대상'과 아무런 필연성이 없다는 것을 지적한 점이다. 대상이 되는 사물을 두고 언어권마다 다르게 발음되는 독특한 기표를 선택한 필연적 이유는 없다. 단지 임의적인 선택이며 언어 사회의 합의일 뿐이다. 그러므로 언어는 하나의 형식일 뿐 실체가 아니다. 소쉬르는 말의 소리에 주목했지만 넓은 측면에서는 색·모양, 소리, 냄새, 맛, 거칠기 같은 물리적 감각 형식을 '기표'로 취급할 수 있다. 이 경우 사과의 '기의記意'는 빨간·둥근, 뽀드득, 향기로움, 달콤함, 딱딱함 같은 정신적 감각 인지의 내용이다. 하지만 곤충이 바라보는 사과의 모습, 박쥐가 듣는 사과에 부딪히는 소리, 개가 맡는 사과의 향기, 파리가 맛보는 사과의 맛은 인간의 것과 다르다. 인간 감각의 내용은 뇌 속 정보들이 만들어 낸 결과물일 뿐이다. 따라서 인간의 감각기관을 통해 인지하는 모습은 사과의 '실체'와 다를 수 있다. 아마도 뇌 공학 기술이 눈부시게 발전한 미래에는 실재하는 사과 없이 오감과 구별하기 어려운 자극 신호를 뇌에 직접 주입해 사과를 경험하게 해 줄 것이다. 그렇다면 진짜 사과의 실체란 무엇일까?

양자역학이 태동하던 시절 원자의 구조는 물리학자들에게 가장 많은 주목을 받는 연구 대상이었지만 아무도 원자를 정확히 본 적은 없었다. 심지어 원자의 존재 자체를 부정하는 학자도 존재했다. 여기서 원자를 "보다"는 대표적인 표현일 뿐 시각 정보만을 얻겠다는 의미가 아니라 사실상 "측정하다"를 내포한다. 인간이 사과를 감각적으로 인지하는 것처럼 원자를 기계적 감각을 통해 측정하는 것이다. 보고, 듣고, 냄새를 맡고, 맛보고, 만지는 것 같은 작업을 정밀 장치가 수행하는 것이다. 인간의 감각이 색·모양, 소리, 향기, 맛, 촉감으로 사물의 '의미'를 구성해 간다면 양자물리학은 에너지, 각운동량 크기, 각운동량의 z성분, 스핀 크기, 스핀의 z성분 같은 측정 가능한 물리량을 통해 원자 속 전자의 양자적 '상태'를 구성한다. 즉, 사과라는 '대상'에서 얻은 시각의 '기표'가 사과의 이미지라는 '기의'와 연결되는 것처럼 원자라는 '대상'으로부터 측정된 에너지 '기표'는 원자 속 전자의 양자 에너지 상태라는 '기의'와 연결되는 것이다.

또한 우리는 사과에 대한 아무런 감각 작용을 하지 않고도 '사과'라는 글자를 보며 머릿속으로 사과의 이미지를 떠올릴 수 있다. '뽀드득'이라는 글자는 막 씻어낸 사과의 표면을 만질 때 나던 그 소리를 재생해 낸다. 따라서 글자도 기표다. 마찬가지로 원자에서 측정된 물리량 역시 수학적인 글자로 표현될 수 있다. 양자물리학에서는 수학적 기표를 사용해 에너지(H), 각운동량의 크기(L), 각운동량의 z방향 성분(Lz), 스핀의 크기(S), 스핀의 z방향 성분(Sz)을 글자로 나타낸다. 예를 들어 에너지의 수학적 연산자로 정의되는 H라는 수학 기표는 마치 상형문자처럼 전자의 에너지를 이루는 요소와 요소들 간의 관계를 지니고 있다. 그러므로 '사과'라는 글자(기표)를 보고 사과의 의미(기의)를 떠올리는 것처럼 H라는 수학적 '기표'를 통해 원자 속 전자의 에너지 '상태'라는 '기의'를 떠올릴 수 있다. 또한 사과의 시각적 의미조차 "붉다"라는 글자로 쓰고 나면 새로운 '기표'가 될 수 있다. 마찬가지로 H라는 '기표'를 통해 떠올린 에너지 '상태'의 '기의'도 행렬이나 파동함수라는 새로운 '기표'로 구체화 될 수 있다. 이제 종이 위에 쓴 파동함수와 행렬이라는 새로운 '기표'는 전자 '상태'에 대한 또 다른 '기의'를 떠올리게 한다. 시에 담긴 글자들을 한 자씩 읽으며 떠올리는 '의미'들처럼 물리학자들은 수식으로 된 글자들을 읽으며 양자 '상태'를 떠올리는 것이다.

때론 시의 언어는 완전히 새로운 의미를 만들어 내기도 한다. '사과'라는 실체의 존재를 알리는 명사로 시작해 오감을 표현하는 형용사로 넓혀 가다 급기야 유혹과 금기, 비밀과 두려움, 아름다움과 질투, 매력과 위험, 진리의 단서, 부활의 시작 등을 알리는 새로운 추상적 의미를 만들어 낸다. 물리학자의 수학적 언어 역시 '원자'의 존재를 알리는 글자에서 출발해 관측할 기계적 감각인 측정량을 정하고 측정값이 알려주는 '의미'를 표현할 새로운 수학적 '기표'를 찾아간다. 시어가 '사과'에 대한 감각적 의미에서 출발해 다양한 방식의 추상적 의미로 확장해 가면서 좀 더 거대하고 구체화된 새로운 의미의 구조를 만드는 것처럼 수학적 언어는 '원자'에 대한 다양한 측정량들에 대한 의미에서 출발해 원자의 상태에 대한 의미를 구체화하고 구조화하는 것이다. 그러나 여기서 물리학이 시와 차별화되는 결정적인 부분은 수학적 기표들의 관계를 통해 얻어낸 새로운 '상태'를 추상적이거나 관념적인 것으로 남겨두지 않는다는 것이다.

물리학이 되기 위해서는 수학적 언어로 확장된 의미인 '상태'를 반드시 실체적 대상을 향한 측정을 통해 확인해야 한다. 그러므로 양자물리학의 기표와 기의는 실체와의 상호작용을 통해 재귀적 수정을 반복하며 계속해서 변화해 간다.

(위) 수식을 이해하지 못하는 사람이 이 그림을 보며 연상되는 것들은 특정 의미로 고착되지 못하고 미끄러지듯 사라질 것이다. 하지만 슈뢰딩거 파동방정식을 이해하는 순간부터 이 그림은 양자물리적 의미를 전달하는 기표로 작동하기 시작한다.

단 하나의 전자를 지닌 수소 원자에 대한 초기 모형에서는 핵주변을 공전하고 있는 전자의 에너지와 궤도 각운동량만을 고려했다. 따라서 전자의 에너지(H), 궤도 각운동량의 크기(L), 궤도 각운동량의 z방향 성분(Lz)만으로 원자 속 전자의 운동상태를 기술하는 데 충분하다고 생각했다. 마치 시각, 청각, 촉각만으로 세상을 완전하게 표현할 수 있다고 믿는 것이다. 하지만 시력이 나쁘면 떨어진 두 물체도 흐릿한 하나의 덩어리로 보인다. 원자 속 전자의 에너지를 들여다 보는 측정장치의 시력이 좋아지자 하나의 에너지로 보였던 것이 두 개의 에너지로 갈라져 보이기 시작했다. '미세구조분리fine structure splitting'라 불리는 이 현상에 대한 해답은 마치 새로운 감각을 추가하는 것처럼 스핀(S)이라는 새로운 물리량을 추가하면서 해결되었다. 즉, 핵 주변을 도는 전자의 공전과 자전을 함께 고려하면 전자의 궤도 각운동량과 스핀 각운동량 사이에 상호작용이 일어난다. 따라서 궤도 각운동량과 스핀 각운동량을 혼합한 총 각운동량을 새롭게 정의해야 한다. 전자의 양자 상태에 대한 수학적 기표와 기의 체계를 수정해야 하는 것이다.

하지만 수정은 여기서 끝나지 않았다. 하나에서 갈라진 둘 속에 빗살처럼 더 많은 미세 조직이 보이기 시작한 것이다. '초미세 구조분리hyperfine structure splitting'로 불리는 이 현상은 전자의 스핀과 핵 스핀 사이의 상호작용의 결과로서 결국 핵 스핀이라는 추가적 물리량을 필요로 하는 것이다. 여기서 멈추지 않고 수소 원자에 대한 양자물리학 모형은 계속해서 수정되며 다듬어졌다. 마치 말과 글이 새로운 이미지를 만들어 내듯 수학적 언어를 통한 새로운 이론 모형이 제시되었다. 원자 속에서 회전하는 전자의 운동에 특수상대성 효과를 추가한 것이다. 그 결과 특수 상대성이론적이며 양자역학적인 전자의 상태는 4개의 복잡한 함수를 성분으로 하는 4차원 벡터가 되었고, Bispinor라 불리는 전자의 새로운 수학적 기표는 새로운 기의를 만들어 냈다. 하지만 여기서도 끝나지 않았다. 보다 정교한 실험장치는 거의 구분하기 어려운 한 덩어리 속에 숨겨진 미세한 분리를 찾아내게 되었는데 램이동Lamb shift으로 알려진 이 현상은 이후 양자역학적 진공 상태와 전자의 상호작용을 고려한 양자전기역학Quantum Electrodynamics 이론으로 설명되었다. 이처럼 '원자'라는 대상에서 비롯되어 구체화되고 다듬어지며 새롭게 만들어지는 과정은 언어의 속성을 고스란히 닮아 있다. 그리고 현대 철학자 자크 라캉Jacques Lacan의 욕망이론에서 설명한 언어와 그 대상 사이에 존재하는 간극처럼 양자물리학과 원자라는 대상 사이에도 간극이 존재하는 것이다. 그러므로 '사과'를 향한 시인의 갈증은 '원자'를 향한 물리학자의 갈증과 다르지 않다.

한편 이런 양자물리의 언어는 인간의 언어와 다른 점도 있다. 첫째, 에너지, 각운동량의 크기, 각운동량의 z 성분 같은 기표들이 서로 완전성을 유지하며 소통이 가능해야 한다는 점이다. '완전성'은 수학적 언어 구조에 대한 개념으로 앞에서 언급한 3가지 물리량만으로 상태를 충분히 표현할 수 있다는 것을 의미한다. 하지만 과학사가 보여주듯 추가적 기표의 필요성이 대두되면 그 구조는 바뀌어야 한다. 둘째, 에너지, 각운동량의 크기, 각 운동량의 z성분은 서로 소통해야 한다. 수학적으로는 측정가능한 물리량에 대응되는 두 개의 수학 연산자 H와 Lz가 교환가능하다($HLz = LzH$)는 표현을 사용하는데, 두 연산자가 '교환가능함 commutability'은 궁극적으로 동일한 양자 상태를 공유할 수 있음을 의미한다.

만약 이런 양자역학적 기표의 특이성을 인간의 오감에 적용해 보면 어떤 모습일까? 에너지, 궤도 각운동량의 크기, 궤도 각운동량의 z성분이라는 기표가 충분하다고 생각했지만, '스핀'이라는 새로운 기표의 존재를 알아내는 것은 추가적 감각기관을 획득하는 것과 닮았다. 반면, 궤도 각운동량과 스핀 각운동량을 혼합한 새로운 총 각운동량을 정의하는 것과 서로 이질적으로 보이는 물리량들이 동일한 상태를 공유하는 것은 공감각을 닮았다.

대부분의 사람들은 시각과 청각이 별개의 내용들을 만들어낸다. 예를 들어 사과를 한번도 먹어 본 적 없는 사람에게 사과의 빨간색은 미각의 정보를 주지 못한다. 즉, 다른 감각은 기관별로 수집된 정보를 독립적으로 저장하는 것이다. 이를테면 동일한 대상에 대해 감각마다 서로 다른 내용을 지니고 있는 것이다. 눈으로 맛을 느낄 수 없고, 귀로 빛을 감지할 수 없는 것처럼 다른 감각은 서로 소통하지 않는 것이다. 물론 우리는 '사과'라는 글자나 그림을 통해 빨간 빛깔과 달콤한 맛, 감촉, 향기, 촉감, 신화와 같은 다양한 내용을 불러올 수 있다. 하지만 그것은 구분 가능한 별개의 내용들의 조합일 뿐 융합은 아니다. 이를테면 다양한 음식 재료를 담은 장바구니 같은 것이다. 한 입만 먹어도 각각의 재료들이 입 안을 겉도는 맛없는 음식같은 셈이다. 공감각은 재료를 구분할 수 없는 요리처럼 다채로운 감각 경험들이 혼합되어 있어야 한다.

영국의 닐 하비슨Neil Harbisson은 선천적으로 색을 전혀 감지할 수 없어 세상을 흑백의 명암으로만 인지했다. 하지만 도전적인 외과의사와 공학자들의 도움을 받아 색을 소리로 변환하는 장치를 머리에 설치했다. 그의 머리에는 곤충의 더듬이처럼 삐죽 나온 것이 있는데 그 끝자락에는 제 3의 눈처럼 빛을 감지하는 광센서가 달려 있다. 광센서가 빛을 감지해 전기신호를 발생시키면 그것을 다시 소리로 변환해 귀에 전달한다. 그는 색을 보면 소리가 들리는 것이다. 빛은 전자기파동이고, 색이 다르다는 것은 전자기파동의 주파수가 다르다는 것이다. 유사한

방식으로 소리도 파동이고, 음의 높고 낮음은 음파의 주파수가 다르다는 것이다. 그의 머리 속 장치는 빛의 주파수를 소리의 주파수로 변환시켜 그에게 색을 높낮이가 다른 음으로 인지하게 만들어 준다. 다채로운 풍경과 그림이 그에게는 음악이 되는 것이다. 하지만 흥미로운 점은 이 장치에 익숙해진 그에게 시각과 청각이 소통하는 공감각으로 재구성된 세상은 분리된 감각 경험을 하는 일반인들의 것과 분명 다르다는 점이다.

닐 하비슨은 사람마다 지니는 고유한 색채 패턴이 하나의 화음으로 들린다.

"그는 C-minor, 그녀는 B-minor. 찰스 황태자의 눈동자에서는 니콜 키드먼의 눈동자와 비슷한 화음이 들린다. 미술관은 클래식 오케스트라의 연주를 감상하는 것과 같고, 슈퍼마켓에 진열된 알록달록한 야채들은 나이트 클럽과 파티장의 흥겨운 노랫소리를 닮았다. 레스토랑의 아기자기한 전채요리는 레이디가가의 음악을, 메인 요리는 라흐마니노프의 피아노 연주를 떠올리게 한다."

인간이 타고난 육체적 감각보다 장치 덕분에 그는 좀 더 예민하게 세상의 색채를 정교한 소리로 구분하고, 여기서 좀 더 나아가 세상의 색채를 인지하는 화음의 경험을 다시 그림으로 표현한다. 시각적 색채 경험이 시각적 그림으로 바뀌는 일반인의 경우와 다르게 그는 시각에서 청각 경험으로, 다시 청각 경험이 시각적 색채로 재구성되는 독특한 창작 과정을 가지는 것이다.

기술의 도움을 받은 인공적 공감각이 아니더라도 선천적으로 오감 중 일부의 신경회로가 얽혀 두세 개의 감각을 동시에 느끼는 사람이 있다. 음악을 들으면 다채로운 빛이 눈앞에 아른거린다. 음식을 맛보는 순간 고유한 빛깔이 떠오른다. 향기마다 각기 다른 빛이 보이고 소리가 들린다. 흙을 만지면 오르간 소리가 들리고, 물속에 손을 담그면 박하 향기와 오렌지 맛이 난다. 대상의 모습을 감각 경험의 정보로만 재구성한다면, 공감각을 지닌 사람과 소통할 수 없는 독립적 감각정보를 지닌 사람이 인지하는 세상은 확연히 다른 모습일 것이다. 보통 이런 공감각을 지닌 이들은 언어, 문자와 감각이 얽히기도 하는데 '사과'라는 단어를 듣거나 읽으면 정말 맛과 향기가 나거나 환청과 환시가 보이기도 한다.

또한 닐 하비슨은 적외선과 자외선을 감지할 수 있는 광센서를 업데이트해서 인간이 볼 수 없는 세상을 인지할 예정이라고 한다. 시각에서도 보이는 것보다 보이지 않는 빛이 더 많고, 다른 감각 역시 마찬가지다. 지금도 실험실 첨단 장비들은 인간의 오감으로 감지할 수 없는 영역에 대한 자료를 제공하고 있지만 장치가 인간의 인지과정의 일부가 되었을 때의 느낌은 완전히 다를 것이다. 확장된 감각 장치를 부착한 미래의 인간이 인지하는 세상이 어떤 모습일지 평범한 우리는 알 수가 없다. 어쩌면 다가올 미래 인류는 기술의 도움을 받아 서로 다른 물리량들이 소통하며 하나의 양자 상태를 공유하는 것 같은 공감각을 지니게 될지도 모른다.

새로운 물리량들이 추가되어 양자 상태에 대한 새로운 의미를 찾아간 것처럼 확장된 감각기관은 완전히 새로운 세상을 만나게 해 줄지도 모른다. 이를테면 기계의 도움을 받아 분자 단위로 냄새와 맛을 느끼고, 육안으로 볼 수 없는 빛을 보고, 초음파 소리를 들을 수 있는 장치를 사람의 몸에 부착된 사이보그가 된다면 사과는 우리가 알고 있는 그 모습이 아닐 것이다.

남들이 이해하기 어려운 것을 깨달았다는 이들은 인지 과정 속에 돌연변이 같은 공감각적 통합이 내재하는 것은 아닐까? 어쩌면 우리가 '사과'라는 말을 붙이는 순간 스스로 완전했던 '그것'은 천상의 온전한 모습을 잃고 지상의 물질 덩어리가 되는 것인지도 모르겠다.

기묘하게 덩어리진 것들

깊은 밤 내리는 함박눈처럼
새벽녘 맺힌 이슬 방울처럼
덩어리진 모습으로 다가온다
눈을 감고 맛보는

알록달록한 구슬 아이스크림처럼
덩어리진 빛
덩어리진 소리

깊고 작은 나노의 세상
그곳에는 모든 것들이 덩어리져 있다

우리가 살고 있는 세상에 비해서 아주 작은 세상, 가령 물질을 구성하는 분자, 원자, 전자들이 모습을 드러내는 나노 스케일의 세상에서는 양자물리가 작동한다. 원자元子, 분자分子 같은 子 돌림의 일본식 번역 때문에 양자量子의 어감은 춘자, 숙자 같은 할머니들의 이름을 떠올리게 한다. 그래서 나는 수업 시간에 '덩어리'라는 단어를 즐겨 사용한다. 좀 거친 표현이기는 하지만, 양자물리는 덩어리 물리학이다. 물리량이 양자화quantized되었다는 표현은 연속적인 것으로 믿고 있었던 물리량이 드문드문 덩어리져 있는 것을 의미한다. 액체 같은 연속체라 생각했는데 깨알처럼 무수히 많은 불연속체로 구성되어 있다. 멀리서 피라미드를 보고 산을 오르듯 비탈진 경사면을 천천히 걸어서 올라가려고 가까이 다가서 보니, 경사는 한 층씩 올라가야 하는 높은 계단들로 이루어져 있다. 하지만 주의해야 할 것이 있다. 이런 일상의 감각 경험으로 얻은 이미지와 양자 세상의 덩어리짐이 완전히 일치하지는 않는다는 것이다. 물리학자들도 양자 세상의 기묘한 덩어리짐에 대해 각자 조금씩 다른 이미지를 지니고 있다. 사실 잘 모른다는 표현이 더 적절할 것 같다. 가령 커다란 반죽에서 떼어 낸 작은 밀가루 덩어리, 한 줌의 모래 속에 보이는 작은 알갱이, 건물에 보이는 계단같은 불연속적인 모습은 양자물리를 이해하는 데 도움이 될 수 있지만 다른 측면에서는 편견이나 오해를 유발할 수도 있다. 양자물리에서 "보는 것이 믿는 것이다."라는 말은 오히려 해롭다. 차라리 눈을 감는 게 좋다. 눈을 감고 모래를 만지고, 눈을 감고 연속적인 비탈이 아닌 계단을 오르고, 눈을 감은 채 한순간 공에 맞는 충돌을 경험해 봐야 한다.

이후 그 불연속의 경험들을 에너지나 각운동량 같은 '양자 물리량'이라는 단어로 대체하고, '경험'이라는 표현도 '측정'이라는 단어로 바꾸어야 한다.

연속적이라 생각했던 물리량이 덩어리져 있다는 것을 처음 알게 된 것은 빛과 온도와의 관계를 연구하며 시작되었다. 가령 커다란 욕조에 뜨거운 물이 가득 차 있다면 물의 열과 온도를 이야기할 수 있다. 그렇다면 텅 빈 공간을 빛이 가득 채우고 있다면 어떨까? 빛이 끊임없이 벽에 반사되어 공간 속에 갇혀있는 것이다. 빛은 욕조를 채운 물과 다르게 질량이 없지만 전기장과 자기장이 출렁거리는 파동에너지를 지니고 있다. 따라서 백열 전구 속처럼 공간이 빛으로 가득 채워져 있다면, 빛 에너지도 열과 온도를 지닐 수 있다. 즉, 무수히 많은 물 분자들의 평균 운동에너지로부터 물이 지닌 '열'을 통계적으로 정의할 수 있는 것처럼 전자기파동의 평균 운동에너지로부터 빛의 열과 온도를 이야기할 수 있다.

백열전구처럼 빛이 닫힌 공간의 양쪽 벽을 반복적으로 오가는 경로에는 배와 마디 사이의 간격이 규칙적인 빛의 '정상파'가 형성된다. 가령 가시광선이 10 cm의 직선 경로 안에서 정상파를 만든다면 마디의 수는 수십만 개가 된다. 빛의 파장이 달라지면 배와 마디 사이의 간격이 더 넓거나 좁아진다. 그러므로 닫힌 공간 속에는 아주 다양한 파장의 빛 정상파들이 촘촘하게 섞여 있다. 파동은 넓은 영역으로 퍼지고 계속해서 출렁이므로, 파동의 에너지를 진행 단면적과 시간으로 나눈 세기intensity라는 단위를 사용한다. 에너지에 비례하는 빛의 세기는 진폭의 제곱에 비례한다. 우선 특정 파장의 정상파만 고려해 보자. 가령 특정 파장의 붉은빛의 세기가 크다면 큰 진폭의 정상파로 출렁이고, 작은 세기를 지니고 있다면 작은 진폭으로 출렁거린다. 대신 확률적인 측면에서 보면 세기가 클수록 가능성은 희박해진다. 빛이 가질 수 있는 다양한 세기의 가능성을 모두 고려해 평균을 취해보면 빛의 온도를 얻을 수 있다. 평균 세기가 강한 빛은 온도가 높다.

고전 전자기학적으로 빛의 세기가 파장과는 무관하고, 진폭에 의해서만 결정된다는 점을 감안해 보면, 빛의 온도는 파장과 상관이 없을 것 같다. 색깔이 달라졌다고 해서 세기에 유리한 점은 없다. 단지 진폭이 커져야 한다. 하지만 백열전구 속에 존재하는 다양한 파장의 빛은 각기 다른 분포를 보인다. 닫힌 공간 속 빛이 파장마다 다른 세기를 지니는 이유를 설명하기 위해 레일리John. W. Rayleigh와 진스James H. Jeans는 빛이 3차원 공간에 갇혀있다는 사실에 주목했다. 흔히 '정상파'의 다양한 파장을 1차원(가령, x축)적으로 해석하지만, 3차원 공간에서는 다른 두 방향(y축, z축)에서도 정상파가 생길 수 있다. 그러므로 닫힌 공간 속 빛의 특정 파장은 사실상 직교하는 세 방향의 정상파 요소들이 합쳐져 결정되는 셈이다. 그렇다면 세 방향의 요소들을 더해 똑같은 파장을 얻을 수 있는 방법은 여러 가지가 가능하다. 특정 빛의 파장을 가능하게 하는 각각의 조합을 '상태'라고 표현하면 파장마다 각기 다른 '상태수의 밀도'를 지니게 된다. 예를 들어 백열전구 속에 존재하는 파란빛의 정상파는 붉은빛의 정상파보다 큰 '상태수의 밀도'를 지니고 있다. 최종적으로 레일리와 진스는 닫힌 공간 속에서 특정 온도를 유지하며 다양한 파장의 정상파로 존재하는 빛들의 세기 분포 실험결과를 이론식과 비교해 봤다. 이론 곡선은 파장이 긴 영역에서는 실험결과와 비슷해 보였지만 파장이 짧은 영역으로 갈수록 터무니없이 어긋나기 시작했다. 그들의 이론에 의하면 자외선처럼 파장이 짧은 빛은 어마어마하게 큰 빛의 세기를 방출해야 하는 '자외선 재앙ultraviolet catastrophe'이 일어나야 하지만 실제 그런 일은 일어나지 않았다. 그렇다고 이론과 실험에 치명적인 실수가 있었던 것은 아니다. 이론은 고전전자기학과 통계역학을 사용한 당시 최고 수준이었고, 빛이 담긴 텅 빈 공간을 재현한 실험장치 역시 오랜 경험을 통해 정교해져 있었다. 그렇다면 무엇이 문제였을까?

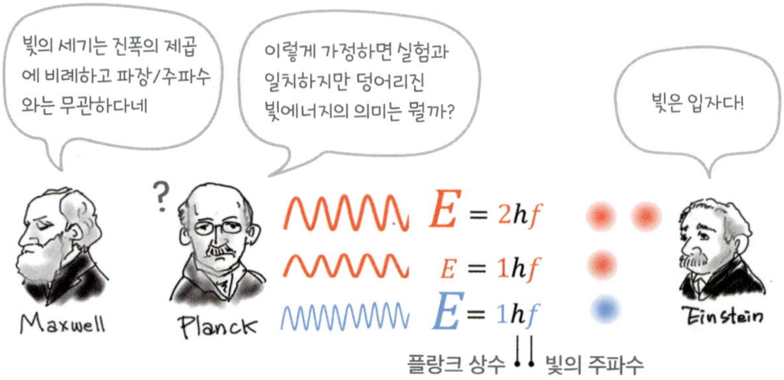

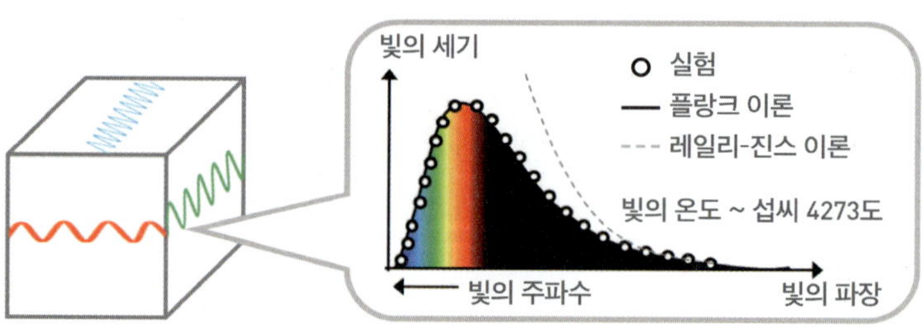

막스 플랑크Max Planck는 고심 끝에 실험결과에 잘 맞는 식의 형태를 우연히 찾았다. 그리고 그 수식을 유도하기 위해서는 빛의 파동에너지에 대한 고전적 이론을 수정해야 한다는 것도 알아냈다. 물론 위대한 맥스웰의 전자기학에 위배되는 터무니없는 가정의 근거는 없었다. 하지만 신기하게도 유도된 이론식은 실험결과와 일치했다.

빛의 에너지에 대한 막스 플랑크의 새로운 가정은 다음과 같다. 첫째, 빛의 에너지는 주파수에 비례한다(혹은 파장에 반비례한다). 당연히 고전 전자기학의 입장에서는 잘못된 진술이다. 맥스웰 방정식에서 정리된 전자기파동의 에너지는 주파수에 무관하다. 하지만 실험에 맞출 수 있는 식을 얻으려면 이렇게 해야 한다. 둘째, 빛의 에너지는 연속적으로 증가하지 않고 기본값의 정수 배로만 증가한다. 두 번째는 더욱 충격적이다. 고전 전자기 입장에서 빛의 에너지는 전자기파 진폭의 제곱에 비례하므로 진폭이 작은 값에서 큰 값으로 연속적으로 증가함에 따라 빛의 에너지도 연속적으로 증가하는 것이 당연하다. 플랑크의 두 번째 가정은 특정 진폭만 허용되고, 다른 진폭값은 전혀 가질 수 없다는 것을 의미하는 것과 같다. 동해 앞바다 파도의 높이가 특정값만 가능하고 그 중간값에 해당하는 파도의 높이는 절대로 불가능하다는 이야기다. 어처구니없는 이 가정의 근거는 뭔가? 막스 플랑크 역시 그 질문에 답을 할 수 없었다. 그가 할 수 있는 대답은 단지 이 두 가지 가정을 이용하면 실험과 놀랍도록 일치하는 식을 얻어낼 수 있다는 사실이었다.

한편 동시대에 빛의 파동이론으로 설명할 수 없는 '광전효과'라는 실험결과가 있었다. 금속에 빛을 쪼여 전자가 튀어 나오는 이 현상을 에너지의 관점에서 해석하면 일종의 에너지 우물에 갇혀 있던 전자가 빛으로부터 우물 깊이 이상의 에너지를 전달받아 금속 표면 밖으로 튀어나오는 것으로 이해할 수 있다. 빛은 전기장이 출렁거리는 파동이므로 빛의 파도는 전자를 진동시킨다. 빛파동의 에너지가 전기력을 매개로 전자의 운동에너지로 전달되는 것이다. 앞서 언급한 것처럼 전자기파동의 에너지는 주파수에 무관하므로 전자가 금속에서 튀어 나오는 조건은 빛의 색깔과 상관이 없어야 한다. 파동이 에너지를 전달하는 '연속'과 '누적'의 특징을 고려해 보면 세기가 약한 빛이라도 오랫동안 쪼이면 전자는 에너지 우물을 탈출할 에너지를 얻을 수 있어야 한다. 그렇다면 전자가 약한 빛으로부터 에너지를 누적시켜 탈출할 때까지는 시간이 필요하다. 즉, 색깔과 상관없이 약한 빛을 오래 쪼이면 일정 시간 후에 전자가 튀어 나와야 한다.

그러나 실험결과는 예상과 너무도 달랐다. 특히 금속이 전자를 방출하는 조건은 쪼여주는 빛의 색에 민감했다. 예를 들어 빨간색이나 초록색 빛으로는 아무리 오래 쪼거나 빛의 세기를 증가시켜도 전자가 방출되지 않았다. 하지만 파란빛을 사용하면 아주 약한 빛이라도 금세 전자가 방출되었다. "왜 이런 현상이 일어날까?" 대부분의 물리학자들이 파동 이론과 상충하는 실험결과에 당황하고 있을 때 아인슈타인은 막스 플랑크가 실험결과를 끼워 맞추기 위해 가정한 빛 에너지 가설을 사용해 광전효과를 설명했다. 그리고 빛의 에너지가 덩어리져 있다는 막스 플랑크의 가설은 빛이 입자라는 것을 내포하고 있다고 해석했다. 훗날 아인슈타인이 노벨물리학상을 수상한 업적은 상대성이론이 아니라 광전효과였다.

막스 플랑크의 가설로 광전효과를 해석하면 붉은빛 한 알과 파란빛 한 알은 에너지가 다르다. 작은 에너지를 지닌 붉은 광자는 아무리 많아도 전자를 탈출시킬 수 없다. 한 알의 효력이 충분하지 않으면 아무리 많아도 쓸모가 없는 것이다.

에너지 우물 바닥에 있는 전자가 탈출하기 위해선 오랫동안 빛에너지를 누적하는 기다림이 아닌 강력한 빛 한 알과의 순간적인 충격이 필요하다. 따라서 파란빛은 단 한 알만으로도 전자를 에너지 우물에서 탈출시킬 수 있다.

사실 일상 생활에서도 우리는 비슷한 경험을 한다. 죽어라 노력해도 아무것도 하지 않은 사람과 별로 다르지 않아 보인다. 물리책과 수학책을 몇 시간이고 반복해서 읽어도 읽기 전 상황과 다르지 않다. 난해한 시와 현대 미술 앞에서 작가는 도대체 뭘 말하려고 하는지 아무리 뚫어지게 바라봐도 공감할 수가 없다. 그러나 이해의 수준은 계단처럼 향상된다. 깨달음은 마치 파란색 광자 한 알과의 충돌로 금속을 튀어 나온 전자처럼 결정적인 한 순간에 일어난다.

그렇다면 빛이 전자기파동이라는 이론은 전부 잘못된 것일까? 그렇지 않다. 두 개의 파동이 마루와 골짜기로 만나면 두 파동은 사라지지만, 마루와 마루로 만나면 두 배로 커지는 간섭현상을 빛은 확실히 보여 준다. 온갖 광 기술에 사용되는 내용들은 모두 빛을 파동으로 취급해야 해결할 수 있다. 막스 플랑크가 다룬 공간 속에 갇힌 빛의 스펙트럼 분포를 설명하기 위해서는 빛이 덩어리져 있다는 가설뿐 아니라 정상파의 형태로 존재하는 전자기파동의 상태수 밀도도 필요하다. 하나의 이론 속에 빛의 파동적인 특성과 입자적인 특성 모두가 필요한 셈이다. 뭔가 혼란스럽다. 파동인지 입자인지 둘 중 하나여야 할 것 같은데 마치 유죄와 무죄가 뒤섞이고, 삶과 죽음이 뒤섞이고, 동전의 앞면과 뒷면이 뒤섞인 것처럼, 파동이면서도 입자라는 것의 의미는 도대체 무엇인가?

투수가 던진 공이 너무 빠르면 타자의 눈에는 공이 연속체처럼 보인다. 하지만 "딱!" 하는 소리를 내며 방망이에 맞는 아주 짧은 순간의 경험은 공이 파동이 아니라 입자라는 것을 실감하게 해준다. 흥건한 피는 연속체의 액체이지만, 현미경으로 들여다보면 덩어리진 적혈구가 보인다. 계곡을 흐르는 물처럼 전선을 흐르는 전류도 연속체 같지만, 자세히 들여다보면 무수히 많은 전자들의 알갱이로 이루어져 있다. 그렇다면 빛도 낟알처럼 많은 빛알들이 뭉쳐서 파동처럼 거동하는 것일까? 위의 진술들은 결국 '입자'가 보다 근본적이고 '파동'스러운 모습은 여러 개의 입자들이 파동의 효과를 만든다는 견해다. 하지만 이런 환원주의적 생각에는 양자물리의 핵심적 특성이 빠져 있다. 그것은 바로 단 하나의 입자도 '파동'스러울 수 있다는 사실이다. 단 한 알이라도 빛은 '입자'스러운 특성과 '파동'스러운 중첩의 특성을 모두 간직하고 있다. 소리 역시 '파동'의 한 종류지만, 물질 속에서는 '입자'처럼 거동한다. 전류는 전하량이 특정 값으로 덩어리진 '전자'의 입자들로 구성되어 있지만, 한 알의 전자도 '파동'스러운 모습을 보인다.

양자 입자의 기괴한 파동성은 이중 슬릿 실험을 통해 확인할 수 있다. 이중 슬릿 실험은 원래 빛이 파동적인 특성을 지니고 있다는 것을 확인하기 위해 고안해 낸 장치였다. 빛이 전자기파동이라는 사실이 정립되기 전부터 빛이 파동이라는 이론은 존재했지만 빛을 입자라고 생각한 뉴턴의 명성에 가려져 주목 받지 못했다. 그렇다고 양자적 입자론이 뉴턴의 입자론의 부활 같은 것은 아니다. 뉴턴의 입자 모형은 오류로 가득했고 양자물리학적 개념도 없었다. 외과의사면서 물리학자이기도 했던 영국의 토마스 영Thomas Young은 이중 슬릿 장치를 통해 빛의 파동성을 간섭현상으로 확인하고 싶었다. 호수 위를 번져가는 파문처럼 빛파동은 슬릿 P에서 퍼져나간 후 슬릿 A와 슬릿 B에서 새로운 두 개의 파문으로 퍼져간다. 만약 슬릿 A에서 출발한 파동이 스크린 위의 임의의 한 지점에 마루의 형태로 도달했는데, 동일한 그 지점에 대해 B에서 출발한 파동도 마루의 모습으로 도착한다면 둘이 합쳐진 파동의 진폭은 배가 된다. 하지만 두 개의 파동이 스크린 위의 한 지점에서 마루와 골의 서로 다른 모습으로 만난다면, 파동은 서로 상쇄된다. 스크린의 위치마다 슬릿 A와 슬릿 B사이의 경로 차이가 다르다는 것을 고려해 보면, 두 파동의 간섭은 규칙적인 주기성을 보이게 된다. 따라서 스크린 위에는 밝고

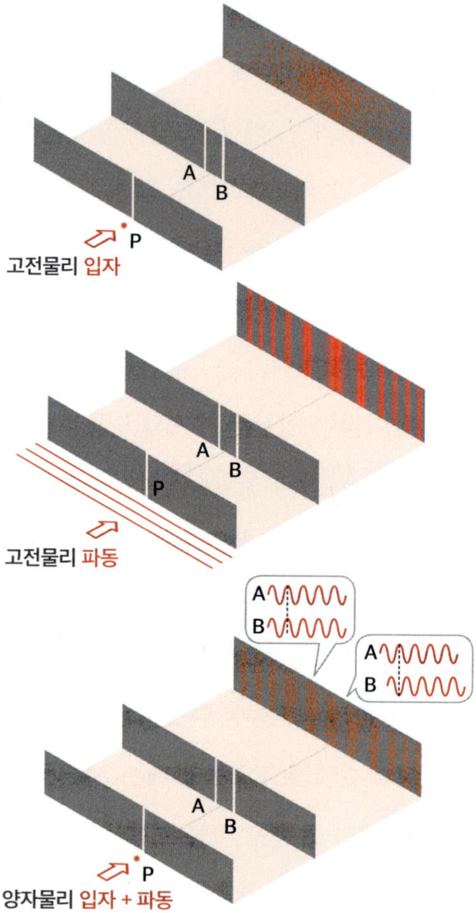

어두운 빛의 규칙적인 무늬가 나타난다. 반면, 슬릿 P에서 입자를 한 알씩 던져 보면 틈새 A와 B 둘 중 하나를 지나 스크린에 입자 한 알의 흔적을 남긴다. 여러 번 반복해 보면 사격장 벽에 남겨진 총알의 흔적처럼 스크린에는 입자들의 흔적이 점점 더 빼곡하게 드러난다. 스크린을 따라 남겨진 흔적들의 수를 헤아려 보면 통계자료에서 흔히 보는 분포를 얻을 수 있다. 즉, 가운데 부분은 입자의 흔적이 많고, 가장자리로 갈수록 흔적이 상대적으로 덜한 모습을 보인다. 대신 분포값이 요동치는 간섭무늬는 없다.

이제 고전물리 입자인 총알 대신 양자 입자를 한 알씩 쏘는 실험을 반복해 보자. 아인슈타인이 광전효과에서 해석한 것처럼 빛이 입자라면, 고전물리적 총알 분포와 동일한 결과를 얻어야 한다. 하지만 횟수를 반복할수록 스크린에 나타나는 분포는 점점 파동의 간섭무늬를 닮아간다. 즉, 스크린에는 입자의 흔적이 거의 없는 지점이 규칙적으로 나타난다. 빛이 아닌 전자를 한 알씩 쏘는 실험을 반복해도 역시 간섭무늬가 나타난다. 전자보다 덩치가 큰 원자나 분자로 실험을 해도 간섭무늬가 나타난다. 심지어는 탄소 60개로 구성된 축구공 모양의 거대 분자나 고분자 덩어리로 실험을 해도 간섭무늬가 나타난다. 하지만 크기가 점점 커져 나노 스케일을 벗어난 모래알이나 야구공을 던지면, 간섭무늬는 사라지고 고전물리가 작동하는 총알의 통계 분포가 나타난다. 고전물리와 양자물리의 경계가 어딘가 존재하는 것이다.

그렇다면 누적된 통계자료가 보여 주는 간섭무늬는 어떻게 설명할 수 있을까? 먼저 스크린에 도착한 전자가 다음 차례 전자에게

"다음에 오실 분들 명심하세요. 지금 간섭무늬가 분명하게 나타나지 않으니까 다음 차례부터는 저 위치는 절대 가지 말도록 하세요."

와 같은 공지사항을 카톡으로 보낼까? P위치라는 새로운 출발 지점에 선 전자와 광자는 앞서 경험한 이들과 단절된 채 전혀 알 수 없는 새로운 갈림길 앞에 홀로 서 있을 뿐이다. 우리도 종종 갈림길 앞에서 두 가지 길의 여정을 상상하곤 한다. 마음 속에서는 두 길을 모두 가는 셈이다. 하지만 몸은 결코 두 가지 길을 갈 수 없다. 하지만 한 알의 양자 입자는 정말 두 가지 길을 동시에 모두 가는 것 같다. 유령도 아니고 도대체 어떻게 그게 가능한가? 모른다. 우리는 양자물리가 작동하는 세상을 경험지식으로 상상할 수 없다.

그래도 입자가 두 개의 틈새를 통과하는 것은 말이 안 되는 것 같다. 분명 A와 B 중에서 한 곳을 통과할 것 같다. 그래서 스파이를 보내 틈새 A와 틈새 B 근처에서 몰래 엿보게 했다. 덕분에 한 알의 입자가 스크린에 박힐 때마다 틈새 A와 틈새 B 중에서 어느 쪽을 선택했는지 모두 알게 되었다. 역시 '양자'라는 타이틀을 달고 있지만, 그래도 입자일 뿐이다. 이제 이 정보를 잘 분석하면 수많은 양자 입자들이 서로 긴밀하게 주고 받은 은밀한 계획을 알 수 있을 것 같다. 그런데... 스크린에 간섭무늬가 없다! 스크린에는 그냥 고전 입자의 분포만 보인다. 천기가 누설된 탓일까? 입자가 A와 B의 틈새 중 어디를 경유해서 왔는지 몰라야만 스크린에 간섭무늬가 나타나는 것이다. 여기서 "모른다"의 의미는 상당히 심오하다. 스파이들이 A 혹은 B의 틈새를 지나는 양자 입자를 엿본다는 것은 물리적으로 '측정'한다는 것을 의미한다. 칠흑 같이 어두우면 틈새에 있는지 확인할 수가 없다. 스파이는 약한 조명을 비추거나 바스락거리며 지나가는 소리라도 들어야 한다. 정보를 얻으려면 '측정'을 해야 하고, '측정'을 하기 위해서는 어쩔 수 없이 원형의 모습을 조금이라도 훼손해야 하는 것이다.

따라서 '측정'을 정밀하게 할수록 양자 입자의 파동성은 훼손되고 급기야 간섭무늬가 사라지는 것이다. 그런데 여기서 '측정'을 한다는 것과 '정보'를 알게 되는 것을 구분해 보면 어떨까? 만약 측정한다는 행위와 알게 되는 시점이 다르다면 어떨까? 이를테면 스파이가 측정을 통해 은밀한 양자 입자의 거취를 알게 되었지만 갑자기 딴 마음이 생겨 스크린의 자취를 해석하는 '본부'에 정보를 주지 않으면 어떻게 될까? 놀랍게도 스파이가 스크린 본부에 정보를 주지 않으면, 스크린의 간섭무늬는 나타난다. 분명 양자 입자는 스파이에게 목격되는 순간 '파동'스러운 마법을 잃어버린다. 하지만 스크린 본부가 스파이로부터 그 정보를 전달받지 못하면, 스크린에는 여전히 간섭무늬가 나타나는 것이다. 스크린 본부와 스파이는 각자 완전히 다른 세상을 경험하고 있는 것이다. 오래 전 유진 위그너Eugene Wigner라는 물리학자에 의해 제안된 이 위그너의 친구Wigner's friend 가설이 아주 최근 실험적으로 구현되었다. 즉, Wigner와 Wigner's friend를 각각 스크린의 본부장과 스파이로 취급하면 된다. 여전히 반론과 논쟁이 진행 중이기는 하지만 물리적 양자 상태를 훼손시키는 '측정'이라는 물리적 행위보다 '정보'를 알게 되는 것이 좀 더 본질적인 것이라는 견해는 당혹스럽다. 물론 안다는 것에는 '국소적'이라는 제한이 수반된다. 흔히 '진실'을 아는 사람과 '진실'을 모르는 사람에게 세상은 달라 보인다고 말하지만 양자 물리적으로는 '진실'이라는 말 자체가 상대적인 것일지도 모른다.

뒤늦은 양자 선택

다른 하나를 버려두고 오기는 했지만
여전히 그곳에 있다
지금의 이 길을 걷는 이 순간도
다른 한 길을 여전히 걷고 있다

눈을 감고 있으면 두 길을 간다
길 위에서 꿈꾸는 또 다른 길

그렇게 은밀하게 두 길을 간다
어쩌면 지금 이 길은
다른 길 가는 꿈속의 꿈
차라리 전부 다 꿈이었으면 좋겠다

깊은 밤 천둥 소리에 눈을 떠보니
여전히 나는 이 길 위에 서 있다

살아가다 보면 언제나 갈림길을 마주하게 된다. 하나의 길을 선택하면 다른 길은 갈 수가 없다. 그렇게 한참을 고민해 선택한 길이지만 막상 그 길에서 마주해야 하는 것은 기대와 다른 실망스러운 경우가 종종 있다. 지금의 현실이 외면하고 싶을 만큼 너무 힘이 드는 경우, 마음은 급기야 시간을 거슬러 과거로 가려고 한다. 지난 선택의 순간으로 돌아가 그때의 선택을 바꾸는 것이다. 과거의 그 순간으로 돌아가 그때와는 다른 선택을 새로운 원인으로 교체해 인과론에 의해 현재를 바꾸고 싶은 것이다. 가정법 과거는 불행한 현재를 바꾸기 위해 영화 <터미네이터>처럼 과거로 돌아가 현재의 시점을 향해 새로운 인과적 여정을 시작한다.

If I had money, I would be happy.

나는 현재 불행하다. 내 불행의 원인은 돈이 없기 때문이다. 그래서 타임머신을 타고 과거로 돌아가 모든 방법을 동원해 돈을 벌었다. 이제 새롭게 설정된 과거의 원인은 인과론이라는 운명적 법칙에 의해 현재의 시점에서 새로운 결과를 만드는 여정을 시작한다. 현재에서 미래를 향한 의지는 will을 쓰지만, 타임머신을 타고 돌아간 과거에서 현재를 향하는 의지는 would를 쓴다. 이제 가상의 과거에 대체된 원인은 현재의 시점에 행복을 가져다준다. 하지만 정작 이런 가정법 표현을 하는 본인은 알고 있다. 비록 상상 속에서 간절하게 만들어 낸 새로운 역사지만 그것은 이미 죽어 버린 다른 우주 같은 것이라는 것을. 현실에서는 무언가를 선택하는 순간 또 다른 가능성의 우주는 사라져 버리기 때문이다. 하지만 양자의 세상에서는 그렇지 않다. 선택받지 않고 버려진 우주가 여전히 존재하고 현재의 뒤늦은 선택도 어쩌면 과거를 바꾸어 현재의 역사를 바꿀지도 모른다.

이상한 양자 나라의 여왕은 앨리스에게 재미있는 게임 하나를 설명해 줬다. 우선은 양자 나라 청년 한 명을 갈림길 앞에 서 있게 했다. 두 개의 길에는 1년에 걸쳐 살아갈 운명적 여정이 치밀하게 계획되었다. 초기 조건으로부터 궤적을 예측하는 것처럼 그 길에서의 모든 삶은 드라마 각본처럼 치밀하게 짜여 있었다. 둘 중 하나의 길은 너무 험난하고 고단해 항상 실패와 좌절로 이끄는 길이었다. 다른 하나의 길은 의외로 도와주는 이도 많고, 운이 좋아서 노력 이상의 결실을 맺고 성공으로 이끌도록 만들어졌다.

1년 후 성공과 실패, 환희와 좌절 중 어떤 것을 경험할 지는 처음 갈림길에서의 선택에 의해 결정되는 것이다.

여왕은 똑같은 갈림길 여정 세트 천 개를 만들어 천 명의 청년들을 각각의 갈림길 앞에서 선택하게 했다. 즉, 통계적 표본 조사를 위한 '앙상블'을 만든 것이다. 또한 이상한 양자 나라의 청년들은 전자나 광자처럼 서로가 구분할 수 없이 모두 똑같다. 여왕은 그들의 개성을 모두 제거해 획일화시킨 것이었다. 당연히 청년들은 어떤 길이 성공과 실패의 길인지 알 수 없었다. 그리고 1년 뒤 여왕은 두 길의 마지막 길목에서 청년들의 모습을 목격했다. 계획된 성공의 길 마지막에는 언제나 환희와 자신감으로 가득 찬 얼굴의 청년들을 볼 수 있었다. 반면 실패의 길 마지막에는 연이은 좌절로 풀이 죽은 청년들이 보였다. 계획된 실패와 성공의 길 모두 훌륭하게 작동하는 것이었다. 즉, 실패의 길을 걸어 오며 성공하거나, 성공의 길을 걸어오다 실패를 하는 사례는 찾아 볼 수 없었다.

앨리스는 여왕에게 말했다.

"역시 1년 전 갈림길의 선택이 성공과 실패를 결정하는 것이군요."

"결과가 너무 뻔한 게임 아닌가요?"

여왕이 대답했다.

"아니야, 지금부터 재미있어."

여왕은 다시 천 개의 세트와 천 명의 똑같은 청년을 갈림길에서 출발시켰다. 그리고 다시 1년이 지나 그들의 여정이 끝날 무렵 특이한 공간을 두 길이 교차하는 곳에 두었다. 그리고 여왕은 앨리스에게 다음과 같이 설명했다.

"지난번 게임의 경우에는 청년들은 자신이 가던 길을 계속 걸어왔었지. 마지막 도착점에 두 길이 엇갈려 있긴 해도 그건 별로 의미가 없었어. 자신이 가던 길과 가야 할 길이 분명했거든. 성공의 길을 걸어오던 녀석은 계속 그 길로 걸어와 성공의 길을 마치고, 실패의 길을 걸어오던 녀석은 실패의 길을 끝까지 가는 거지. 하지만 이 특이한 공간을 두 길이 엇갈리는 곳에 두면 좀 달라."

"이 공간의 앞뒤에는 모두 문이 있어. 그들이 길을 걸어오다 문을 열고 이 공간으로 들어왔다가 반대편 문을 열고 나오게 되어 있지. 하지만 그들이 이 공간 근처로 들어올 무렵이면 세상의 불이 모두 꺼져서 그가 성공과 실패의 길 중 어디서 들어왔는지 알 수가 없거든."

"그래서 나올 때는 말이야, 마치 자신이 성공한 사람인 것처럼 성공의 길에서 나오는 시늉을 할 수 있거든. 아니면 성공을 하고도 실패한 사람처럼 우울한 표정을 지으며 나올 수도 있지."

앨리스가 다시 대답했다.

"하지만 1년이란 시간은 너무 길어서 그런 연기를 할 수는 없을 것 같아요. 둘 다 성공의 환희와 실패의 좌절에 모두 길들여져 있어서 반대의 감정이 너무도 어색할 것 같아요."

여왕이 묘한 미소를 지으며 말했다.

"맞아. 연기하는 건 힘들 거야. 하지만 이건 진짜 마지막 기회야. 문에서 나오면서 그들의 운명이 정말 바뀔 수도 있거든."

앨리스가 다시 물었다.

"그들의 운명은 처음 갈림길에서 결정된 것이 아닌가요? 마지막 교차점에서 뒤늦게 이런 문을 만드는 것이 과거에 선택한 운명을 바꿀 수는 없잖아요."

여왕은 다시 묘한 표정을 지으며 대답했다.

"그렇지 않아. 여기 양자 나라에서는 말이야, 뒤늦은 선택도 역사를 통째로 바꿀 수 있단다. 한번 보려무나."

여왕은 천 개의 동일한 세트에서 문을 나와 둘 중 하나의 길로 걸어 나오는 청년들의 모습을 찍은 천 개의 사진들을 보여줬다. 이상한 상자가 없었을 경우에는 왼편 길에서 걸어오는 이는 항상 양손을 들고 환호성을 지르는 모습이었고, 오른편 길에서 나오는 이는 언제나 고개를 숙이고 지쳐 보였다. 하지만 여왕이 만든 특이한 상자를 놓아둔 이번 경우는 달랐다. 성공한 사람만 보였던 성공의 길 막바지에는 요란스런 환호 속에 가득 찬 이들도 있었지만 어떤 이는 그저 작은 미소만 짓고 있었다. 또 어떤 이는 아무런 표정이 없었고, 우울하게 풀이 죽은 사람의 모습도 있었다. 여왕은 사람들의 감정 표현 정도를 수치로 구분했다. 이를테면 아주 기분 좋은 사람, 적당히 기분 좋은 사람, 덤덤한 사람, 약간 우울한 사람, 침울한 사람으로 나누어 천 명의 사람이 각각 어느 경우에 해당하는지를 구분했다. 그런데 자료를 분석하고 나니 양쪽 출구에서 나오는 사람들 모두 감정적 성향이 파도처럼 커졌다, 작아졌다 하는 것을 알게 되었다.

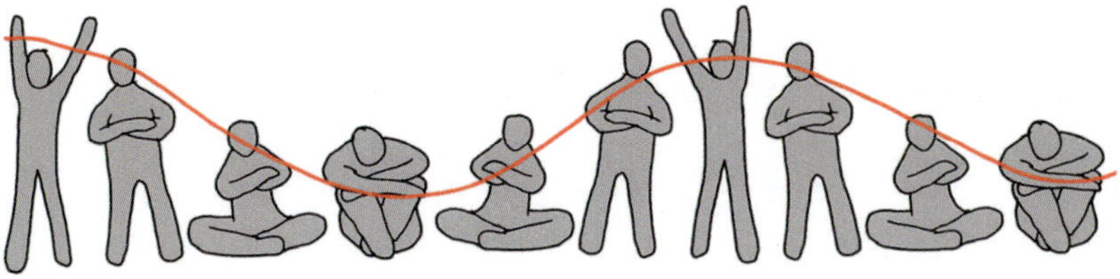

앨리스는 다시 여왕에게 물었다.

"어떻게 이럴 수가 있죠?"

여왕이 앨리스에게 웃으며 대답했다.

"내가 추가한 문이 달린 상자는 일종의 양자 지우개 같은거야. 그들이 성공과 실패 중 어느 길에서 왔는지를 알 수 없게 만든 셈이지. 그들의 지난 역사를 지워버린 거야."

앨리스가 다시 물었다.

"그래도 처음 선택은 이미 지나간 일이잖아요."

여왕이 대답했다.

"그렇지 않아. 그들의 역사가 지워지고 나면 가정법처럼 선택의 순간으로 돌아가 다시 시작할 수 있어. 대신 문을 나오는 그들이 지난 시절 어느 길을 걷다 나왔는지는 알 수가 없어야 해."

놀란 눈으로 앨리스가 다시 물었다.

"그러면 지금 이 문이 달린 공간으로 역사를 지우고 과거로부터 새로운 역사를 만든다는 건가요?"

여왕이 대답했다.

"뭐 그렇게 생각할 수도 있겠지... 하지만 사람들은 '시간'에 대해 많이들 오해하고 있단다. 이해하기 어려우면 그냥 뒤늦은 선택과 양자 지우개의 결과라고 생각하렴. 대신 그들이 어떤 길을 택했는지 모르기 때문에 성공과 실패의 삶이 파동처럼 '간섭'을 만든 셈이야. 이를테면 두 개의 다른 삶이라는 파동이 중첩되어 있는 거지."

이중 슬릿 장치에서 각각의 양자 입자들이 두 개의 슬릿 중에 어디를 통과했는지 알면 스크린에는 간섭무늬가 사라진다. 그렇다면 어느 구멍을 통과했는지를 조금 늦게 관측하면 어떨까? 즉, 슬릿을 이미 통과한 뒤 스크린에 닿기 바로 직전에 진입하는 각도를 통해 둘 중 어느 슬릿을 통과했는지 알아내는 것이다. 비록 스크린에 거의 다와서 뒤늦게 측정해 입자라는 사실과 그 운동방향을 통해 어느 슬릿을 통과해서 진행하고 있는지를 알아내기는 했지만 측정의 순간은 슬릿을 통과한 이후의 사건이다. 적어도 양자 입자가 슬릿을 통과할 때는 아무것도 몰랐으니 스크린 앞에서 '측정'하기 전까지 양자 입자는 파동의 특성을 유지한 채 두 개의 슬릿을 동시에 지나왔을 것 같다. 따라서 스크린 앞에서 측정하는 것은 스크린의 간섭무늬를 사라지게 하기에는 이미 늦은 듯 보인다. 일명 뒤늦은 선택 실험Delayed choice experiment으로 알려진 물리학자 휠러John Archibald Wheeler의 사고 실험이 몇 년 전 구현되었다. 결과는 놀랍게도 뒤늦은 선택이 마치 과거를 지우고 새로운 역사를 만든 것처럼 '간섭'을 사라지게 한다. 반대 과정의 실험도 가능하다. 즉, 앨리스가 목격한 여왕의 이상한 공간처럼 갈림길 전에는 입자처럼 둘 중 하나의 경로를 지나오지만, 두 길이 교차하는 곳에 과거의 경로를 알 수 없게 하는 장치를 추가함으로써 파동 같은 간섭현상을 얻을 수 있다. 즉, 입자가 파동이 되기에는 너무 늦은 것 같은데 입자라는 과거의 정보를 모르게 함으로써 마치 처음부터 파동으로 이동해 온 듯한 결과를 만들어 낼 수 있는 것이다. 물론 현재가 과거를 바꾼다는 표현은 상식적으로 납득하기 어렵고 여전히 논란의 여지도 있다. 그러나 이 실험은 분명 '인과론'과 '시간'에 대해 우리가 가지고 있는 상식을 뿌리채 흔들고 있다.

양자파동

19세기 말까지 빛은 당연히 파동이었다. 빛은 전자기학 이론으로 예측되고 실험적으로 확인된 전자기파동이었다. 그런데 갑자기 빛이 에너지가 덩어리진 입자라는 사실이 실험과 이론으로 뒤늦게 밝혀졌다. 빛은 파동인 것이 당연했는데 입자라는 사실에 당혹스러워진 것이다. 반면, 물질의 경우 내부 구조를 들여다보면 '원자'라는 기본 입자로 구성되어 있다는 생각이 점차 두드러지기 시작했다. 원자의 구조를 명확히 이해하지는 못했지만 원자에서 떨어져 나온 '전자'가 입자라는 실험적 증거들이 나타나기 시작했다. 우주를 구성하는 빛과 물질 모두가 '입자'의 특성을 지니고 있다는 사실은 나름 일관성 있게 보였을 것이다.

하지만 뜻밖의 놀라운 상상이 프랑스의 한 문과 학생에게서 나왔다. 파리대학에서 역사를 전공하던 루이 드브로이Louis de Broglie는 물리에 매료되어 물리학 학사를 추가로 받았다. 물리학을 전공한 덕분에 1차 세계대전이 일어나자 그는 통신병으로 배치되었다. 라디오 통신용 전자기파동은 전자가 '파동'처럼 출렁이는 교류 회로에 의해 만들어진다. 송신기에서 퍼져나간 통신 전파는 공간을 가로질러 멀리 떨어진 곳의 수신기 회로 속 전자를 다시 요동치게 해서 새로운 교류 전류를 만들어낸다. 전자의 진동이 빛이 되고, 빛의 진동이 다시 전자의 진동으로 회귀하는 것이다. 전쟁이 끝나고 학교로 돌아온 '루이'는 박사과정을 위해 전자의 운동을 특수 상대성이론의 관점에서 해석하는 연구를 했다. 전파와 전자는 빛과 물질이라는 속성이 다른 존재들이지만 매일 통신 장비의 기술적 문제를 마주했던 '루이'에게는 이질적으로 느껴지지 않았을 것이다. 아마도 요동치는 전파와 진동하는 전자의 이미지는 그의 무의식 속에서 매일 겹쳐졌을 것이다. 공간과 시간의 기술적 문제를 필요로 하는 전파가 어딘가 특수 상대성이론과 닮은 점이 있다고 느꼈을 것이다. 특수 상대성이론에서는 떨어진 공간과 떨어진 시간 속 사건들이 관측자의 상황에 따라 다르게 보인다는 것을 알게 되면서 역사는 단순히 시간순으로 사건을 배열한 것이 아니라는 사학과 학생 시절 노교수의 말을 떠올렸을 것이다.

1924년 마침내 '루이'는 전자라는 입자가 파동처럼 보일 수 있다는 '물질파'이론을 박사학위 논문으로 제출했다. 심사위원들 사이에 논란이 있었지만 아인슈타인의 지지를 받아 그의 박사학위 심사는 무사히 통과되었고 이후 그의 '물질파'이론은 드브로이 파동de Broglie wave이라는 이름으로 세상에 퍼져나갔다. 이를테면 "안동 김씨 집안의 물결"같은 뉘앙스로 "브로이 집안의 물결"이 물리학 역사를 바꿔놓기 시작한 것이다.

이 소문은 독일의 막스 보른Max Born을 통해 바다 건너 영국의 실험물리학자들에게 전해졌고 물리학자 조지 패짓 톰슨George Paget Thomson이 드디어 '전자'가 만들어 내는 파동 같은 무늬를 관측했다. 실험적으로 전자가 '입자'라는 사실을 겨우 힘들게 확인했는데 다시 전자가 '파동'이 된 셈이다. 흥미롭게도 이 두 개의 역사적인 발견들은 아버지와 아들 사이에서 일어났다. 전자가 '입자'라는 것을 실험적으로 확인해 제안한 사람은 영국의 물리학자 조셉 존 톰슨Joseph John Thomson인데 전자가 '파동'이라는 것을 실험적으로 확인한 조지 패짓 톰슨George Paget Thomson은 그의 아들이다. 이들 부자는 각각 '전자'의 입자성과 파동성을 실험적으로 입증한 공로로 모두 노벨상을 받았다. 이와는 별개로 미국의 레스터 저머Lester Germer와 클린턴 조지프 데이비슨Clinton Joseph Davisson도 우연히 '전자' 빔을 사용해 니켈을 연구하던 중 이상한 무늬를 측정했는데 나중에 루이의 이론을 알게 되어 자신들의 결과를 '물질파'의 관점에서 해석했다.

루이가 이론적으로 제안한 전자의 '물질파'가 실험적으로 검증되자 물리학자들 사이에서는 자연스럽게 다음과 같은 질문이 생겼다. "실, 물결, 소리, 빛의 파동은 물리적 실체는 다르지만 수학적으로 모두 미분방정식 형태의 파동방정식을 만족한다. 그렇다면 '물질파'도 파동방정식을 만족하는가?" 이 질문이 동기가 되어 오스트리아의 물리학자 슈뢰딩거Erwin Schrodinger는 '루이'의 물질파를 얻을 수 있는 미분방정식을 찾기 시작했다. 처음에는 특수 상대성이론 효과까지 포함시킨 모형으로 시작했지만 당시의 원자 모형과 어딘가 맞지 않았다. 이후 특수 상대성 이론이 없는 미분방정식도 나름 의미가 있을 거라 생각하고 연구를 지속해 나갔다. 특수 상대성이론과 양자역학을 합친 디랙 방정식은 이후 폴 디랙Paul Dirac에 의해 만들어졌다. 슈뢰딩거와 디랙은 1933년 노벨 물리학상을 공동 수상했다.

슈뢰딩거의 파동함수(보통 ψ로 표기한다)는 실수가 아니라 복소수다. 실체적 물리량은 실수로 표현되어야 하지만 물리학에서는 종종 실수보다 차원이 높은 복소수를 사용하는 경우가 많다. 한 차원 높은 복소수로 표현한 후 실수값을 뽑아내는 것이 여러 가지 수학적 편리성을 제공하기 때문이다. 파동함수의 평균은 오래된 물건에 남겨진 수많은 흠과 얼룩처럼 가능한 모든 궤적이 겹쳐진 윤곽을 알려준다. 이렇게 파동함수가 가능성이 겹쳐진 풍경의 얼룩이나 안개 같은 모습을 보이기는 하지만 슈뢰딩거는 그 파동함수에는 고전물리의 결정론적 속성이 내재한다고 믿었다. 그에게도 '물질파'는 루이와 유사하게 일종의 '효과'나 '결과'였고 좀 더 실재적인 파동이었다. 비록 고전적 결정론을 내재하고 있지만 '파동'이라는 가시적 이미지를 제공한다는 측면에서 슈뢰딩거의 파동은 분명 매력적이었다. 반면, 괄호 속에 추상적인 기호와 숫자들을 나열해 양자 상태를 표현하는 베르너 하이젠베르크Werner Heisenberg의 행렬은 너무도 추상적이었다. 하이젠베르크는 미시적 세상을 함부로 그리는 것조차 허용하지 않았다. 하지만 하이젠베르크의 행렬과 슈뢰딩거의 파동은 수학적으로 같은 내용을 담고 있다는 것이 이후에 증명되었다. 같은 내용을 서로 다른 언어로 표현한 것이었다. 대체로 학생들은 이미지를 쉽게 떠올릴 수 있는 파동함수를 더 편하게 받아들인다.

그런데 시간이 갈수록 슈뢰딩거 파동함수는 점점 본인이 의도한 것과 다른 방향으로 해석되기 시작했다. 루이의 '물질파'이론을 영국의 실험물리학자에게 소개한 막스 보른이 슈뢰딩거의 복소 파동함수 절대치를 제곱한 값이 확률밀도라는 해석을 한 후 코펜하겐 보어 연구소의 많

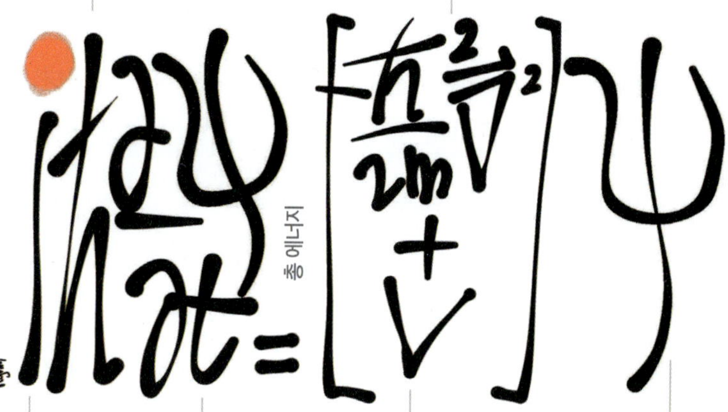

(위) 양자세상에서 측정을 하지 않은 관측자에게 질량(m)을 지닌 입자는 잠재 에너지(V)의 풍경 속에서 구름이나 안개를 닮은 확률적 양자파동함수의 모습으로 존재한다. 슈뢰딩거 방정식은 V라는 조건에서 만들어진 ψ의 시간적 변화 ($\frac{\partial}{\partial t}$)와 공간적 변화 ($\nabla^2$) 사이의 관계를 내포하고 있다. ψ는 실체적이지 않아 보이는 복소수지만 실수값을 지니는 확률밀도 $|\psi|^2$은 구름과 안개의 짙고 옅음과 유사한 모습으로 가능성의 정도를 가늠할 수 있게 한다.

은 학자들이 확률적 해석으로 기울기 시작한 것이다. 확률은 편리하지만 결정론을 믿는 물리학자의 입장에서는 참으로 무책임해 보인다. 앞으로 어떤 궤적으로 갈 것인지 매 시간마다 정교하게 예측하는 물리학의 소명을 노름판의 주사위를 던지듯 정하겠다는 말로 들린다. 파동 이면에 숨겨진 운명의 궤적은 모두 사라져 버리고 슈뢰딩거의 파동함수는 '운발'의 파동이 되어버린 셈이다. 아이러니하게도 공간과 시간을 재해석한 특수 상대성이론을 만든 아인슈타인, 특수 상대성이론을 모티브로 만들어진 '물질파'를 제안한 드브로이, '물질파'의 일반적 파형을 얻을 수 있는 미분방정식을 찾아낸 슈뢰딩거 모두 양자물리의 표준해석으로 받아들여지고 있는 코펜하겐 보어 연구소의 확률 해석을 반대했다.

"보어 교수! 신은 주사위 놀이를 하지 않아요!"

"아인슈타인 교수! 신 이야기 좀 그만하세요!"

이제 '물질파'의 파동함수가 일반적인 파동 미분방정식을 만족하는지에 대한 질문으로 돌아가 보자. 답은 "그렇지 않다."이다. 슈뢰딩거의 미분방정식은 파동방정식이 아닌 확산 미분방정식의 형태를 지니고 있다. 즉, 파도처럼 출렁거리기는 하지만 구석에서 방 안 전체로 퍼져 나가는 열기나 향기처럼 시간이 지날수록 점차 넓은 영역으로 번져가며 진폭이 줄어드는 모습을 보인다. 물리적으로 확산 현상의 내부에는 무

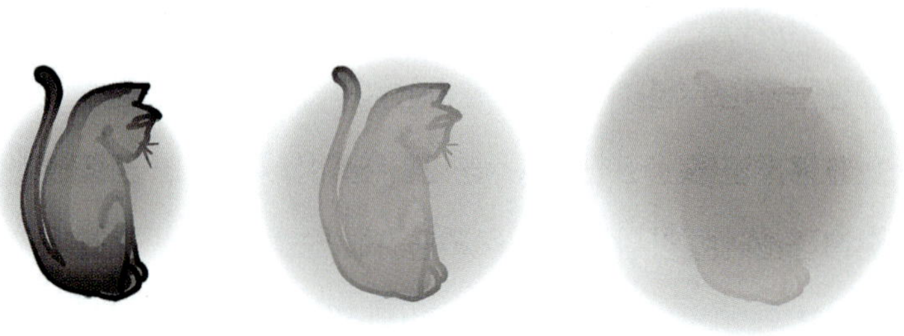

수히 많은 충돌을 담고 있다. 냄새와 열의 확산은 엄청나게 많은 분자들(~10^{23}개)의 무작위 운동이 만들어 낸 거시적 결과다. 슈뢰딩거의 파동은 냄새나 열과 유사하게 가능성의 윤곽이 어떻게 퍼져 가는지를 알려주지만 확산의 내적 메커니즘에 대해서는 침묵한다. 물론 평균 운동량, 운동에너지, 엔트로피 같은 물리량을 내적 원동력으로 생각할 수도 있지만, 열과 냄새의 확산을 유발하는 분자나 원자 같은 실체적 매질은 없는 것이다. 가령 좁은 공간에 전자를 가둔 후 그 감옥을 해체하고 나면 전자의 '물질파'는 확산과 유사하게 점차 넓은 공간으로 퍼져간다. 하지만 퍼져 가는 공간 속에 확산을 매개할 아무런 요소도 없고 잠재 에너지가 없더라도 슈뢰딩거의 파동은 열과 냄새처럼 영역을 확장해 간다. 다행히도 이러한 양자파동의 확산은 우리가 살고 있는 거시세계에서는 목격하기 쉽지 않다. 예를 들어 길이 1 cm, 무게 1 g을 지닌 작은 입자의 슈뢰딩거 파동이 열린 공간에서 형체를 구분할 수 없을 만큼 흩어지기 위해서는 대략 10^{20}년이 필요하다. 우주의 나이가 대략 10^{10}년이니 내 몸이 양자 확산으로 사라지는 것을 걱정할 필요는 없다. 하지만 나노 스케일의 세계에서는 좀 다르다. 슈뢰딩거 파동의 퍼짐과 사라짐이 우리가 살고 있는 세상의 상식으로 이해할 수 없는 기이한 모습으로 일어난다.

이제 1번 그림처럼 명확한 초기 조건이 유일한 미래의 궤적을 정한다는 고전역학의 결정론적 풍경은 불확정성 원리와 슈뢰딩거 파동의 확률적 해석으로 2번 그림처럼 변하게 된다. 미래에 어떤 궤적을 만들어 낼지 분명하던 자신감은 사라지고 초기 조건조차 알 수 없는 전자가 어떤 궤적을 따라갈지는 안개구름처럼 모호해진다. 하지만 그 안개구름은 파동의 속성을 지니고 있으며 구름의 밀도를 통해 가능성을 예측할 수 있다. 그러나 '물질파' 개념을 만들어 낸 루이 드브로이는 이런 해석에 동의할 수 없었다. '루이'는 '물질파'의 이면에 결정된 입자의 궤적이 존재한다고 생각했다. 여러 개의 데이터를 누적해 보면 파동처럼 보이지만 개별적인 입자는 여전히 법칙에 의해 결정된 궤적을 따르고 있다고

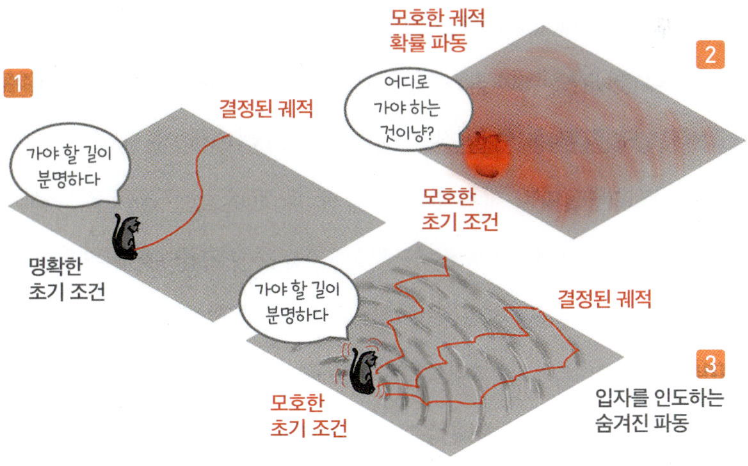

믿었다. 그럼에도 불구하고 입자가 파동과 같은 모습을 보이는 이유는 초기 조건을 정확히 알 수 없게 만드는 알 수 없는 변수가 존재하기 때문이며, 우리는 아직 그 '숨은 변수hidden variable'에 대해 무지하다고 생각했다. 그래서 그는 미지의 양자 에너지와 양자 힘을 가정한 뒤 3번 그림처럼 일명 Pilot-wave라고 부르는 파동이 '입자'를 파동스럽게 만든다고 제안했다. 예를 들어 수면파를 발생시킨 후 작은 기름 방울을 떨어뜨리면 기름 방울은 수면파에 부딪혀 여기저기 튕겨 나가게 된다.

실제 실험을 해 보면 초기 조건의 미세한 차이에 따라 기름 방울의 경로는 아주 다양하게 바뀌게 되고 그 결과가 누적되면 마치 파동이 만드는 것 같은 간섭무늬도 얻을 수 있다. 물론 이중 슬릿 무늬도 얻을 수 있다. 게다가 Pilot-wave 이론에서 슈뢰딩거의 파동방정식을 유도할 수도 있다. 이후 그의 이론은 물리학자 데이비드 봄David Bohm에 의해 좀 더 다듬어졌지만 아직은 학부 교과서에는 소개되지 않는 비주류 이론으로 남아 있다. 한편 Pilot-wave는 일종의 심리적 방어기제 같은 것이다. 복잡하고 거대하고 신비로운 우주, 우주를 구성하는 물질과 나 자신조차도 쪼개고 나면, 결국 먼지보다 작은 입자만 덩그러니 남게 되고, 그 궁극의 입자들조차 노름판의 주사위처럼 예측할 수 없다는 사실은 감당하기 힘든 허무감을 남긴다. Pilot-wave는 모든 공간을 아우르며, 무책임한 우주의 우연을 필연으로 만들어주는 보이지 않는 손길 같은 존재인 것이다. 입자의 파동성을 설명하기 위해 실체를 알 수 없는 Pilot-wave와 알지 못하는 숨은 변수를 끌어들이는 것과 단 하나의 입자라도 천기가 누설되지 않으면 파동처럼 동시에 모든 곳으로 번져가는 운빨의 양자적 '중첩' 중 어느 것이 더 믿을 만한 것일까?

모른다. 물리학자들에게 아직도 슈뢰딩거 파동의 의미와 양자역학적 확률이 무엇인지는 여전히 분명하지 않다. 그래서 지금도 멈추지 않는 논쟁과 실험을 계속하고 있다. 이 과정을 통해 어쩌면 지금의 코펜하겐 해석이 여전히 주류를 유지할 수도 있고, 역사에서 밀려났던 비주류가 주류가 될 수도 있고, 아니면 완전히 새로운 주류가 등장할지도 모른다. 어쩌면 새로운 물리학의 서막을 열 그 주인공이 지금 이 순간 이 책을 읽으며 물리학자의 꿈을 꾸고 있는 바로 당신일지도 모르겠다.

상보성

바다의 마녀에게 목소리를 주고 다리를 얻었다
반짝이는 비늘과 지느러미를 버리고 얻은 육지의 삶
익숙하지 않은 걸음걸이를 보고 사람들은 웃었다
누구도 상상할 수 없었던 인어의 바다 속 유영

모두가 부러워하던 아름다운 목소리로 노래하며
바다 속 공주의 삶을 살던 그때는 몰랐다
입술이 아닌 눈으로 말하고

말이 아닌 가슴으로 그리워해도
지상의 사람들은 알지 못했다

하나를 얻기 위해 다른 하나를 버려야 했지만
결국에는 바다와 육지의 삶 모두를 잃어버렸다

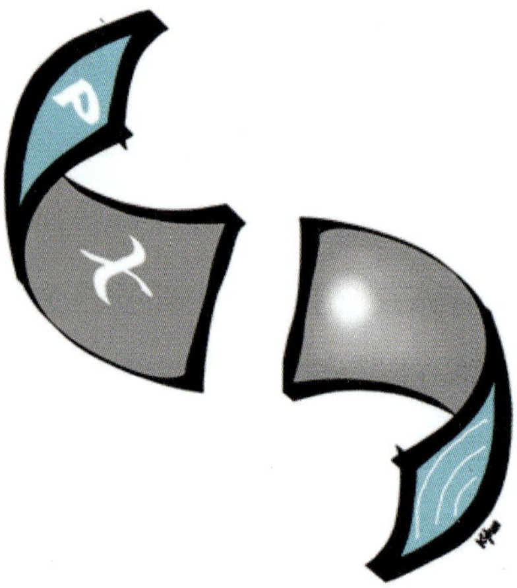

위치의 모호성이 줄어들면 대신 운동량의 모호성은 증가한다. 에너지의 모호성이 줄어든 만큼 수명은 증가한다. 입자적 속성이 드러나면 파동의 특성은 사라져 버린다. 노르웨이에서 휴가를 보내던 닐스 보어는 이제 막 불확정성 원리를 발견한 젊은 천재 하이젠베르크의 투고 전 원고를 읽어 내려가다 '상보성complementarity'이라는 개념을 떠올렸다. “한쪽 측면을 알아갈수록 다른 측면은 모호해져 둘 모두를 정확히 알 수는 없지만, 소통할 수 없는 두 존재는 상호 보완적 구조를 지니고 있다. 비록 인간의 경험으로는 파동과 입자의 공존을 이해할 수 없지만 진리의 온전한 모습을 알기 위해서는 동전의 양면 같은 두 가지 측면이 모두 필요하다.” 음양의 조화를 담은 동양 철학처럼 신비로워 보이기도 하지만 다른 한편으로 관념적인 말장난 같아 보이는 이 ‘상보성 원리’를 통해 닐스 보어는 양자물리를 불편해하는 사람들을 설득했다. 이를테면 인간의 경험적 사유로 우주의 진리를 이해하는 과정에는 일종의 구조적 한계가 존재하니 그것에 대한 불편한 감정과 질문을 멈추고 진리의 이런 낯설지만 심오한 모습을 받아들이라는 것이다.

학부 시절 ‘상보성’ 개념을 처음 배울 때 나는 그 속에 내재된 이런 전지적 시점이 불편했다. 대립된 두 개의 세상이 상호 보완하며 전체적으로는 완전해진다는 이 원리는 창조자의 입장에서는 멋져 보일지 모르겠지만 두 세상을 살아가는 당사자들에게는 고스란히 마주해야 할 모순과 상처로 보였다. 설령, ‘상보성의 원리’가 진리라 하더라도 그것은 세상을 살아가는 이들에게 아무런 치유의 기능을 하지 못할 것 같았다. 납득할 수 없는 모순 너머에 인간이 이해하기 어려운 상보성의 원리가 있다고 말하는 것은 “팔자니까 그냥 살아라.”라고 말하는 것과 달라 보이지 않았다. 그러다 문득 안데르센의 동화 <인어공주>가 생각났다. 물살을 가르며 바다 속을 자유롭게 유영하던 인어공주에게 바다의 삶이란 동적인 운동량(P) 세상 같은 것이었다. 하지만 인간을 사랑하면

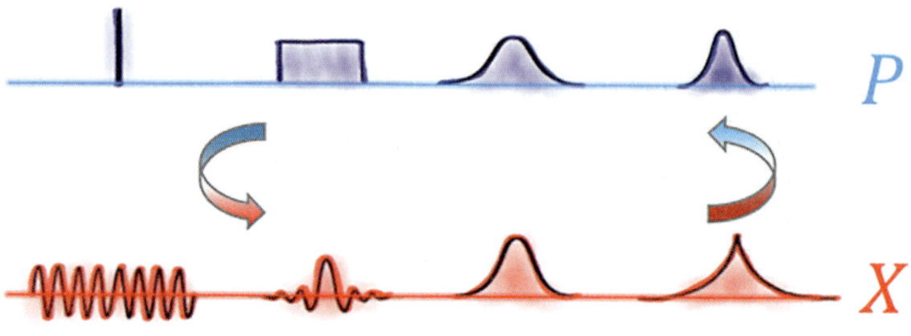

서부터 그녀는 바다의 삶과 소통하기 어려운 지상의 삶을 바라보기 시작한다. '바다'라는 운동량(P) 세상에서 들여다본 지상의 위치(X) 세상은 모든 것이 낯설고 어색하다. 파동의 입장에서 보자면 두 세상은 푸리에 변환의 관계를 지니고 있다. 대부분은 위치(X) 좌표로 표현된 모습에 익숙하지만 때로는 운동량 좌표가 더 편리한 경우도 있다. 예를 들어 위치(X) 좌표에서 특정 파장(λ')을 유지하는 파동은 전 공간에 뻗어져 있어 그 공간적 규칙성을 일일이 확인하는 것이 번거롭다. 반면, 운동량 ($P = h/\lambda$)공간에서는 특정 파장(λ')을 쉽게 확인할 수 있다. 하지만 일반적인 경우 운동량 공간의 모습이 위치 공간에서 어떻게 보일지를 직관적으로 추정하는 것은 쉽지 않다. 그러므로 눈부신 비늘과 날렵한 지느러미와 공주라는 특혜를 누렸던 바다 속 모습이 지상에서 어떤 형태로 바뀔지 가늠하는 것은 쉽지 않다. 두 다리를 얻기 위해 목소리를 버렸지만 지상의 삶은 그녀에게 모두 낯설고 어색했을 것이다. 또한 운동량(P)과 위치(X)가 서로 소통할 수 없듯 잃어버린 목소리를 대신할 간절한 마음의 눈빛도 아무런 역할을 하지 못했을 것이다. 왕자가 다른 여자와 결혼하기 전 언니들은 마녀에게 머리카락을 주고 얻은 칼을 인어공주에게 건네준다. 즉, 그녀에게 왕자를 죽이는 것은 지상의 삶을 미련없이 분명하게 해주는 것이다. 따라서 그녀에게 바다의 삶과 자유가 다시 열릴 수 있다. 하지만 그녀는 왕자의 삶을 온전히 남겨둔 채 바다로 뛰어들어 버린다. 소통할 수 없이 양립하는 두 세계는 비극을 초래할 뿐이다. 그렇다면 이중성은 누구를 위한 것일까?

안데르센의 <인어공주> 원고의 처음 제목은 <Daughters of the Air>였다. 원작에는 바다로 뛰어든 이후 왕자를 죽이지 않고 자신을 희생한 가치를 천상에서 인정받아 불멸의 영혼을 획득했다는 내용으로 마무리하고 있다. 사실 안데르센은 그가 좋아한 남자가 결혼한다는 소식을 듣고 이 동화를 쓰기 시작했다고 한다. 그를 양성애자로 분류하기도 하지만 불우한 어린 시절 탓에 누군가에 대한 호감과 성적 매력을 구분하지 못한 탓이라고 표현하는 것이 더 적합할 것 같다. 그는 세상이 정해 놓은 두 개의 대립된 세계에서 답을 찾을 수 없기에 결국 불멸의 영혼같은 제3의 출구가 필요하다고 생각했던 것이다. 그렇다면 입자와 파동의 이중성은 무엇이 구원해 줄 수 있을까?

양자 벌레

삶과 죽음이 함께 할 수 없듯

앞면과 뒷면을 모두 볼 수는 없다

허공 속 비누방울처럼

'톡' 하고 터져버리고 나면

어느새 나는 앞면 위에 앉아있다

상자 속 같은 내 삶

메시지를 받지 못한 그에게 이곳은

여전히 안개처럼 삶과 죽음이 뒤섞여 있을까?

우리는 각자 다른 세상을 살고 있다

마침내 상자가 열리며 서로를 마주하는 순간

꿈에서 깨어난 오후의 일상처럼

우리는 똑같은 꽃을 마주하고 있다

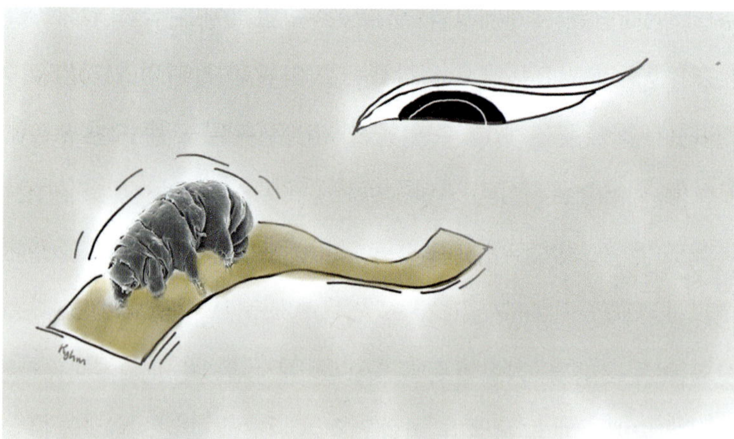

오스트리아 물리학자 슈뢰딩거는 두 개의 상태가 확률적으로 공존한다는 코펜하겐 물리학자들의 기이한 해석을 반박하기 위해 자신이 키우던 고양이를 예로 든 사고 실험을 제안했다. 상자 속에 양자물리가 작동하는 방사능 물질을 고양이와 함께 둔다. 방사능 물질 속 원자는 양자역학적으로 높은 에너지와 낮은 에너지에 50%의 확률로 공존한다. 만약 높은 에너지가 선택되면 방사선이 방출되고 그것을 감지한 장치가 독가스를 방출시킨다. 결과적으로 원자가 높은 에너지 상태에 있으면 고양이는 죽고 낮은 상태에 있으면 고양이는 살아남는다. 하지만 원자가 어떤 상태에 있는지 상자를 열어 측정하기 전에는 알 수 없으므로 양자역학은 원자 에너지의 높고 낮은 상태가 두 개의 파동처럼 '중첩' 되어 있다고 표현한다. 따라서 고양이도 삶과 죽음이 반씩 중첩된 기이한 상태가 된다.

슈뢰딩거가 고양이를 선택한 이유는 '중첩'의 대상이 살아있는 생명의 삶과 죽음이라는 점에 있다. 슈뢰딩거는 삶과 죽음이 공존할 수 없다는 상식에 호소하고 싶었던 것이다. 간혹 학술 저널에서도 '슈뢰딩거 고양이'라는 제목의 논문을 종종 볼 수 있는데 실제 고양이를 상자 속에 넣지는 않는다. 대부분의 실험은 '중첩' 상태에 있는 원자, 분자, 빛의 상태에 대한 실험들이다. 대부분 나노미터 크기의 작은 공간이나 극저온 같은 까다로운 조건에서만 양자역학적 '중첩'을 관측할 수 있다. 하지만 최근 물리학자들은 밀리미터(mm) 스케일에서 양자역학적 '중첩'이 가능한 장치를 만드는 데 성공했다. 트램펄린 같은 막을 만든 것인데 기술적으로 빛을 이용해 두 개의 특정 진폭만을 지니도록 할 수 있다. 즉, 조금 높게 떨리거나 낮게 떨리는 트램펄린의 상태가 슈뢰딩거의 고양이처럼 양자역학적 '중첩' 상태에 있는 것이다. 그리고 다음 과정으로 그 트램펄린 위에 고양이 대신에 살아있는 작은 벌레를 올려두는 것이다. 일명 '곰벌레'로 불리는 완보동물 Tardigrade 문에 속하는 이들은 크기가 대략 1.5 mm 정도 되는데 고온의 온천수, 극지방 얼음, 사막, 고산지대, 고압의 심해 심지어 진공에 가까운 극한 환경에서도 살아남을 수 있다. 따라서 두 개의 상태가 확률적으로 공존하는 극저온의 인공 트램펄린 위에서 곰벌레는 충분히 살아 있을 수 있다. 네덜란드 연구팀을 중심으로 아직 기획 중인 실험이지만 두 개의 상태가 공존하는 기이한 '양자 중첩' 상태에서 생명체가 상태를 인지하는 상황은 어떤 모습일까? 만약 이 '벌레'와 정보를 주고 받을 수 있다면 어떨까?

최근에는 슈뢰딩거의 고양이의 '양자 중첩' 상태에 대해 코펜하겐 학파의 표준 해석과 다른 다양한 견해가 제시되고 있는데 그중 관계양자역학 Relational quantum mechanics 해석이라는 것이 있다. 관계양자역학 해석은 정지한 관찰자와 움직이는 관찰자에 따라 시간과 공간이 다르게 보이는 상대성이론에서 영감을 받아 만들어졌는데 관찰의 주체가 또 다른 관찰자의 대상이 되는 상황에 주목한다. 즉, 슈뢰딩거의 고양이를 예를 든다면 상자 속을 관측하려는 인간뿐 아니라 상자 속 고양이도 또 다른 관찰자가 된다. 상자 속 고양이가 방사능 물질의 특정 상태를 관측하는 순간 관측 전에 중첩 상태로 존재했던 다른 상태는 사라져 버린다. 그런데 불행히도 고양이가 죽음의 상태를 선택해 상자 밖의 관측자에게 미처 이 사실을 알려줄 경황도 없이 죽어버렸다. 하지만 이 상황을 아직 알지 못하는 상자 밖 인간 관측자에게 상자 속 상태는 여전히 중첩의 상태로 남아 있다. 하지만 고양이가 죽기 직전에 카톡으로 자신의 죽음을 인간 관측자에게 알린다면 상자 밖 관측자는 고양이의 시체만을 발견하게 된다. 혼란의 원인을 잠시 생각해보면 이 글을 읽으며 개별적 사실을 인지하는 전지적 시점이 존재한다는 것을 알게 된다. 관계양자역학 해석은 이런 전지적 시점을 버리기를 요구하는 것이다.

상자를 열기 전까지 인간 관측자에게 상자 속은 아무것도 결정되어 있지 않다. 또한 고양이에게는 상자 속이 세상의 전부다. 내가 보지 않아도 눈앞의 세상이 모두 다 결정되어 있다는 결정론을 하나의 믿음이라 간주하고 그 믿음을 버려보자. 어쩌면 우리는 각자 단절된 자신만의 다른 우주에 고립되어 살고 있는지도 모른다.

마찬가지 방식의 해석을 '양자 벌레' 실험에 적용해 보면 벌레는 자신이 발을 딛고 있는 바닥의 흔들림을 통해 자신이 두 가지 상태 중 특정 상태에 있다는 것을 알게 된다. 하지만 벌레가 외부에 있는 인간 관측자에게 자신이 처한 정보를 알리지 않는다면 실험실 인간에게 양자 트램펄린은 여전히 '중첩' 상태에 있다. 즉, 양자 벌레에게 트램펄린은 '중첩'

이 사라지고 드러난 둘 중 하나의 상태가 관측되지만, 외부에 있는 인간 관측자에게는 여전히 '중첩' 상태가 유효하다. 그러나 벌레와 외부 관측자가 정보를 공유하는 순간, 둘은 서로 동일한 우주로 수렴된다.

동화 <이상한 나라의 앨리스>에서도 벌레가 나온다. 토끼를 따라 이상한 나라에 들어선 앨리스는 물담배를 피고 있는 벌레를 만난다. 앞을 볼 수 없는 그는 버섯 위에 앉아 양자파동함수같은 담배 연기를 자욱하게 내뿜으며 앨리스에게 묻는다. "넌 누구지?" 이 질문은 어딘가 노승이 던지는 화두를 닮았다. 사실 앨리스는 항상 자신의 내면 속에 공존하는 또 다른 자아를 느끼고 있었다. 이를테면 두 가지 '인격'이 중첩되어 있었던 것이다. 예사롭지 않은 벌레의 질문을 듣고 앨리스는 곧장 자신의 내면을 들여다보고는 소스라치게 놀라고 말았다. 하지만 아무렇지 않은 듯 자신이 발견한 내면의 낯선 모습에 대해 아무 말도 하지 않았다. 그렇다면 벌레에게 앨리스는 여전히 두 가지 인격이 중첩되어 있을까?

양자 불멸

프랑스에서 살던 시골 마을에는 미용실 겸 이발소가 한 군데 밖에 없었다. 솜씨도 별로 좋지 못하면서 가격은 터무니없이 비싸서 돈도 아낄 겸 아내가 집에서 바리캉으로 내 머리를 깎아 줬다. 햇살이 따갑게 내리쬐는 초여름 어느 날에 나는 웃통을 벗고 마트 비닐 봉지를 덮어쓴 채 발코니 의자에 앉았다. 아내가 내 머리 위에서 요란스런 소리를 내는 기계로 덥수룩한 머리숱을 쳐내는 동안 집 앞 나무에 매달린 매미들은 그 소리에 맞서듯 소리 높여 울고 있었다. 기계음과 매미 소리가 뒤섞여 울려 퍼지는 이국 땅 어느 산골 마을의 무료한 오후, 건너편 집 발코니에서는 감미로운 샹송이 들려왔다. 이내 후덥지근한 더위도 잊은 채 졸음이 몰려왔다. 마치 세상의 모든 시간을 멈추게 한 후 또 다른 세상으로 몰래 넘어가는 동화 속 마법사처럼 비몽사몽 한적한 길을 따라가다 결국 나는 깊은 잠에 빠져들었다. 시간이 얼마나 흘렀는지 지금 내가 있는 곳이 어디인지 모를 만큼 한참을 졸다 깨어보니 아내가 바리캉 사용에 익숙지 않은 탓에 나는 어딘가 좀 모자란 듯한 우스꽝스러운 모습이 되어 있었다. 마치 장자의 나비 이야기처럼 여러 가지의 또 다른 나의 모습으로 떠돌다 한순간 낯선 곳에 불시착한 것 같은 기분이 들었다.

요즘 양자역학 해석에서 많은 관심을 받는 다중세계 해석은 매 순간 여러 개의 세상이 있고, 여러 개의 내가 있다고 말한다. 상자를 열기 전에는 확률적으로 반은 죽고, 반은 살아있는 고양이라는 상식적으로 이해할 수 없는 양자역학을 이해하기 위해 물리학자들은 이런 요상한 제안을 하고 있다. 그런데 슈뢰딩거 고양이와 다르게 관측자와 관측 대상이 별개가 아닌 동일한 경우가 되면 아주 흥미로운 결과가 발생한다. 즉, 내가 나를 관측하는 것이다. 무수히 많은 다중세계에 각각의 내가 있고 그것을 관측하는 것도 나인 것이다. 하지만 관측의 나 역시 절대적 우위를 지니지 못하는 수많은 다중세계의 한 명이다. 최근 맥스 테그마크Max Tegmark교수는 '양자 자살에 의한 불멸성immortality'이라는 제목의 논문을 출판한 적이 있다. 슈뢰딩거 고양이의 생사를 확인하는 관측자와 고양이를 동일한 존재로 만들기 위해 러시안 룰렛 방식의 '양자 자살'을 하는 것이다. 즉, 방아쇠를 당겼을 때 양자역학적 '중첩' 상태에 의해 총알이 나갈 확률이 50%가 되도록 설정한 후 자기 머리에 총을 쏘는 것이다. 방아쇠를 당겨 동시에 공존하는 두 상태를 깨트린다는 점은 상자를 열어 삶과 죽음이 중첩된 둘 중 하나의 상태로 붕괴시키는 슈뢰딩거의 고양이 사례와 유사하지만 러시안 룰렛은 중첩을 깨트리는 '측정'을 하는 자와 '관측의 대상'이 동일한 것이다. 머리에 총을 맞은 자는 결코 살아있는 자신을 관측할 수 없다. 그러나 총을 맞지 않은 자는 항상 자신이 살아 있음을 확인하게 된다. 너무나도 당연한 이 결과

를 두고 테그마크 교수는 다중세계 해석에 입각해 의식적 '불멸성'이라는 명칭을 부여했다. 다소 허무하고 황당한 해석이지만 앞서 언급한 전지적 시점을 버리고 나면 나름 그럴 듯해 보인다. 깨어 있다는 것, 무언가를 인지한다는 것, 의식을 지니고 있다는 것 자체가 다중세계에서는 상식 이상의 비중을 지니고 있는 셈이다. 아직은 '인지'의 개념이 종교, 철학, 심리학, 뇌·신경과학, 물리학마다 크고 작은 차이를 보이고 있어서 양자물리학을 '인지'와 연결시키는 것은 조심해야 한다. 최근 뇌 신경 속 신호처리 과정에 양자물리가 내재할 것이라는 가설이 많은 주목을 끌고는 있지만, 실험적으로 규명된 사례는 아직 없다. 하지만 눈부시게 발전하는 '뇌공학'과 '인지과학'이 조만간 '인지'에 대한 과학적 정의와 비과학적 경계를 좀 더 명확하게 해 줄 것으로 기대한다.

양자 맥놀이

가까이 다가갈수록

더뎌지는 울렁임

커졌다

작아지는

그의 목소리

울렁거리는 소리에 맞춰

가슴이 들썩거리는 동안

아주 조금씩 당신을 닮아가다

우리는 기어이 하나가 된다

현악기의 음을 튜닝하기 위해서는 한 줄의 절대 음을 맞추고 나머지 줄은 그 줄과 비교해 상대적으로 맞춘다. 예를 들어 기타의 제일 굵은 줄은 '미'음이고, 그 다음으로 굵은 줄은 '라'음이다. 절대음감이나 기계로 가장 굵은 줄인 '미'음을 조율한 후 기타 목의 다섯 번째 칸에 손가락을 짚고 그 줄을 튕기면 '라'음이 만들어진다. 그런데 두 번째 굵은 줄은 그냥 튕겨도 똑같은 '라'음이 들려야 한다. 즉, 튜닝이 된 제일 굵은 줄에서 손가락을 짚어 만들어 낸 '라'음과 그 다음 번째 줄을 그냥 튕겨서 만들어 낸 음이 같아야 한다. 만약 두 음이 다르다면 굵은 줄의 음을 기준으로 두 번째 줄의 음이 같아지도록 조절하면 된다. 두 번째 줄의 음 조절은 기타 머리 부분에 연결된 줄감개를 돌리면 된다. 줄감개는 줄을 느슨하게 풀거나 빳빳하게 조여 줄의 장력을 변화시켜 음을 조절할 수 있다.

두 줄의 음이 확연히 다르면 쉽게 구분이 되지만, 미세하게 다른 경우에는 섬세한 조율이 필요하다. 절대음감 같은 예민한 귀를 지니고 있다면 각각의 줄을 조율하면 되지만 음을 잘 구분하지 못하는 초보자의 경우에는 '맥놀이' 현상을 이용하면 된다. 즉, 기준이 되는 가장 굵은 줄이 만들어 낸 '라'음과 그 음을 닮아가려는 아직 '라'가 되지 못해 '라'스러운 두 번째 줄의 음을 구분하지는 못해도 두 음이 합쳐진 소리의 세기가 커졌다가 다시 작아지는 것을 반복하는 '맥놀이'의 주기에 주목하면 된다. '맥놀이'의 주기는 두 음의 주파수 차이에 반비례한다. 즉, 두 음이 많이 다르면 커졌다-작아졌다 하는 '맥놀이' 주기가 짧지만, 음의 차이가 미세하게 다른 경우는 '맥놀이' 주기가 상대적으로 길다. 만약 두 줄의 음이 완전하게 일치하면 '맥놀이'의 주기가 무한대가 된다. 즉, 커졌다-작아졌다 하는 소리의 울렁거림이 사라진다. 이를테면 미세하게 다른 주파수 차이가 만들어 내는 '맥놀이'는 공명을 향해 다가서는 과정의 징표 같은 것이다. 징에도 '맥놀이'가 있다. 특히 놋쇠로 만든 한국의 방짜 징의 경우 구리에 합쳐진 주석의 비율을 높이기 위해 무수히 많이 두드려야 하는데, 이 작업을 통해 만들어진 금속의 울퉁불퉁한 표면이 울림 좋은 '맥놀이'를 만들어 낸다. 뜨거운 불에서 태어나 무수하게 두드려져 만들어진 탄생의 흔적은 소리꾼의 손길을 통해 깊은 울림의 '맥놀이'로 다시 살아나는 것이다. 아마도 무속인들은 반복되는 징소리 속의 '맥놀이'를 통해 무의식적으로 공명의 대상과 자신과의 차이를 인지하는 것은 아닐까?

원자 속에서 핵 주변을 돌고 있는 전자의 에너지는 띄엄띄엄하게 특별한 값만을 지니고 있다. 양자역학적으로 에너지는 주파수에 비례하는 값이므로 불연속적인 전자의 에너지들은 특정 주파수를 지니고 있는 것이다.

색으로 비유하자면 색연필 세트 같은 것이다. 즉, 빨강과 주황의 중간색에 해당하는 색연필이 없는 것이다. 소리로 비유하자면 피아노 건반이나 악보를 닮았다. 오선지 악보에는 '미'와 '파'사이의 음이 없다. 미세하게 음이 다른 두 개의 기타 줄을 동시에 튕기면 발생하는 '맥놀이'처럼 하나의 전자가 가지는 두 에너지의 양자 상태도 "맥놀이"를 만들 수 있을까? 즉, 서로 다른 음을 지닌 두 개의 기타 줄이 중첩된 소리를 만들어 내는 것처럼 양자역학적 '중첩'의 소리나 빛을 실험적으로 확인할 수는 없을까? 하지만 확률적 중첩을 어떻게 실험적으로 검증할 수 있을까? 슈뢰딩거 고양이가 있는 상자를 열면 고양이는 살아 있거나 죽어 있을 뿐이다. 상자를 열고 죽어 있는 고양이를 본 뒤에 다시 상자를 닫는다고 해서 죽은 고양이가 살아나지 않는다. 상자는 단 한 번만 열어야 한다.

동일한 양자 고양이 상자를 아주 많이 준비하면 된다. 통계역학에서는 이런 동일한 상자 집단을 '앙상블'이라고 부른다. 현악 '앙상블' 콘서트처럼 '앙상블'은 프랑스어로 '함께'라는 뜻을 지니고 있지만, 통계역학적으로는 확률을 검증하기 위해 준비된 여러 개의 동일 집단을 의미한다. 이제 충분히 많은 수의 동일한 상자를 준비해서 동시에 함께 열어 보자. 어떤 곳에서는 전자가 높은 에너지에 머물고 있어 고양이가 죽어 있다. 그러면 푸른빛과 함께 정확한 '라'음이 들려온다. 하지만 다른 상자들에서는 전자가 낮은 에너지에 있고, 살아있는 고양이와 함께 빨간빛을 내며 '라'음에서 조금 낮은 듯 보이는 불편한 소리를 내고 있다.

아주 많은 '앙상블' 상자를 동시에 열면 어떻게 될까? 우리는 음이 어긋난 두 개의 기타 줄이 만들어 내는 소리와 빛의 '양자 맥놀이'를 보고 듣게 된다. 단 한 개의 상자를 통해서는 검증할 수 없지만 충분히 많은 수로 구성된 '앙상블'에서는 확률적 '중첩' 상태가 '맥놀이'를 만들어 낸다. 실제 실험물리학자들은 이런 방법을 통해 나노의 작은 세계 속 원자나 전자가 만들어 내는 양자 '맥놀이'의 소리와 빛을 측정한다.

양자 전이

아가

천상에 사는 이들이

지상으로 내려오는 오늘은

바다에 나가지 말도록 하여라

구름이 별을 가리고

바람과 파도조차 숨죽이며

하늘과 바다의 경계를

온통 안개가 뒤덮는 오늘 밤에는

창문 밖을 내다 보지 말아야 한다

천상과 지상을 오가는 그들의

은밀한 밤이 지나면

하늘의 달이 네게로 올 것이다

고요한 밤 호수나 바다 위에 떠 있는 달은 언제나 신비롭다. 술에 취해 정신까지 몽롱하면 중국의 시인 이백처럼 하늘의 달과 수면 위의 달을 구분하기 어려워진다. 물 위에 아른거리는 달빛과 하늘 위의 달이 자욱한 안개 속에 가려진 풍경이 꿈속에서 펼쳐진다면 가족 중에 아이가

생길 수도 있다. 이렇게 달빛을 매개로 서로 다른 두 세상의 물리적 단절을 넘나드는 설화나 태몽과 유사한 일이 원자 속에서도 일어난다. 밤하늘 천상의 또 다른 세상에서 지상으로 내려오는 전설 속 주인공이나 아기처럼 원자 주변을 도는 전자도 높은 에너지 상태에서 낮은 상태로 내려온다. 하지만 그 양자 전이quantum transition의 모습은 안개 낀 물결 위에 펼쳐진 달빛의 풍경만큼 신비스럽고 기묘하다.

미시세계에서 작동하는 양자역학은 원자의 내부 구조를 알아가는 과정과 함께 발전했다. 지금은 원자 알갱이의 모습을 직접 볼 수 있는 현미경이 존재할 뿐만 아니라 원자의 내부 구조를 파악할 수 있는 다양한 실험장치가 개발되었지만, 100여 년 전 양자역학이 막 태동하던 20세기 초에는 원자를 연구할 실험방법과 장치에 한계가 있었다. 그래도 나름의 실험결과를 토대로 가장 유력한 원자 모형이 제시되었는데, 중심에 양의 전하를 띈 핵이 밀집되어 있고, 나머지 공간을 전자가 궤도 운동하고 있다는 가설이었다. 행성이 태양 주변을 도는 거대 스케일의 원리가 아주 작은 원자 속에서도 유사하게 작동한다는 발상은 나름 거시와 미시가 대칭을 이루어 그럴듯하게 보였을 것이다. 태양 주변을 도는 행성의 궤도에는 중력이 관여하고 있지만 핵 속의 양성자에 붙들린 닫힌 궤도를 만드는 전자 운동은 전기력이라는 속성이 다른 힘이 매개하고 있다. 그런데 전자기학 이론에 의하면 전하를 지닌 입자가 방향을 바꾸거나 속력이 변하는 운동을 하면 빛을 방출하게 된다. 닫힌 궤도 운동은 속력이 일정한 원운동이라 하더라도 계속해서 방향이 바뀌는 가속 운동에 해당한다. 따라서 전자가 핵 주변을 도는 동안은 계속해서 빛을 방출하게 된다. 전자의 궤도 반경은 구심력으로 작용하는 핵의 인력과 원운동하는 전자의 원심력 사이의 역학적 균형의 결과다. 그러므로 전자가 원궤도 유지에 사용해야 할 자신의 에너지를 빛 에너지로 소진할수록 전자 궤도는 점점 핵 근처로 다가서게 된다. 원자 속 전자가 이런 추락의 운명을 지니고 있다면 여러 개의 원자들이 뭉쳐 분자가 되고, 분자들이 뭉쳐 다시 물질, 세포, 조직, 생명체가 되어 안정성을 유지할 수는 없을 것이다. 그렇다면 물질의 근간이 되는 원자 속 전자는 어떤 모습으로 존재하는 것일까?

19세기 말 실험 물리학자들은 다양한 원자 가스로부터 나오는 빛을 측정하고 있었다. 빛은 전자기파동이라 색이 다르다는 것은 주파수 혹은 파장이 다르다는 것을 의미한다. 백열 전구나 태양빛은 모든 파장에 걸쳐 다양한 색깔이 연속적으로 분포하고 있지만, 신기하게도 원자 가스로 만든 램프는 특정 색의 빛만 띄엄띄엄하게 방출한다. 게다가 띄엄띄엄한 색깔 사이에는 특별한 규칙이 있다. 마치 특정 음의 건반을 치거나 여러 개의 기타 줄을 튕겨 화음을 만들어 내는 것처럼 원자도 나름의 규칙을 가지고 특정 색깔의 빛들을 뿜어내고 있는 것이다. 그 중 수소 원자는 단 한 개의 전자만을 지니고 있으므로 이론과 실험을 비교할 수 있는 가장 단순하고 좋은 사례였기에 덴마크의 물리학자 닐스 보어 Niels Bohr는 수소 원자가 뿜어내는 띄엄띄엄한 색깔의 빛을 설명할 수 있는 모형을 개발했다.

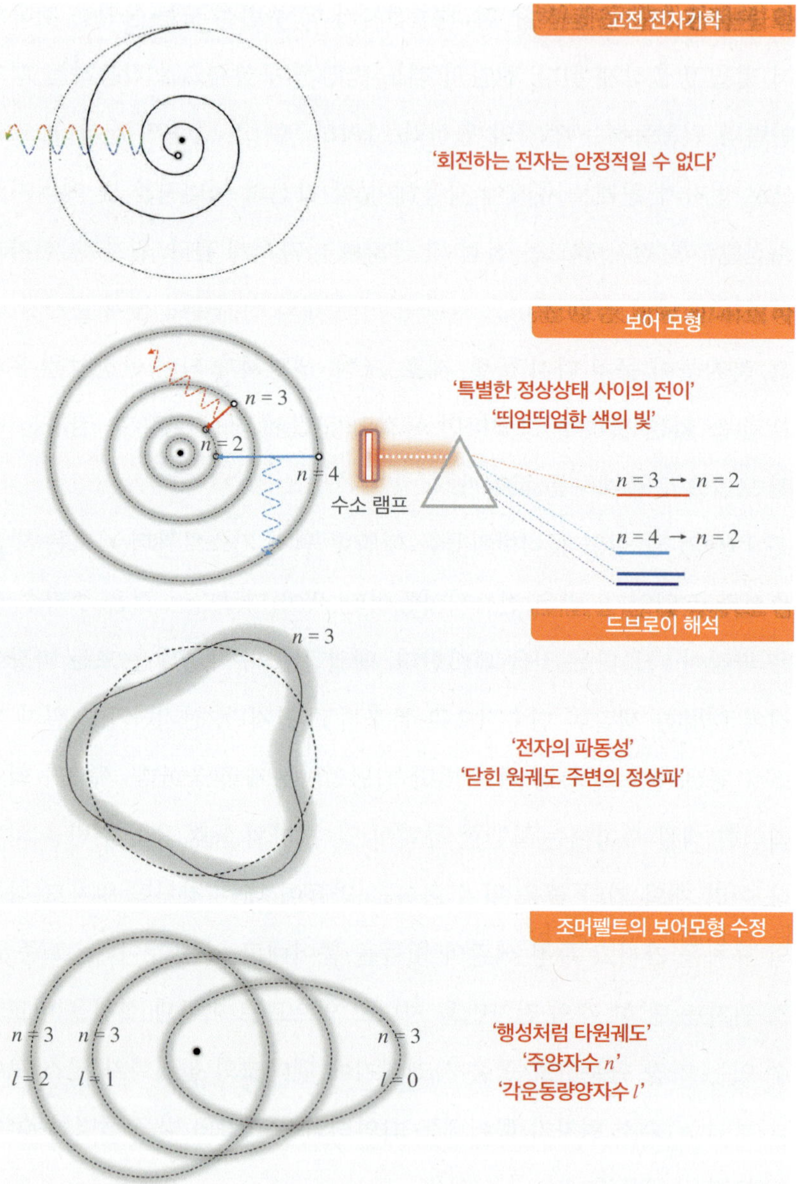
고전 전자기학
'회전하는 전자는 안정적일 수 없다'
보어 모형
n = 3
n = 2
n = 4
수소 램프
'특별한 정상상태 사이의 전이'
'띄엄띄엄한 색의 빛'
n = 3 → n = 2
n = 4 → n = 2
드브로이 해석
n = 3
'전자의 파동성'
'닫힌 원궤도 주변의 정상파'
조머펠트의 보어모형 수정
n = 3
l = 2
n = 3
l = 1
n = 3
l = 0
'행성처럼 타원궤도'
'주양자수 n'
'각운동량양자수 l'

빛 에너지는 빛의 색깔 혹은 주파수에 비례한다는 막스 플랑크의 가설을 고려해 보면, 원자에서 방출되는 띄엄띄엄한 색깔의 빛은 핵 주변에 있는 전자가 띄엄띄엄한 에너지를 지니고 있어서 발생한 것이라고 추론할 수 있다. 전자의 총 에너지는 궤도에 따라 달라지므로 결국 전자의 궤도 반경이 띄엄띄엄하다는 생각에 도달하게 된다. 원 운동을 가정한다면 전자는 띄엄띄엄한 특별한 반경만 지니게 된다. 그 특별한 에너지를 지닌 전자의 원 궤도를 건물의 층수처럼 정수로(n = 1, 2, 3⋯) 분류하면 층별로 고유한 반경과 에너지 값이 주어지게 된다. 즉, 전자의 에너지는 층이 높을수록 크다. 예를 들어 전자가 3층에서 2층으로 추락하면 층별 에너지 차이에 해당하는 붉은빛이 나온다. 만약 4층에서 2층으로 추락하면 층별 에너지 차이가 상대적으로 커서 파란빛이 나온다. 한편 루이 드브로이는 보어의 모델 속에 자신이 제안한 '물질파' 개념이 내재하고 있다는 점을 지적했다. 예를 들어 전자가 n = 3 상태에 있을 경우 원 궤도를 따라 6개의 마디를 지닌 '정상파'처럼 거동하며 이것의 각운동량 역시 n = 3에 해당하는 고유한 값을 지니고 있다는 것을 의미한다. 따라서 전자는 에너지와 각운동량 모두 n이라는 '양자수 quantum number'로 표현되는 띄엄띄엄한 값을 지니고 있는 것이다. 이후 아르놀트 조머펠트Arnold Sommerfeld는 행성의 닫힌 궤도가 타원이라는 점을 감안해 전자를 타원 궤도로 수정한 모형을 만들었다. 보어-조머펠트 모형에서는 에너지의 양자수(n)가 같더라도 각운동량의 양자수(l)에 따라 찌그러짐이 다른 다양한 전자 타원 궤도가 가능하다. 그런데 이 모형은 전자에게 허락된 특별한 궤도가 안정적이라는 가정을 필요로 한다. 전자는 안정적인 궤도 운동을 할 수 없다는 고전 전자기학 이론과는 상충하지만, 실험결과는 일단 '정상상태stationary state'라 불리는 이 특별한 상태를 필요로 한다는 것이다. 그런데 곰곰이 생각해 보면 자체 모순이 발생한다. 안정적인 상태라면서 전자는 왜 영원히 머물지 않고 다른 상태로 옮겨가는지 궁금해진다. 대충 안정적이긴 하지만 언제든 떠나고 싶은 마음이 드는 약간 불편한 상태란 말인가? 이 모형은 전자가 다른 궤도로 전이하는 동기를 설명하지 않고 있다. 또한 수소원자가 만들어내는 띄엄띄엄한 다양한 색깔의 빛들은 각기 세기가 다르다. 붉은색은 뚜렷하지만 파란색은 흐릿하다. 그러나 태양계를 닮은 원자 모형은 이런 실험결과를 설명할 수 없다.

우리는 세상을 언어로 표현하고 언어를 통해 세상의 이미지를 떠올릴 수 있다. 그런데 간혹 언어는 존재하지만 세상의 이미지가 없는 경우도 있다. 하이젠베르크는 온전히 보이지 않는 원자의 이미지를 상상하는 것은 오히려 경계해야 한다고 생각했다. 특히 그 상상이 거시세계의 경험을 토대로 한 것들이라면, 미시세계의 모습을 제대로 표현할 수 없거나 왜곡시킬 가능성이 있다고 생각했다. 따라서 단지 실험적으로 관측되는 결과를 토대로 새로운 언어를 구성해야 한다. 설령, 수학이라는 언어로 표현된 내용이 너무 추상적이라 직관적 이미지가 만들어지지 않거나 경험적 이미지와 상충하더라도 미시세계를 경험하지 못한 인간의 입장에서 그것은 당연한 결과라는 것이다. 그는 위치(X)나 운동량(P)

같은 물리량을 '행렬'로 표현했는데 두 물리량의 행렬 사이에는 '교환 불가능성($XP \neq PX$)'이 생기며, 이 특성은 수학적으로 둘 사이에 불확정성이 존재함을 의미한다. 따라서 고전역학에서 습관적으로 그리던 운동의 궤적을 그릴 수 없다.

그러므로 태양계를 닮은 원이나 타원 궤도 혹은 기타 줄처럼 꿈틀거리는 궤도 모두가 잘못된 이미지다. 원자 속 전자의 궤적을 그리려고 해서는 안 된다. 모두 다 머릿 속에서 지워야 한다.

그러면 전자는 어떻게 높은 에너지 상태에서 낮은 상태로 전이하면서 빛을 방출하는가? 양자역학을 사용하지 않더라도 고전 전자기학은 진동하는 전자가 빛을 방출하는 과정을 훌륭하게 설명한다. 즉, 전자가 무거운 양의 이온이나 핵에 붙들려 전기 쌍극자를 구성해 용수철처럼 진동하면 빛을 방출한다. 진동은 일종의 가속 운동이므로 전자의 진동은 빛을 발생시킬 수 있다. 따라서 원자에서 빛을 방출하려면 일단 전자가 핵에 붙들려 용수철처럼 진동해야 한다. 그런데 용수철은 1차원 문제이지만 전자는 핵 주변을 돌고 있으므로 어떻게 진동하는지 궁금해진다. 전자가 껍질의 모습이 되어 반경이 핵 주변을 꿈틀거린다고 생각할 수도 있다. 하지만 전자는 입자성도 지니고 있으므로 입자가 어떻게 껍질이나 구름의 형태를 유지할 수 있는지를 설명해야 한다. 그러므로 차라리 섣부른 이미지를 떠올리지 않는 게 좋다. 한번도 본 적은 없지만 적어도 내 가슴 속에는 주기적으로 요동치는 심장이 있다는 사실만 남겨두는 것처럼 원자 속에는 핵에 붙들린 전자가 진동한다는 사실만 받아들여야 한다.

그래서 남겨진 일은 그저 입을 닫고 계산이나 하는 것("Shut up and calculate.")이다.

이를테면 수소 원자 속에는 다양한 주기로 박동하는 여러 개의 심장이 있는 것이다. 그리고 그 다양한 주기를 지닌 심장이 각기 다른 색깔의 빛을 만들어 낸다. 빛의 세기가 색깔마다 다른 이유는 주기가 다른 심장마다 박동하는 세기가 다르기 때문이다. 뚜렷한 붉은색을 뿜어내는 느린 심장은 강하게 박동하고, 흐릿한 파란색을 뿜어내는 빠른 심장은 여리게 박동한다. 비록 괄호 속에 기호와 숫자들만 빼곡한 행렬이 구체적인 이미지를 제공하지는 못하지만, 하이젠베르크의 추상적 수학 언어는 이렇게 수소 원자가 방출하는 띄엄띄엄한 색깔의 빛을 설명한다.

반면, 슈뢰딩거의 수학적 언어는 이미지를 제공한다. 뒤엉킨 실타래의 모습을 하고 있을 것 같은 전자의 궤적 대신 구름이나 안개의 형체를 지닌 파동함수를 그려낸다. 파동함수 자체는 복소수라 실체적 물리량에 대응시킬 수는 없지만, 복소수 크기의 제곱은 확률 밀도를 의미한다. 즉, 파동함수 구름이 짙으면 전자가 있을 가능성이 높은 것이다. 비록 전자가 어디에 얼마나 빠른 모습으로 있는지 정확히 알 수는 없지만 구름같은 파동함수의 모습으로 머무는 전자의 특별한 상태는 '양자수 quantum number'로 구분한다. 전자에게 허락된 이런 특별한 상태를 구분하기 위해 닐스 보어는 건물의 층수 같은 에너지의 양자수 n만을 사용했지만 양자파동함수는 4개의 양자수(n, l, m, s)를 사용한다.

이를테면 수소 원자 속 전자는 영화 <올드보이>처럼 어딘가에 감금되어 있다. 4개의 양자수(n, l, m, s)는 그가 감금된 호실 번호와 전자 본인의 회전속성을 의미한다. 하지만 감금된 방의 벽이나 경계를 알 수는 없다. 어지럼증을 느끼는 것으로 봐서 방이 회전하고 있는 것 같다. 하지만 회전의 방향이 구체적으로 어떤지는 알 수 없다. 심지어 자기 자신도 지구처럼 자전하는 것 같다. 자전의 방향을 바꾸면 어지럼증의 정도

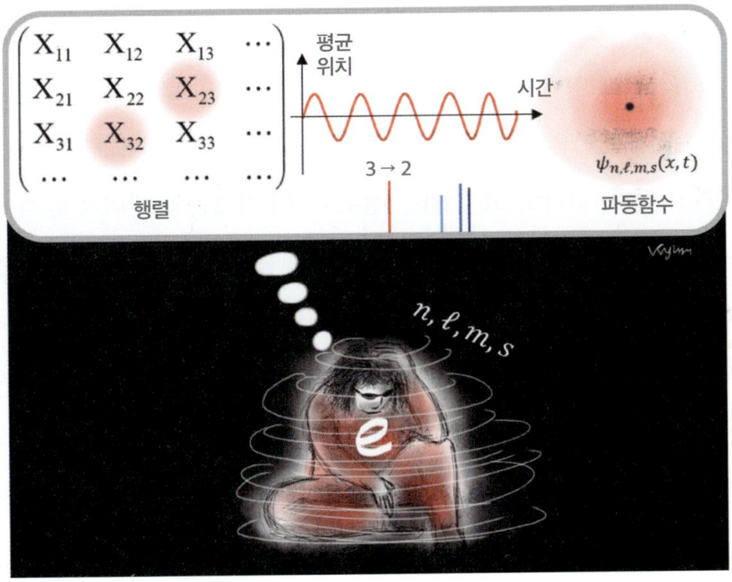

도 달라진다. 방이 회전하는 방향과 자신이 회전하는 방향의 차이에 따라 어지럼증은 또 달라진다. 슈뢰딩거 파동함수에서 사용하는 양자수 (n, l, m, s)들은 각각 건물의 층수 같은 에너지, 회전의 세기 같은 각운동량의 크기, 특정 방향의 각운동량 성분, 자전 같은 스핀을 의미한다. 예를 들어 전자 '올드보이'가 감금된 $(n = 3)$층에는 l, m으로 구분되는 다양한 구역이 존재하는데, 그들은 각기 다른 회전을 하고 있는 것이다. '올드보이' 자신도 자전 방향에 따라 다른 s값을 가질 수 있다. 하지만 구체적인 회전의 모습과 다양한 회전들이 같은 층 안에서 어떤 모습을 지니고 있는지는 알 수 없다.

슈뢰딩거 파동함수는 전자의 양자 전이에 의한 빛의 발생도 설명한다. 예를 들어 $(n = 3, l = 2, m = 1, s = 1/2)$호실에 감금된 전자가 $(n = 2, l = 1, m = 1, s = 1/2)$호실로 옮겨가는 경우 구체적으로 그가 매 순간 어떤 경로를 통해 아래층으로 이동해 갔는지는 알 수 없다. 하지만 파동함수를 이용해 전자의 평균 위치를 구해보면 전자는 3층과 2층 사이를 오르내리고 있다. 그리고 그 주기는 정확히 3층과 2층의 에너지 간격에 대응되는 값이다. 분명 전자는 꿈틀거리며 진동하고 있는 것이고 이런 전자의 진동 운동의 결과로 빛이 발생된다. 그러나 평균은 수많은 과정을 숨기고 대푯값만을 말해 준다. 이렇게 매 순간의 궤적은 알 수 없지만 전자는 3층과 2층을 오가면서 자신이 가진 에너지를 빛으로 방출하다 결국에는 2층에 내려오게 된다. 미시세계 원자 속에는 높은 곳에서 낮은 곳으로 내려오는 일이 참으로 기괴하다 싶다. 하지만 이건 어떤가? 구름이 별빛을 가리고 안개가 하늘과 바다의 경계를 지운 어느 밤, 꿈속에서 하늘의 달이 지상의 고요한 물결 위로 자신의 흔적을 빛으로 남기고 나면 '아기'가 잉태된다. 달의 태몽과 설화는 어딘가 양자물리적이다.

You complete me

We live in a cynical world

A cynical world

And we work in a business of tough competitors

I love you

You…complete me

영화 <Jerry McGuire> 중에서

좀 오래된 영화이지만 나는 영화 <Jerry McGuire>(1996)를 좋아한다. 스토리가 좀 진부해 보일 수도 있겠지만 영화는 프로스포츠 선수의 화려한 성공과 비싼 몸값 같은 자본주의적 가치에 매몰되어 살아가는 스포츠 에이전시 매니저 Jerry McGuire의 일상을 보여 준다. 대형 프로스포츠 에이전시 매니저로 잘 나가던 그는 어느 날 점점 비인간적으로 변해가는 프로 스포츠계와 그에 일조하는 에이전시 회사의 분위기에 대해 평소부터 하고 싶었던 쓴소리를 작정하고 전체 메일로 보낸다. 물론 이후 그는 곧장 해고 통지를 받는다. 그런데 소지품을 챙겨 사무실을 나설 때 그를 지지하며 함께 따라나선 여직원을 알게 된다. 그 일을 계기로 둘은 서로 호감을 가지게 되지만 그녀는 어린 아들까지 챙겨야 하는 미혼모다. Jerry는 잘생긴 총각이었다. 이후 생계를 위해 가능성이 보이는 프로 미식축구 선수 한 명을 힘들게 영입해 이런저런 우여곡절을 겪는데, 이 과정에서 성공과 돈이라는 가치보다 더 중요한 신뢰와 사랑이라는 인간적 가치의 소중함을 조금씩 깨달아 가기 시작한다.

영화 막바지에는 Jerry역의 톰 크루즈가 갑자기 그녀를 찾아가 다짜고짜 고백하는 장면이 있다. 그가 전하고 싶은 메시지는 한마디로 지금까지 속물 같은 냉혹한 세상에서 힘들게 경쟁만 하며 살아왔지만, 너를 만나 비로소 무엇이 중요한지를 알게 되었고, 그것을 깨달은 지금 이 순간을 함께 하고 싶다는 것이었다. Jerry는 "I love you."라고 말한 후, "You complete me."라는 표현을 쓴다. 좀 생뚱맞은 것 같지만 나는 톰 크루즈가 "You complete me."라고 말하는 그 순간 양자역학 교과서에 등장하는 완전성completeness이라는 개념을 떠올렸다. 로맨틱한 무드를 한 방에 날려버릴 이과생의 삭막한 발상으로 취급받을 수도 있겠지만, 내게는 수학의 언어로 표현된 양자역학과 신학에서 표현하는 완전성의 의미를 어렴풋하게나마 공감할 수 있는 소중한 순간이었다.

예를 들어 기하학적 화살표로 표현되는 벡터 $\vec{A}$는 3차원 공간의 x, y, z의 좌표로 구체화할 수 있다. 벡터는 원래 크기와 방향을 지니는 추상적인 양이지만, 화살표의 뾰족한 머리와 끝을 좌표계에 고정시키고 나면 공간의 위치를 구체적으로 표현할 수 있는 요소인 x, y, z라는 특정 방향의 성분값(A_x, A_y, A_z)을 얻게 된다. 그런데 여기서 주목할 점은 공간 성분의 표현 요소인 x, y, z라는 각각의 성분이 서로 직교하고 있다는 것이다. 수학적으로 직교한다는 것은 감성적으로 어떤 의미로 다가 올 수 있을까? 다양한 신념이나 가치관은 서로 유사할 수도 있지만 서로 대립할 수도 있다. 문학에서는 종종 서로 만나지 않는 평행선의 이미지로 타협할 수 없는 두 개의 가치관을 상징하지만, 수학에서 서로 나란한 두 개의 화살표 벡터는 같은 것으로 간주된다. 즉, 꼬리와 머리의 위치가 좌표로 구체화되지 않은 경우 방향이 같고 크기가 같다면 두 개의 평행선으로 떨어져 있어도 동일한 것이다.

따라서 대립의 이미지는 서로 향하는 바가 다른 두 화살표가 어긋나는 것이 좀 더 적절해 보인다. 만약 어긋난 두 개의 화살표가 수직이 아닌 각으로 교차하는 경우에는 특정 방향으로 좀 더 기울어진 편향성을 지니고 있는 것 같아 보인다.

방향은 상이하지만 둘 다 오른쪽을 향한다면, 공통의 편향성을 지니고 있는 것이다. 그러므로 양보 없는 치열한 대립은 두 개의 화살이 직교하는 것이 더 적절한 비유 같다.

직교한다는 것은 나름의 논리와 소신을 지닌 두 세계나 가치관의 대립을 의미한다. 즉, 유물론과 관념론이 직교하듯 x와 y는 직교하고 무신

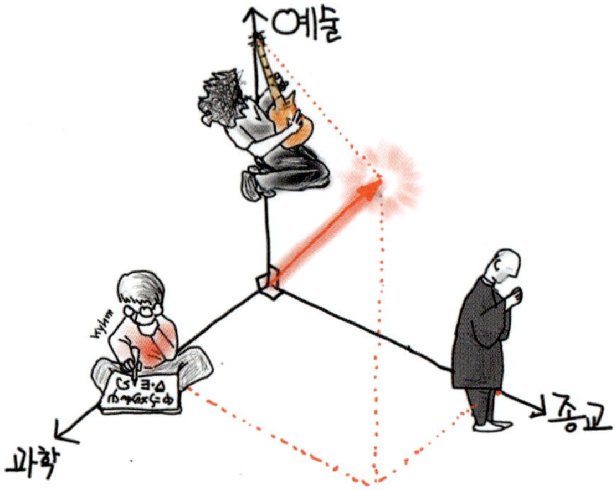

론, 일신론, 다신론은 x, y, z처럼 서로 직교한다. 세상은 동일한 대상(벡터 $\vec{A}$)을 두고 서로 대립되는(직교하는) 가치관이나 신념들(x, y, z)로 각자의 목소리를 내고 있다. 따라서 A_x라는 성분은 벡터 $\vec{A}$라는 대상을 x방향이라는 편향된 시선으로 투사한 값인 것이다. 즉, 어떤 방향의 가치관을 지니고 있느냐에 따라 동일한 대상(벡터 $\vec{A}$)에 대한 가치값은 달라질 수 있다. 이렇게 x, y, z라는 각기 독립적이고 다른 신념은 조금의 각도 양보하지 않은 채 직교의 형태로 대립하고 있는 것이다. 각자의 시선으로 벡터 $\vec{A}$를 바라보며 A_x, A_y, A_z를 이야기하는 것이다. 이원론은 세상($\vec{A}$)을 물질(A_x)과 정신(A_y)이라는 2개의 성분으로 이해했지만, 훈민정음은 모음의 세상($\vec{A}$)을 하늘(A_x), 땅(A_y), 사람(A_z)이라는 3개의 성분으로 구성했다.

벡터 $\vec{A}$가 변화무쌍하게 방향과 크기를 바꿔도 3가지 성분 A_x, A_y, A_z

만으로 $\vec{A}$를 충분히 표현할 수 있다는 의미는 무엇일까? 만약 우리가 z 방향이라는 시선을 지니고 있지 않은 개미라면, 하늘을 향해 고개를 치켜든 벡터 $\vec{A}$의 변화를 온전하게 구별해 낼 수 없다. 개미가 지닌 두 개의 대립된 가치관 x와 y로는 충분하지 않은 것이다. 따라서 3차원 공간을 다루기에 개미 세상의 x, y는 완전하지 않다incomplete. 결국 z축을 포함시킴으로 비로소 벡터 $\vec{A}$는 온전히 표현될 수 있고 x, y, z로 구성된 공간은 완전complete해진다.

그런데 요소의 개수가 꼭 x, y, z처럼 3개여야 완전complete할까? 이를테면 진리라는 하나의 대상을 과학, 종교, 예술이라는 세 가지 축으로 각자 바라보는 것으로 진리를 충분히 표현할 수 있을까? 바꿔 말해, 과학, 종교, 예술은 진리에 대한 완전성을 이룰 수 있을까? 철학, 역사, 사회, 정치, 경제, 문학 같은 또 다른 축을 추가하면 진리에 대한 불완전성은 완전성으로 바뀔 수 있을까? 수학적으로도 직교하는 또 다른 축을 추가해 3차원 이상의 추상적 차원을 만들면 어떨까? 벡터 $\vec{A}$가 아니라 임의의 함수를 여러 개의 다른 함수들을 합쳐서 표현한다면 합쳐지는 각 요소의 함수들도 직교성을 보일까? 이런 질문들을 통해 수학자들은 일상의 3차원 공간의 사례를 좀 더 일반화시킨 추상적 수학 공간에 대한 완전성 조건을 만들었다. 결과적으로 성분이 되는 요소는 유한해도 되고 무수히 많아도 된다. 또한, x, y, z같은 것이 아니라 또 다른 함수나 행렬들이라도 상관없다. 대신 완전성을 위한 일반화 조건을 만족해야 한다. 결과적으로 동일한 대상을 두고 그것을 표현하는 가치관의 축은 아주 다양할 수 있는 것이다. x, y, z라는 3가지 시선으로 봐도 좋고 d, e, f, g라는 시선을 추가해도 좋고, 심지어는 무진장 많은 1, 2, 3… 무한대의 요소들에 투사해도 좋다. 대신 그것은 완전성이라는 조건을 만족시켜야 한다.

양자물리에서도 이 일반화된 직교와 완전성의 수학적 개념을 차용해서 양자 상태를 표현한다. 이를테면 잘 알려진 상자 속의 고양이는 삶이라는 상태와 죽음이라는 두 개의 상태가 중첩되어 있지만 '삶'과 '죽음'을 표현하는 요소는 x와 y처럼 직교해야 한다. 직교의 의미가 추상화되어 시각적으로 와닿지는 않지만 "삶과 죽음이 서로 직교한다"는 표현은 흥미로운 문학적 이미지를 준다.

상자 속 고양이의 경우 관측자의 관심사가 오로지 삶과 죽음에 국한되다 보니 고양이의 양자 상태는 그 두 개의 요소들만으로도 충분히 표현될 수 있고 '완전성'을 이룬다. 원자 속에서 핵의 주변을 돌고 있는 전자 역시 특정한 양자 상태에 머문다. 호텔 객실의 방 번호처럼 매겨진 전자의 특별한 상태는 양자수(n, l, m, s)로 구분되며 방의 수는 무한히 많이 존재한다. 무한히 많지만 이 특별한 각각의 방들은 서로 직교하며 단 한 개의 전자가 확률적으로 존재할 상태를 표현할 완전성의 조건을 충족시킨다.

수학을 사용하지는 않지만 신학에서도 신의 존재를 '완전성'이라는 단어로 표현한다. 이를테면 신의 완전성이란 구별되는 다양한 측면들이 모순 없이 자신의 체계 안에서 논리적으로 해결되는 것을 의미하는

데, 거칠게 보면 앞서 언급한 수학과 양자물리의 사례와 어딘가 닮은 부분이 많아 보인다. 아마도 Jerry에게 '삶'은 '벡터 $\vec{A}$'나 '신'의 다른 표현이었을 것 같다. 삶을 경쟁력, 성공률, 몸값 따위의 축으로 투사하는 과정에서 느낀 모순은 아마도 3차원을 이해하지 못하는 개미의 한계같은 것이며, 그런 제한된 가치관들이 만들어 내는 감정은 수학적 불완전성 incompleteness을 닮아 있다. 하지만 Jerry는 그녀를 통해 낯설지만 비로소 삶에는 또 다른 인간적 가치와 신념이 존재한다는 것을 알게 된 것이다. 그런 측면에서 Jerry가 말하는 "You complete me."는 참으로 심오하다.

레이저

유리처럼 투명한 악마의 눈물
연거푸 배 속으로 털어 넣으면
"욱" 하고 치솟는 배 속의 불꽃
벌겋게 달아오른 늙은 청춘은
냄비처럼 요란스레 들썩거리다
펄쩍 뛰고 고함치며 일어나 본다
어느 뒷골목 왁자한 술집
뿌옇게 얼룩진 창문 너머로
늦은 밤 쏟아지는 소나기 소리에
나는 바닥처럼 또다시 우울해진다

이공계열 학생들에게 레이저를 활용한 다양한 과학기술과 예술작품 사진을 보여 주면 뭔가 멋져 보인다며 꽤 괜찮은 반응을 보인다. 하지만 막상 교과서에 있는 레이저 원리를 설명할 때면 다들 시큰둥한 표정으로 지루해 한다. 그래서 몇 년 전부터 레이저 단원을 설명할 때면 항상 학생 여러 명을 강단 앞으로 불러내 일종의 작은 공연을 기획한다. 여러 명의 학생들이 레이저의 원리를 몸을 사용해 일종의 마임처럼 직접 구현하는 것이다. 처음에는 다들 머쓱해 하지만 동작에 익숙해지고 나면 재미난 놀이를 구경하는 유치원생들처럼 몇 분간 유쾌하고 재미있어 한다. 나름 여러 명이 호흡을 맞춰야 하는 동작들이라 하다 보면 이런저런 실수나 해프닝이 생기고 한바탕 웃는 일도 많다. 몇 번을 거쳐 동작과 원리를 숙지한 뒤 제법 그럴듯한 공연을 마치고 칠판에 본격적으로 레이저의 원리를 설명하면, 대부분 학생들이 공연 전과 다른 놀라운 집중력을 보여준다. 그리 어려운 문제는 아니지만 시험에 레이저의 원리를 묻는 문제를 출제해도 공연을 하기 전과 비교해 정답률이 많이 향상되어 있는 걸 보면 나름의 교육적 효과가 있는 것 같다.

일단 레이저 속에는 빛을 발진시키는 레이저 물질이 있어야 한다. 필요한 상황에 따라 고체, 액체, 기체 별 다양한 상태의 매질과 소재를 선택해서 사용할 수 있다. 이 레이저 매질에서 강력한 빛이 만들어지기 위해서는 매질을 흥분상태로 만들어야 한다. 즉, 외부에서 레이저 매질에 에너지를 주입하는 일종의 준비과정 같은 것이 필요한데, 레이저 전문가들은 이 과정을 '펌핑pumping'이라고 표현한다. 일반적으로 우주는 에너지가 낮은 곳에 있는 것을 선호해서 레이저 매질도 가장 낮은 에너지 상태에 머물러 있으려 한다. '펌핑'은 레이저 매질을 억지로 에너지가 높은 상태에 머물도록 하는 과정인 것이다. 이 매질의 미시적 에너지는 드문드문 떨어진 양자역학적 에너지를 지니고 있어 '펌핑'을 할 때는 이 에너지들 사이의 간격을 고려해야 한다. '펌핑'의 방법은 다양하지만 요즘은 빛을 사용하는 광학적 '펌핑'이 많다. 레이저 빛 이외에 '펌핑 레이저'라는 또 다른 빛으로 레이저 매질을 흥분시키는 것이다. 바닥상태와 흥분상태의 에너지 간격 이상의 에너지를 지니기 위해서는 '펌핑 레이저' 빛의 색깔을 잘 골라야 한다. 즉, 적절히 선택된 색깔을 지니는 '펌핑 레이저' 빛의 '흡수'를 통해 레이저 매질은 높은 에너지를 지니는 흥분상태에 있게 되는 것이다. 알코올을 흡수하고 일시적으로 흥분하는 술꾼들의 모습처럼 말이다.

보통은 낮은 에너지를 선호하는 원리에 의해 바닥상태에 비해 흥분상태에 있을 확률은 상대적으로 낮다. 즉, 확률적으로 높은 에너지에 머무는 것은 드문 일이다. 그러므로 '펌핑'은 외부 에너지를 빌려 억지로 높은 상태에 많이 머물게 하는 상황을 만드는 것이다. 이렇게 높은 에너지에 보다 많이 머물게 하는 부자연스러운 상태를 '밀도 반전population inversion'이라고 부르는데, 술의 힘을 빌려 과도하게 흥분한 사람의 모습이 딱 그렇다. 우리는 극심한 우울증처럼 기분이 바닥인 경우 간혹 술의 힘을 빌릴 때가 있다. 외부 에너지의 도움을 받으면 일시적으로 흥분할 수는 있지만 영구적이지는 못하다. 기분을 흥분시키는 알코올이 몸에서 분해되면서 술기운이 점차적으로 사라지면 다시 우울증이 생긴다. 마찬가지로 '펌핑'을 통해 흥분된 레이저 매질도 점차적으로 바닥상태로 되돌아오게 되는데, 이 과정에서 둘의 에너지 차이에 대응되는 색깔의 빛이 방출된다. 낮은 에너지를 선호하는 원리에 의해 흥분상태에서 바닥상태로 자발적으로 되돌아오며 빛을 방출하는 이 과정을 자발 방출 spontaneous emission이라고 한다. 매질을 흥분시키기 위해 사용한 에너지를 시간이 지나 빛으로 다시 회수하는 과정인 것이다. 빛이 에너지가 덩어리진 입자라는 측면에서 이해해 보면 '펌핑 레이저'가 뿜어낸 한 알의 광자가 지닌 에너지($E_p = 1hf$)가 물질이 바닥상태에서 들뜬 상태로 도약하기 위한 에너지만큼 크다면 '흡수'는 한 알의 빛이 물질에게 자신

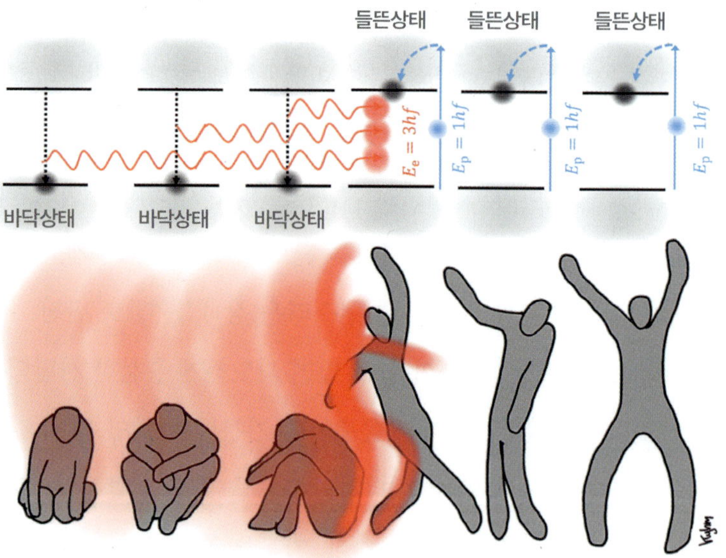

의 에너지를 전달하고 사라지는 것이다. 그 결과 물질은 일시적으로 들뜬상태에 흥분해 있다 잠시 후 빛을 흥분하기 전의 바닥상태로 떨어지며, 그 차이만큼의 에너지에 해당하는 색깔의 광자 한 알($E_e = 1hf$)을 자발적으로 토해 낸다emission. '펌핑 레이저' 광자 한 알을 막 흡수한 높은 에너지와 물질이 빛을 토해내는 에너지의 차이($E_p - E_e$)는 초음파 소리의 열로 전환된다. 이를테면 술에 취해 인사불성이 된 사람이 실내의 벽과 기둥에 부딪히며 자신의 에너지를 소진하는 것과 유사하다. 그러나 레이저의 핵심 원리는 자발 방출이 아니다.

1916년 아인슈타인은 빛이 입자라는 자신의 '광자'이론과 띄엄띄엄한 원자 속 에너지 준위 사이의 '양자전이'를 접목시켜 stimulated emission이라는 특이한 빛 방출 과정을 제안했는데, 바로 이 원리가 매질에서 강한 빛이 나오는 레이저의 핵심 원리다. 번역 용어는 주로 유도 방출induced emission이라는 단어를 사용하지만 stimulated를 직역해 보면, 흥분된 상태를 자극해서 유도하는 일종의 자극된 유도 방출인 것이다. 이를테면 대부분 기분이 바닥상태인 모임에서 흥분한 한 사람이 바닥으로 떨어지며 내어 놓은 빛 한 알이 흥분해 있는 바로 옆 사람을 자극하는 것이다. 다수가 인위적인 방법으로 높은 에너지 상태에 흥분해 있는 '밀도반전' 집단의 경우 사소한 계기로 갑작스러운 감정과 돌발적인 행동을 유발할 수도 있다. 해묵은 지난 일이나 농담 같은 실언들이 불안한 흥분상태를 자극하는 일종의 기폭제가 되며, 집단적 불안과 흥분상태에서의 자극은 쉽게 파급되고 전파된다. 한 사람이 일어서면 옆 사람도 일어서고 소심했던 그마저도 마지막으로 일어나 충동의 불꽃처럼 사태가 커질 수도 있다.

유도 방출stimulated emission은 격한 오열이나 거친 고함일 수도 있고 대뜸 자리를 박차고 일어서 두 팔을 걷어 붙이는 객기일 수도 있다. 그도 아니면 속으로부터 갑작스럽게 개어낸 보기 흉한 그것일 수도 있다. 혹은 하기 싫은 야간자율학습 시간 5분을 남겨두고 한두 명이 도망가자, 눈치를 보던 나머지 모두가 우르르 교실 밖을 빠져나가는 바로 그 광경 역시 '유도 방출'을 닮았다. 그러므로 '유도 방출'은 하나가 여러 개로 증폭amplification되는 과정을 동반한다. 그래서 Laser는 "light amplification by stimulated emission of radiation"의 약자다. 즉, 유도 방출은 흥분의 에너지를 자발 방출과 같은 자연스러운 방식이 아닌 갑작스러운 방식의 빛으로 배출하면서 빠르게 바닥상태로 되돌아오는 과정이다. 한바탕 쏟아내고 술이 확 깨고 나면, 다시 극심한 바닥상태로 떨어지는 것처럼 말이다. 또한 갑작스럽게 '유도 방출'되는 빛은 주변의 흥분상태를 또다시 자극하여 또 다른 '유도 방출'을 연쇄적으로 만들기 때문에 '유도 방출'의 빛들은 밀려오는 파도처럼 결이 아주 잘 맞다. 마치 거부할 수 없는 새로운 흐름처럼 처음 한 알로 시작해 연쇄적으로 일어나 레이저 매질을 진행할수록 점점 더 높아지는 파도 같은 빛 물결로 커져가는 것이다.

실제 작동하는 레이저를 구현하기 위해서는 '펌핑'이 멈추지 않고 계속해서 가해진다. 즉, 술을 멈추지 않고 계속 먹이는 것이다. 또한 한

번의 '유도 방출' 과정이 집단의 모두를 자극하거나 선동할 수는 없으므로 레이저 매질 양쪽에 거울을 둔다. 자극과 '유도 방출'의 과정으로 증폭되어 가는 이 과정을 거울을 통해 반복하는 것이다. 양쪽 거울이 모두 반사만 하면 빛이 레이저 매질 속에서 커져만 갈 뿐 빠져 나올 수 없으므로, 둘 중 하나의 거울은 투과를 약간 할 수 있도록 만든다.

레이저 매질이라는 집단 속 개인들은 이렇게 계속해서 자극되고 흥분해 집단적 유도 방출을 마친 뒤 바닥에 오래 머물지 못하고 또다시 흥분상태로 되돌아가야 한다. 매질을 인공적으로 흥분시키고 빛을 토해 내도록 사육하는 것이다. 그래서 나는 레이저를 보면 왠지 안쓰럽고 마음이 짠하다. 물론 레이저를 두고 이런 느낌을 가지는 것은 공감하기 쉽지 않은 정서이기는 하지만, 나는 자본주의 사회 속 개인들의 모습이 레이저와 크게 달라 보이지 않는다. 무한 경쟁 속 생존을 위해 쉬지 않고 열정을 강요당하다 결국 소중한 것마저 토해 내고 바닥으로 가라앉지만, 정작 토해 낸 소중한 빛을 누리는 것은 매질 속 개인이 아니다.

또한, 이 지친 개인이 집에서 쉴 때면 다양한 미디어 매체는 광고를 통해 끊임없이 욕망을 자극한다. 하루 중 어떤 방식으로든 흥분하지 않고 지내는 시간이 과연 얼마나 될까?

자본권력과 얽혀 있는 인공적 욕망의 홍수 속에서 살아가야 하는 이 사회 전체는 거대한 레이저를 닮았다.

백열등과 레이저

하늘까지 뜨겁게 오르다
바닥까지 추락할지라도
하루 종일 계속해서 꿈틀거려야 한다
밤새도록 뒤척이는 필라멘트의 불꽃

쏟아져 내리는 고요한 소나기
빼곡한 방울들의 우연이라도
어떻게든 평균은 지켜야 한다

농부는 수확한 콩을 커다란 상자들에 가득 담았다. 마을을 나와 울퉁불퉁한 비포장 도로를 지나야 하지만, 주말 장터를 향하는 길에는 언제나 설렘이 있다. 낡은 트럭이 덜컹거릴 때마다 뒤켠 상자 속을 빼곡하게 채운 콩들도 그의 마음처럼 출렁거린다. 빛은 전기와 자기의 파동이지만 양자물리를 통해 좀 더 정교하게 취급하면 입자의 성향을 드러내기 시작한다. 빛을 입자로 다루는 양자광학 분야의 연구자들은 한 알의 콩을 확인하는 것처럼 한 알의 빛을 측정하기도 한다. 그렇다면 거시세계의 빛파동을 입자의 관점에서 재해석하면 어떤 모습일까?

파동은 시간과 공간에 대해 연속적으로 분포하고 계속해서 변화하기 때문에 파동의 에너지를 표현할 때는 단위 시간과 단위 면적당 평균

에너지로 파악해야 한다. 이렇게 정의된 값이 우리가 흔히 말하는 빛의 세기다. 상자 속을 빼곡하게 채운 붉은 콩들의 무개를 콩 한 알의 무개로 나누면 콩의 수를 어림할 수 있는 것처럼 붉은빛의 총 에너지를 한 알의 붉은빛이 지니는 에너지로 나누면 광자수를 어림할 수 있다. 결국 광자수는 빛의 에너지와 빛의 세기에 비례하는 양이다. 하지만 빛을 고전적 파동이 아닌 입자로 취급할 경우 좀 특이한 일이 생긴다. 파동적 관점에서는 빛의 에너지는 색깔에 무관하고 진폭과 관련이 있지만 입자로 취급할 경우에는 한 알의 빛이라도 색깔에 따라 다른 에너지를 지니게 된다. 빨간색 한 알의 빛은 파란색 한 알의 빛보다 에너지가 작다. 따라서 빛의 세기는 빛알의 수가 많다는 것을 의미하지만, 같은 에너지라도 색깔에 따라 수가 달라지는 것이다. 파란 빛알은 몇 개만 모아도 금세 큰 에너지가 되지만 빨간 빛알은 많이 모아도 에너지가 별로 크지 않을 수 있다.

일상의 다양한 광원들의 빛 세기를 관찰해 보면 대부분 일정한 값을 유지하지 못하고 요동을 치는 것을 알 수 있다. 이를테면 촛불은 빛의 세기가 일순간 세지다가 다시 약해지는 일렁임을 반복한다. 백열등, 수은 가로등 등 모두 정도의 차이가 있지만 빛의 세기가 출렁거리고 있다. 입자의 관점에서 보면 광원에서 방출되는 빛알의 수가 시간에 따라 증가하다 감소하는 것을 반복하는 것이다. 마음이 뜨거운 이들은 끓는 물의 표면처럼 쉬지 않고 감정이 끓어오른다. 냄비 뚜껑을 밀어 올리며 솟구치는 뜨거운 증기 속에 무수히 많은 분자들이 꿈틀거리듯 열의 뜨거움은 '요동'을 내포하고 있다.

빛은 에너지를 지니고 있으므로 텅 빈 공간을 빛으로 채워도 열을 이야기할 수 있다. 열은 평균 에너지이고 빛의 에너지는 빛알의 수에 비례한다. 따라서 빛의 열은 빛알의 수와 관련이 있다. 하지만 열이 무수히 많은 사건들의 통계적 평균에너지라는 점은 그 내부에 크고 작은 다양한 여러 선택지가 존재함을 의미한다. 적은 수의 빛알로 작은 에너지를 가지는 경우와 많은 수의 빛알로 큰 에너지를 가지는 사건들이 평균 뒤에 숨겨져 있는 것이다. 하지만 지향점을 높게 잡는 것이 부담스럽 듯이 높은 에너지를 선택하는 것은 상대적으로 확률이 낮다. 따라서 에너지 측면에서 낮은 에너지가 더욱 유력하다. 그 결과 빛의 열과 온도는 빛알 수의 분포와 분산을 동반한다. 인도의 사티엔드라 나드 보즈Satyendra Nath Bose와 아인슈타인은 온도와 특정 색깔이 정해질 때 빛알이 가지는 고유한 확률분포를 구해냈다. 뜨거운 열을 지닌 물질처럼 빛알의 수가 심하게 요동치는 종류의 빛은 '열적인 빛thermal light'이라고 불린다.

마음이 뜨거운 이들은 높은 곳을 오르려는 욕망과 낮은 곳으로 회귀하려는 불안 사이에서 끊임없는 갈등을 한다. 그 결과 두서없이 쏟아 내는 언어의 요동을 만들어내어 말의 앞뒤도 잘 맞지 않는다.

비슷한 이유로 '열적인 빛'도 '결맞지 않은incoherent' 빛이라고 불린다. 반면 인공적으로 만들어진 레이저 빛은 좀 다르다. 레이저는 다른 광원과 비교해 빛의 세기를 일정하게 유지한다. 물론 레이저에도 기술적 한계가 있어서 세기 변화가 아주 작게 존재하기는 하지만 백열등 세기의 요동에 비하면 요동치는 계곡 물과 고요한 호수 정도의 차이를 지닌다. 그렇다면 세기가 일정한 레이저 빛의 광자수는 어떨까? 광자수도 일정하게 유지되어야 한다고 생각하기 쉽지만 곰곰이 생각해 보면 그렇지 않다. 가령 샤워기에서 뿜어져 나오는 물의 양이 단위 면적과 단위 시간당 변함없이 일정하게 유지된다고 가정해 보자. 이 경우 일정한 물의 세기는 많은 물방울 수의 평균치에 해당되는데 미시적으로 살펴보면 물방울 수의 분산이 존재한다. 즉, 비 오는 날 단위 시간과 단위 면적당 평균수가 일정한 빗방울이 얼굴 위로 떨어지는 수를 실시간으로 세어 보면 매 순간 평균값보다 클수도 있고 작을 수도 있다. 레이저가 뿜어내서

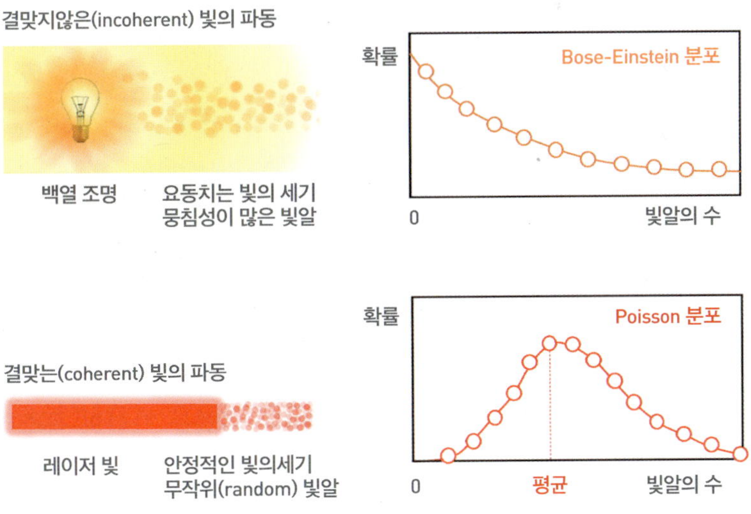

나오는 빛방울 수의 요동이나 분산은 백열등의 경우와 확연히 다르다. '뜨거운 빛'이 '결맞지 않은' 빛 에너지 계단을 오르내리는 기복이 심한 감정 변화를 닮았다면, 레이저 빛알의 수는 '우연'이 만들어 내는 어쩔 수 없는 분산에 맞서 평균수를 지키려는 의지가 내재되어 있다.

실제 레이저가 뿜어내는 빛방울의 수를 그려보면 '뜨거운 빛'의 분포와 확연히 다른 모습을 보여 준다. 우연 속에서 평균을 유지하려는 이 독특한 확률 분산을 푸아송 분포Poisson distribution라고 하는데, 전자기학과 광학에 많은 기여를 한 프랑스의 물리학자 시메옹 드니 푸아송Siméon Denis Poisson에 의해 개발되었다. 즉, 푸아송 분포는 크고 작은 변화가 보이는 많은 우연 속에서도 일관성 있게 한곳만을 응시하려는 의지가 숨겨진 분포인 것이다.

갈은 일을 반복하는 것은 지루해 보일 수도 있지만, 요동치는 감정과 불안에 맞서 한결같은 마음을 유지할 수 있는 좋은 방법이기도 하다. 똑같은 동작으로 잔에 차를 따르는 일, 매일 정해진 시간마다 반복하는 사소한 습관이나 그 반복이 무엇이 됐든 우연의 변화에 맞서 일관성을 유지하려는 의지는 불안 속에서 삶을 버틸 수 있게 만든다.

수행승들은 짧은 문장이지만 매 순간마다 내뱉는 자신의 목소리에 집중하며 발성의 세기와 호흡의 시간 간격을 동일하게 유지하려 한다.

같은 문장을 여러 번 반복하지만 매 순간 자신의 마음속에서 불안, 조급, 무기력의 감정이 생겨나면, 목소리의 세기와 호흡의 간격은 미묘하게 변하게 된다. 하지만 자신의 마음속에서 피어나는 무수한 요동들을 관찰하면서 동시에 똑같음을 유지하기 위해 노력한다. 이런 방법을 통해 일관되고 안정된 마음 상태를 얻으려 하는 것이다. 그래서 푸아송 분포를 지니는 빛을 '결맞은coherent 빛'이라고 한다.

빛을 입자나 파동의 관점으로 들여다 봐도 백열등과 레이저는 확연한 차이를 보인다. 고요한 호수에 돌을 던져 만들어 낸 파문의 모습은 호수의 전 영역에 걸쳐 일정한 간격의 무늬를 유지하면서도 시간이 변해도 항상 규칙적인 모습을 보여 준다. 하지만 바위 사이를 굽이치는 계곡 물 위에서 만들어진 파문은 금세 처음의 모습을 잃고 요동치고 변화한다. 파동 광학에서는 이렇게 파형을 유지하는 정도를 '결맞음성coherence'이라고 표현하는데 레이저는 백열등에 비해 결맞음성이 월등이 좋다.

따라서 마음속 감정의 열기로 오르내리기를 반복하다 결맞음성이 좋지 않은 파형을 보여 주는 백열등이 뜨거운 감정을 지닌 사람을 닮았다면, 레이저는 끊임없이 변화하는 우연 속에서도 한결같은 일관성을 유지하려는 수행승을 닮았다.

혼자되기와 한 알의 빛

대부분 혼자였지만

가끔은 뭉쳐 다녔다

둘

혹은

셋

그러다 다시

혼자가 되었다

한참을 걸어도

여전히 혼자

저만치 앞서가는 또 다른 고독

외로움은 두 눈으로 볼 수가 없다

한 알의 빛을 실험적으로 측정하는 것은 가스 상태의 원자, 고체 속 불순물 혹은 다양한 인공 나노구조물에서 구현되고 있는데, 대부분 광자가 지닌 양자역학적 중첩과 얽힘의 특성을 양자 통신이나 양자 컴퓨터에 활용하려는 것을 목표로 한다. 초고속 무선통신기술의 눈부신 발전으로 전세계 사람들과 실시간으로 소통할 수 있게 되었지만, 이런 편리함과 함께 누구든지 마음만 먹으면 개인의 사생활과 신상을 쉽게 알아낼 수 있는 보안 문제도 심각하게 대두되고 있다. 그런 이유로 양자통

신기술은 통신보안 문제를 원천적으로 해결할 대안으로 선진국들이 앞을 다투며 경쟁하고 있다. 얼마 전 중국은 대륙의 면모답게 인공위성을 통해 얽힌 광자를 지상으로 뿌려 거대 스케일의 양자 통신을 구현하려는 프로젝트를 시작했다.

빛의 세기를 감지하는 광센서는 흡수한 광자를 전기신호로 변환시키는 원리로 작동한다. 즉, 광자를 많이 흡수하면 전자의 수가 증가해 전류도 증가한다. 시각세포 역시 이와 유사하게 광자를 흡수한 후 생화학반응을 거쳐 발생한 전기신호를 시신경을 통해 뇌에 전달한다. 2014년 싱가폴 국립대학교 연구팀은 개구리의 시각세포가 한 알의 빛을 감지할 수 있을 정도의 감도를 지니고 있다는 실험 논문을 발표했다. 하지만 살아있는 개구리의 시각세포에서 발생되는 전기신호가 여러 가지 잡음을 극복하고 뇌에서 한 알로 인지될 만큼 큰 신호로 전달되는지는 알 수 없다. 이후 2016년 여름 오스트리아-미국 공동 연구팀은 사람의 눈이 광자 한 알을 감지할 수 있다는 것을 실험적으로 증명한 논문을 발표했다. 출판은 되었지만 사람의 시각세포로부터 뇌에 전달되는 전기신호를 직접 관측한 것이 아니라 암실에 갇힌 실험 참가자들의 감각을 근거로 한 결과라 여전히 논란의 여지는 있다. 그러나 정말 인간의 시각세포가 개구리의 시각세포처럼 단광자를 감지할 만큼 예민하고 뇌로 전달된 전기신호 역시 한 알의 빛으로 구분해 인지할 만큼 충분히 크다면 어떨까? 이것은 인간의 눈을 통한 직접적이고 감각적인 양자 통신이 가능하다는 것을 의미한다. 아직은 SF소설같은 상상이지만 어쩌면 다가

올 미래에는 뇌공학과 양자광학이 만나 인지 차원의 양자 통신기술이 구현될지도 모른다.

실험적으로 한 알의 빛을 확인하는 방법은 콩알 하나를 현미경으로 찾아내거나 핀셋으로 집어 내는 방식은 아니다. 연속적으로 보이는 빛의 흐름 속에 존재하는 경계를 알 수 없는 광자의 한 덩어리를 확인하기 위해서는 시간적 상관관계correlation라는 좀 특이한 방식을 사용해야 한다. 실험방법을 고안해 낸 두 명의 천체물리학자 핸버리 브라운Hanbury Brown과 트위스Richard Q. Twiss의 이름 첫 글자를 조합해 HBT 방법이라고 불리는 이 기법은 하나의 광원을 두 개의 경로로 나눈 뒤 각각의 빛을 시간차를 두고 측정한다. 이해를 돕기 위해 인간의 눈과 뇌 인지과정이 한 알의 빛을 가늠할 수 있는 기술이 구현된 먼 미래를 가정해 보면 오른쪽, 왼쪽 눈이 시간차(τ)를 두고 윙크를 하는 모습과 비슷하다. 실제 HBT실험결과를 얻기 위해서는 왼쪽과 오른쪽에 별도로

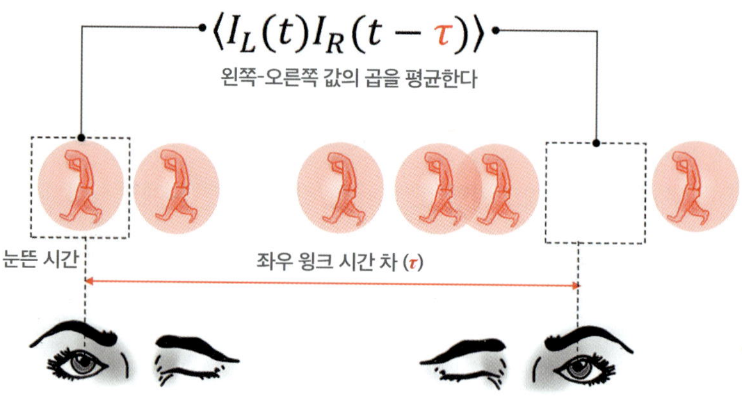

설치한 광센서가 시간차(τ)를 두고 빛을 측정한 후 두 광센서의 신호 세기를 곱해야 한다. 그리고 이 측정을 아주 많이 반복해서 평균값을 얻는다. 시간차(τ)를 다양하게 바꿔가며 역시 반복 측정을 해서 평균을 취한다. 그러면 결과적으로 시간차(τ)에 대한 평균적인 상관관계를 얻을 수 있다.

학창 시절에는 늘 또래 친구들과 뭉쳐 다니게 된다. 각자 일정이 다르니 간혹 혼자 있는 시간도 있지만, 밥을 먹을 때나 영화를 보러갈 때면 다시 뭉치게 된다. 하루 중 혼자 있는 시간이 많았다면 억지로 이유를 만들어서라도 뭉친다. 직장생활을 하는 중에도 종종 뭉친다. 함께 담배를 피우거나 커피를 마시며 잡담하기 위해 혹은 집에 가기 전에 술 한잔하기 위해 마음 맞는 사람끼리 간혹 뭉치기도 한다. 그러다 나이가 들어갈수록 공식적인 만남 이외에 마음을 나눌 수 있는 친구와 뭉치는 기회는 점점 줄어든다. 혼자 밥을 먹고, 혼자 커피를 마시고, 혼자 산책을 하는 경우가 드물지 않다. MBC <나 혼자 산다>가 인기가 있는 이유처럼 요즘 많은 사람들이 점점 더 혼자 있는 일상에 익숙해지는 것 같다.

왼쪽과 오른쪽 광센서의 시간차를 변화시켜 빛의 상관관계를 측정하는 HBT실험을 해 보면, 낱알의 빛들이 세 가지의 다른 성향을 보여준다는 것을 알 수 있다. 이 특성을 개인들의 뭉침 성향으로 분석하면 아래와 같이 구분할 수 있다. 첫째, 너무 자주 뭉치는 젊은 시절의 모습처럼 빛이 한 알로 존재하기는 하지만 여러 개가 뭉쳐bunching있는 경우가 빈번해지는 경우다. 백열등 같은 일상 속 조명의 세기를 아주 약하게 만들어 보면 광자의 뭉침 성향이 강한 것을 알 수 있다. 한 알의 빛을 확인하기 위해서는 시간차(τ)를 충분히 짧게 해야 하지만, 빛이 뭉쳐있는 경우 한눈에 여러 알 이상을 관측할 수도 있다. 물론 한 알도 관측되지 않을 수도 있고, 한 알만 관측될 수도 있다. 하지만 좌우 시간차가 특정 값 이상이 되면 시간차와 무관하게 상관관계의 평균값이 일정하다. 이

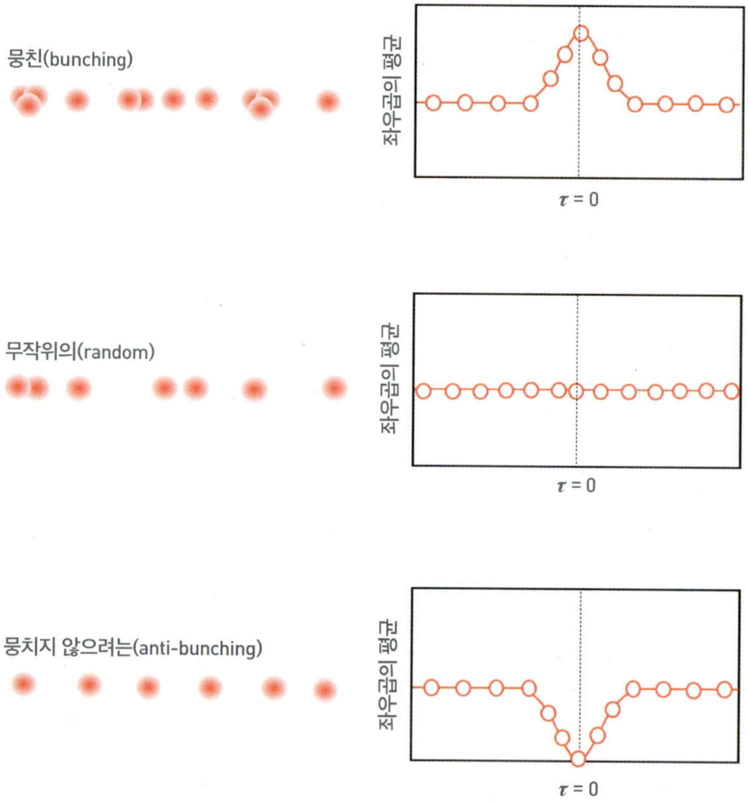

제 시간차(τ)를 줄여보자. 여러 개로 뭉쳐있는 광자들의 선두와 후미에 시간적으로 점점 더 가깝게 다가서는 것이다. 시간차(τ)가 클 경우는 한 알도 측정하지 못할 확률이 있지만, 시간차(τ)가 덩어리의 시간폭에 가깝게 줄어드는 경우 한 알도 측정하지 못할 확률은 급격히 줄어든다. 즉, 왼쪽 혹은 오른쪽 광센서 모두 한 알 이상 측정할 가능성이 증가하게 된다. 따라서 시간차(τ)가 0인 경우(두 눈을 동시에 모두 뜬 경우)에는 상관관계 값이 최대가 된다. 결론적으로 백열등처럼 빛의 세기가 요동치며 뭉쳐있는 성향이 강한 빛은 두 개의 광센서가 동시에 ($\tau = 0$) 측정한 시간차 근처에서 산봉우리를 닮은 상관관계 곡선을 보여 준다.

둘째, 레이저처럼 무작위로 빛알을 뿜어내는 결맞은 빛coherent은 어떨까? 이런 절대 우연의 경우는 시간차(τ)와 아무런 상관이 없다. 빛의 세기와 파동의 모습을 한결같이 일정하게 유지하는 레이저가 만들어 내는 빛알은 '푸아송' 분포처럼 평균값을 기준으로 수의 분산이 존재한다. 광센서가 측정하는 동안 한 개 혹은 여러 개 또는 아무것도 측정하지 못할 가능성이 모두 존재하지만, 수많은 우연에 대한 평균을 얻어보면 좌우 광센서의 시간차와 무관하다.

두 개의 광센서를 동시에 측정하든 둘 사이의 시간차가 크든 작든 아무 상관없이 항상 동일한 상관관계값을 얻게 된다. 진정한 우연은 정말 무심한 것이다.

셋째, 요즘 젊은 세대들 사이에서는 '자발적 고립'이라는 용어가 존재한다. 이런 부류의 사람들은 자신의 성향을 희생하며 굳이 타인들의 비위를 억지로 맞추지 않고 오롯이 혼자만의 자유로운 휴식을 추구한다. 어쩔 수 없이 사회생활을 해야 하지만 혼자만의 고립을 유지하려면 뭉치지 않으려는 의지가 단호해야 한다. 술 한잔 하자고 불러도 나가지 않고, 모임에 나오라 해도 나가지 않고, 문자를 보내도 적극적인 답변이 없어야 한다. 빛알이 이런 자발적 고립의 성향을 보일 경우 결맞은 빛의 '푸아송Poisson' 분포보다 수의 분산이 더 적어진 열푸아송sub-Poisson 분포를 보이게 된다.

이렇게 뭉치지 않으려는 반집군 작용anti-bunching의 성향을 지니며 sub-Poisson 수 분포를 지니는 광자에 대해 시간차를 두고 측정하면 어떤 모습일까? 여기서 잠시 HBT실험이 빛의 입자성을 확인하기 위한 실험이라는 사실을 명심하자. 독자들은 양자 중첩의 사례로 들었던 빛의 이중 슬릿 간섭무늬 결과를 떠올리며, 약간의 혼란이 생길 수도 있다. 하지만 빛의 이중 슬릿 간섭무늬는 여러 개의 빛알들이 만들어 낸 결과라는 점을 명심해야 한다. 물론 어느 경로를 지나왔는지 알지 못하면, 단 한 알의 빛도 두 개의 경로를 동시에 지나간다. 하지만 어디까지나 관측 전의 상황이다. 스크린이나 광센서에 빛이 측정되었다는 사실을 알게 되는 순간, 빛은 파동성을 잃고 입자의 모습을 드러낸다. HBT 실험을 위해 빛의 경로를 두 개로 나누어 경로마다 광센서를 설치하지만, 두 개의 광센서가 동시에 한 알의 빛을 감지할 수는 없다. 시간차를 지닌 좌우 눈의 윙크로 해석해 보자면 고독은 두 눈을 동시에 뜬 채로 볼 수 없는 것이다.

HBT실험의 상관관계는 두 개의 광센서에서 측정한 신호 값을 곱한 것이므로 sub-Poisson 수 분포를 지니는 빛알이 만드는 상관관계는 ($\tau = 0$) 근처에서 급격하게 0으로 수렴하는 골짜기의 모습을 보여 준다. 상관관계 값이 0으로 다가가는 값을 지니는 사실도 흥미롭다. 그 원인은 다양한 빛알의 사례를 평균한 탓도 있지만, 빛알을 국소적으로 공간을 점유한 콩알처럼 생각할 수 없다는 점 때문이다. 마치 눈을 감고 야구공에 맞는 것과 유사하게, 에너지가 전달되는 시간이 순간적이라는 사실은 '입자성'을 떠올리게 하지만, 빛알을 동시에 특정 공간을 점유한 콩알의 모습으로 다룰 수는 없다. 빛알이라는 '양자 입자'에 대응되는 모습은 우리가 감각으로 경험하는 세상에는 존재하지 않는다. 그래서 양자量子, quantum의 개념은 늘 불편하다. 만약 우리 사회의 개인들이 양자입자처럼 서로를 구분하기 어려울 만큼 똑같은 모습을 지니고 있고, 각각의 개인들은 만나고 뭉치는 것을 회피하는 anti-bunching 성향을 지니고 있다면, 집단의 평균수는 푸아송 분포보다 폭이 줄어든 분포의 모습을 보이고 시간차를 조절해 얻은 HBT 평균 상관관계는 골짜기 같은 그림을 보여줄 것이다.

백구과극 白駒過隙

어느 날 정년 퇴임하시는 노학자께서 고별 강연을 통해 30여 년 동안의 이런저런 연구 프로젝트와 에피소드를 요약해 회고하신 후 마지막으로 다음과 같은 말씀을 하셨다.

"지난 일들을 정리해 보니 열심히는 했는데 별로 내세울 것이 없는 것 같습니다. 열정을 가지고 이런저런 일들에 몰입하다 보니 어느새 제가 정년퇴임할 때가 되어 있더군요. 문득 백구과극白駒過隙이라는 말이 떠오릅니다. 장자는 인생의 빠르기가 마치 문틈으로 흰 말이 지나가는 것을 보는 것 같다고 했는데 그 말이 딱 맞는 것 같습니다."

탁 트인 공간에 나가서 바라본 풍경은 그것과 나를 함께 어우르게 한다. 풍경에 흡수되어 그 풍경의 일부가 되는 것이다. 하지만 문틈처럼 좁은 공간을 통해 엿보는 풍경은 나를 세상으로부터 분리시켜 은밀한 관찰자의 시선을 제공한다. 비록 문틈으로 바라본 바깥 세상이 익숙한 일상의 풍경이라도 '장자'는 이러한 시선의 변화를 통해 일상의 시간과 공간의 익숙함에서 벗어났을 것이다.

그렇게 얻은 낯섦을 통해 수십 년의 긴 물리적 시간이 만든 지

난날들이 문틈 사이를 뛰어가는 백마의 한 순간처럼 느껴졌을 것이다.

백구과극白駒過隙의 일화는 양자 터널 현상을 생각나게 한다. 실제 고별 강연을 하신 분 역시 양자 터널 효과를 연구하시던 분이었다. 문을 전류가 통하는 전선의 일부라 생각해 보자. 즉, 문틈은 끊어진 도선의 틈 같은 것이다. 흔히 전기가 통한다고 말하는 전류는 전자들의 흐름을 의미한다. 전선 안에는 많은 전자들이 말처럼 달려가고 있는 것이다. 그런데 전선이 끊어지면 전류가 통하지 않는다. 끊어진 전선 사이로 전자가 이동할 수 없기 때문이다.

끊어진 전선 앞에 놓인 공간은 달려오던 전자가 느끼기에 일종의 에너지 장벽 같은 것이다. 끊어진 다리 앞에서 느끼는 공포처럼 끊어진 전선 사이에 존재하는 에너지의 장벽은 전자의 행보를 멈추게 하는 커다란 에너지의 벽 같은 것이다.

하지만 양자물리학이 작동하는 아주 작은 세상에서는 전자가 끊어진 다리를 건너뛰고, 끊어진 전선임에도 불구하고, 전류가 흐른다. 대신 그 틈새가 수 나노미터 정도로 작아야 한다.

전자는 끊어진 전선 사이에 놓인 에너지 장벽을 어떻게 건너가는 것일까? 물리학자들은 고전적으로 불가능해 보이는 이 현상을 양자 터널 뚫기tunneling라고 표현한다. 이를테면 벽을 뚫는 것이다. 끊어진 다리 앞에 놓인 공간이 지닌 공포, 끊어진 전선 앞에 놓인 에너지 장벽에 터널을 뚫어서 지나가는 것이다. 하지만 벽을 부수는 것이 아니다. 흔적을 남기지 않고 유령처럼 지나간다. 그래서 터널을 뚫고 지나가는 모습은 여러 가지 측면에서 상식적으로 납득되지 않는다. 일단 운동에너지가 음수다. 빠를수록 속력의 제곱에 비례해서 증가하는 운동에너지가 음수이므로, 속력은 허수가 된다. 전자는 상상하기 힘든 기괴한 모습으로 불가능해 보이는 에너지 장벽에 터널을 뚫으며 지나가는 것이다.

물리학자들은 이 기괴한 터널 뚫기 현상에 대해 몇 년 전까지 과연 터널을 뚫는 데 시간이 걸리는지에 대해 오랜 논쟁을 벌여왔다. 처음에는 에너지 장벽을 뚫는 과정은 단지 확률적 의미만 지니므로, 터널을 뚫는 시간에 대한 논의는 무의미하다는 견해가 주를 이뤘다. 그래서 공포 영화 속 유령처럼 시간 소요없이 벽을 뚫고 지나가 갑자기 끊어진 저 반대편에서 나타난다고 믿었다. 벽과 문은 아무 흔적이 없는데 방안에 감금되었던 '올드보이'가 갑자기 복도에 서 있는 것이다. 하지만 유진 위그너Eugene Wigner라는 학자는 터널을 뚫는 데 유한한 시간이 걸린다는 다른 견해를 내놓았다. 이후 반박과 논쟁이 계속되었지만 탁상공론 같은 이론들 뿐이었다. 마침내 2017년 독일 막스 플랑크 연구소 물리학자들은 초고속 레이저를 이용해 양자 터널 뚫기 시간을 실험적으로 측정하는 데 성공했다. 결과는 놀랍게도 터널을 뚫고 지나가는 데 시간이 유한하게 소요된다는 것이었다.

백구과극(白駒過隙).

문틈을 달려가는 말의 일화는 끊어진 전선 사이의 에너지 장벽을 뚫고 지나가는 전자와 닮아 있다. 허수의 속력으로 달려가는 찰나 같은 전자의 터널 뚫기처럼 인생은 또 다른 차원의 여정에서 잠시 단절되어 불가능해 보이는 희박한 확률을 구현하는 짧은 여정일지도 모르겠다. 삶이 불가능해 보이는 것을 가능하도록 하는 양자 터널 뚫기의 짧은 과정 같은 것이라면 어쩌면 죽음도 남겨진 전선의 길이만큼 삶보다 더 길고 많은 부분을 차지하는 또 다른 여정일지도 모르겠다.

노마디즘과 국소화

고마 내는

여서 살란다

늦은 아침 집을 나서

뒷산 큰 바위에 올라

땀 식히며 쳐다보는

구름이 좋은 기라

늙은 소나무 가지 위에 앉아
혼자 지저귀는 쪼매난 새
울음소리가 좋은 기라

샘물 한 모금 마시고
터덜터덜 산을 내려와
느즈막히 혼자 묵는
아점이 좋은 기라

고마 내는
여기서 살다
죽어도 괜찮은기라

피 끓는 청춘 시절에는 다들 집을 떠나 어디든 가고 싶다. 아득한 지평선이나 험준한 산맥을 마주할수록 떠나고 싶은 마음이 더욱 간절해지고, 한곳에 오래 머물기 보다 어디든 새로운 곳을 찾아 떠나고 싶은 가슴 속 바람을 지닌 이들도 있다. 동네 어르신들은 그런 것을 역마살이라고 불렀다. 아마도 오래전 인류의 조상들도 막연한 설렘 하나로 사막을 건너고, 험준한 산맥을 넘었을 것이다. 어쩌면 역마살은 그 옛날 아프리카를 출발해 지구 곳곳을 누빈 수만 년 여정의 기억들이 몸속 어딘가에 각인되어 생기는 것인지도 모르겠다.

들뢰즈Gilles Deleuze같은 철학자들은 새로운 장소를 찾아나서는 유목민들의 이런 방랑 기질의 정신적 가치를 높이 평가하기도 했지만, 유목민들의 현실은 노마디즘nomadism의 가치에 대해 생각할 경황도 없이 그저 매 순간을 치열하게 살아 내는 것이 전부였을 것이다. 양을 치는 아벨이 농사짓는 카인에게 죽임을 당한 것처럼, 그들은 정주민들의 탐욕에 이용당하거나 야만스러운 자들로 차별을 당했다. 이러한 일종의 암시 때문인지 새로운 곳을 향하고 싶은 방랑의 본능만큼 우리에게는 정착의 본능도 함께 존재하는 것 같다. 누군가는 잠시 머물다 새로운 곳을 향해 떠나지만, 일부는 그곳에서 뿌리를 내린다. 터전을 잡은 곳에서 가족과 마을이 생기고 오랜 시간 반복된 익숙한 일상을 통해 그들만의 습관과 역사가 생기는 것이다.

자유전자는 입자이기도 하지만 양자역학적으로 파동의 형태로 표현된다. 전자들도 유목민들처럼 고체 속에서 원자들로 만들어진 에너지의 지형을 지나 삶의 터전을 이동하며 확장해 간다. 그러나 간헐적으로 원자가 있어야 할 자리에 없거나 다른 종류의 원자가 불순물로 대체되어 있는 경우에는, 전자의 행보에 교란과 산란이 두드러지기 시작한다. 바둑알처럼 원자로 정렬된 고체 격자의 규칙성의 정도가 줄어들며 무작위적 비정렬성disorder이 두드러지면, 전자 파동은 특정 영역에서 '국소화localization'되기 시작한다. 고체 내에서 일어나는 전자의 이러한 국소화 현상을 설명한 공로로 미국의 물리학자 필립 앤더슨Philip Warren Anderson은 1977년 노벨 물리학상을 수상했다. 마치 유목민들이 뜻밖의 장애와 생존 요소의 결핍으로 인해 삶의 터전을 옮겨 다니다 결국 어딘가에 정착하는 것처럼, 고체 속 세상의 어디로든 퍼져 가려는 역마살을 지닌 전자도 불순물impurity과 결핍defect에 의해 산들에 둘러싸인 작은 마을의 풍경처럼 정착하는 것이다.

정착도 처음에는 이질적인 곳에서 이루어진다. 유목생활을 접고 특정 장소에 '정착'하는 과정에 환경적 요인들이 작용하는 것처럼 전자 파동함수가 특정 영역에 국소화되는 정도를 알아보기 위해서는 에너지 풍경energy landscape을 알아야 한다. 이를테면 산으로 둘러싸인 중심에 자리 잡은 작은 산촌 마을의 풍경처럼 전자는 에너지의 산으로 둘러싸인 풍경 속에서 국소화된다. 그런데 흥미로운 것은 '정착'의 풍경 속에는 생존의 물리적 요소와 함께 그들이 택한 정서적 가치도 공존하는 것 같다. 산을 등지고 물을 바라보는 '배산임수'의 풍수는 생존의 경험에서 터득한 물리적 가치와 하늘, 땅, 물이 지닌 정서적 가치가 혼재되어 있다. 그리고 그 가치는 오랜 숙성의 과정을 통해서만 만들어진다.

'정착'은 공간적 고립이라는 부정적 느낌을 지니고 있지만 동시에 '익숙함'이라는 안정적 정서를 제공한다. '익숙함'은 '여유'를 낳고, '숙성'은 그 '여유'에서 비로소 발효된다. 젊었을 때 나는 새로운 직장을 구할 때마다 다음에 일할 나라와 도시를 선정하는 고민을 미리 해야 했다. 계절이 바뀌면 천막을 걷고 짐을 꾸려 새로운 초원으로 이동하는 유목민들의 삶처럼 살아온 곳에 대한 미련보다 새로운 곳에 대한 설렘이 더 큰 마음의 동력이었다. 하지만 새로운 것들을 경험하는 것이 나름의 가치를 지니고 있었음에도 불구하고 또다시 짐을 꾸리는 동안은 결국 '이방인'이라는 느낌을 지울 수 없었다. 그리고 그것은 인종과 국적과는 다른 '정착'의 문제인 것 같아 보였다.

매일매일 같은 장소를 마주하며 반복하는 익숙한 일상에는 분명 '여유'가 있다. 집을 나서 사무실에 도착하는 길가의 풍경이 똑같고 우연히 만나는 이들이 익숙하다. 점심을 먹기 위해 고른 식당 음식이 익숙하고 눈인사하는 주인의 표정이 익숙하다. 계절에 따라 세월에 따라 조금의 차이는 있지만 뼈대가 되는 풍경은 똑같다.

2003년 가을부터 지금까지 똑같은 직장에서 근무를 했으니 제법 오래된 셈이다. 근무하고 몇 년이 지난 후에는 간혹 유목민의 역마살이 고개를 들기도 했지만, 어느새 나는 그 똑같음에 대한 지루함조차 익숙해져 버렸다. 그런데 어느 순간부터 이 모든 익숙한 것들이 갑자기 낯설어 보이기 시작했다. 분명 지금까지 매일 보던 똑같은 것들이었지만, 익숙한 풍경을 이십 년 가까이 바라보는 동안 그것들은 지금까지 감추어 왔던 새로운 심상을 이제서야 드러낸 것 같았다. 그리고 그것은 새로운 장소에 천막을 치고 바라보던 유목민의 시선과는 분명 다른 것이었다.

아마도 시인들이 익숙한 것들에서 찾아내는 새로운 심상이라는 것이 이런 것일까?

익숙한 일상의 여유 속에서 낯설게 반짝이는 보석을 발견하는 것은 분명 유목민의 삶에서는 기대할 수 없는 부분인 것 같다.

문화와 전통의 가치가 이런 '정착'의 '여유'와 '숙성' 과정을 통해 만들어지는 것이라면, 반복적인 '일상'은 오랜 시간을 두고 완성하는 뜨개질이나 세월의 손때를 묻혀 광택이 만들어지는 과정을 닮은 것 같다.

어제는 정년 퇴임을 하고 산으로 둘러싸인 작은 시골마을에서 노년을 보내고 계신 고등학교 선생님을 찾아 뵀다. 퇴직을 앞두고 갑작스럽게 사모님과 사별하신 뒤, 자식 모두를 각자의 삶의 터전으로 보낸 후 당신께서는 작은 마을에서 생의 마지막 정착을 하셨다. 아침마다 느즈막이 집을 나서 산책하시는 산길을 함께 걷다, 선생님은 보물상자를 보여 주는 아이처럼 당신만의 옹달샘에서 두 손으로 물 한 모금을 마시며 지난 세월을 회상하셨다.

"선생님 외롭지 않으세요?"

"고마 내는 여가 좋아서 죽을 때까지 살란다."

"……"

부록.

감각과 욕망

Poem & Essay
詩 - 隨筆

권태

그것은 단지
무료함 때문만은 아니었다
매일 똑같은 일상에 대한 지루함 때문도 아니고
차라리 선지처럼 시뻘건 상처 하나쯤 기대하는
피 끓는 청춘의 객기 같은 것도 아니었다
재즈 음악이나
오래된 옛날 가요로도
채워지지 않고
때론 낡은 서랍 속에서 풍겨나는
오래된 나무 냄새 같고

어쩌면 말 못 한 가슴에 깊이 묻어둔

쉰내 나는 해묵은 서러움 같아

말하려다

침묵하게 되고

문밖을 나서다

차라리 눈을 감게 하는 것

나 아닌 다른 이 같지만

낯설지 않고

밖에서 속으로 파고든

오래된 가시

어쩌면 그것은

詩가 아닐까

다×슨 선풍기

어디서

가슴을 그렇게 통째로 잃어버리고도

옆집 선풍기처럼

징징대며 울지도 않고

그저 헛헛하게

서 있기만 하는 것이냐

이런 "속"도 없는 놈아

그래서 연실 한숨만 내 쉬고 있는 것이냐

그래서 이 더위에도 너의 입김은

이렇게 시린 것이냐

태양광 발전기

내 마음의 창문으로
총탄처럼 파고들어
순식간에 불을 질렀다

온도계 붉은 피가 솟구쳐 오르는 동안
어느새 내 몸도 달아올랐다
태양을 바라보다 눈이 먼 화가처럼
안으로 들어와 밖을 볼 수 없게 만든 이여
나는 오늘도 쉴 새 없이 빛을 삼킨다
찌릿하게 흐르는 전류의 홍수
당신을 태운 엘리베이터가 움직이는 이유

기침

보름이 넘도록 기침이 멈추지 않았다

성가시고

가슴이 아프고

머리가 어지러워도

그렇게라도 뱉어 내야만 하는 것이

내 속에 있는 것이다

훤한 대낮에도

요란한 소음 속에도

시간에 쫓겨 뛰어가는 와중에도

어떻게든 내게 보여 주고 싶은 것이

내 안에 있는 것이다

병원에서 받은 알약을 먹고

나는 열사의 땅

모래 속으로

졸음 속으로

빠져든다

그때의 몽상 속으로

가보지 않은 익숙한 그곳으로

유년시절 같은 아득한 기억 한 조각

외딴 길모퉁이 한구석을 돌아

집시들의 슬픈 선율을

따라가다

일순간 기침을 했다

꿈에서 깨었다

더 이상은 몸이

견디기 힘들었던 것이다

그렇게 한 줄의 詩를 뱉었다

거스러미

메마른 겨울에는

손톱과 닿은 살갗도 견딜 수 없는 것이다

여름철 장맛비에

물 먹여 재어 두었던 슬픔이 말라

겨울에는 살 거죽도 목이 메는 것이다

한참인 겨울 추위에

삐죽하고 일어난 마른 가시 하나

묻으려 해도 고개를 드는 성가신 기억

결국엔 이빨로 뜯어 생채기를 남겼다

내 몸에서 살점 하나 떼어내는 일처럼

이별은 거스러미처럼 쓰리고 아프다

장례식장에서

슬픔이 검게 베인 장례식장에서
무겁게 절을 하는 동안
상주와는 한마디 말도 못했지만
짙은 향 냄새 가득한 방을 나서며
나는 배가 고팠다
목관 위 하얀 수의처럼
곱게 덮인 하얀 밥상들 사이
빼곡한 문상객들의 왁자한 소리가
어느 시장통 좁은 먹자골목을 닮았다
슬픔보다
죽음보다
배고픔은
살아있는 자들의 특권인 것일까
밀려오는 잠이나
몸뚱이의 욕정만큼 불경스럽지 않아
곱게 다린 하얀 와이셔츠
검은 상복 위에 묻힌 시뻘건 양념처럼
허기는 부끄럽지 않게

슬픔과 죽음을 피해갈 수 있다
아버지가 떠나가신 사흘째 날
나는 고모가 차려주신 하얀 고봉밥을
빨간 육개장에 한가득 말아
국물 한 방울 남기지 않고 배부르게 먹었다
노릿한 전도 맛있고
새파랗게 싱싱한 나물도 맛있고
입가심으로 마신 믹스커피 한 잔조차
더할 나위 없이 맛있었다

시커먼 죽음 앞에서
해맑게 고개 들던
아이 같은 배고픔
오랜 세월 지난 어느 날
불현듯 생생하게 떠오를 때면
가슴이 저리고 목이 멘다
목구멍 너머에는 아직도
삼키지 못한 한 덩이가 있다

갈치구이

어머니가 구워 주신 갈치구이
맛있다

몸통의 살집 도톰하게 오르도록
칼날처럼 꼿꼿하게
온몸을 세운 채로
바다 속 천장을 따먹던
눈부시게 빛나던 은빛 자존심

유혹하는 낚싯줄의 몸짓에 바늘을 삼키고
마디 굵은 사내들의 거친 손길에
내동댕이쳐져 껍질이 벗겨지는 동안
아마도 견디기 어려웠을 것이다
주방 불길에 거뭇하게 그을려 지기도 전에
칼날 같던 바다 속 푸른 자존심은
이미 검게 타들어 갔을 것이다
한 자루의 명검 같던
바다 속 무사의 몸통

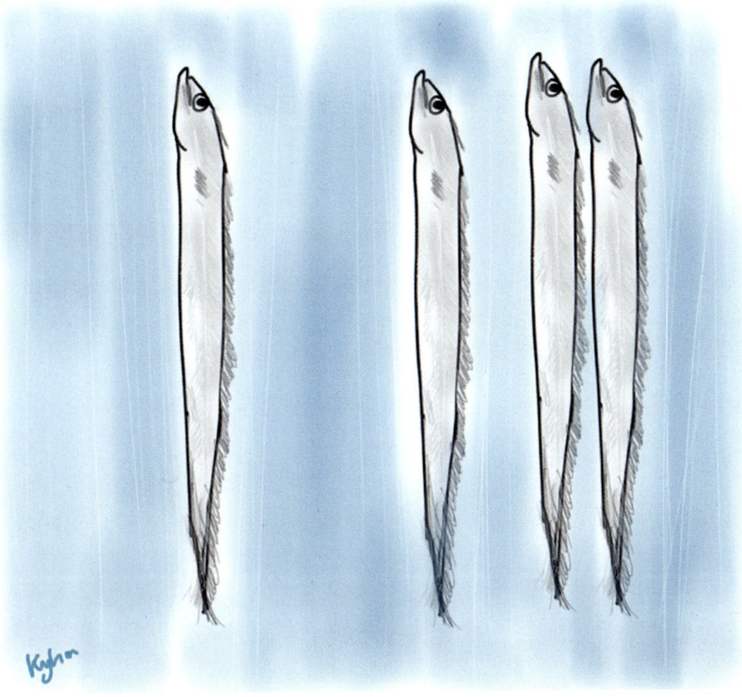

이빨에 자근자근 씹히는 동안

그의 시신이 마지막 자존심처럼

가시로 입 속에 생채기를 남겼다

섬

익숙한 것들로부터 벗어나는 여정 속에는
해묵은 목마름이 있다

미간이 시리도록 차가운 냉수를 마시고도
차창 너머 바람에 가슴이 마렵다면

이제 섬을 향해도 좋다

발걸음의 끝자락 앞에서
억새풀보다 빼곡하게 너울거리는
섬 바다의 기다림이 익숙해지면
목마름은 한 폭의 풍경이 된다

경계에서

하나의 갈증 같은 것
가 본 적 없는 먼 곳
기어이 찾아 나서게 하는 그것은

일상이 오후처럼 시큰둥해질 때마다
'부름'처럼 이끌리는 간절한 마음
마침내 막바지에 다다르고도
목마름은 땅끝에서 멈춰버렸다

숨을 참고 살아가는 번거로움과
짜디짠 소금물에 눈이 쓰려도
한평생 바다 속을 유영하며
몸뚱이가 뭉뚝하게 변할 때까지
한사코 땅으로는 돌아가지 않았던
그들처럼 나도 한 마리 고래였을까?

발끝까지 다가와 꿈틀거리는 파도는
바다로 뛰어든 오래 전 신화를 들려주지만
여전히 나는 경계 앞에 멈춰 서 있다

부산은 언제든 바다에 갈 수 있어 좋다. 주말에 늦은 아침을 먹고 딸아이랑 무작정 바다로 갔다. 추위가 한풀 꺾인 봄날 정오의 열기도 조금 느껴졌지만, 파란 바닷물은 여전히 차가웠다. 사람들이 북적거리는 해운대보다는 송정 바닷가가 더 한적하고 백사장이 넓어서 좋다. 마치 긴 여정을 마치고 쓰러진 나그네처럼 느리고 잔잔하게 다가오는 파도도 좋다. 파도와 놀고 있는 딸아이 모습을 멀리서 바라보다 경계에 대해 잠시 생각해봤다.

나는 이렇게 가끔씩 바다가 고픈 때가 있다. 외국서 지낼 때도 남들은 다들 도시로 놀러갔지만, 나는 항상 멀더라도 바다가 보이는 곳으로 갔다. 바다에서 마음의 위안을 얻고 싶어하는 마음은 태아 때 자궁 속에서의 무의식적 기억이 만든 회귀본능이라고 하지만, 나는 바다에 가면 종종 '내가 전생에 고래가 아니었을까?'하는 생각을 한다.

바다에 사는 물고기들과 다르게 고래는 포유류다. 바다에서 숨을 참고 유영하다 수면 위로 올라와야 하고, 새끼에게 젖을 먹이며 키워야 한다. 아마도 그들에겐 그 모든 불편함을 감수하면서까지 바다에 머물러야 하는 나름의 절박한 사연이 있을 것이라고 생각했다. 이렇게 태생적 불편함을 감수하면서까지 바다 속 자유를 택한 고래처럼 각자의 마음 깊은 곳에도 가슴 설레는 바다와 고래가 살고 있을 것 같다. 이를테면 고래가 누리는 바다의 자유는 용기보다 현실적 핑계를 먼저 찾는 이들에게 일종의 로망인 셈이다.

하지만 이런 동경은 참 아이러니하게도 육지에서 바다로 향하는 긴 여정의 막바지, 파도와 만나는 곳에서 늘 멈추게 된다. 잠시나마 바다로 뛰어드는 호기를 부려 볼 수도 있지만 오래가지는 못한다. 타고난 몸속의 폐는 물속에서 숨쉴 수 없고 몸뚱이와 팔과 다리 역시 바다에서 정착하기에는 적합하지 않다. 고래는 그걸 해낸 것이다. 많은 현실적 불편함을 감수하면서 무모해 보이기까지 하는 여정을 지속하면서 조금씩 몸뚱이와 팔다리가 뭉뚝하게 변했을 것이다. 실제 대부분의 생물들이 바다에서 육지로 나오는 방향으로 진화한 반면, 고래의 경우 지상에서 바다로 들어가는 반대의 과정을 거쳐왔다는 증거들이 드러났다. 약 5천만 년 전 물속으로 뛰어들어간 네 발 달린 털 짐승은 수백만 년의 긴 시간 동안 바다에 적응하며 천천히 몸을 바꾼 것이다.

일상에서도 간혹 경계를 넘어선 이들을 만나면 고래를 만난 것 같다. 익숙한 현실을 던져버리고 회귀 본능에 충실한 고래처럼 바다 속으로 뛰어들어간 이들. '경계'를 넘어설 용기가 없었던 나에게 예술가, 시인, 사제들은 모두 고래처럼 보인다. 하지만 다른 분야의 사람들에게 수학자나 물리학자들도 고래처럼 보일 수 있을 것 같다. 사실 유심히 살펴보면 한 분야의 전문가는 모두들 '경계'를 넘어선 이들이다. 모두들 폐를 지니고 있지만 숨을 참고 바다를 유영하며 삶의 몸통이 뭉뚝해진 이들이다. 특정 분야에서 맨 처음으로 새로운 바다에 뛰어든 이들도 있다. 대다수가 '경계' 앞에서 익숙한 지상으로 회귀하지만, 강렬한 바다의 부름에 용기를 내어 뛰어든 이들. 바다는 그렇게 계속해서 우리를 부르고 있다.

화투

딸아이가 수학에 관심은 있는 것 같은데 학교에서 기계적으로 알려주는 두세 자리 덧셈과 곱셈 규칙을 적용할 때 종종 실수를 하곤 했다. 원리를 모르고 무조건 규칙을 익혀야 하는 아이 입장에서 기계적인 과정이 헷갈리는 것 같아 보였다. 그래도 익숙해지기 위해서는 연산 연습을 반복해야 할 텐데, 자꾸 오류가 생기면 본인이 자존심이 상하는지 집중을 하지 못하거나 스트레스를 받아 했다. 그래서 화투를 알려줬다. 게임 규칙은 민화투로 했다.

민화투는 그림과 패턴을 찾아내는 것이 재미있고 나중에 합산도 해야 한다. 그러자 나를 이기기 위한 승부근성까지 발동해 연산에 고도의 집중을 하기 시작했다. 광은 20점, 동물은 10점, 깃발은 5점, 일부러 똥까지 3점을 치기로 하니까 제법 복잡한 곱셈과 덧셈을 여러 번 해야했다. 나중에는 홍단, 청단의 룰도 넣었다. 학교에서 연습하는 산수 문제보다 훨씬 더 복잡해졌는데도 놀랍게도 본인과 내 점수에 대한 검산까지 자신이 직접하며 전혀 지루해하지 않았다. 덕분에 연산에 대한 자신감이 생기고 나름의 교육 효과를 본 것 같다고 생각했다. 그런데 나만 보면 매일 화투를 치자고 하고, 일본식 문양들 속에 내포된 의미도 아이에게 별로 좋지 않을 것 같아 주말에 딸아이와 함께 우리만의 화투를 만들기로 했다. 문구점에 가서 딱딱한 A4 카드지를 사와 잘라내니까 화투와 규격도 거의 똑같았다.

홍단
Potential Energy
홍단
청단
청단
Louis XIV

우선은 화투의 원 문양을 보고 떠오르는 유사한 영감을 그냥 그려 넣기로 했다. 1월의 송학은 태양빛을 받아 잠재 에너지Potential Energy 우물에서 튀어 나오는 태양전지의 전자. 2월의 붉은 문양의 매조는 정열적인 춤을 추는 플라멩코 댄서. 3월의 벚꽃은 탄소(C)와 수소(H)만으로 이루어진 유기 화합물. 4월의 흑싸리의 새와 문양은 지휘자와 콩나물 악보를 닮았다. 5월의 난초는 컴퓨터 부품처럼 여러 개의 전선이 얽혀 있는 소자의 일부. 6월의 목단은 품종은 다르지만 장미처럼 열정적인 삶을 노래한 에디트 피아프. 7월의 홍싸리의 멧돼지는 TNT Ttrinitrotoluene의 화학식으로 대체하기로 했다. 8월의 공산은 거인의 몸통 위에서 돌을 굴리는 신화 속 주인공의 길고 느린 시간. 9월의 국진은 세균과 싸우는 혈액세포의 모습을 넣었다. 10월의 단풍과 사슴은 슈뢰딩거 고양이의 주변을 가득 채운 삶과 죽음의 양자 상태. 11월의 오동은 자신이 직접 춤을 추었던 태양 왕 루이 14세. 12월의 비는 그리스 신화 속 인물과 철학자. 보름 동안 딸아이와 함께 스케치를 하고 색을 칠하고 마지막으로 보존을 위해 테라핀 붓질도 했다.

모두 소중한 그림들이라 조심스럽게 다루어야 해서 기존 화투와는 다르게 힘껏 던지며 찰싹하고 달라붙는 맛(?)은 없었다. 대신 새로운 화투를 뒤집거나 고를 때마다 새로운 풍경이 펼쳐졌다. 딸아이의 작은 손안에는 에너지 우물에 갇힌 전자와 그리스 철학자들이 플라멩코 댄서와 함께 섞여 있었다. 담요 바닥은 유기물 열매가 맺힌 나무들이 춤추는 악보와 함께 뒤섞여 있었다. 감춰진 한 장을 골라 뒷면을 뒤집어 보면 삶과 죽음이 뒤섞인 양자 고양이가 나타나 신화 속 이카루스를 먹을 지도 모른다. 내 손에는 태양 왕 루이가 고요하게 춤추고 있었다.

세탁소 아저씨

조금 멀리 이사를 갔지만 나는 언제나 예전부터 다니던 세탁소를 찾는다. 새로 이사 간 아파트 근처 세탁소는 집 앞까지 찾아와 세탁물을 가져가고 배달도 해준다고 하지만, 나는 언제나 배달 서비스가 없는 세탁소를 향한다. 그래서 주말이면 모양 빠지게 빨래 한 보따리 들쳐 메고 세탁소에 간다.

세탁소 문을 들어서면 아저씨와 나 사이에는 요즘 어떻게 지내는지, 아이는 잘 크는지, 얼굴색이 좋다는 살가운 말 한마디 같은 것은 없다. 잠시 동안 눈인사를 마치면, 아저씨가 능숙한 눈썰미로 빨랫감 개수만 세는 게 전부인 멋쩍은 사이다. 하지만 그렇게 10년이 흘렀다. 뜨거운 다리미 위에서 일하시는 아저씨의 이마에 송글송글 맺힌 땀방울들과 빼곡한 옷들 사이에서 분주한 아주머니의 뒷모습이 보이는 뜨거운 여름이 여러 해 지나갔다. 가끔 야근을 마치고 늦은 밤 들릴 때면, 아저씨는 항상 셔터를 반쯤 내린 채 세탁소 앞 작은 의자에 앉아 담배를 피우고 계셨다. 차갑고 검은 밤 공기 사이에 퍼져가는 아저씨의 푸른 담배 연기가 내게 다가올 만큼 가까워지면, 그제서야 아저씨는 주섬주섬 담뱃불을 끄고 내 빨랫감을 받아 드셨다. 그렇게 또 몇 해가 지나갔다.

그러다 사람들이 붐비던 명절 무렵이었던 것 같다. 세탁물을 찾기 위해 들린 내게 일감이 밀려 아직 다 마치지 못해 미안하다고 말씀하시는 아주머니의 검은 머리카락이 어느새 하얗게 바래져 있었다. 아저씨는 내 얼굴을 쳐다볼 경황도 없이 연신 다림질을 하고 계셨지만, 경황없는 아저씨의 주름들이 그날 따라 유난히 깊어 보였다. 그날도 밀려드는 손님들 사이에서 세탁기는 쉴 새 없이 돌아가고 있었지만, 세탁기 옆 구석에 앉아 있는 어린 사내아이는 스마트폰에 얼굴을 파묻은 채 다른 세상을 살고 있었다. 아마도 오랜만에 집을 찾은 아저씨의 아들 같아 보였다.

예전의 나도 그랬다. 공부한답시고 집을 떠나 생활할 때도 집을 찾을 때면, 지금처럼 묵은 빨랫감 한 보따리를 들쳐 메고 나타났다. 부모님께 안부를 묻거나 어떻게 지내시냐는 살가운 인사는 고사하고, 그저 들고 온 빨랫감부터 어딘가 던져두고 온종일 말없이 방에 틀어박혀 있는 것이 폼 나는 것이라 믿었던 철없는 청춘이었다. 새하얗게 다려진 옷들을 받아 들고 집을 나설 때에도 먹는 데 돈 아끼지 말라며, 손에 쥐어주신 만 원짜리 몇 장을 받고도 "감사합니다"는 한마디 하지 못하고 세탁소 아저씨를 대하듯 우두커니 선 채로 "모월 모일 다시 집에 돌아오겠습니다"는 퉁명스런 작별 인사만 하고 마는 나는 그런 아들이었다.

빨래를 들쳐 메고 집을 찾을 수 없을 만큼 머나먼 타향으로 떠나버린 후, 이제는 하얗고 뽀얀 세탁을 할 수 없다는 것을 깨달으며 하얀 옷들이 누렇게 변해가는 것에 익숙해질 만큼 여러 해가 지나간 뒤, 나는 빨랫감이 아닌 선물 꾸러미를 들고 손님처럼 집을 찾았다. 집안에 서 있는 내 모습이 유난히도 낯설어 보이던 그날, 비로소 아버지의 깊은 주름과 어머니의 하얗게 새어 버린 머리카락을 보게 되었다.

드디어 졸업을 하고 처음 구한 직장을 향한 출국 비행기 탑승구 앞에서 아버지는 비상금으로 모아 두신 뭉칫돈을 내 주머니 속에 구겨 넣어 주셨다. 주머니 속에 들어가 모양 빠지게 불룩한 뭉칫돈이 보따리 속 빨랫감같다는 생각을 하던 그 순간, 나는 그제서야 빨랫감 말고는 부모님께 변변한 용돈 한번 드린 적이 없다는 것을 알게 되었다.

비행기를 타고 떠나며 첫 월급을 타면, 그 나라 현금을 뽑아 아버지께 드릴 거라고 마음속으로 다짐했다. 익숙하지 않은 나라에서 처음 시작한 직장생활은 순식간에 한 달이 지나갔고, 처음 받은 월급으로 나는 촌스러운 속옷과 낯선 나라 사람의 얼굴이 그려진 돈뭉치를 봉투에 가득 담아 집으로 향했다. 아버지는 내가 드리는 선물을 기쁘게 받으셨고 일주일 후 하늘나라로 떠나셨다.

오래 다닌 세탁소 아저씨께도 나는 가끔씩 현금을 드린다. 한동안 빨랫감을 모아 두면 세탁비도 제법 많아진다. 지갑 속에 뭉쳐 둔 지폐들을 꺼내 마디가 굵은 아저씨의 손에 쥐어 드리면 “고맙습니다”고 말하는 아저씨의 음성이 아버지를 닮았다.

산타가 떠나가던 날

울려 퍼지는 캐롤도
반짝거리는 트리도
이제는 모두가 시큰둥해
시시한 지난 기억들이
빛바랜 사진처럼 뒤척거려지는 밤

아직은 창밖에 눈은 오지 않고
오지 않을 그는
오지 않을 거라
중얼거리다
기다려보다
결국은 오지 않은 그의 뒷모습을
혼자서만 상상했었다
그렇게 나의 유년기는 끝나버렸다

2013년 부산국제영화제 개막작으로 영화 <바라:축복>(Vara : Blessing)이 상영되었다. 감독이 부탄 국적의 라마불교 고승이라는 배경이 당시 주목을 끌었다. 스토리는 흔히 볼 수 있는 신분과 치정의 삼각관계로 진부해 보일 수 있지만, 영화는 우화적인 단순함과 감각적인 영상을 통해 신에 대한 직관적 메시지를 전하고 있다.

여주인공 '릴라'는 무희다. 신을 향한 오랜 전통 춤 '바라타나티암'을 계승한다는 측면에서 신성함을 지니고 있지만, 샤먼이나 사제 같은 권위가 없어 카스트 신분상으로는 낮은 계급에 속한다. 그러나 전통 춤을 계승받기 위해서는 혹독한 훈련을 거쳐야 하고 경건함도 유지해야 한다. 그런 성스러움을 통해서만 신에게 춤을 바칠 수 있기 때문이다. 어리고 해맑은 그녀는 숲속에 있는

크리슈나 신상 앞에서 친구를 대하듯 차를 올리고 일상의 소소한 이야기까지 털어 놓으며 매일 춤 연습을 한다.

한편 마을에는 신상을 만들어 도시에 파는 조각가들도 함께 살고 있는데, 그들은 맨발로 살아가는 천민계급이다. 비록 생존을 위한 업이지만 신이 인간을 빚어내듯 그들은 믿음과 상상 속에서 존재하는 신의 모습을 제대로 만들고 싶어 한다. 젊은 조각가 '샴'은 '릴라'의 춤을 보고 여신의 모델이 되어 달라고 청한다. 그녀는 한가한 시간에 춤사위 자세로 앉아있는 것이 전부지만, 샴에게 그녀를 만나는 것은 생명과 영혼을 품은 강물 속에서 생각, 말, 음악이 흘러나오게 하는 여신 사라스바티를 직접 만나는 것과 다르지 않았다. 성스러운 강물 속 여신이 우연히 자신 앞에 나타난 것처럼 샴은 릴라를 통해 신을 본다.

그런데 릴라 역시 자신을 보고 있는 샴의 얼굴을 마주하는 동안 샴과 크리슈나 신을 혼동하기 시작한다. 그의 얼굴을 마주하다 자신이 크리슈나 신과 함께 얼굴을 마주하고 숲속 호수에서 발을 담그며 그네를 함께 타는 환상에 종종 빠진다. 춤 연습을 위해 매일 찾는 숲속의 크리슈나 신상 앞에서 릴라는 "크리슈나 당신이 샴인가요?"라며 해맑게 질문을 하기도 한다. 그러다 그녀는 샴의 아이를 가진다.

결코 일어나서는 안 될 일이 일어난 것이지만 그들을 둘러 싼 다양한 욕망은 현실적인 해결책을 만들어 낸다. 무희들을 통해 어떻게든 부자의 금전적 지원을 이끌어 내려는 촌장의 욕망, 매력적인 릴라를 가지고 싶은 부잣집 아들의 욕망, 집안의 대를 이을 손자를 가지고 싶은 부자 노모의 욕망은 결국 임신한 릴라와 부잣집 아들의 결혼을 이끌어 내고, 사건의 당사자들과 마을은 아무 일 없이 평화를 유지할 수 있게 된다. 이런 기묘한 합의에 의해 천한 신분이지만, 신에 대한 사랑을 몸짓으로 표현하는 무희와 신을 빚어내고 싶은 조각가 사이에서 만들어진 아기가 축복처럼 세상에 나오게 된다.

"우리 반 아이들이 산타는 없대."

바닥을 뒹굴며 무료한 주말 오후를 보내던 작년 가을 무렵, 딸아이는 느닷없이 아내와 내게 산타의 존재에 대한 의문을 던졌다. 아이는 성탄절이 다가오는 무렵부터 선물을 받을 생각에 들떠 있었다. 아마도 아이에게 성탄절 아침 산타의 선물을 발견하는 것이란 자신이 간절하게 원하는 물건을 머리맡에 두고 가는 깨알 같은 섬세함을 체험하는 순간이자, 지난 일 년간의 삶을 인정받는 '상'이었을 것이다. 그런 소중한 기적을 체험하게 하는 '산타'에 대한 믿음이 처음으로 흔들리기 시작한 것이었다.

"친구가 그랬어?"

"우리 반 아이들 절반 이상이 산타는 엄마, 아빠래."

"걱정하지마. 산타는 있어."

동심을 지켜주고 싶은 조급함 때문에 작년 성탄절에는 선물을 머리맡에 둘 때 산타가 잠들어 있는 아이의 머리맡에 선물 보따리를 푸는 그림과 함께 "새벽 3시에 다녀감"이라는 현장감 있어보이는 문구도 적어 넣었었다. 성탄절 아침에 일어난 아이는 해맑은 표정으로 방에서 뛰어나와 떨리는 목소리로 소리쳤다.

"아빠! 산타가 정말 있었어. 새벽 3시에 오셨대!"

그렇게 믿음의 유효기간이 연장되는 줄 알았는데, 의외의 복병이 나타났다. 담임선생님이 학생들 앞에서 산타의 역사적 유래에 대해 이야기하면서 산타의 정체가 탄로 난 것이었다. 아이는 그 순간 엄청난 충격에 빠져 학교를 마치고 아내에게 해명을 요구했다.

"솔직히 말해줘. 산타 카드 아빠가 쓴 거지?"

"그림이 아빠 스타일이야!"

아내와 나의 양육방식에 약간의 차이가 있지만 이것만은 반드시 지키자는 두 가지 묵시적 합의가 있었는데, 그것은 "절대 거짓말하지 않는 것"과 "약속을 반드시 지키는 것"이다. 그렇게 지켜온 원칙이 산타의 실체에 대한 질문 앞에서 도전을 받게된 것이었다. 아내는 아이의 예사롭지 않은 표정을 발견하고는 결코 거짓말을 해서는 안 된다는 원칙을 떠올렸다.

80년대 후반 나는 MBC <베스트셀러극장>을 즐겨봤다. 주로 문학성이 높은 소설을 단막극으로 각색해서 구성했는데, 우연히 성탄절에 방영된 <산타클로스는 있는가>라는 제목이 특이해 보여 집중해서 보게 되었다. 주인공은 '일땅', '이땅', '삼땅'이라 불리는 어딘가 모자라 보이는 넝마주이 세 명. 70~80년대만 하더라도 대바구니를 등에 지고 기다란 집게로 돈이 되는 것들을 무조건 집어 담는 넝마주이들이 있었다. 하루의 생존을 위해 고철과 폐지를 팔거나 먹다 남은 음식조차 쓸어 담으며 걸인과 빈민의 중간쯤의 거친 삶을 사는 탓에 그 시절 아이들의 울음을 멈추게 하는 단어는 호랑이가 아니라 넝마주이나 망태할아버지였다.

'일땅', '이땅', '삼땅'은 찬바람 부는 벌판에 허술한 천막을 짓고 살며 먹다 남은 음식을 얻거나 고물을 팔아 살아간다. 그런데 어느 추운 겨울, 그들에게서 고물을 사주던 업주는 내일은 성탄절로

쉬는 날이니 오지 말라고 말한다. 그런데 당장 내일 먹을 끼니를 걱정하며 집으로 돌아와 보니, 머리를 산발한 미친 여자가 그들의 비상 식량인 찬밥을 다 먹어 치우고 있었다. 이제 그들에게 남은 것이라고는 연탄 한 장, 쌀 한 봉지, 말린 미역 한 줄이 전부였다.

대책 없는 내일을 앞두고 배고픔을 참으며 잠을 청하려고 하는데, 근처 성당의 예쁜 수녀를 짝사랑하는 '이땅'이 성당을 찾아갔다가 수녀가 아이들에게 한 말을 알려준다.

"양말을 걸어 놓고 자면 산타클로스가 선물을 줄 거래."

그래서 '일땅', '이땅', '삼땅' 모두 냄새 나는 구멍 난 양말을 걸어두고 소원을 빈다. 그들 각자의 소원은 여자, 수녀, 아기였다. 대책 없는 성탄절 날. 그들은 엉뚱하게도 자신들이 가진 전부인 연탄 한 장, 쌀 한 봉지, 말린 미역 한 줄을 어려운 사람들에게 주기로 하고 도시를 돌아다닌다. 냄새 나고 남루한 복장을 한 채 그들이 내미는 선물을 받을 사람은 당연히 아무도 없었다. 평소 자신들이 눈여겨 보았던 이들에게도 가엾은 마음이 들어 찾아갔지만 그들의 선물은 거절당한다. 하루 종일 돌아다니다 자신들의 선의를 받아주지 않는 도시를 뒤로 하고 집으로 돌아오자 놀라운 광경이 펼쳐진다.

식은 밥을 훔쳐먹던 미친 여자가 그들의 허름한 천막 속에서 아이를 낳은 것이다. 다행히 '이땅'이 좋아하는 예쁜 수녀가 곁에서 출산을 도왔던 것이다. 미친 여자는 출산 이후 조신했던 예전의 모습으로 돌아왔지만, 과거를 기억할 수는 없었다. 대신 그녀의 품 안에는 한없이 여린 아기가 평화롭게 잠을 자고 있었다. 이제 '일땅', '이땅', '삼땅'은 2천 년 전 마구간에서 태어난 아기를 찾은 세 명의 동방박사처럼 하나의 연탄으로 불을 피우고, 한 봉지의 쌀, 한 줄기의 미역으로 산모를 위한 음식을 차린다. 전날 밤 냄새 나는 양말을 걸어 놓고 빌었던 소원처럼 그 순간, 눈앞에는 여자, 수녀, 아기가 함께 하고 있었다.

다행히 아내는 올 봄에 있었던 일화를 기억해냈다. 당시 딸아이는 태권도 2단 심사를 앞두고 몹시도 긴장했었다. 승단 심사를 앞두고 매일 밤 추가 연습까지 했지만, 1단에 비해 2단 심사는 그래도 합격률이 떨어진다. 아이는 합격을 하지 못하는 것보다 노력에 대한 보상을 받지 못하는 순간을 맞이하기에 아직 너무 어렸던 것 같았다. 그래서인지 자신은 아무래도 심사에서 떨어질 것 같다는 말을 수시로 내뱉었다.

그런데 긴장이 극도에 달한 심사 전날 아내는 불이 꺼진 안방 벽 십자가상 아래서 무릎을 꿇고 몰래 기도하는 아이를 발견했단다. 가족 중 아빠 혼자 나이롱 가톨릭 신자이지만, 아내는 십자가상이 무엇이냐는 아이의 질문에 오랫동안 아빠를 도와주는 아저씨라고 말한 적이 있었다. 대신 아빠에게만 보이고 아무도 볼 수 없는 분이라고 했다. 한번도 성당에 간 적은 없지만 딸아이는 승단 심사를 앞둔 간절함에 작은 두 손을 꼭 쥔 채 문틈 사이로 엿보는 엄마가 다 들릴 만큼 소원을 빌었단다. 다행히 2단 승단에 성공하고 나자 아내와 나는 아이에게 아빠랑 친한 분이라 특별히 도와주신 것 같다고 말해줬다. 아내는 아이에게 그때의 일을 환기시키며 대답해줬다.

"아빠를 도와주는 그분이 있다고 생각해?"

"응. 내가 2단 딸 때 도와주신 분."

"만약 네가 그분께 부탁하지 않았다면 어떻게 되었을까?"

"내 소원을 들어주실 필요가 없었겠지."

"산타도 마찬가지야."

"이제 너희 반에는 산타가 사라지는 아이들이 점점 더 늘어나게 될 꺼야."

"아마 선생님에게도 산타는 아주 오래 전에 사라진 분 일거야."

“네게서 아빠의 아저씨가 사라지는 것처럼 산타가 사라지는 것도 아이들이 선택하는 거야.”

“대신 산타는 네 마음의 목소리가 들리지 않아서 더 이상 우리 집에 오시지 못할 거야.”

아이는 아무 대답을 하지 않았다고 한다. 아마도 당장 올해 받을 선물을 고려해 현실적인 믿음을 유지할지도 모르겠다. 하지만 그 이야기를 전해 들으면서 나는 영화 <바라:축복>과 단막극 <산타클로스는 있는가>가 떠올랐다. 아이에게서 떠나가는 산타클로스처럼 우리는 살아가다 어느 순간 신을 떠나 보내기 시작한다. “신은 죽었다”고 적힌 철학서적의 글귀를 통해, “신은 환상”이라고 말하며 종교를 비난하는 과학자를 통해, 신의 이름으로 행해지는 무자비한 폭력과 악습을 통해, 앞에서는 신을 이야기하면서 보이지 않게 위선과 범죄까지 저지르는 세속화된 종교인들을 통해 혹은 눈앞에 닥친 부조리 앞에서 아무것도 하지 않는 듯한 신의 침묵을 통해. 각자 나름의 이유로 신을 산타처럼 떠나보낸다. 그리고 대부분은 산타처럼 다시는 신을 만나지 못한다.

하지만 지극히 개인적이고 신비스러운 방식으로 다시 신을 만나기도 한다. 그것은 태권도 승단 같은 개인적인 기복의 경우도 있지만 우연히 쏟아져 내린 소나기 후 찾아온 고요한 하늘과 구름 사이로 비치는 햇살을 통해, 일평생 무거운 짐과 고통을 지고 살아낸 듯 유난히도 지쳐 보이는 이의 주름진 표정 속에서 혹은 무표정하게 보이지만 너무도 선해 보이는 성직자의 눈빛을 통해. 때로는 우연의 연속이지만 나를 향한 일관된 메시지 같은 일상의 특별한 순간 혹은 세상을 향한 나의 말과 생각을 멈춰버린 오랜 침묵 속에서 어떤 이들은 다시 신을 산타처럼 만나기도 한다.

VERITAS

학생 때 College에서 제공한 기숙사는 중세시대에 지어진 아주 낡은 집이었다. 돌로 견고하게 쌓은 건물벽 한 귀퉁이에는 아담한 나무문이 있었는데, 살짝 허리를 굽혀 들어가면 'ㄷ'자 건물의 뒷편으로 비밀의 정원이 숨겨져 있었다. 시간이 흐른 후에 교회가 있던 마을의 이름이 Holywell이라는 것을 알게 되었지만 처음에 Holywell Manor라는 건물의 이름을 봤을 때 나는 건물 속 어딘가에 '우물'이 있을 것이라 생각했다. 하지만 우물은 찾을 수 없었고, 대신 정원에는 작은 분수가 있었다. 그래서 우물이 있던 자리에 분수를 만들었고, 거기에 나름의 의도가 있을 것이라는 나만의 추론을 하기 시작했다.

"왜 하필 Holywell 일까?"

기숙사에 도착해 짐을 푼 첫날 잠을 설치는 바람에 아침 일찍 눈을 떴다. 내 방을 나와 수도원에서 볼 법한 좁은 복도를 따라 비밀의 정원으로 들어서자 야트막한 담장 너머 안개 낀 평원의 어렴풋한 지평선으로부터 아침햇살이 뿜어져 나오고 있었다. 가던 길을 멈춰 선 행인처럼 빼곡한 나뭇가지 틈을 비집고 나온 햇살은 정원의 분수를 비추고 있었다. 세상의 모든 것이 정지된 것 같은 풍경 한가운데에 놓인 분수 조형물에서 흘러내리는 물소리만이 유일하게 시간이 흐르고 있다는 것을 알려주는 고요한 아침이었다. 기숙사 옆 교회의 종소리가 울려 퍼지고 있었다.

교부철학자 아우구스티누스Augustinus Hipponensis가 생각났다. 아마도 그는 이런 이미지를 통해 플라톤의 이데아론을 신학에 접목시키지 않았을까 하는 생각이 들었다. 그림자 이면에 존재하는 원형의 형상을 비춘 것처럼 '빛'은 신이 진리를 인간에게 전달하는 도구이자 '진리' 자체를 상징하기도 한다. 그런데 '진리'의 라틴어 'Veritas'는 로마 신화 여신의 이름이기도 하다. 똑바로 마주하고 있으면 너무 눈이 부셔서 감당하기 어렵고, 아무리 감추어도 사방으로 퍼져 나가 어둠 속 멀리서도 금세 알아볼 수 있는 '빛'의 능동적 속성에 비해 신화 속 여신 'Veritas'의 모습은 수동적이다. 그녀는 매력적인 미모를 감추기 위해 오히려 성스러운 우물Holywell의 바닥에 자신의 모습을 감추었다. 그래서 Veritas의 모습은 쉽게 볼 수가 없다.

지상의 인간에게 햇살 같은 신의 은총으로 깨달음을 준다는 종교적 '진리'의 모습이 대중적이며 계몽적인데 반해, 우물 바닥에 자신의 모습

을 감춘 여신 'Veritas'의 모습은 진리를 찾아 나선 구도자만이 '진리'를 막연하게나마 만날 수 있다는 지극히 개인적이며 엘리트주의적인 느낌을 준다. 대중적 포교와 교세 확장을 위해 빛을 신과 진리의 대표적 상징으로 활용했는지 모르겠지만, 나는 개인적으로 후자의 이미지가 더 마음에 와 닿는다.

만약 신이 빛과 같이 눈이 부셔 그토록 기다렸던 순간에 볼 수 없거나 감당할 수 없는 경외로움으로 고개를 숙여야 한다면, 그것은 '순종'을 위한 정교한 장치 같아 보인다. 굳이 어둠을 밝히지 않아도 곁에서 손을 잡아주거나 따뜻한 음성으로 말벗이 될 수 있다면, 그것만으로 충분히 빛의 화려함을 대신할 수 있을 것 같다. 반면 여신 Veritas는 거울을 들고 있다. 힘들게 그녀를 만나는 순간 우리는 그녀의 매력적인 모습보다 거울에 비친 우리 자신의 얼굴 표정을 먼저 보게 될 것이다. '진리'를 마주하는 것은 진정한 나 자신을 마주하는 것과 가까이 있다.

종교인들에게는 '진리'라는 단어보다 '믿음'이라는 단어가 더 중요한 듯 보여, 한번은 종신 서약을 앞둔 수녀님께 '믿음'이 무엇인지 물어본 적이 있었다. 어떤 분은 일종의 '여정'이라고 말했다. '믿음'과 '회의' 사이에서 일어나는 신과의 끊임없는 질문의 여정 같은 것이라고 했다. 종교가 지닌 주관적 요소들은 분명 과학과 상이한 측면이 있지만, 구도자의 여행 방법에 있어서는 '과학'을 닮아 보였다. 과학은 증명, 논쟁, 설득, 공인이라는 사회적 과정을 필요로 하는 부분도 있지만, 자연과 우주에 감추어진 진리를 찾아가는 여정은 우물 바닥에 숨겨진 여신을 찾아가는 모습과 크게 다르지 않다. 좀처럼 모습을 드러내지 않는 여신 Veritas의 신화처럼 우주와 자연 역시 자신이 운용하는 과학 법칙을 결코 쉽게 보여 주지 않는다.

과학은 강렬한 햇살에 눈이 부셔 눈을 감는 것이 아니라 깜깜한 우물 바닥을 들여다보는 것과 같다. 처음에는 고작 잠잠한 우물 속에 두 손을 뻗어 보거나 천천히 두레박을 내리고 올리는 것이 전부지만, 여신의 모습을 상상하는 것만으로 가슴이 설레어 쉬지 않고 우물 속을 들여다보는 일을 멈추지 않게 되는 것이다. 그렇게 매일 밤하늘 별들을 바라보는 것으로 시작된 길고 긴 여정을 통해 '과학'은 우주공간을 운동하는 법칙을 찾아낸 것이다. 오래된 대학교의 로고에 Veritas라는 단어를 많이 사용하지만 대부분 빛의 상징성과 연관시킨다. 하지만 학생들에게는 빛이 아닌 우물속 여신 Veritas를 찾아가는 은유가 더 교육적일 것 같다. 인성적 측면에서도 좋다. 신은 높은 곳에서 군림하기보다 주로 낮은 곳에 머물고 있지 않을까?

여름

성철 스님은 무더운 여름 자신을 찾아온 이에게 큰절 천 배를 먼저 하라고 했단다. 백 번도 아니고 큰절을 어떻게 천 번이나 할 수 있을까? 어쩌면 절을 수백 번 하고 나면 그때까지 쏟아 부은 땀이 아까워 오기에서라도 천 배를 하게 되는 것이 아닐까? 마음을 쏟아 부은 크기만큼 돌려받고 싶어하는 집착이 천 번의 절을 하는 동안 만들어지는 것이 아닐까? 만약 천 번의 절을 하고도 그를 만날 수 없다면 혹은 구백아흔아홉 번의 절을 하고 불현듯 그 모든 것이 시큰둥해 산을 내려와 버린다면, 구백아흔아홉 번의 절을 하는 동안 흘린 땀은 한순간 모두 의미가 없어지는 것일까? 그렇게 결과가 과정의 가치를 판단해 버린다면, 천 번의 절은 천 번의 순간이 되어야 비로소 빛을 낼 뿐 구백아흔아홉 번까지는 그저 초라하고 고집스러운 것일까? 나는 그렇게 생각했었다.

일본에서 직장 생활을 할 때 나는 어머니와 함께 지냈다. 장애를 지닌 어머니를 혼자 한국에 계시게 하는 것도 마음이 쓰였고, 일본 생활이 어머니께 크게 불편하지 않을 것 같았다. 나는 엉터리 신자였지만 신앙이 깊으신 어머니는 성당부터 찾으셨다. 제법 큰 도시였지만 한인 성당은 당연히 없었고, 집에서 한참 떨어진 변두리 시골의 작은 성당을 찾았다. 처음에는 버스를 몇 번 갈아타고 갔지만 자주 운행하지 않는 버스를 기다리는 시간이 너무 길어서 멀지만 걸어 다니기로 했다. 매주 일요일마다 아침을 서둘러 먹고 나면, 성당을 향한 긴 여정이 시작됐다. 산이 없는 평지 지역이라 까마득한 지평선 아래 논밭이 펼쳐진 시골 풍경이 보였다. 군데군데 작은 숲이 보이고 전봇대와 집들이 들어선 어디쯤 너머에 작은 성당이 감춰져 있었다. 처음에는 차가 다니는 국도를 따라 걸었지만, 차츰 지리에 익숙해지자 시골 동네를 지나는 지름길을 걸었다. 드문드문 성냥갑처럼 놓인 오래된 일본 목조 가옥 옆을 걸어가며, 아기자기한 텃밭이나 가지런히 정돈된 낡은 농기구들을 보는 재미도 있었고, 봄에는 길가의 벚꽃나무에서 꽃비가 내리고 들녘에 핀 개나리와 이름 모를 들꽃들이 너무 예쁘게 피어 있어서 1시간 가량 걸어가는 길이 전혀 지루하지 않았다.

새로운 직장에서 일을 시작한 지 얼마 지나지 않은 그 즈음 나는 부서 직원들과 벚꽃 소풍을 갔었는데 정말 장관이었다. 경주나 진해에서 본 것 이상의 큰 규모로 벚꽃 나무가 사방을 빼곡하게 채운 그야말로 연분홍빛으로 가득한 곳이었다. 풍경을 바라보며 도시락을 먹다가 나는 대뜸 일본 동료에게 물었다.

"벚꽃은 예쁜데 너무 빨리 떨어져서 안타깝고 아쉬워요."

"기무상, 우리는 그래서 벚꽃을 좋아해요. 눈부시게 피지만 금세 떨어져야 하는 숙명 때문에 벚꽃을 보면 슬프면서 아름답지요."

우리는 말없이 언덕 너머까지 펼쳐진 벚꽃 풍경을 한참 동안 바라봤다. 어디선가 바람이 불어오자 분홍 벚꽃이 보슬비처럼 떨어지고 있었다.

아버지 발인을 하던 날은 햇살이 눈부신 초봄이었다. 한참 추운 겨울 병원에 입원하셨다가 꽃이 피는 것도 보지 못하고 세상을 떠났다며 어머니는 장례식 차량이 이동하는 창밖의 꽃들을 보며 하염없이 눈물을 흘리셨다. 일본 성당을 향하는 시골길을 지나칠 때도 어머니는 꽃을 보고 그렇게 습관처럼 눈물을 흘리셨다. 하지만 꽃이 핀 곳을 지나 넓은 논이 펼쳐지면 금세 슬픔을 잊을 수 있었다. 연두빛 논밭 위로 하얀 구름이 느리게 지나가고 새소리와 개구리 울음 소리가 들려오면, 어머니와 나는 아무 말없이 온전히 풍경에 젖어들 수 있었다. 그렇게 한참을 걷다 보면 어느새 성당에 도착할 수 있었다. 하지만 정작 성당에 도착한 나는 미사시간 내내 그저 멍하니 앉아 있기만 했다. '죽음'이라는 커다란 화두 앞에서 침묵하는 것 말고 내가 할 수 있는 것은 별로 없는 것 같았다.

봄이 지나고 여름이 왔다. 습도 높은 일본의 여름 바람을 맞으며 그늘 하나 없는 뙤약별 아래 평지를 계속해서 걸어가는 것은 쉽지 않은 여정이었다. 하지만 안타깝게도 그때까지 나는 운전면허증이 없어서 다른 방법이 없었다. 성당을 향한 한 여름의 1시간 여정은 소나기를 맞은 것처럼 온몸이 땀으로 흠뻑 젖게 만들었다. 아침에 괜찮은 옷으로 잘 차려입어도 성당에 도착하면 언제나 물에 빠진 사람처럼 흉한 모습이 되었다. 그래도 성당에 오는 소박한 시골 사람들은 우리에게 결코 유별난 시선을 주지 않았다. 자주 봐서 외국인이라는 것을 알았겠지만 어색한 시선을 느낀 적은 없었다. 우연히 눈이 마주치기라도 하면 괜히 미안해하며 웃어줬다. 그런 행동들이 그들 나름의 배려라는 것을 알게 되었다.

8월의 찌는 듯한 어느 여름날 많은 사람들이 검은 정장을 입고 있었다. 누군가의 장례미사 같아 보였다. 일본어 실력이 모자라 다는 알아들을 수 없었지만 어린아이의 장례식인 것 같았다. 검은 옷을 입은 이들은 오랜 투병 끝에 아이를 보내는 가족들이었다. 40도 가까운 고온의 찌는 듯한 더위가 계속되었지만, 그들은 힘든 표정 한번 내색하지 않고 소리 내어 울지도 않았다. 온몸이 땀에 젖어 턱에서 땀방울이 구슬처럼 떨어지는 순간에도 조용히 눈만 감고 입술을 깨물고 있었다. 그날도 미사를 마치고 나는 어머니와 걸어서 집으로 향했다. 이글거리는 태양 때문에 길가의 나뭇잎들이 초록빛으로 불타오르는 것 같았다. 뜨거운 바람에 숨이 막히고 시끄러운 매미 소리조차 너무 피곤하게 들렸다. 태양과 더위에 맞서 집으로 향하는 1시간 동안 어머니와 나는 한마디도 하지 못했다. 달아오른 바닥에서 피어 오른 열기로 집들의 풍경조차 흐릿해지는 모습을 보며 아마도 어머니는 나처럼 장례 미사를 치른 아이와 돌아가신 아버지를 떠올렸던 것 같다. 땀이 얼굴과 턱을 따라 흐르고 등과 가슴과 다리를 따라서도 계속해서 흘러내렸다. 걸음을 걷는 어머니와 나의 발자국마다 땀방울의 흔적이 남아 있을 것 같아 보였다. 하지만 우리는 오로지 무더위 속에서 집에 가기 전에 쓰러지지 않도록 온 신경을 더위를 참고 견디는 데 집중해야만 했다. 그 순간은 그 어떤 감정도 들어설 여유가 없었다. 그저 묵묵히 길을 걸어갈 뿐이었다.

그렇게 온몸으로 땀을 흘리며 한참을 걸어가다 잠시 고개를 들어 하늘과 풍경을 바라봤다. 그런데 불현듯 습관 같았던 슬픔이 사라져버린 것을 알게 되었다. 아마도 무더위에 흘러 내리는 땀처럼 항상 곁에 머물고 있는 슬픔이 이제는 지겨워졌거나 장례식 풍경에 익숙해져서 그랬는지도 모르겠다. 그도 아니면 여름 길을 걷는 것이 숨이 막혀서 그랬는지도 모르겠다. 그렇게 내 슬픔은 그 해 여름의 무더위 속 땀과 함께 사라져 버렸다.

부산을 찾은 독일 교수님과 범어사에 가기로 했다. 단풍이 곱게 물든 늦가을이었지만 날씨는 여름처럼 습하고 더웠다. 동양문화에 유난히 관심이 많은 분이라 뭔가 제대로 된 설명을 해 드리고 싶었다. 한국 전통 건축을 전공한 지인으로부터 주워들은 조각 지식이지만 범어사 입구에서부터 하나씩 설명을 드렸다.

"절 입구에 들어서기 전에는 항상 길을 가로지르며 물이 흘러요. 서로 다른 세상을 구분하는 경계의 의미도 있지만, 정화의 의미도 있습니다. 이 작은 냇물을 지나면 모든 것을 잊고 그동안 세상으로부터 오염된 것들을 씻어내는 셈이죠."

독일 교수님은 내 이야기를 듣더니 신기한 표정으로 아이처럼 계속해서 사진을 찍으셨다.

"입구에 있는 무서운 얼굴의 사천왕상들은 일종의 경고입니다. 나쁜 짓을 하면 이들이 가만두지 않겠다는 거죠."

"벽에 그려진 그림들과 글자는 무슨 뜻인가요? 뭔가 스토리가 있는 것 같은데요?"

"불교에서 내려오는 우화 같은 겁니다. 깨달음을 얻는 과정이나 종교적 은유나 상징으로 가득한. 다양한 비유로 전달하는 성경처럼 말이죠. 글자는 그 철학을 압축한 핵심적인 문장입니다. 압축한 메시지가 무엇인지는 저도 잘 모르겠네요. 선불교에서는 오랫동안 내려오는 전통적인 문답이나 우화가 있습니다."

"입구에서 불상이 있는 대웅전으로 향하는 길은 다 오르막입니다. 신을 향한 나름의 상징적 여정인 것이죠. 그런데 유럽의 건축물이나 중국, 일본의 사찰 건축과는 다르게 한국 사찰은 입구에서 대웅전이 바로 보이지 않습니다. 살짝 휘어져 있어서 부처가 있는 대웅전이 보이지 않아요. 보이지 않는 곳을 향해 길을 가야 하는 겁니다."

"보이지 않으니 걱정될 수도 있겠네요. 과연 그곳에 정말 신이 있는지. 부처가 있는지."

"징표를 보여 주지 않을까요? 예를 들어 처마 밑의 풍경소리, 풍경을 흔드는 바람, 계단 옆 대나무 사이로 부는 바람 소리처럼."

독일 교수님은 눈을 감고 한참 동안 풍경 소리를 들으셨다.

"이것들이 신의 징표일까요?"

“우리 같은 물리학자들도 징표를 모으지 않습니까?”

“수백 광년 떨어진 우주의 오래 전 과거에서 보내온 빛이나 십억 분의 일 미터 공간 속에서 보내는 떨림의 흔적을 모아 진리를 더듬어 가는 여정을 하고 있는 셈이죠.”

“종교와 과학은 신과 진리라는 다른 방식의 표현을 사용하며 서로에게 이질적인 모습으로 보여지지만 각자가 향하는 여정의 태도는 비슷한 부분도 있는 것 같습니다.”

우리는 천천히 계단을 올라갔다. 멈춰 선 채로 하늘을 바라보고, 하늘 아래 먼 산을 보고, 새소리를 듣고, 오래된 사찰의 나무 기둥을 만지고, 퇴색되어 가는 그림들을 한참 동안 바라보며 각자의 지난 일들을 소리없이 회상했다. 일본에서의 여름처럼 뜨거운 가을의 태양은 이마와 온몸이 땀으로 젖게 했지만, 우리는 둘 다 서두르지 않았다. 아득하게 펼쳐진 논밭 너머에 숨겨져 보이지 않았던 성당을 다녔던 일본에서의 추억처럼, 우리는 마치 천 번 혹은 만 번째 걸음으로 닿을 먼 길을 가는 이들처럼 천천히 한 계단, 한 계단을 올라가며 대웅전을 향했다.

작가후기

한 페이지를 가득 채운 동화 속 그림들을 보고 있으면 텍스트를 읽기 전에 이미 감성이 충만해진다. 하지만 물리 교과서에 등장하는 많은 그림들이 그런 분위기를 만들지는 않는다.(사실, 물리학자들은 일반인들이 납득할 수 없는 다른 방식으로 물리 교과서 그림에 깊은 감동을 받는다.) "냉철하고 논리적인 자세로 물질적 현상을 분석해야 할 신성한 물리 책에 '감성'이라니..."

아마도 많은 사람들이 이런 생각을 할 것 같다. 특히 험난한 과정을 거쳐 물리를 업으로 살아가는 연구자들은 그런 어설픈 자세로는 결코 물리의 본질을 제대로 이해할 수 없고, 오히려 유사과학이나 사이비 종교인들에게나 영감을 줄 것이라는 우려를 할 것 같다. 하지만 '물리학은 이런 방식으로 배우지 않으면 안 된다'는 그들만의 전통을 고수하는 사이 한국 사회에서 물리학은 점차 젊은 세대로부터 외면당하고 있는 것 같다. 한때는 이과 수석을 차지한 학생이 TV 뉴스에 나와 물리학을 전공하겠다며, 자신의 포부를 밝히는 모습이 당연하다고 생각하던 시절이 있었다. 주변 사람들이 어렵기는 해도 그래도 멋진 길을 가고 있다며 등을 두드려 주던 때도 있었다. 하지만 요즘은 물리학과를 선택한 소신을 드러내 말하기가 민망할 만큼 물리의 위상이 많이 떨어진 것 같다. 어쩌면 요즘 젊은이들에게는 기성세대가 강조하는 물리학의 가치들이 그저 진부하고 식상하게 느껴지는지도 모르겠다. 순수한 호기심과 심오한 진리보다 세속적 가치만을 추구하는 사회 풍조 탓만 하기에는, 물리학이 이미 그 순수한 매력조차 느낄 수 없는 존재가 되어 버린 것은 아닐까?

처음 대학에 임용이 되어 10여 년간은 물리학과와 물리교육과 학생들을 가르쳤지만, 소속을 옮긴 융합신생학과의 첫 강의에서 마주한 학생들의 표정은 생각 이상으로 당혹스러웠다. 예전에 물리를 전공하는 학생들은 그나마 억지로라도 집중하려는 모습이 있었지만, 물리학을 단지 많은 이학 과목 중의 하나로 바라보는 공학계열 학생들은 아직 물리학을 받아들일 마음의 준비가 되어 있지 않아 보였다. 우주와 자연의 심오한 원리라고 강조하는 내 말들이 그들에겐 모두 고리타분하고 이해할 수 없는 딴 세상 이야기 정도로 들리는 것 같았다. 학생들 입장에서도 나름의 이유가 있었다. 고등학교 때 아예 물리를 제대로 배워볼 기회조차 없었거나, 그나마 대학 1학년 때 수강했던 '일반물리' 과목은 안 좋은 기억만 준 듯 보였다.

아마도 펜마우스를 구입하면서부터 시작되었던 것 같다. 처음엔 간단한 메모나 아이디어를 스케치하는 용도로 사용했지만 강의에 사용될 자료에 손수 그림을 그려 넣기 시작했다. 그림을 그릴수록 다양한 색과 명암을 넣고 싶은 욕심도 생겼다. 그러자 내 그림들은 조금씩 감성적으로 변해갔다. 물리적 상호작용을 묘사하는 내용이지만 감성을 담은 그림 한 장을 강의 시간에 슬쩍 보여주자, 학생들은 짧은 순간이지만 미소를 짓기 시작했다. 구체적으로 물리 내용을 설명하기 전 혹은 후에 그림과 함께 은유적 스토리를 들려주며 친숙한 이미지를 먼저 떠올릴 수 있게 유도했다. 좀 억지스러워 보일 수도 있고 우스꽝스러워 보일 수도 있었지만, 학생들은 어린 시절 동화책을 듣는 아이들처럼 내 이야기를 들어줬다. 적어도 강의 중에 조는 학생들의 수가 줄어들었다.

"초보자들에게는 상식적으로 쉽게 납득할 수 없는 물리 내용을 구체적으로 알려주기 전에 마음의 준비 운동 같은 과정이 필요한 것 아닐까? 심오하고 어려운 철학이나 교리를 지극히 단순한 일상의 비유를 들어 설명하는 동화나 신화의 방식처럼 물리학의 입문 과정에도 이런 공감 과정이 필요한 것 아닐까? 그러기 위해서는 우선 머리가 아닌 마음을 먼저 움직여야 하지 않을까?" 이 책의 글들은 이런 교육적 동기에서 시작된 일종의 다양한 실험적 습작들이다. 그래서 전자기의 한 단원이나 특수 상대성이론을 압축한 시를 쓰거나 빛과 소리의 파동 현상을 문학이나 미학에 등장하는 원형적 감성과 연결지어 보려 노력했다. 사물을 바라보는 시선 속에 담긴 인간 사유와 감정의 원형적 구조를 찾아내는 일은 사실상 신화, 심리학, 종교, 철학의 영역이기도 했다. 분명, 서로 다른 관점을 오가며 일반적인 공감을 유도하는 스토리를 만드는 것은 쉽지 않은 일이었다. 글을 쓰는 내내 감성을 불러 일으키는 것과 핵심 물리 내용을 전달하는 것 사이에는 “하나가 분명해지면 다른 하나가 모호해지는 불확정성 원리”가 존재하는 것 같다는 생각이 들었다.

그럼에도 불구하고 <작가 후기>를 읽는 독자라면, 적지 않은 분량의 이 책을 어떻게든 모두 읽어 낸 분들이라고 생각한다. 이런 훌륭한 독자들에게 깊은 감사의 마음과 함께 이 책을 좀 더 효율적으로 활용할 방법을 한 가지 추천하고 싶다. 특히, 어쩌다 물리를 배울 기회를 놓쳐 버렸거나 체계적으로 배울 기회가 모자라 항상 아쉬움과 갈증을 느끼시는 분들. 이미 다양한 교양 물리책을 읽었고 물리학 자체에 항상 관심이 많은 이런 분들은 이 책에 소개된 시, 그림, 글들을 읽고 완전히 이해하지는 못하더라도 파생되는 질문과 키워드들을 적은 후 그 사이의 여백을 느리게 채워 가는 “자신만의 물리 노트”를 만들었으면 좋겠다. 노트 작성의 방법과 형식은 심각하지 않아도 좋다. 대신 남의 이야기를 베끼거나 흉내 내지 말아야 한다. 그리고 좀 더 솔직해져야 한다. 자신이 정말 무엇을 알고, 무엇을 모르는지 노트에 정돈하되 시인처럼 사용하는 단어와 표현의 의미에 좀 더 집중해야 한다. 수식이 없더라도 밀도 높은 단어 사이의 관계와 상황을 묘사하기 위해 선을 연결하거나 도형을 그려 넣어도 좋다. 다시 한번 말하지만 그 정돈의 과정은 오롯이 자신만의 방식이어야 한다. 왜냐하면 삶의 지혜처럼 물리학도 가장 자기다운 방식을 통해 가장 잘 이해할 수 있기 때문이다. 비록 수학의 언어로 표현된 세련된 물리 지식을 지니지는 못하겠지만, 이런 방법을 통해 물리로 분화되기 직전 상태에 있는 원형적 영감을 만날 수 있을 것이다. 왜냐하면 인류가 만들어 낸 물리학이라는 독특한 시선이 바로 그런 과정을 거쳐 태어났기 때문이다. 만약 인문학이나 예술 방면에 전문성을 지니고 있는 분이라면 원형의 영감이 촉매가 되어 물리 개념이 멋지게 녹아 들어간 근사한 에세이를 쓰거나 예술 작품을 만들 수도 있을 것 같다.

만약 고등학생들 중에서 이 책을 통해 물리를 전공하고 싶은 꿈이 생긴 경우가 있다면, 저자로서는 최고의 보람이 될 것 같다. 하지만 이 책은 동기 유발을 위한 목적으로 집필되어 물리에 대한 낭만적 매력만 강조되어 있다. 대신 사랑에 빠지는 것처럼 물리와의 가슴 설레는 공감의 기억을 소중하게 간직하길 바란다. 왜냐하면 앞으로 걸어갈 전문가의 길은 사막처럼 험난하고 외로운 여정이기 때문이다. 때론 어려운 수학의 언어나 복잡하고 지루한 연구과정에 압도되어 배신감이 들 수 있다. 성공이나 출세와 거리가 먼 현실성 없는 기초과학의 속성에 실망할지도 모른다. 그럼에도 불구하고 계속해서 사막을 걸어 간다면 언젠가는 놀라운 경험을 하게 될 것이다. 사실 그 경험은 물과 음식이 가득한 오아시스를 발견하는 것도 아니다. 대신 내리 쬐는 태양 아래 땀으로 얼룩진 어느 날, 갑작스럽게 온몸을 관통하는 듯한 '영감'이나 '발견'의 전율을 경험할 것이다. 그리고 잠시 동안 자신이 거쳐 온 시행착오의 발자국과 실패의 여정을 천천히 되돌아 보며 삶이 무엇인지도 생각하게 될 것이다. 과학자가 죽음에서 자유로울 수 없듯 과학 지식이 삶을 아우를 수는 없다. 어쩌면 과학이 다른 분야와 함께 공존해야 하는 이유가 바로 거기에 있을지도 모르겠다. 힘든 여정을 통해 알아낸 한 조각 과학 지식이 가늠할 수조차 없는 거대한 진리의 극히 일부라는 것을 알게 되었지만, 그 여정 자체가 깨닫게 해 준 더 큰 의미를 가슴으로 느끼며 실패의 두려움이나 조급함을 버릴 수 있다면, 그 순간부터 당신은 진짜 물리학자가 될 것이다.

거친 원고가 한 권의 책이 될 수 있도록 다듬어 주신 박지영씨와 오수민씨, 현직 물리교사로서 눈높이에 맞는 물리내용 전달에 대한 다양한 의견을 준 제자 양하니 군에게도 감사의 마음을 전하고 싶다. 또한, 함께 놀면서 영감을 제공해 준 딸아이와 부족한 내 그림들에 많은 조언을 해 준 아내에게도 큰 빚을 진 것 같다.

2021년 봄

김광석

참고 자료

수포자의 고백

공간의 시학, 가스통 바슐라르 지음, 곽광수 옮김, 동문선, 2003.

헤르메스, 미셸세르 지음, 이규현 옮김, 민음사, 2009.

기술적 대상들의 존재 양식에 대하여, 질베르 시몽동 지음, 김재희 옮김, 그린비, 2011.

처음 읽는 브뤼노 라투르, 아네베르 블록, 토르벤 엘고르 옌센 지음, 황장진 옮김, 사월의 책, 2017.

구구단

https://www.youtube.com/watch?v=tWaVvL3ygpI&t=31s

상상의 수

뉴턴 하이라이트 - 허수란 무엇인가?, 일본 뉴턴프레스, ㈜ 아이뉴턴.

https://www.youtube.com/watch?v=oxF5VQSA4Hw

무한의 엡실론 델타

Judith V. Grabiner, The American Mathematical Monthly, 90(3): 185-194, 1983.

https://www.youtube.com/watch?v=Xe4WEfcXnfI

가파름 Gradient, 뿜어냄 Divergence

미분적분학, Edwin J. Purcell 외 지음, 김부윤 외 옮김, 보성각, 1998.

Foundation of Electromagnetic Theory, John R. Reitz, Fredrick J. Milford, and Robert W. Christy

소용돌이 Curl

Burdick, Alan, “Physicists Still Don’t Know What Puts the Curl in Curling”, The New

Yorker, Conde Nast, 21 Feb 2018.

Harald Nyberg, Sture Hogmark & Staffan Jacobson, Tribology Letters 50, 379-385, 2013.

Harald Nyberg, Sture Hogmark & Staffan Jacobson, Wear, 31(1/2), 583, 2013.

https://www.youtube.com/watch?v=3kpZ_EWL1wA&feature=emb_share&fbclid=IwAR2iMLRKispaMw3y6nUekt0r7UOdWUYSdvXWDRLpOn3RWLjzvSP0GKLuO9s

수평선

https://en.wikipedia.org/wiki/Horizon

Craig F. Bohren and Alistair B. Fraser, "At what altitude does the horizon cease to be visible?", American Journal of Physics 54, Issue 3, March, 1986.

아빠는 슈퍼맨

https://www.real-world-physics-problems.com/rocket-physics.html

https://www.youtube.com/watch?v=7Mv5hT1nugQ

포물선

https://en.wikipedia.org/wiki/Two-body_problem

연날리기

Kite Physics, Glenn Davison, 2017.

10분의 7

"Theoretical Mechanics of particles and continua", Alexander L. Fetter and John Dirk Waleeka, 149-151, McGraw-Hill Book Company.

세차운동, 환산질량

https://www.youtube.com/watch?v=XPUuF_dECVI

일반물리학, 절 워커, 데이비드 할리데이, 로버트 레스닉 지음, 범한서적, 2015.

영원회귀의 신화, 미르치아 엘리아데 지음, 심재중 옮김, 이학사, 2003.

라플라스의 검도선수

Philosophical Essays on Probabilities, P. S. Laplace, 1985.

Translated by F. L. Emory and F. W. Truscott, Dover, 1902.

D. H. Wolpert, Physica D237, 1257-1281, 2008.

P. Binder, Nature, 455, 884-885, 2008.

Seth Lloyd, Phys. Rev. Lett. 88, 237901 9, 2002.

진동

일반역학, Stephen T. Thornton, Jerry B. Marion, 진병문 옮김, 청범출판사, 2011.

위상

최신광학개론, Pedrotti, Leno S. Pedrotti, Leno M. Pedrotti, 조재홍 외 옮김, 청문각, 2013.

스트로보스코프와 토끼

The Easter Hare, Charles J. Billson, Folk-Lore. Vol. 3, No.4, December, 1892.

Anthony Aveni, "The Easter/Passover Season: Connecting Time's Broken Circle", The Book of the Year:

A Brief History of Our Seasonal Holidays. Oxford University Press. pp. 64-78, 2004.

PSSC Physics, U. Haber-Schaim, J. H. Dodge, R. Gardner, E. A. Shore, and F. Walter.

https://www.youtube.com/watch?v=KPrSPqfVJhA&t=27s

배음

Balthasar Fischer, Nature Photonics 10, 356, 2016.

https://www.youtube.com/watch?v=UHTF1-IhuC0

https://www.youtube.com/watch?v=qx8hrhBZJ98

https://www.youtube.com/watch?v=sCi-3lEefCs

박쥐

"How do bats echolocate and how are they adapted to this activity?" Alan Van Ryckegham, Sustainability, Scientific American 21 December 2018.

일반물리학, 절 워커, 데이비드 할리데이, 로버트 레스닉 지음, 범한서적, 2015.

푸리에 변환

https://www.youtube.com/watch?v=spUNpyF58BY&t=50s

https://www.youtube.com/watch?v=ds0cmAV-Yek

최신광학개론, Pedrotti, Leno S. Pedrotti, Leno M. Pedrotti, 조재홍 외 옮김, 청문각, 2013.

잔향

The Acoustical Foundations of Music, W. W. Norton, New York (1977)

https://www.youtube.com/watch?v=xSp6NkINGzY

거울반사

Optical Properties of Solids, Mark Fox, Oxford University Press.

전반사와 소멸파

Optoelectronics and photonics, S. O. Kasap, Prentice Hall, 1996.

굴절

최신광학개론, Pedrotti, Leno S. Pedrotti, Leno M. Pedrotti, 조재홍 외 옮김, 청문각, 2013.

뉴턴 하이라이트-빛이란 무엇인가?:주변의 현상에서 최첨단 연구까지, 일본 뉴턴프레스, ㈜ 아이뉴턴. 2008.

Imaging

Rachel Genthial et al. Scientific Reports, 7, 3419, 2017.

욕망이론, 자크라캉 지음, 권영택 엮음, 민승기 외 옮김, 문예출판사, 1994.

https://www.youtube.com/watch?v=weRtS-2m0RM

https://www.saatchiart.com/art/Painting-Black-Tribute-Jackson-Pollock/873143/6868375/view

전자방울과 전류

Modern Physics for Scientists and Engineers, Stephen T. Thornton, Andrew Rex, Sounders Golden Sunburst Series, 2000.

Band Theory and Electronics Properties of Solids, John Singleton, Oxford University Press, 2001.

성게와 가우스법칙

Physics, Marcelo Alonso, Edward Finn, Addison-Wesley, 1992.

소용돌이 손

S. M. Mahajan and Z. Yoshida, Phys. Rev. Lett. 105, 095005, 27 August, 2010.

https://www.youtube.com/watch?v=aJPVSy7hKSY

쌍극자

Magnetism in Condensed Matter Physics, Stephen Blundell, Oxford Press.

T. Fennell et al, Science, 326(5951), 415, 2009.

M. W. Ray et al, Nature, 2014.

M. W. Ray et al, Science, 348(6234), 544, 2015.

R. Dusad et al, Nature 571, 234, 2019.

우로보로스와 무한순환

Bleszynski-Jayich, A. C.; Shanks, W. E.; Peaudecerf, B.; Ginossar, E.; von Oppen, F.; Glazman, L.; Harris, J. G. E, 2009.

"Persistent Currents in Normal Metal Rings", Science, 326 (5950), 272-5, Mesoscopic

Physics of Electrons and Photons, E. Akkermans, G. Montambaux, Cambridge University Press, 2007.

From Alchemy to Chemistry, John Read, pp. 179-180, 1957.

반자성

https://www.ru.nl/hfml/research/levitation/diamagnetic-levitation

도메인과 이배화백

https://en.wikipedia.org/wiki/Magnetic_domain

Hana Ursic et al., Materials 12(8) 1327, 2019.

http://www.johyungallery.com/artists/lee-bae

Magnetism in Condensed Matter, Stephen Blundell, Oxford University Press.

Homopolar motor

Michael Faraday Quarterly Journal of Science, Literature and the Arts 12, 186-187, 1821.

https://www.youtube.com/watch?v=voHz6sxwQ2Q

불변성

Illustrated special relativity through its paradoxes, J. dePhillis and Jose Wudka.

슬픈열대, 레비스트로스 지음, 박옥줄 옮김, 한길사, 1998.

에테르를 찾아서

A History of the theories of aether and electricity, E. T. Whittaker, 1910.

광학, E. Hecht 지음, 조재흥 외 옮김, 자유아카데미, 2018.

실패의 고백

A. A. Michelson, E, W, Morley, Edward, American Journal of Science. 34 (203): 333-345, 1887.

A. Fresnel, Annales de Chimie et de Physique, 9: 57-66, Sep, 1818.

G. Sagnac, Comptes Rendus, 157: 708-710, 1913.

H. Fizeau, Comptes Rendus. 33: 349-355, 1851.

특수 상대성이론, 관성력

Modern Physics for Scientists and Engineers, Stephen T. Thornton, Andrew Rex, Sounders Golden Sunburst Series, 2000.

사건의 지평선

Rohrlich, Fritz, Classical Charged Particle, 1964.

루이의 파도

Recherches sur la théorie des quanta(Researches on the quantum theory), Thesis, Paris, 1924.

Ann. de Physique, (10) 3, 22, 1925.

몬테카를로, 엔트로피, 음의 온도, 이쑤시개, 에르고딕성

Statistical Mechanics: Algorithms and Computations, Werner Krauth, Oxford University Press.

볼츠만 두뇌

https://www.nytimes.com/2008/01/15/science/15brain.html?pagewanted=all

The Antropic Cosmological Principle, J. Barrow and F. Tipler, Oxford University Press.

Andreas Albrecht and Lorenzo Sorbo, Phys. Rev. d 70(6), 063528, 2004.

Reason, Truth and History, Hilary Putnam, Cambridge University Press.

Ashitavakra Gita, Chapter II-Janaka, 20.

불확정성 원리와 Savant

Quantum Optics: Introduction, Oxford Master Series in Physics, Mark Fox, Oxford University Press.

Allan Snyder, Philos. T. R. Soc. B, Biological Sciences, 364 (1522): 1399, 2009.

꽃과 양자물리

일반언어학 강의, 페르디낭 소쉬르 지음, 최승언 옮김, 민음사, 2006.

https://www.youtube.com/watch?v=NivuCuwZ944

기묘하게 덩어리진 것들

https://www.youtube.com/watch?v=qCmtegdqOOA&list=PL_wN0FeVwhX6OZzCaKsj-5TXFy-DAAUWs&index=7&t=0s

Modern Physics for Scientists and Engineers, Stephen T. Thornton, Andrew Rex, Sounders Golden Sunburst Series, 2000.

Proietti et al. Science Advances, vol. 5, no. 9, eaaw9832, 2019.

뒤늦은 양자 선택

Yoon-Ho Kim et al. Physical Review Letters 84(1), 1, 2000.

Vincent Jacques et al, Science 315(5814), 966, 2007.

https://www.youtube.com/watch?v=P2cMFrXqbYM

양자파동

Yves Couder and Emmanuel Fort, Physical Review Letters, 97, 154101, 2006.

https://www.youtube.com/watch?v=nmC0ygr08tE&t=109s

더 스트레인지스트 맨 폴 디랙, 그래이엄 파멜로 지음, 노태복 옮김, 승산, 2020.

상보성

Eventyr og Historier, Hans Christian Anderson, 1894.

양자 벌레

https://www.newscientist.com/article/dn17792-could-we-create-quantum-creatures-in-thelab

Oriol Romero-Isart et al., New J. Phys. 12 033015, 2010.

양자불멸

Max Tegmark, Fortschr. Phys. 46, 6/8, 855, 1998.

양자 맥놀이

Laser Spectroscopy, W. Demtroder, 3rd Edition Springer, pp.692.

A.T. Forrester, R.A. Gudmunsen, P.O. Johnson, Physical Review, vol. 99, pp. 1691-1700, 1955.

양자 전이

A Student's Guide to Atomic Physics, Mark Fox, Cambridge University Press, 2018.

You complete me

Quantum Physics, Stephen Gasiorowicz, 3rd Edition.

레이저, 백열등과 레이저, 혼자되기와 한 알의 빛

https://www.youtube.com/watch?v=R_QOWbkc7UI&list=PL_wN0FeVwhX6OZzCaKsj-5TXFy-DAAUWs&index=4

Quantum Optics, Mark Fox, Oxford University Press.

N. M. Phan et al. Phys. Rev. Lett. 112, 213601, 2014.

J. N. Tinsley et al. Nature Comm. 7, 12172, 2016.

P. Sekatski et al. Phys. Rev. Lett. 103, 113601, 2009.

M. Loulakis et al. Phys. Rev. Applied 8, 044012, 2017.

백구과극 白駒過隙

https://www.youtube.com/watch?v=K64Tv2mK5h4&list=PL_wN0FeVwhX6OZzCaKsj-5TXFy-DAAUWs&index=2

Alexandra S. Landsman and Ursula Keller, Physics Reports, 547, 1-24, 2015.

C. Hofmann et al., Journal of Modern Optics, 166(10), 1052, 2019.

노마디즘과 국소화

Semiconductor Optics, Claus Klingshirn, 2nd Edition, Springer.

차이와 반복, 질 들뢰즈 지음, 김상환 옮김, 민음사, 2004.

https://www.youtube.com/watch?v=NKMiHIbMpB0&t=3156s

경계에서

걷는 고래, J.G.M. 한스 테비슨 지음, 김미선 옮김, 뿌리와 이파리, 2016.

산타가 떠나가던 날

신의 탄생, 프레데릭 르누아르, 마리 드뤼케르 지음, 양영란 옮김, 김영사, 2014.

개 정 판

詩와 그림으로 읽는

감성물리

초판 발행 2021년 7월 5일
개정판 발행 2025년 8월 29일

글 · 그림 김광석
발행인 최재원
펴낸곳 부산대학교출판문화원

출판등록 제 1983-000001호 1983.11.10.
부산광역시 금정구 부산대학로 63번길 2 (우편번호46241)
대표전화 051-510-1932 팩시밀리 051-512-7812
https://press.pusan.ac.kr

※ 이 도서는 부산대학교출판문화원의 강의교재 개발 지원사업(2025-2)지원으로 제작되었습니다.